百例成才系列丛书

单片机C语言应用100例

（第5版）

王会良　王东锋　等 编著

電子工業出版社
Publishing House of Electronics Industry
北京·BEIJING

内 容 简 介

本书在前 4 版的基础上，以 MCS-51 单片机为主，从实际应用入手，结合大量实例循序渐进地讲述 51 单片机 C 语言编程方法，以及 51 单片机的硬件结构和功能应用。全书分为基础篇、应用篇和综合提高篇。本书所有实例均采用仿真软件 Proteus 仿真并用实验板进行实验，使读者真正做到“边理论、边实践”，在实践中逐步掌握单片机的硬件结构和开发方法。

本书在编写时力求通俗易懂，硬件原理以“有用、够用”为原则，内容讲解以“紧密结合实践”为特色。本书特别适合单片机零起点的初学者使用，可作为高等院校控制类专业学生、电子爱好者及各类工程技术人员的参考用书，也可作为高职高专及中专院校的单片机课程教学用书。

图书在版编目（CIP）数据

单片机 C 语言应用 100 例 / 王会良等编著. -- 5 版.
北京 : 电子工业出版社, 2025. 1. -- ISBN 978-7-121
-49314-0

Ⅰ. TP368. 1；TP312. 8

中国国家版本馆 CIP 数据核字第 2024KV5300 号

责任编辑：钱维扬
印　　刷：北京雁林吉兆印刷有限公司
装　　订：北京雁林吉兆印刷有限公司
出版发行：电子工业出版社
　　　　　北京市海淀区万寿路 173 信箱　　邮编：100036
开　　本：787×1 092　1/16　印张：26.25　字数：688.8 千字
版　　次：2009 年 3 月第 1 版
　　　　　2025 年 1 月第 5 版
印　　次：2025 年 1 月第 1 次印刷
定　　价：79.00 元

凡所购买电子工业出版社图书有缺损问题，请向购买书店调换。若书店售缺，请与本社发行部联系，联系及邮购电话：（010）88254888，88258888。

质量投诉请发邮件至 zlts@phei.com.cn，盗版侵权举报请发邮件至 dbqq@phei.com.cn。

本书咨询联系方式：（010）88254459，qianwy@phei.com.cn。

Preface 前言

《单片机 C 语言应用 100 例》自 2009 年 3 月第 1 版出版以来，得到了广大读者的支持与肯定，许多读者认为“这是单片机入门的好书”“本书的确可以做到轻松入门”“本书值得向入门者推荐”。从第 1 版到第 4 版，迄今已重印 30 多次，共计 6 万多册。

随着技术的不断进步，本书中原采用的一些技术已有新的发展；本书发行后，读者反馈了大量的建议与意见；编著者在工程实践过程中也积累了更多的经验。为更好地服务读者，编著者对《单片机 C 语言应用 100 例（第 4 版）》进行了修订，编写第 5 版。第 5 版保持了前 4 版的写作风格和通俗易懂的特点，在以下几个方面做了修改：

（1）按照实例的难易程度将全书分为基础篇、应用篇和综合提高篇三部分；

（2）对实例进行了精简和更新；

（3）对各章内容和文字均进行了细致的修改，以使读者更容易理解。

本书编著者从事单片机开发工作多年，常有读者及学员问道：“如何才能快速入门？”编著者的体会是，一定要动手做！仅看书是远远不够的。和很多的读者一样，对包括单片机在内的许多知识，编著者都是通过读书并结合实践的方法自学的。编著者深深地认识到，一本好书对于自学者的重要性是不言而喻的，一本好书可以引导学习者进入知识的大门，而不合适的书却可以断送学习者的热情。因此，编著者基于现有良好的单片机开发环境和 20 多年的教学经验，尝试对单片机课程的传统教学模式进行了改革。一开始就通俗地介绍单片机的开发条件，接着通过一个简单实例，使读者能够完整地掌握单片机的整个开发过程，消除对单片机的“畏惧”感，然后采用“边理论边实践，学一样会一样”的案例教学模式，使读者在实例学习中逐步掌握单片机的硬件结构。另外，由于本书采用了易于掌握的 C 语言进行单片机应用程序设计，大大降低了要求读者具备单片机硬件结构知识储备的门槛，使初学者在很短时间内就可以利用 C 语言开发出功能强大的单片机应用系统。因此，本书可帮助读者快速、轻松地迈入单片机大门。

本书由王会良、王东锋等编著。其中，第 1～2 章由河南科技大学王会良编写；第 3~4 章由河南科技大学王辰编写；第 5～6 章由郑州工业应用技术学院周晓玲编写；第 7~8 章由郑州工业应用技术学院王莹编写；第 9～10 章由河南科技大学李向攀编写；第 11 章由空军第一航空学院王东锋编写。全书由王会良统稿。

为便于读者学习，本书有配套的实验板电路图，大家自行购买元器件完成焊接后，能进行的实验有流水灯控制、数码管显示、键盘控制、音乐播放、继电器控制、步进电动机控制、SPI 通信、I^2C 通信、液晶显示、红外接收、模/数转换、数/模转换、温度检测和串口通信等。

本书每章均附送超值电子学习素材，主要包括：

（1）单片机仿真软件 Proteus 的入门视频；

（2）单片机开发软件 Keil 的入门视频；

（3）100 个仿真实例及其源程序；

（4）配套实验板的加工图纸，读者可根据图纸直接加工成 PCB，焊接上元器件即可进行实验。

由于编著者水平有限，书中不妥之处在所难免，敬请广大读者批评指正。

编著者

2024 年 10 月

Contents 目录

基础篇

应 用 篇

综合提高篇

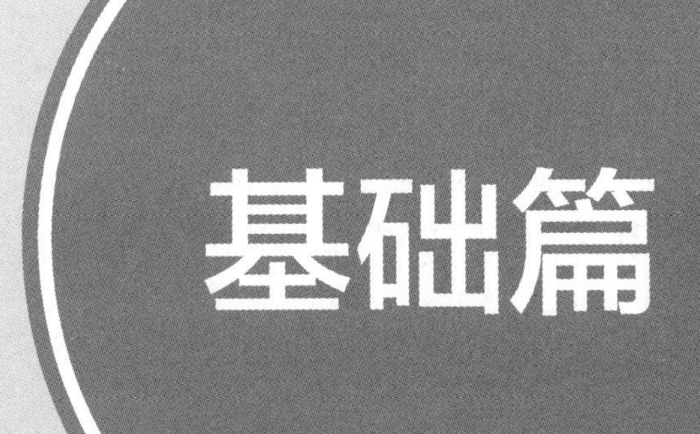

- 单片机概述及实验条件
- 单片机开发软件及开发过程
- 逐步认识单片机基本结构
- 单片机C语言开发基础
- 单片机的定时器/计数器
- 单片机的中断系统
- 串行通信技术

第 1 章

单片机概述及实验条件

要掌握单片机技术，不仅需要了解单片机基础知识，更重要的是动手练习。因为单片机技术是软件和硬件相结合的技术，所以还必须了解一些单片机开发软件和基本的实验器材。本章主要介绍单片机的基础知识及开发单片机必备的软件和基本的硬件实验条件。

1.1 单片机概述

嵌入式系统是目前电子系统设计最活跃的领域之一，具有广阔的市场前景。单片机作为嵌入式系统最典型的代表，在嵌入式系统产品中占有最大的份额，成为广大高校学生和电子工程技术人员学习和开发嵌入式系统的主流。由单片机开发的产品也广泛地应用到了家电、通信、工商业，以及航空、航天和军事方面。

1.1.1 单片机的定义、分类与内部组成

1．什么是单片机

单片机就是把中央处理器（CPU）、随机存储器（RAM）、只读存储器（ROM）、定时器/计数器和各种输入/输出接口（I/O 接口）等主要功能部件集成在一块集成电路板上的微型计算机。所以，单片机实际上是单片微型计算机（Single Chip Microcomputer）的简称。因为单片机在控制方面有重要应用，所以国际上通常将单片机称为微型控制器（Microcontroller Unit，MCU）。它已成为工业控制领域、智能仪器仪表、尖端武器、机电设备、过程控制、自动检测等方面应用最广泛的微型计算机。

2．51 系列单片机的分类

（1）按芯片的半导体制造工艺来划分，可以分为两种类型：HMOS 工艺型，包括 8051、8751、8052 和 8032；CHMOS 工艺型，包括 80C51、83C51、87C51、80C31、80C32 和 80C52。这两类器件在功能上是完全兼容的，但采用 CHMOS 工艺制造的芯片具有低功耗的特点，它所消耗的电流要比 HMOS 器件消耗的电流小得多。例如，8051 的功耗为 630mW，而 80C51 的功耗只有 120mW。在便携式、手提式和野外作业的仪器设备上，低功耗是非常有意义的。因此，在这些产品中必须使用 CHMOS 的单片机芯片。另外，CHMOS 器件还比 HMOS 器件多了两种节电的工作方式（掉电方式和待机方式），常用

于构成低功耗的应用系统。

（2）按片内不同容量的存储器配置来划分，可以分为两种类型：51 子系列型，芯片型号的最后一位数字以 1 作为标志，51 子系列单片机是基本型产品，其片内带有 4KB ROM/EPROM（紫外线可擦除的 ROM）、128B RAM、2 个 16 位定时器/计数器和 5 个中断源等；52 子系列型，芯片型号的最后一位数字以 2 作为标志，52 子系列单片机则是增强型产品，片内带有 8KB ROM/EPROM、256B RAM、3 个 16 位定时器/计数器和 6 个中断源等。

3. 51 系列单片机的兼容性

MCS−51 系列单片机优异的性价比使得它从面世以来就获得广大用户的认可。Intel 公司把这种单片机的内核，即 8051 内核，以出售或互换专利的方式授权给一些公司，如 Atmel、Philips、NEC 等。这些公司在保持与 8051 单片机兼容的基础上，改善了 8051 单片机的许多特性。例如，80C51 单片机就是在 8051 单片机的基础上发展起来的更低功耗的单片机，两者外形完全一样，其指令系统、引脚信号、总线等也都完全一致（完全兼容）。也就是说，在 8051 上开发的软件完全可以在 80C51 上应用；反之，在 80C51 上开发的软件也可以在 8051 上应用。这样，8051 单片机就成为拥有众多制造厂商支持的上百品种的大家族，现在统称为 80C51 系列单片机。

80C51 系列单片机也包括多个品种。其中，AT89C51 单片机近年来在我国非常流行，由美国 Atmel 公司开发生产，它的最大特点是内部含有可以重复编程的快速擦写存储器——Flash ROM，并且 Flash ROM 可以直接用编程器来擦写，使用非常方便。

然而，由于 89C51 不支持 ISP（在线更新程序）功能，在市场化方面受到限制。在此背景下，89S51 开始取代 89C51。89S51 相对于 89C51 除了增加 ISP 在线编程功能以外，还增加了许多新的功能，如进一步提高了工作频率、内部集成了看门狗计时器、大大提高了程序的保密性等，而价格却基本不变，甚至比 89C51 更低。同时，89S51 向下完全兼容 MCS−51 全部子系列产品。作为市场占有率第一的 Atmel 公司目前已经停产 AT89C51，使用 AT89S51 进行替代。本书中的所有实验均采用 AT89S51 芯片完成（但本书在进行单片机仿真时，仍采用 AT89C51 单片机，因为仿真库内暂无 AT89S51 型单片机，两者的使用功能是一样的）。

4. 单片机的外形及内部组成

图 1-1 给出了 AT89S51 单片机的外形。它有 40 个引脚，内部集成了 CPU、存储器和输入/输出接口等电路，其引脚排列如图 1-2 所示。MCS−51 单片机的内部组成如图 1-3 所示。下面介绍各部分的基本功能。

图 1-1　AT89S51 单片机的外形

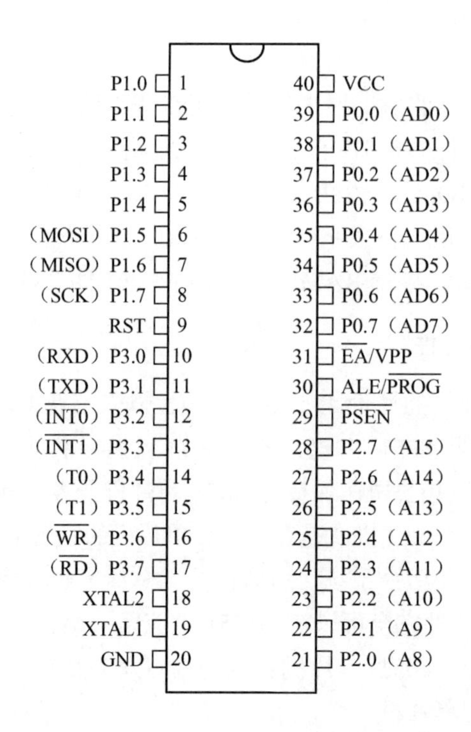

图 1-2　AT89S51 单片机的引脚排列

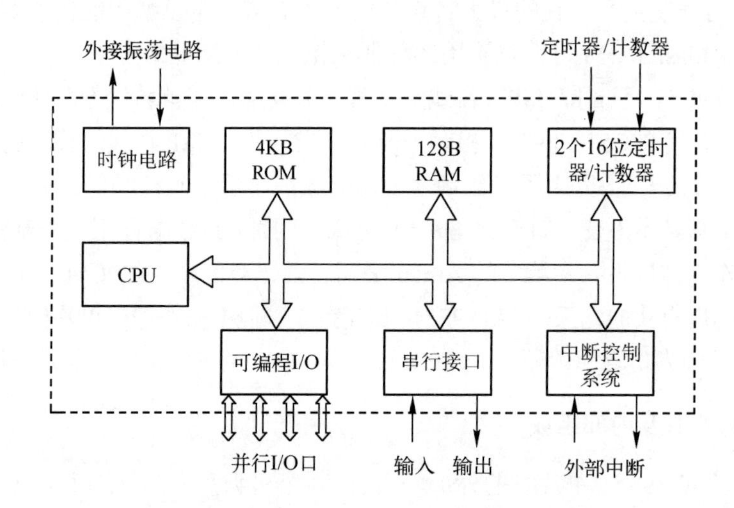

图 1-3　MCS−51 单片机的内部组成

（1）中央处理器（CPU）。

中央处理器是单片机的核心，完成运算和控制功能。它的结构非常复杂，但由于采用了 C 语言来设计程序，在编写程序的时候就无须过多地了解它的结构和原理。MCS−51 单片机的 CPU 能处理 8 位二进制数或代码的运算。

（2）内部数据存储器（128B RAM）。

MCS−51 单片机中共有 256 个 RAM 单元。其中，后 128 个单元被专用寄存器占用，通常称为特殊功能寄存器；供用户使用的寄存器只有前 128 个单元，用于存放可读写的数据。因此通常所说的内部数据存储器就是指前 128 个单元，简称内部 RAM。

（3）内部程序存储器（4KB ROM）。

MCS-51 单片机共有 4KB 掩膜 ROM，用于存放程序或原始数据，因此称为程序存储器，简称内部 ROM。

（4）定时器/计数器。

MCS-51 单片机共有两个 16 位的定时器/计数器，以实现定时或计数功能，并通过定时或计数结果对计算机进行控制。

（5）可编程 I/O 口。

MCS-51 单片机共有 4 个 8 位的 I/O 口（P0、P1、P2、P3），通过编写程序可以实现数据的并行输入/输出，从而接收外部信号或输出控制信号。

（6）串行（通信）接口（简称串行口或串口）。

MCS-51 单片机有一个全双工的串行口，以实现单片机和其他设备之间的串行数据传送。该串行口功能较强，既可作为全双工异步收发器使用，也可作为同步移位器使用。

（7）中断控制系统。

当 CPU 执行正常的程序时，如果接收到一个中断请求（如定时时间到，需要鸣笛报警），中断控制系统马上会让 CPU 停止正在执行的程序，转而去执行程序存储器 ROM 中特定的某段程序，执行完成该段程序后再继续执行先前中断的程序。

MCS-51 单片机共有 5 个中断源，即 2 个外中断源、2 个定时器/计数器中断源和 1 个串行中断源。

（8）时钟电路。

时钟电路产生时钟信号并送至单片机内部各电路，控制这些电路，使它们有节拍地工作。时钟信号频率越高，内部电路工作速度越快。

MCS-51 单片机的内部有时钟电路，但石英晶体和微调电容需外接，系统允许的晶振频率一般为 6～12MHz。

从上述内容可以看出，虽然 MCS-51 是一个单片机芯片，但是作为计算机应该具有的基本部件它都包括。因此，实际上它已是一个简单的微型计算机系统了。

1.1.2 单片机应用系统的结构及工作过程

1. 系统结构

单独一块单片机集成电路是无法工作的，必须添加一些外围电路，构成单片机应用系统才可以工作。图 1-4 给出了典型单片机应用系统（抢答器）的结构简图。当按下按键 SB1 时，发光二极管 LED1 点亮，同时蜂鸣器 SPK 发出声音。从图中可以看出，一个典型的单片机应用系统包括输入电路、单片机和输出电路。

2. 工作过程

下面以图 1-4 中的抢答器为例，说明单片机应用系统的工作过程。

当按下抢答键 SB1 后，单片机引脚 1 通过 SB1 接地，发光二极管 LED1 亮。同时，单片机输入低电平，经单片机内部的数据传输后，马上输出控制信号（这里仍为低电平），该信号经过 R2 送到驱动三极管 V1 的基极，三极管 V1 导通，有电流通过蜂鸣器 SPK，蜂鸣器发声。一旦松开抢答键 SB1，单片机输入信号为高电平，经过内部数据传输，马上输出高电平，三极管 V1 截止，蜂鸣器停止发声。

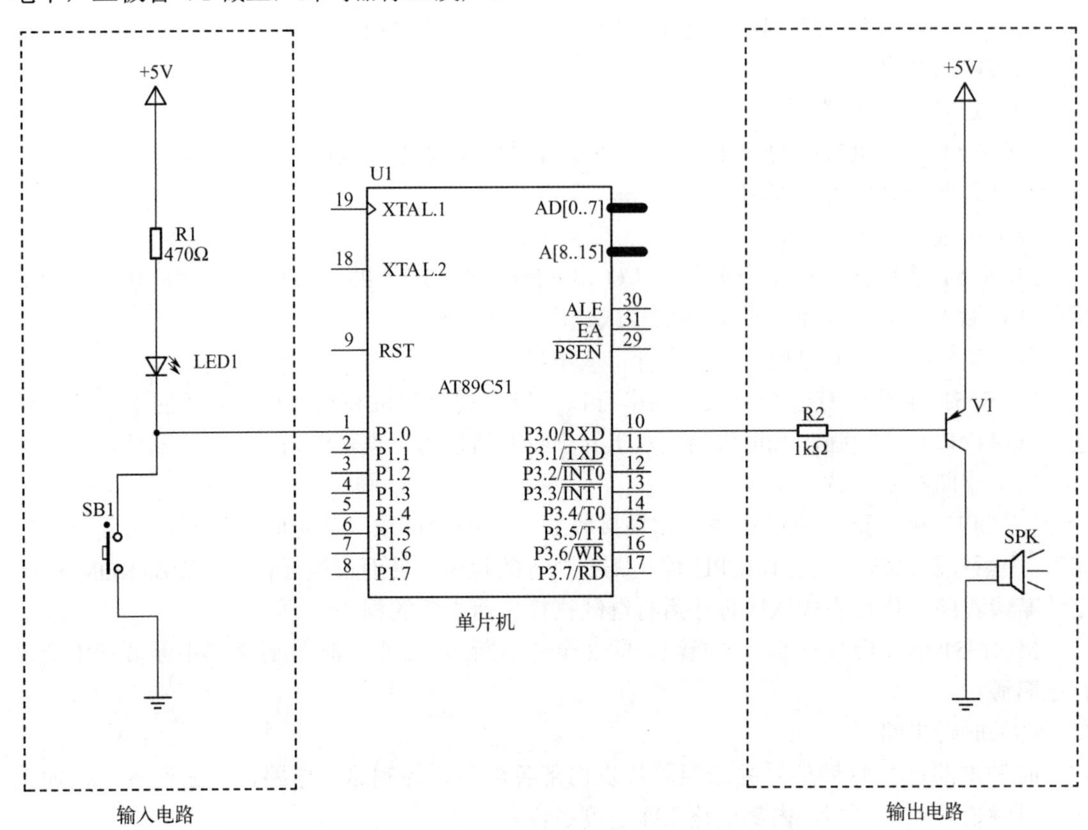

图 1-4　典型单片机应用系统（抢答器）的结构简图

1.1.3　单片机的应用

目前单片机已经应用到生活的各个领域。导弹的导航装置、飞机上各种仪表的控制、计算机的网络通信与数据传输、工业自动化过程的实时控制与数据处理、广泛使用的各种智能 IC 卡、民用豪华轿车的安全保障系统、录像机、摄像机、全自动洗衣机的控制，以及程控玩具、电子宠物等，这些都离不开单片机。

1. 在智能仪器仪表中的应用

单片机具有体积小、功耗低、控制功能强、扩展灵活、微型化和使用方便等优点，广泛应用于仪器仪表中。结合不同类型的传感器，可实现如电压、功率、频率、湿度、温度、流量、速度、厚度、角度、长度、硬度和压力等物理量的测量。采用单片机控制可以使得仪器仪表数字化、智能化和微型化，其功能比电子或数字电路的仪器仪表更加强大。

2. 在智能化家用电器中的应用

各种家用电器普遍采用单片机智能化控制代替传统的电子线路控制，进行升级换代，如洗衣机、空调、电视机、录像机、微波炉、电冰箱、电饭煲和各种视听设备等。

3．在工业控制中的应用

工业自动化控制是最早采用单片机控制的领域之一，如各种测控系统、过程控制、机电一体化和 PLC 等。在化工、建筑、冶金等工业领域都要用到单片机控制。

4．在商业营销设备中的应用

在商业营销系统中已广泛使用的电子秤、收款机、条形码阅读器、IC 卡刷卡机、出租车计价器，以及仓储安全监测系统、商场保安系统、空气调节系统、冷冻保鲜系统等都采用了单片机控制。

5．在汽车电子产品中的应用

现代汽车的集中显示系统、动力监测控制系统、自动驾驶系统、通信系统和运行监视器（黑匣子）等都离不开单片机。

6．在航空、航天和军事中的应用

航天测控系统、航空导航系统、卫星遥控/遥测系统、载人航天系统、导弹制导系统和电子对抗系统等都采用了单片机进行控制。

单片机应用的意义不仅在于它的广阔范围及所带来的经济效益。更重要的是，单片机的应用从根本上改变了控制系统传统的设计思想和设计方法。以前采用硬件电路实现的大部分控制功能，正在用单片机通过软件方法来实现，即人们所说的“软件就是硬件”。以前自动控制中的 PID 调节，现在可以用单片机实现具有智能化的数字计算控制、模糊控制和自适应控制。这种以软件取代硬件并提高系统性能的控制技术称为微控技术。随着单片机应用的推广，微控技术将不断发展完善。

1.2 单片机基础知识

在日常生活中，人们习惯用十进制来表示数，但计算机只能识别二进制数。二进制是计算机中数制的基础。

1.2.1 数制与数制间的转换

1．数制

按进位的原则进行计数，称为进位计数制，简称“数制”。数制有多种，在计算机中常用的有十进制、二进制和十六进制。

（1）十进制。

十进制按“逢十进一”的原则进行计数，它的基数为“十”，所使用的数码为 0~9 共 10 个数字。对于任意 4 位十进制数，都可以写成如下形式：

$$D_3D_2D_1D_0=D_3\times10^3+D_2\times10^2+D_1\times10^1+D_0\times10^0$$

式中，D_3、D_2、D_1、D_0 称为数码；10 为基数；10^3、10^2、10^1、10^0 是各位数码的“位权”，上式称为按位权展开式。

例：$30681 = 3\times10^4+0\times10^3+6\times10^2+8\times10^1+1\times10^0$

（2）二进制。

二进制按“逢二进一”的原则进行计数，它的基数为“二”，其使用的数码只有 0 和 1 两个。二进制在计算机中容易实现，可以用电路的高电平表示“1”，低电平表示“0”。或者用三极管截止时集电极的输出表示“1”，导通时集电极输出表示“0”。

对于任意一个 4 位二进制数，都可以写成如下形式：

$$B_3B_2B_1B_0=B_3\times2^3+B_2\times2^2+B_1\times2^1+B_0\times2^0$$

式中，B_3、B_2、B_1、B_0称为数码；2 为基数；2^3、2^2、2^1、2^0是各位数码的“位权”。

例：$(1101)_2=1\times2^3+1\times2^2+0\times2^1+1\times2^0=13$

由于二进制运算实行的借进位规则是“逢二进一，借一当二”，因此二进制的运算规则相当简单。

- 加法：0+0=0，0+1=1，1+0=1，1+1=10；
- 减法：0−0=0，1−0 =1，1−1=0，10−1=1；
- 乘法：0×0=0，0×1= 0，1×0=0，1×1=1；
- 除法：0÷1=0，1÷1=1。

例：求$(1101)_2\times(101)_2$的值。

```
        1 1 0 1
  ×       1 0 1
  -------------
        1 1 0 1
      0 0 0 0
    1 1 0 1
---------------
  1 0 0 0 0 0 1
```

因此，可得$(1101)_2\times(101)_2=(1000001)_2$

（3）十六进制。

由于二进制位数太长，不易记忆和书写，因此人们又提出了十六进制的数制。在单片机的 C 语言程序设计中经常用到十六进制。

十六进制按“逢十六进一”的原则进行计数，它的基数为“十六”，所使用的数码共有 16 个：0、1、2、3、4、5、6、7、8、9、A、B、C、D、E 和 F。其中，A、B、C、D、E 和 F 所代表的数的大小相当于十进制的 10、11、12、13、14 和 15。对于任意 4 位的十六进制数，都可以写成如下形式：

$$H_3H_2H_1H_0=H_3\times16^3+H_2\times16^2+H_1\times16^1+H_0\times16^0$$

式中，H_3、H_2、H_1、H_0称为数码；16 为基数；16^3、16^2、16^1、16^0是各位数码的“位权”。

例：$(120B)_{16}=1\times16^3+2\times16^2+0\times16^1+11\times16^0=4619$

2. 数制间的转换

将一个数由一种数制转换成另一种数制称为数制间的转换。

（1）十进制数转换为二进制数。

十进制数转换为二进制数采用“除 2 取余法”，即将十进制数依次除以 2，并依次记下余数，一直除到商为 0，最后把全部余数按相反次序排列，就能得到二进制数。

例：把十进制数 45 转换为二进制数。

```
                    余数    低位（第一次余数必为低位）
2 | 45 ………………………… 1      |
 2 | 22 ………………………… 0     |
  2 | 11 ………………………… 1    |
   2 | 5 ………………………… 1    |
    2 | 2 ………………………… 0   |
     2 | 1 ………………………… 1   ↓
       0                    高位（直到商数等于0为止）
```

因此可得，45=（101101）$_2$。

（2）二进制数转换为十进制数。

二进制数转换为十进制数采用“位权法”，即把非十进制数按位权展开，然后求和。

例：把（1011）$_2$转换为十进制数。

$$(1011)_2=1\times2^3+0\times2^2+1\times2^1+1\times2^0=11$$

（3）二进制数转换为十六进制数。

将二进制数转换为十六进制数的规则是，从右向左，每 4 位二进制数转换为 1 位十六进制数，不足部分用 0 补齐。

例：把（101101101101）$_2$转换为十六进制数。

把(101101101101)$_2$写成下面形式：

1011	0110	1101
B	6	D

因此可得，（101101101101）$_2$=（B6D）$_{16}$。

（4）十六进制数转换为二进制数。

十六进制数转换为二进制数的方法是，从左到右将待转换的十六进制数中的每个数码依次用 4 位二进制数表示。

例：将十六进制数（31AB）$_{16}$转换为二进制数。

将每位十六进制数写成 4 位二进制数，即

3	1	A	B
0011	0001	1010	1011

因此可得，（31AB）$_{16}$ =（0011000110101011）$_2$。

1.2.2 单片机中数的表示方法及常用数制的对应关系

1. 数的表示方法

为了便于书写，特别是方便编程时书写，规定在数字后加一个字母以表明数制。二进制后加 B；十六进制后加 H；十进制后面加 D，其中 D 可以省略。

例：3BH=00111011B=59D=59。

2．常用数制的对应关系

表 1-1 列出了常用数制的对应关系，表中数值在单片机 C 语言程序设计中经常用到，需要熟练掌握。

表 1-1 常用数制的对应关系

二 进 制	十 进 制	十 六 进 制	二 进 制	十 进 制	十 六 进 制
0000B	0	0H	1000B	8	8H
0001B	1	1H	1001B	9	9H
0010B	2	2H	1010B	10	AH
0011B	3	3H	1011B	11	BH
0100B	4	4H	1100B	12	CH
0101B	5	5H	1101B	13	DH
0110B	6	6H	1110B	14	EH
0111B	7	7H	1111B	15	FH

1.2.3 逻辑数据的表示

为了使计算机具有逻辑判断能力，就需要逻辑数据，并能对它们进行逻辑运算，得出一个逻辑式的判断结果。每个逻辑变量或逻辑运算的结果产生逻辑值，该逻辑值只能取“真”或“假”两个值。判断成立时为“真”，判断不成立时为“假”。在计算机内常用“0”和“1”表示这两个逻辑值，“0”表示假，“1”表示真。因此，在逻辑电路中，输入和输出只有两种状态，即高电平“1”和低电平“0”。

最基本的逻辑运算有逻辑“与”、逻辑“或”和逻辑“非”3 种。

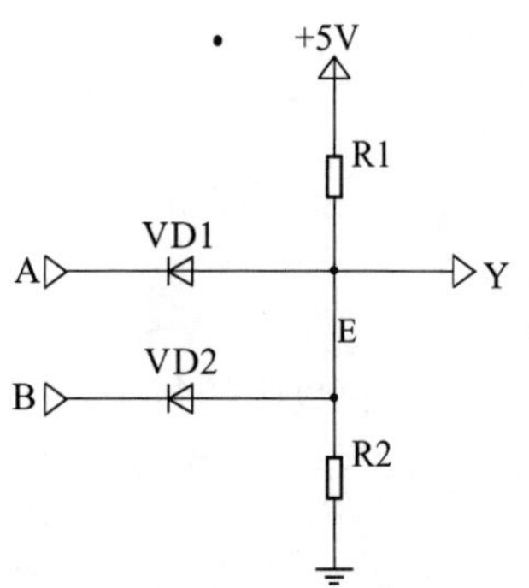

图 1-5 二极管与电阻构成的逻辑“与”电路

1．逻辑“与”

逻辑“与”也称为逻辑乘，最基本的“与”运算有两个输入量和一个输出量。图 1-5 给出了二极管与电阻构成的逻辑“与”电路。其中，A、B 为输入端，Y 为输出端，+5V 电压经 R1、R2 分压，在 E 点得到+3V 的电压。

（1）逻辑“与”的实现原理。

当 A、B 两端同时输入低电平（0V）时，由于 E 点电压为 3V，二极管 VD1、VD2 都导通，E 点电压马上降到 0.7V（低电平）。也就是说，当 A、B 两端同时输入低电平“0”时，Y 端输出低电平“0”。

当 A 端输入低电平（0V），B 端输入高电平（5V）时，由于 E 点电压为 3V，二极管 VD1 马上导通，E 点电压马上降到 0.7V（低电平），而二极管 VD2 处于截止状态。此时，Y 端输出低电平“0”。

当 A 端输入高电平（5V），B 端输入低电平（0V）时，二极管 VD1 截止，二极管 VD2 则处于导通状态，E 点仍为 0.7V（低电平）。此时，Y 端输出低电平“0”。

当 A、B 两端同时输入高电平（5V）时，二极管 VD1、VD2 都不能导通，E 点电压为 3V（高电平）。此时，Y 端输出高电平“1”。

由此可见，只有当输入端均为高电平时，输出端才会输出高电平；只要有一个输入端输入低电平，输出端就会输出低电平。这就是逻辑“与”运算的特点。

（2）真值表。

真值表列出电路的各种输入值和对应的输出值，可以直观地看出电路的输入与输出之间的关系。表 1-2 列出了逻辑“与”的真值表。

表 1-2 逻辑“与”的真值表

输　入		输　出
A	*B*	*Y*
0	0	0
0	1	0
1	0	0
1	1	1

（3）逻辑表达式与运算规则。

逻辑“与”的表达式为

$$Y = A \cdot B$$

逻辑“与”的运算规则可总结为“有 0 为 0，全 1 出 1”。

2．逻辑“或”

逻辑“或”也称为逻辑加，最基本的逻辑“或”运算有两个输入量和一个输出量。它的逻辑表达式为

$$Y = A + B$$

逻辑“或”的运算规则可总结为“有 1 为 1，全 0 出 0”。

3．逻辑“非”

逻辑“非”即取反，它的逻辑表达式为

$$Y = \overline{A}$$

逻辑“非”的运算规则可总结为“1 的反为 0，0 的反为 1”。

若在一个逻辑表达式中出现多种逻辑运算，可用括号指定运算的次序；无括号时按逻辑“非”、逻辑“与”和逻辑“或”的顺序执行。

1.2.4 单片机中常用的基本术语

下面通过一个例子来说明单片机是如何表示数的。

一盏灯要么“亮”，要么“灭”，只有两种状态。如果规定灯亮为“1”，灯灭为“0”，那么一盏灯可以表示的数为 0 和 1，共 $2^1=2$ 个数。

两盏灯可以有“灭灭”“灭亮”“亮灭”和“亮亮”共 4 种状态，即“00”“01”“10”和“11”，而二进制数 00、01、10 和 11 分别相当于十进制数的 0、1、2 和 3。所以，两盏灯可以表示的数为 0、1、2 和 3，共 $2^2=4$ 个数。

三盏灯的全部状态可以表示为“000”“001”“010”“011”“100”“101”“110”和“111”，所以，三盏灯可以表示的数为 0、1、2、3、4、5、6 和 7，共 $2^3=8$

个数。

同理可得，八盏灯一共可以表示 2^8=256 个数。

1．位

通过前面的例子可知，一盏灯的亮/灭或电平的高/低可以代表两种状态，即“0”和“1”。实际上这就是一个二进制位。位（bit）是计算机中所能表示的最小数据单位。

2．字节

相邻的 8 位二进制码称为字节（Byte），用 B 表示。字节是一个比较小的单位，常用的还有 KB 和 MB 等，它们之间的关系如下：

$$1MB=1024KB=1024\times1024B$$

3．字长

字是计算机内部进行数据处理的基本单位。它由若干位二进制码组成，通常与计算机内部的寄存器、运算器、数据总线的宽度一致。每个字所包含的位数称为字长。若干个字节定义为一个字，不同类型的单片机有不同的字长。8051 内核的单片机是 8 位机，它的字长为 8 位，其内部的运算器等都是 8 位的，每次参加运算的二进制位也只有 8 位。

1.3 单片机入门的有效方法与途径

对于单片机初学者来说，学习的方法和途径非常重要。如果按照传统教材的教学模式，即硬件结构→指令介绍→软件编程→单片机接口技术→应用实例，先学难懂的硬件结构原理，再学枯燥的汇编指令，学了半天还没有搞清楚这些指令起什么作用、能够产生什么实际效果，然后又开始了脱离实验的纯软件编程的学习，初学者很难搞清楚是怎么一回事。等开始学习单片机接口技术时，绝大多数初学者已经半途而废，放弃单片机的学习了。传统教材的这种教学模式，使初学者普遍感到单片机“原理难学、指令难记、接口难用”，不利于单片机应用技术的推广。

那么，怎样才能迅速进入单片机学习大门，掌握单片机应用技术呢？要回答这个问题，首先必须明确一个前提：并不是只有全部掌握硬件结构、编程指令后才能入门单片机技术，而是只要能有针对性地解决一些简单的实际问题就算入门了，而在解决相当一部分简单的实际问题时，用到的相关理论知识并不很多。

基于上述前提和作者的单片机教学经验，为使初学人员快速入门，本书的编写采用一套新的“边理论、边实践，学一样、会一样”的案例教学模式：首先通过一个简单实例，使读者在学习的一开始就能够掌握单片机的整个开发过程，然后采用边学边练的方法，逐步掌握单片机的硬件结构。另外，本书采用易于掌握的 C 语言进行单片机应用程序设计，大大降低了读者对单片机硬件结构了解程度的要求。总之，单片机学习最有效的方法和入门途径就是“边学边用”。

1.4 学习单片机的基本条件

单片机技术是一门实践性很强的软硬件结合的技术。无论是程序设计方法，还是硬件结构，都必须通过大量的实践才能理解、掌握。单片机的实践主要包括编程练习和硬件实验，编程练习需要使用有关开发软件，而硬件实验需要准备基本的实验板。

1.4.1 软件条件

单片机软件的开发过程是先编写程序，再进行编译、仿真和调试，最后用编程器（烧录器）将程序写入单片机。

1. 程序编译软件 Keil C51

Keil C51 软件是德国 Keil 公司开发的 51 系列单片机编程软件，它采用目前流行的集成化开发环境，集编辑、编译和仿真于一体，界面友好，易学易用。在该软件中，用户可以编写汇编语言或 C 语言源程序，并可利用该软件将源程序编译生成单片机能够运行的十六进制文件。图 1-6 所示为 Keil C51 的工作界面。

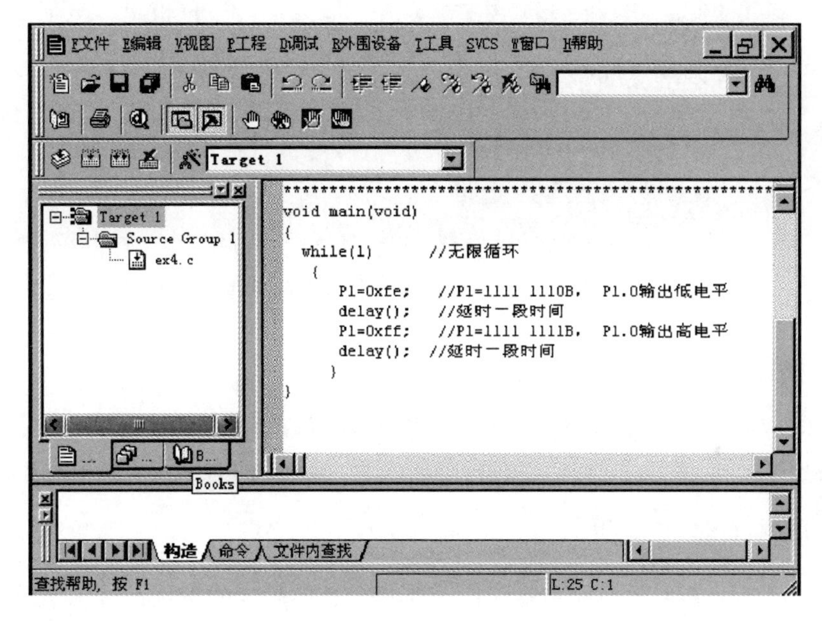

图 1-6　Keil C51 的工作界面

2. 仿真软件 Proteus

为了验证所编译程序的正确性，传统单片机学习与开发往往采用软件仿真和硬件仿真两种形式。软件仿真只能验证程序的正确性，不能仿真具体硬件环境；利用仿真器可以进行硬件仿真，但硬件仿真功能有限。Proteus 是英国 Labcenter Electroncis 公司研发的模拟电路、数字电路、模/数混合电路的设计与仿真平台，是目前世界上最先进的单片机和嵌入式系统的设计与仿真平台。它真正实现了在计算机上完成从原理图与电路设计、电路分析与仿真、单片机系统测试与功能验证到形成 PCB 的完整的电子设计、研发过程，为单片机教学改革提供了很好的新思路。

图 1-7 所示是数字电压表的 Proteus 仿真原理图搭建效果。为了降低学习成本，本书不介绍仿真器对程序的仿真，而主要介绍 Proteus 的仿真方法。用好 Proteus，可以达到几乎和仿真器一样甚至更好的仿真效果。

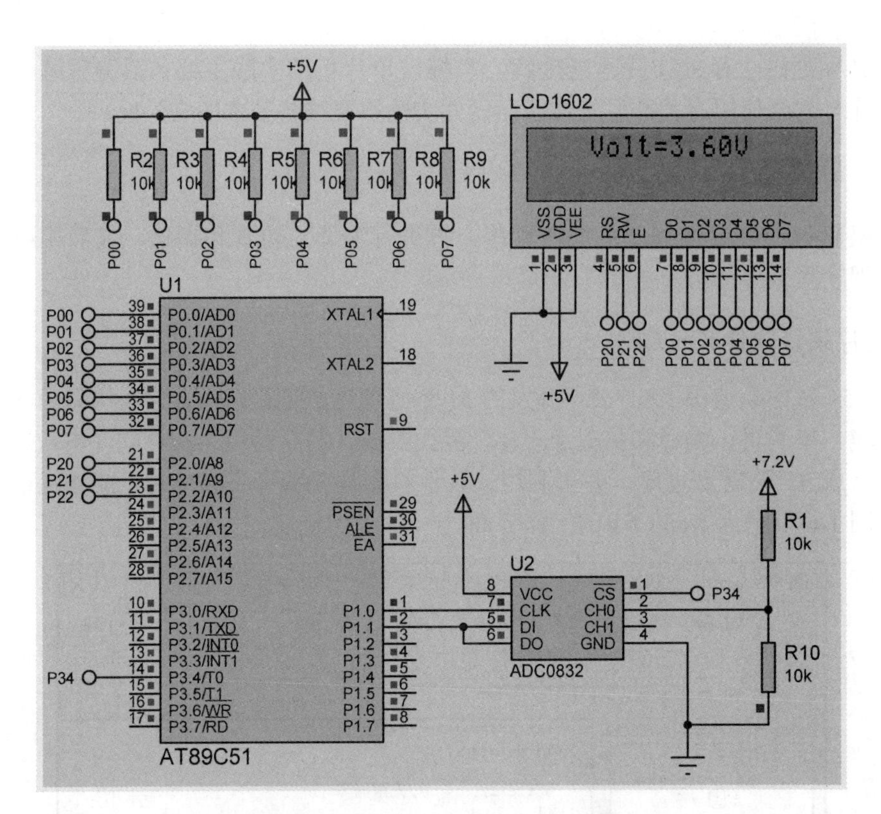

图 1-7 数字电压表的 Proteus 仿真原理图搭建效果

3．程序烧录软件

经仿真确定程序无误，就可以用程序烧录器（编程器）将程序写入单片机了，这就需要借助相关的烧录软件才能进行。市场有多种程序烧录器，烧录软件在购买烧录器时都会附带。

1.4.2 硬件条件

学习单片机当然离不开硬件实验，这需要两个必不可少的条件：一个是编程器；另一个是单片机实验板。

1．A51 编程器

当程序在实验板上仿真无误后，就需要一个专门的工具——编程器，将程序代码“烧”写入单片机芯片，这是单片机开发的最后一道工序。

A51 编程器支持目前最为经典和市场占有量最大的 Atmel 公司生产 51 系列的 AT89C51、AT89C52、AT89C55、AT89C1051、AT89C2051、AT894051 和最新的 AT89S51、AT89S2 等单片机，并且价格低廉，非常适合于 51 单片机的初学人员。图 1-8 所示是 A51 编程器的外形图。A51 编程器具有如下特点：

（1）使用串口通信，芯片自动判别，编程过程中的擦除、烧写、校验等各种操作完全由编程器上的监控芯片 AT89C51 控制，不受计算机配置及主频的影响，因此烧写成功率可以高达 100%。烧写速度很快，并且与计算机的档次无关。

（2）采用 57600 bit/s 的波特率进行数据传送，编程速度可以和一般并行编程器相媲美。

经测试，烧写一片4KB ROM的AT89C51仅需要9.5 s，而读取和校验仅需要3.5 s。

（3）体积小巧，省去笨重的外接电源适配器，直接使用 USB 端口 5V 电源。携带方便，非常适合初学者学习51单片机。

（4）功能完善，具有编程、读取、校验、检查、擦除、加密等系列功能。

（5）采用优质万用锁紧插座，没有接触不良等问题，可烧写 40 脚单片机芯片和 20 脚单片机芯片。

（6）改进的烧写深度确保每一片 C51 系列芯片的反复烧写次数都能达到1000次以上，内部数据至少保存10年。

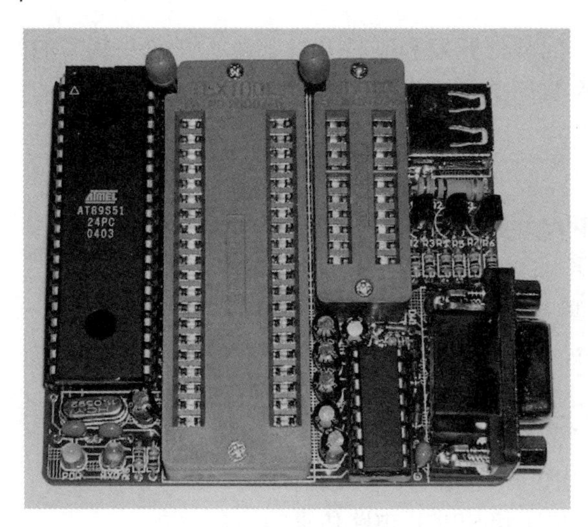

图1-8　A51编程器的外形图

2．单片机实验板

为了看到单片机的真实运行效果，提高动手能力，必须使用单片机实验板进行基本实验，如 LED 流水灯、数码管显示、键盘控制、音乐播放、继电器控制、I^2C 通信实验、液晶显示实验、串口通信实验、红外线遥控信号解码实验等。这是学习单片机程序设计和掌握单片机应用技术的必备条件，也是进一步开发单片机高级应用程序的基础。

习　　题

1．用十六进制数表示下列二进制数。

1010 0011B、1100 1110B、0011 1111B、1111 0001B

2．将下列十进制数转换为二进制数。

29、125、81、49

3．将下列十六进制数转换为二进制数。

35H、12H、F6H、ABH

4．单片机内部采用什么数制工作？为什么？学习十六进制的目的是什么？

5．什么是单片机？单片机主要应用于哪些领域？

第 2 章

单片机开发软件及开发过程

实践表明，单片机的软件开发和硬件开发都离不开一些基本的开发软件和开发工具。本章从简单实例入手，介绍单片机开发所必备的一些软件及开发的基本过程。

扫码获取本章学习素材
（仅限本书读者专享）

2.1 仿真软件 Proteus 的使用

Proteus 软件能对单片机应用系统同时进行软件和硬件的仿真，为设计单片机应用系统提供一个非常好的平台。

2.1.1 Proteus 的主要功能特点

本书采用 Proteus 8.10 英文版，其特点如下。

（1）实现了单片机仿真和 SPICE 电路仿真的结合。

具有模拟电路仿真，数字电路仿真，单片机及其外围电路组成的系统的仿真，RS-232 动态仿真，以及 I^2C 调试器、SPI 调试器、键盘和 LCD 系统仿真的功能，还有各种虚拟仪器，如示波器、逻辑分析仪、信号发生器等。

（2）支持主流单片机系统的仿真。

目前支持的单片机类型有 68000 系列、8051 系列、AVR 系列、PIC12 系列、PIC16 系列、PIC18 系列、Z80 系列、HC11 系列及各种外围芯片。

（3）提供软件调试功能。

Proteus 中提供了全速、单步、设置断点等调试功能，可以观察各个变量、寄存器等的当前状态。同时，还支持第三方的软件编译和调试环境，如 Keil C51 等软件。

（4）具有强大的原理图绘制功能。

使用 Proteus 可以快速、方便地绘制出单片机应用系统的原理图。

2.1.2 实例 1：功能感受——利用 Proteus 对单片机播放《渴望》主题曲进行仿真

本节通过一个实例来感受 Proteus 的强大功能。

（1）打开随书附件中的“第 2 章\仿真实例\ ex1”文件夹，双击“ex1.pdsprj”彩色图标，弹出图 2-1 所示的 Proteus 仿真原理图。

（2）用鼠标右键单击单片机 AT89C51（标号为 U1），则弹出图 2-2 所示的单片机属性对话框。单击“Program File”文本框右侧的文件打开按钮，选取目标文件 ex1.hex。

（3）在“Clock Frequency”（时钟频率）文本框中输入 11.0592MHz，使仿真系统以此频率运行。

（4）单击“OK”按钮，再单击“调试”菜单下的“执行”命令，或者按下“F12”键，或者直接单击仿真工具栏中的按钮▶，系统就会启动仿真。此时，只要计算机上接有音箱，就会听到优美的音乐。

+5V
U1
C3
10u
R1
10k
GND
C1
33p
C2
33p
GND
X1
CRYSTAL
P1.7
P1.6
P1.5
P1.4
P1.3
P1.2
P1.1
P1.0
EA
ALE
PSEN
RST
XTAL2
XTAL1
P3.7/RD
P3.6/WR
P3.5/T1
P3.4/T0
P3.3/INT1
P3.2/INT0
P3.1/TXD
P3.0/RXD
P2.7/A15
P2.6/A14
P2.5/A13
P2.4/A12
P2.3/A11
P2.2/A10
P2.1/A9
P2.0/A8
P0.7/AD7
P0.6/AD6
P0.5/AD5
P0.4/AD4
P0.3/AD3
P0.2/AD2
P0.1/AD1
P0.0/AD0
AT89C51
LS1
SOUNDER
GND

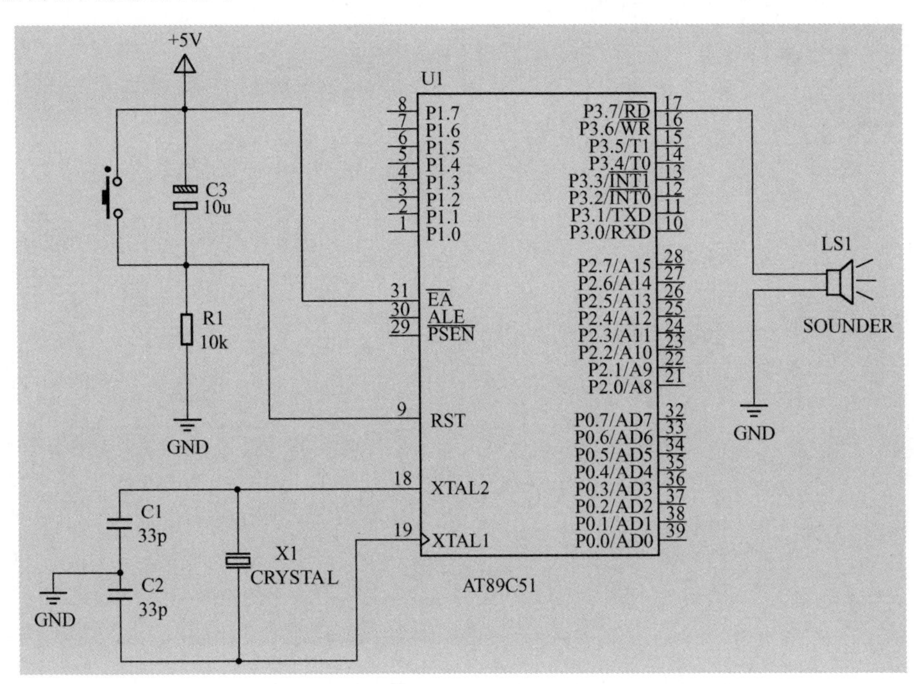

图 2-1　播放音乐的 Proteus 仿真原理图

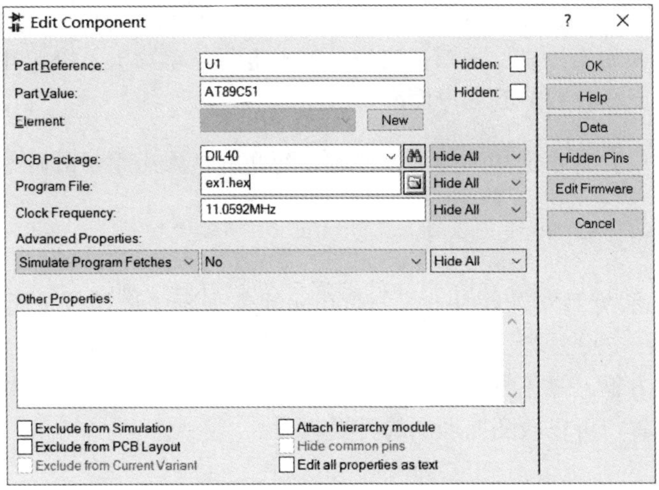

Edit Component
Part Reference: U1 Hidden:
Part Value: AT89C51 Hidden:
Element: New
PCB Package: DIL40 Hide All
Program File: ex1.hex Hide All
Clock Frequency: 11.0592MHz Hide All
Advanced Properties:
Simulate Program Fetches No Hide All
Other Properties:
OK
Help
Data
Hidden Pins
Edit Firmware
Cancel
Exclude from Simulation
Exclude from PCB Layout
Exclude from Current Variant
Attach hierarchy module
Hide common pins
Edit all properties as text

图 2-2　单片机属性对话框

注：如果不作特别说明，本书所有实例均采用 11.0592 MHz 的频率进行仿真。

2.1.3　Proteus 软件的界面与操作介绍

本书只介绍 Proteus 智能原理图输入系统（ISIS）的工作环境和基本操作。

单击“File”→“New Project”→“Next”→“Next”→“Next”→“Next”→“Finish”，即可进入图 2-3 所示的 Proteus ISIS 集成环境。Proteus ISIS 的工作界面是一种标准的 Windows 界面，下面简单介绍各部分的功能。

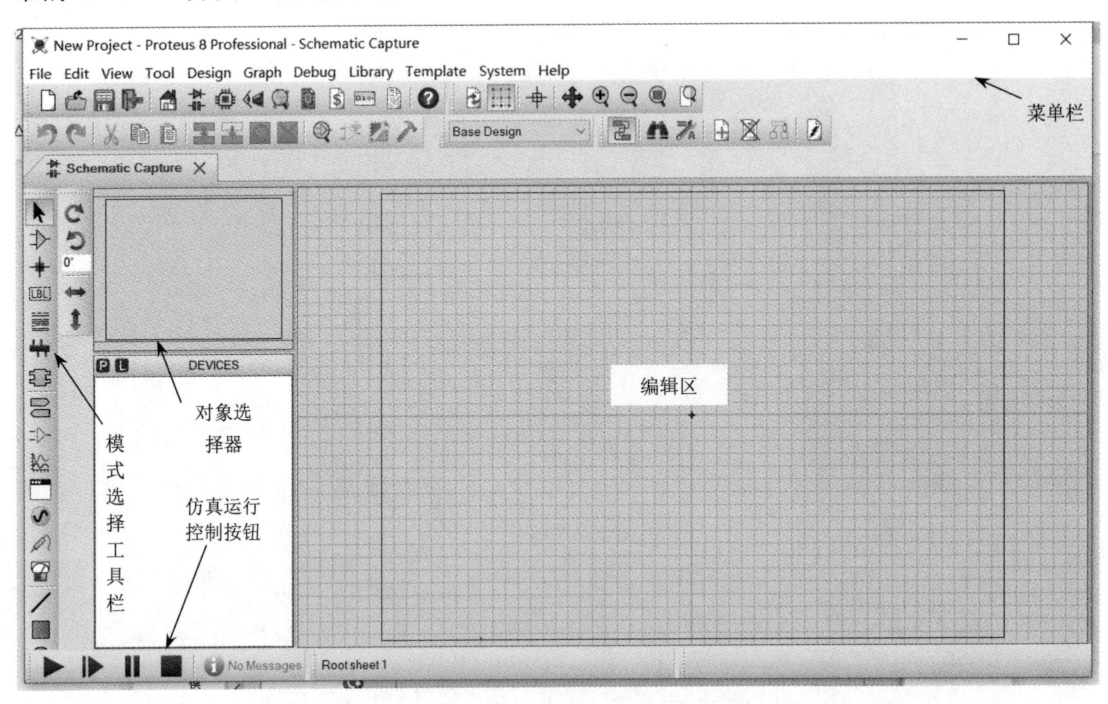

图 2-3 Proteus ISIS 集成环境（Proteus 8 Professional）

1. 原理图编辑窗口

原理图编辑窗口用来绘制原理图。它也是各种电路、单片机系统的 Proteus 仿真平台。方框内为编辑区，元器件要放到它里面。

注意：原理图编辑窗口没有滚动条，可通过预览窗口改变原理图的可视范围。

2. 预览窗口

预览窗口可显示两部分内容：一部分是在元器件列表中选择一个元器件时，显示该元器件的预览图；另一部分是当鼠标焦点落在原理图编辑窗口时，显示整张原理图的缩略图，并显示一个绿色的方框，绿色方框里面的内容就是当前原理图编辑窗口中显示的内容。通过改变绿色方框的位置，可以改变原理图的可视范围。

3. 对象选择器

对象选择器用来选择元器件、终端、图表、信号发生器、虚拟仪器等。对象选择器上方有一个条形标签，用以标明当前所处的模式及其下所列的对象类型。如图 2-4 所示，当前模式为选择元器件模式，选中的元器件为“BUTTON'”。选中后，该元器件即出现在预览窗口。单击“P”按钮可将选中的元器件放置到原理图编辑区。

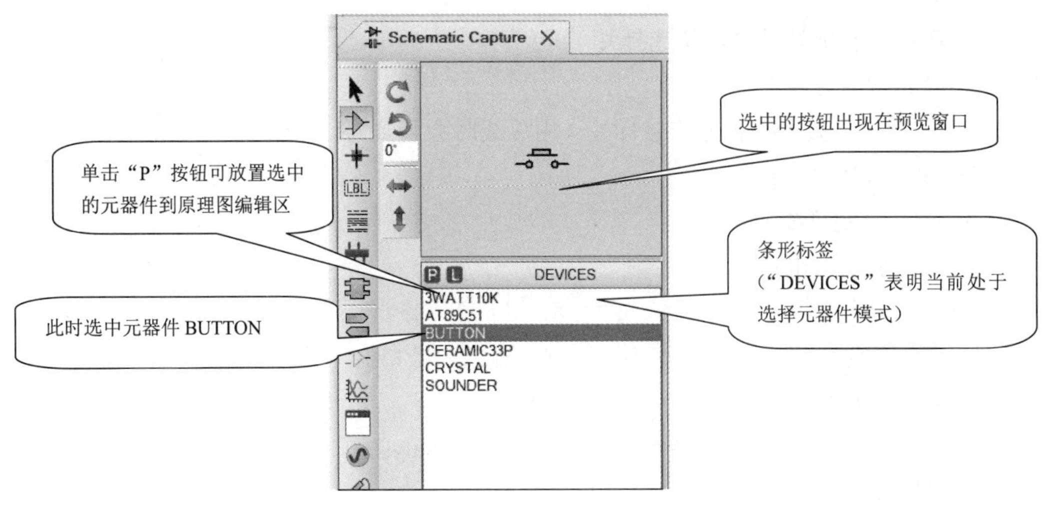

图 2-4 对象选择器

4．工具栏分类及图标

表 2-1 列出了 Proteus 工具栏分类及图标。

表 2-1 Proteus 工具栏分类及图标

分类	功能	图标
命令工具栏	文件操作	
	显示命令	
	编辑操作	
模式选择工具栏	主模式选择	
	小工具箱	
	2D 绘图	
方向工具栏	转向	
仿真工具栏	仿真运行控制	

下面仅介绍 Proteus 独有的工具。

（1）显示命令。

- ：显示刷新；
- ：显示/不显示网格点切换；
- ：显示/不显示手动原点；
- ：以鼠标所在点的中心进行显示；
- ：放大；
- ：缩小；
- ：查看整张图；
- ：查看局部图。

（2）主模式选择工具。

- ：即时编辑元器件参数 （先单击该图标，再单击要修改的元器件）；

- ：选择元器件（默认选择）；
- ：放置连接点；
- ：放置网络标号连接标签（用总线时会用到）；
- ：放置文本；
- ：绘制总线；
- ：放置子电路。

（3）小工具箱。

- ：终端接口，有 VCC、地、输出、输入等接口；
- ：元器件引脚，用于绘制各种引脚；
- ：仿真图表，用于各种分析，如 Noise Analysis；
- ：录音机；
- ：信号发生器；
- ：电压探针，使用仿真图表时需要用到（连接电路节点可显示电压）；
- ：电流探针，使用仿真图表时需要用到；
- ：虚拟仪表，有示波器等（可显示工作波形）。

（4）转向工具。

- ：顺时针旋转 90°；
- ：逆时针旋转 90°；
- ：显示元器件放置角度；
- ：元器件水平翻转；
- ：元器件垂直翻转。

（5）仿真运行控制按钮。

：从左至右依次是运行、单步运行、暂停和停止。

5. Proteus 操作特性

下面列出了 Proteus 不同于其他 Windows 软件的操作特性，必须熟练掌握。

（1）在元器件列表中用鼠标左键选择后可放置元器件。

（2）用鼠标右键单击元器件后可弹出编辑菜单。

（3）双击鼠标右键可删除元器件。

（4）先用鼠标右键单击后用鼠标左键单击，可编辑元器件属性。

（5）连线使用鼠标左键，而通过双击鼠标右键可删除画错的连线。

（6）先用鼠标右键单击连线，再用鼠标左键拖动，可更改连接线走线方式。

（7）滚动鼠标滑轮可放缩原理图。

2.1.4 实例 2：Proteus 仿真设计快速入门

本实例采用 Proteus 软件绘制仿真原理图，如图 2-5 所示。将编译好的流水灯控制程序 ex2.hex 载入单片机。启动仿真，观察流水灯点亮效果。实例所需的元器件见表 2-2。

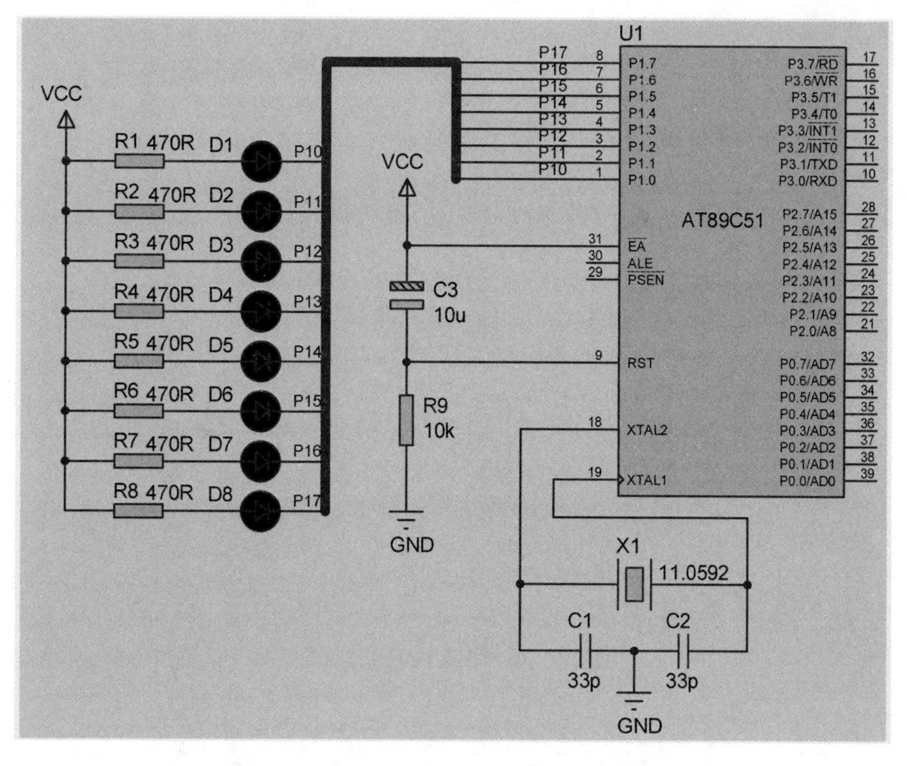

图 2-5 单片机控制流水灯的仿真原理图

表 2-2 实例所需元器件表

元 器 件	名 字	描 述
单片机 U1	AT89C51	
电阻 R1～R8	Resistors	470Ω（0.6W）
电阻 R9	Resistors	10kΩ（0.6W）
发光二极管 D1～D8	Led-yellow（黄色）	
电容 C1～C2	Capacitors	33pF（50V）
电容 C3	Capacitors	10μF 50V（电解电容）
晶振	Crystal	

1. 新建设计文件

打开 Proteus 8 Professional 工作界面，执行菜单命令“File”→“New Project”，在弹出的“New Project Wizard：Start”对话框中设置好保存路径，并在其上方“Name”处输入“ex2”后，再单击“Next”按钮，如图 2-6 所示。此时弹出选择模板对话框，选择 DEFAULT 模板，继续单击“Next”按钮三次，最后单击“Finish”按钮，即可完成新建设计文件的保存，文件自动保存为“ex2. pdsprj”。

2. 从元器件库中选取元器件

单击图 2-4 所示的对象选择器上的“P”按钮，弹出元器件库选择对话框，如图 2-7 所示。

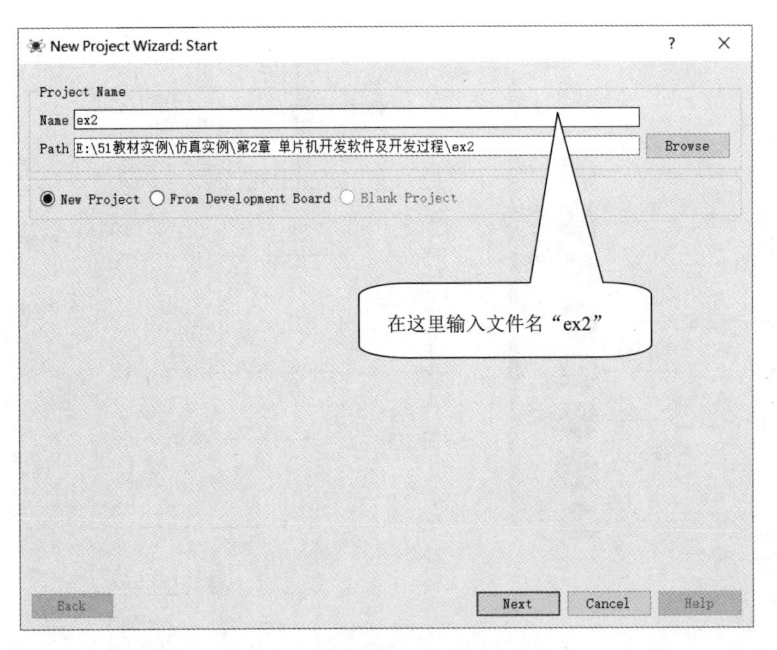

图 2-6　原理图文件保存对话框

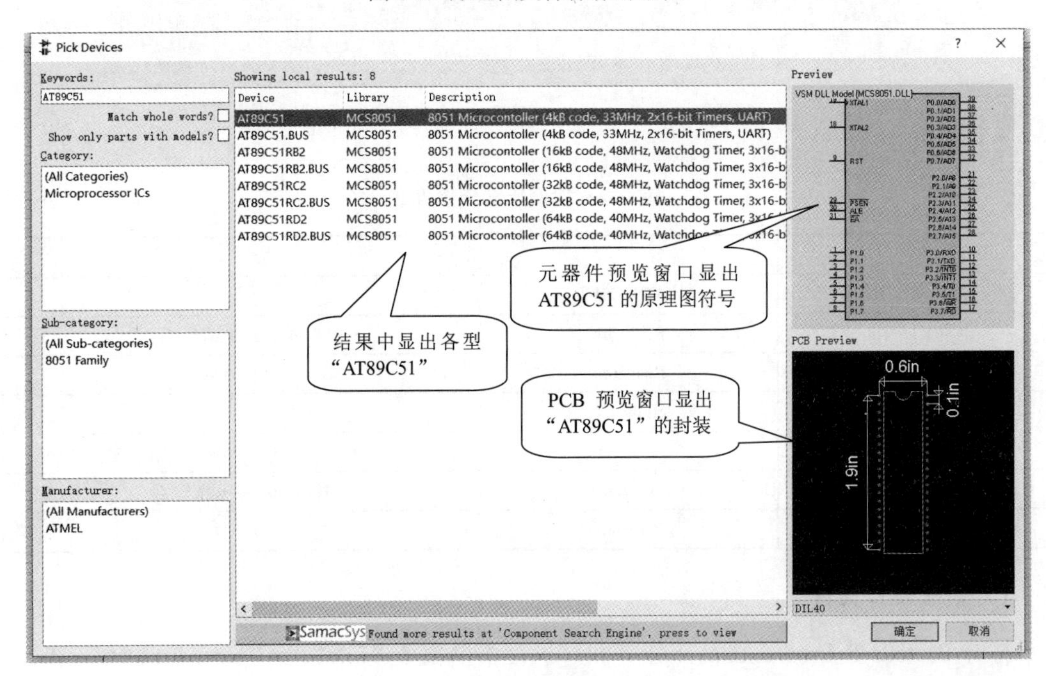

图 2-7　元器件库选择对话框

1）添加单片机

在“Keywords”（关键字）文本框中输入“AT89C51”，则在元器件预览窗口中分别显示出元器件的类型及相应的原理图符号和封装，如图 2-8 所示。在预览结果中选中“AT89C51”，再单击“OK”按钮，或者直接双击“AT89C51”，均可将元器件添加到对象选择器中。

2）添加电阻

打开元器件库选择对话框，在“Keywords”文本框中输入“resistors”，在结果中可以看到各种类型的电阻，在“resistors”后接着输入“470r”，结果中显示出各种功率的 470 Ω电阻。因为这里只需小功率电阻，因此在元器件描述窗口双击“470R 0.6W”电阻，将其添加到对象选择器中。

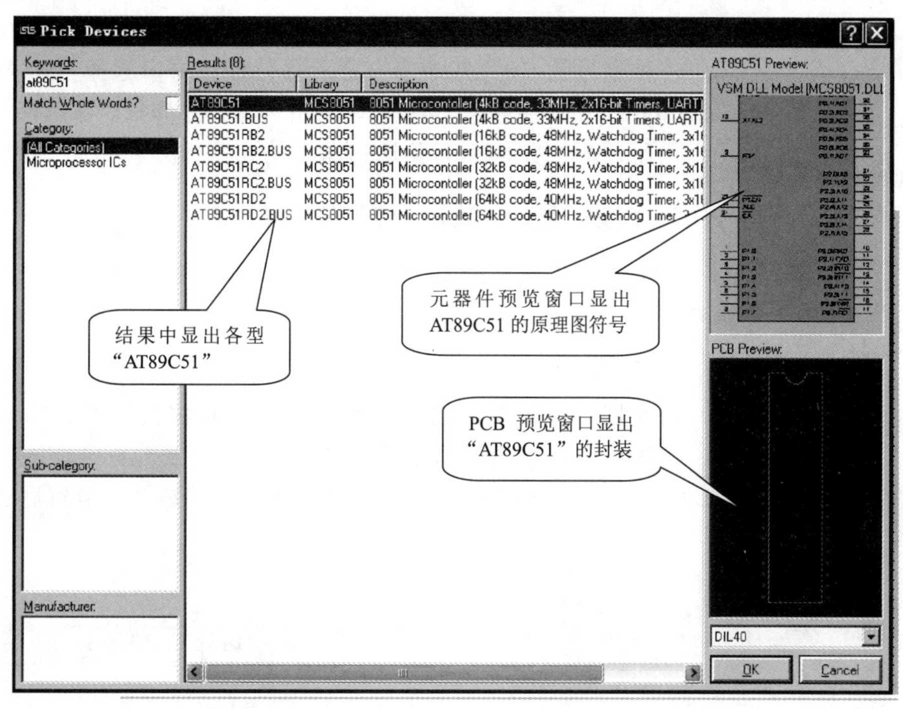

图 2-8　元器件预览对话框

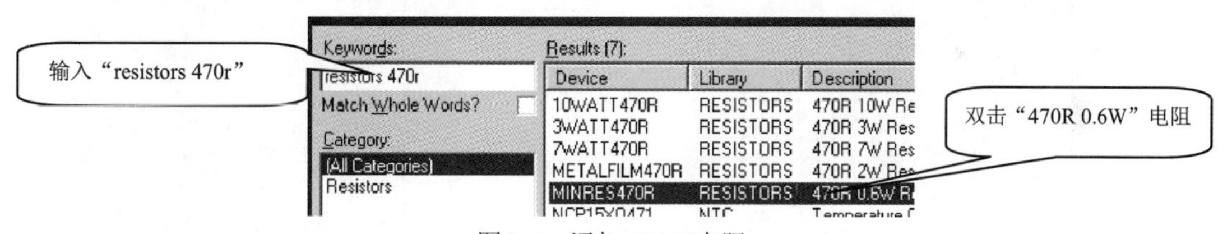

图 2-9　添加 470 Ω电阻

用同样方法添加 10 kΩ电阻（0.6 W）到对象选择器中。

3）添加发光二极管

打开元器件库选择对话框，在“Keywords”文本框中输入“led-yellow”（黄色）。结果中只有一种黄色发光二极管类型，双击该器件，将其添加到对象选择器中。

4）添加晶振

打开元器件库选择对话框，在“Keywords”文本框中输入“crystal”，结果中只有一种晶振类型，双击该器件，将其添加到对象选择器中。

5）添加电容

（1）添加 33 pF 电容。

打开元器件库选择对话框，先在“Keywords”文本框中输入“capacitors”，可在结果中看到各种类型的电容，在“capacitors”后接着输入“30pF”，结果中显示出各种型号的 30 pF

电容。在元器件描述窗口任选一个“50 V”电容，双击它将其添加到对象选择器中。

（2）添加 10 μF 电解电容。

打开元器件库选择对话框，先在“Keywords”文本框中输入“capacitors”，可在结果中看到各种类型的电容，接着输入“10 u”（不要输入 10 μF），结果中显示出各种型号的 10 μF 电容。在元器件描述窗口选择“50 V Radial Electrolytic”（圆柱形电解电容），双击它将其添加到对象选择器中。

元器件添加完毕后对象选择器中的元器件列表如图 2-10 所示。

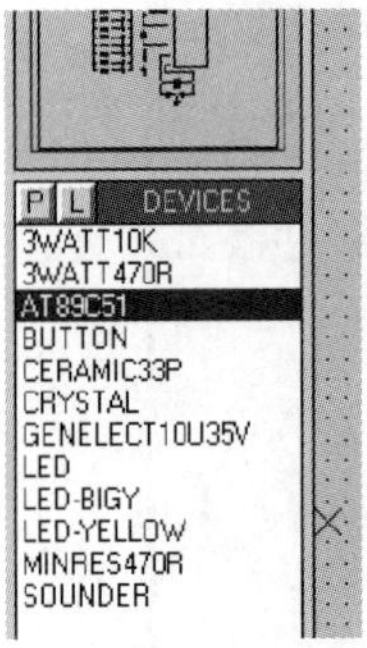

图 2-10　对象选择器中的元器件列表

3．放置、移动、旋转、删除和设置元器件

下面以单片机“AT89C51”的放置为例来说明元器件的放置与编辑方法。

1）放置

在元器件列表中，选择“AT89C51”，再将光标移到原理图编辑区，在任意位置单击鼠标左键，即可出现一个随光标浮动的单片机符号，如图 2-11 所示。移动光标到适当位置单击即可完成该单片机的放置。放置后的单片机符号如图 2-12 所示。

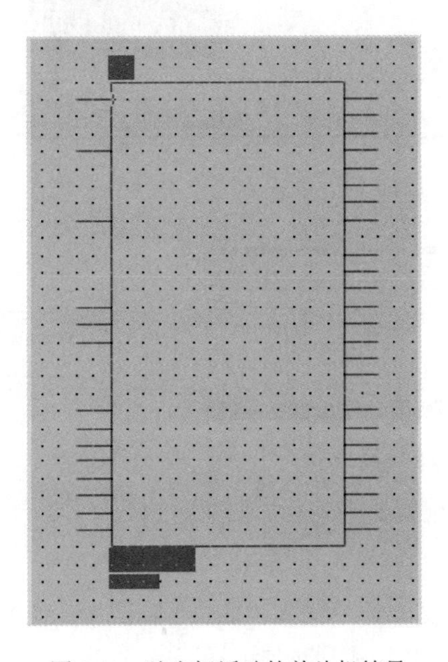

图 2-11　随光标浮动的单片机符号

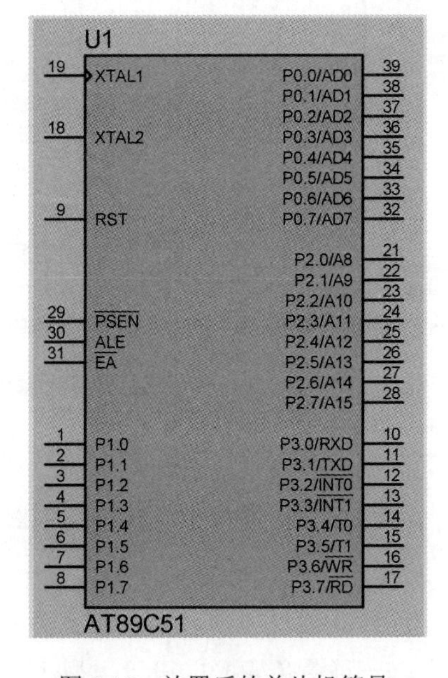

图 2-12　放置后的单片机符号

2）移动和旋转

用鼠标右键单击“AT89C51”，弹出图 2-13 所示的快捷菜单。从中选择菜单项即可进行相应的编辑。例如，本例需要对单片机进行垂直翻转操作，所以单击“Y-Mirror”，即可实现单片机的垂直翻转。

3）删除

使用下面 3 种方法可将原理图上的单片机删除。

（1）用鼠标右键双击单片机 AT89C51，可将其删除。
（2）用鼠标左键框选 AT89C51，再按“Delete”键，可将其删除。
（3）用鼠标左键按住 AT89C51 不放，同时按“Delete”键，可将其删除。

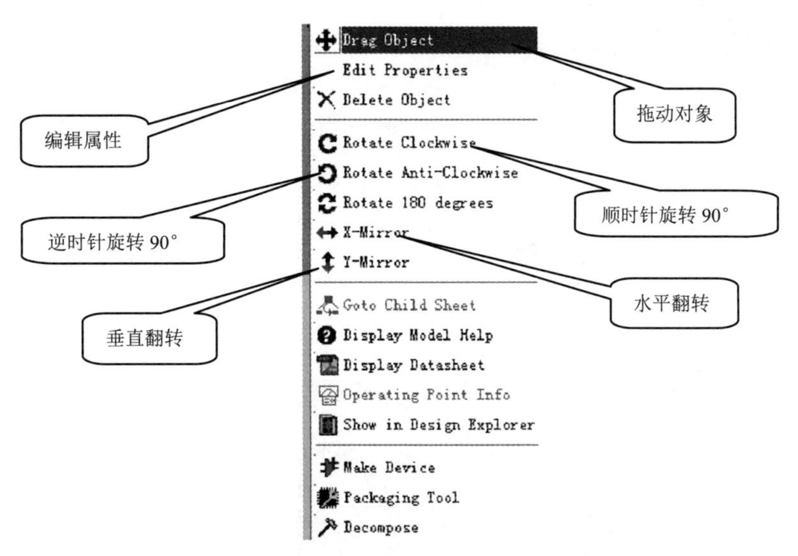

图 2-13　在元器件上单击鼠标右键弹出的快捷菜单

4）属性设置

本例需要对单片机 AT89C51 进行属性设置。

单击图 2-13 中的“Edit Properties”命令，弹出元器件属性设置对话框，如图 2-14 所示。例如，在“Clock Frequency”文本框中输入“11.0592MHz”，即可将单片机的时钟频率设置为 11.0592MHz。

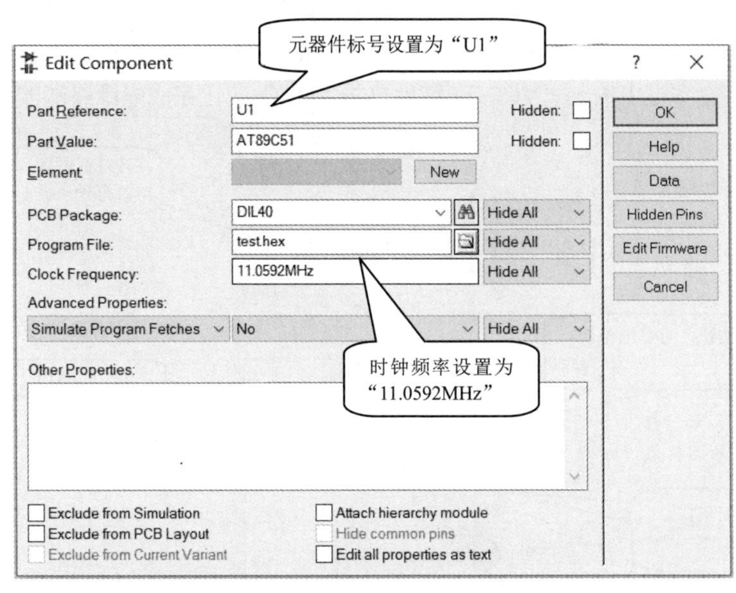

图 2-14　单片机 AT89C51 的属性设置

用类似的方法放置和编辑其他元器件，放置后各元器件的位置如图 2-5 所示。

4．网格单位

Proteus 编辑环境默认的网格单位是 100th（1th=0.01mm），这也是移动元器件的步长单位，可根据需要进行修改。如图 2-15 所示，执行菜单命令“View→“Snap 1mm”即可将网格单位设置为 100th。若需要对元器件进行更精确的移动，可用同样的方法将网格单位设置为 50th 或 10th。

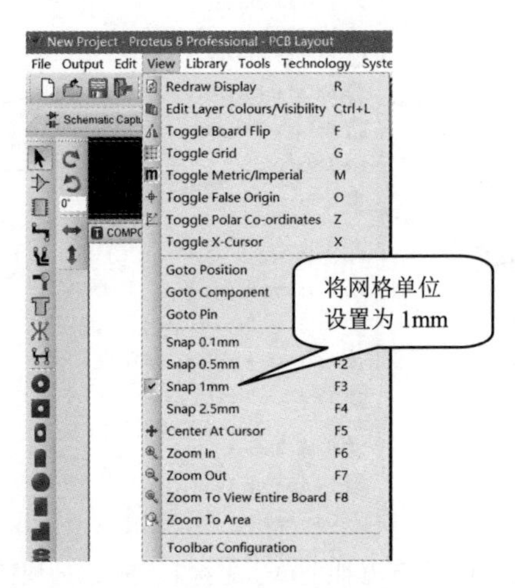

图 2-15　网格单位的设置

5．放置电源和地（终端）

单击图 2-16 所示小工具箱的终端按钮，则在对象选择器中显示出各种终端符号，从中选择“POWER”，可在预览窗口看到电源的符号。此时，将光标移到原理图编辑区，即可看到一个随光标浮动的电源终端符号。将光标移动到适当位置，单击即可将电源终端符号放置到原理图中。然后在电源终端符号上双击鼠标左键，弹出“Edit Terminnal Label”对话框，如图 2-17 所示。在“String”文本框中输入“VCC”，最后单击“OK”按钮完成电源终端的放置。

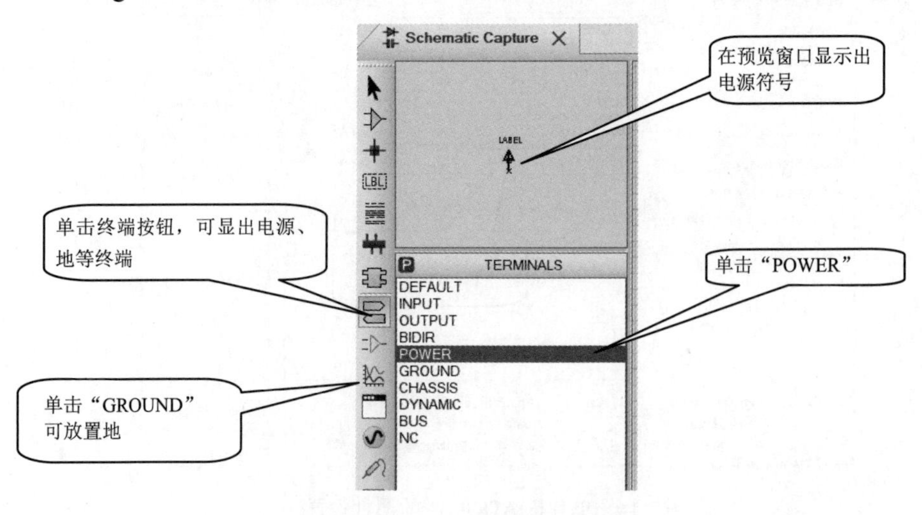

图 2-16　电源终端的放置

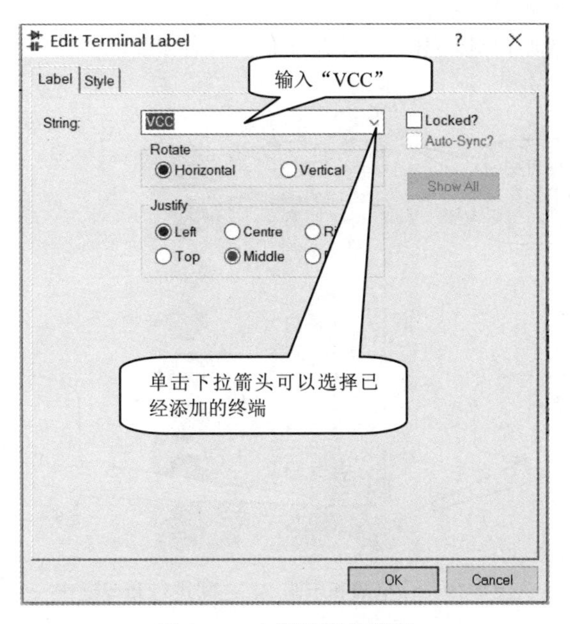

图 2-17　电源终端的编辑

用同样的方法放置“地”终端。

6．放置总线

单击主模式选择工具中的总线图标 ，可在原理图中放置总线。其放置方法及位置如图 2-18 所示。

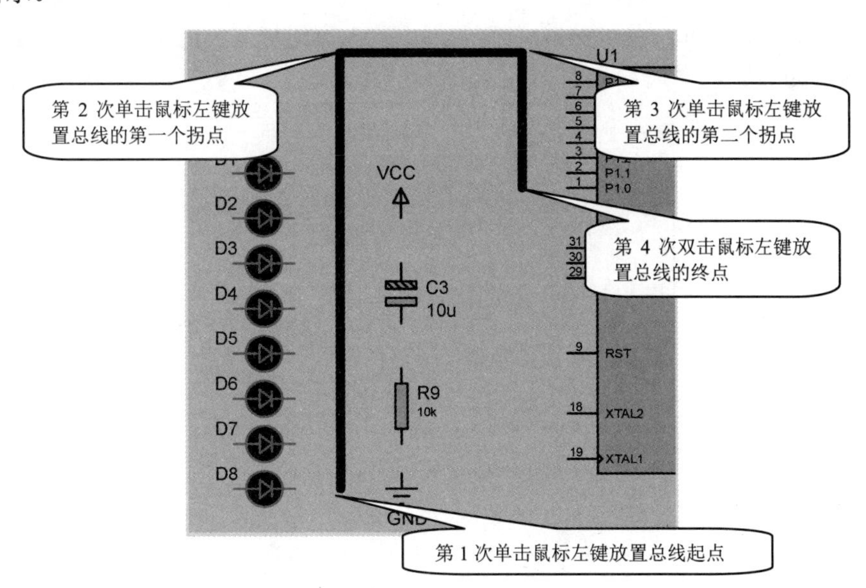

图 2-18　放置总线

7．电路图布线

系统默认自动捕捉功能有效，只要将光标放置在要连线的元器件引脚附近，就会自动捕捉到引脚，单击鼠标左键就会自动生成连线。当连线需要转弯时，只要单击鼠标左键即可。图 2-19 所示为在电源和电阻 R8 之间进行布线操作。

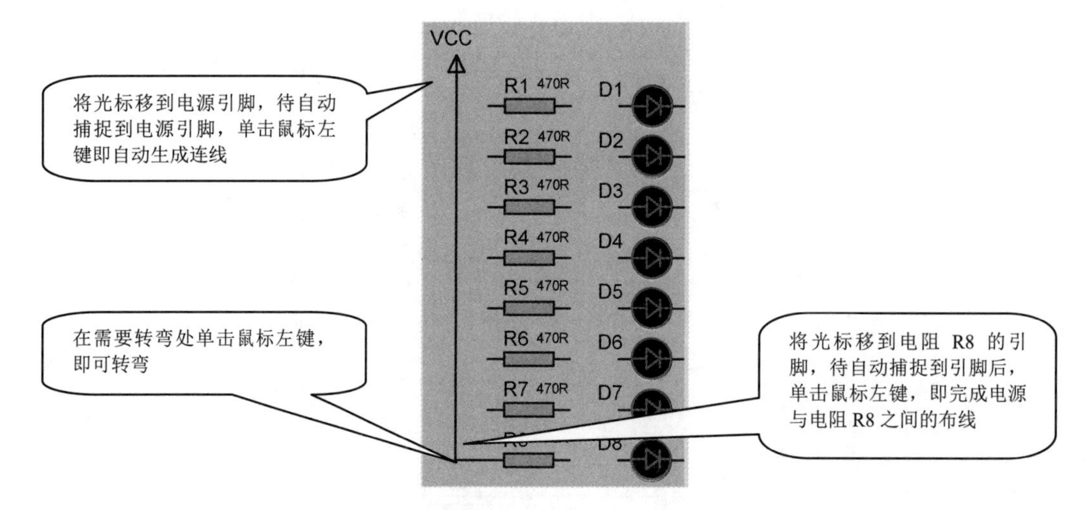

图 2-19　在电源和电阻 R8 之间进行布线操作

用类似的方法完成其他元器件之间的布线，布线效果如图 2-5 所示。

8．添加网络标号

图 2-5 中各元器件引脚与单片机引脚通过总线的连接并不表示真正意义上的电气连接，需要添加网络标号。在 Proteus 仿真时，系统会认为网络标号相同的引脚是连接在一起的。

单击主模式选择工具 LBL，在需要放置网络端口的元器件引脚附近单击鼠标左键，弹出如图 2-20 所示的对话框。在“String”文本框中输入网络标号“P10”，单击“OK”按钮即完成网络标号的添加。

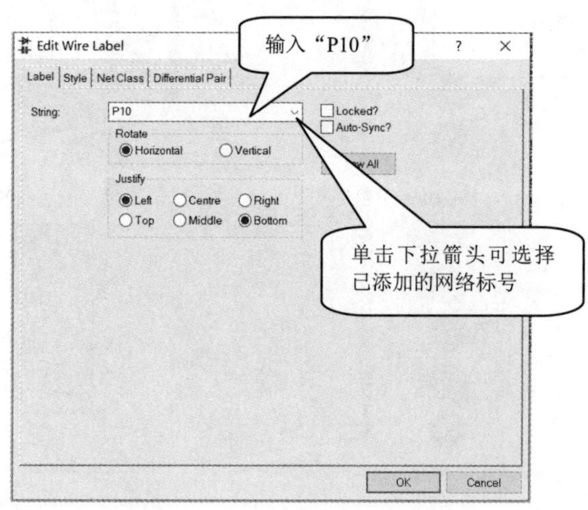

图 2-20　添加网络标号

其他网络标号的添加与此类似，添加效果如图 2-5 所示。

9．电气规则检查

设计完电路图后，执行菜单命令“Tool”（工具）→“Electricd Rules Check”（电气规则检查），则弹出图 2-21 所示的电气规则检查结果对话框。如果没有错，则系统给出“No ERC errors found”的信息。

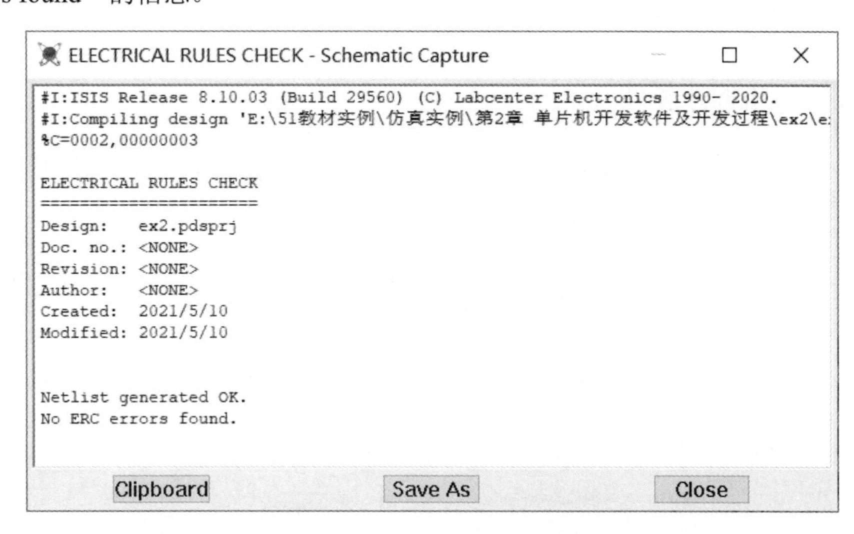

图 2-21　电气规则检查结果

10．仿真运行

由于目前还没有学习单片机的程序设计，因此这里先使用一个编译好的流水灯控制程序来验证仿真效果。将随书附件“第 2 章\仿真实例\ex2”文件夹内的 ex2.hex 载入单片机 AT89C51（U1），再将其时钟频率设置为 11.0592 MHz。最后单击仿真运行按钮 ▶，系统就会启动仿真，仿真原理图搭建效果如图 2-22 所示。从图中可以看出，在某一时刻发光二极管 D4 被点亮。

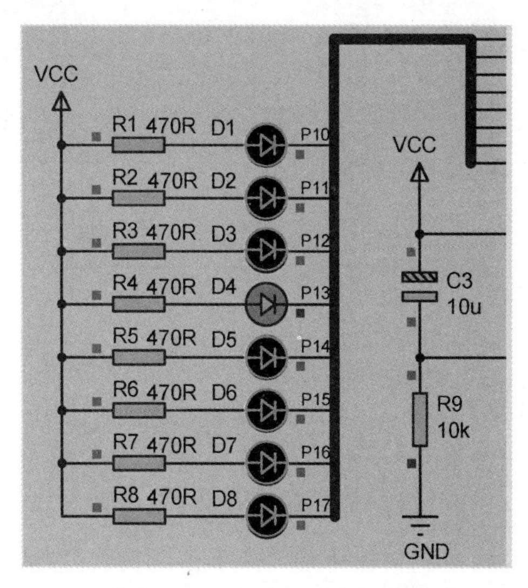

图 2-22　流水灯控制电路的仿真原理图搭建效果

这个例子表明，Proteus 仿真软件可以获得几乎和真实硬件电路一样的实验效果，这为学习单片机提供了一个非常好的虚拟实验平台，节约了不少硬件成本。本书的绝大多数实验都将基于 Proteus 软件平台进行。

2.2 Keil C51 的使用

2.2.1 单片机最小系统

能让单片机工作的、由最基本元器件构成的系统称为单片机最小系统。构成 51 系列单片机最小系统的基本条件如下：

- 电源：单片机使用的是 5 V 电源。
- 晶振电路：单片机是一种时序电路，必须有脉冲信号才能工作。在单片机内部有一个时钟产生电路，只要接上两个电容和一个晶振即可正常工作。
- 复位电路：启动后让单片机从初始状态开始执行程序。
- $\overline{\text{EA}}$ 引脚：连接到电源正极，表示使用内部程序存储器。

点亮发光二极管 D1 所需的单片机最小系统原理图如图 2-23 所示。

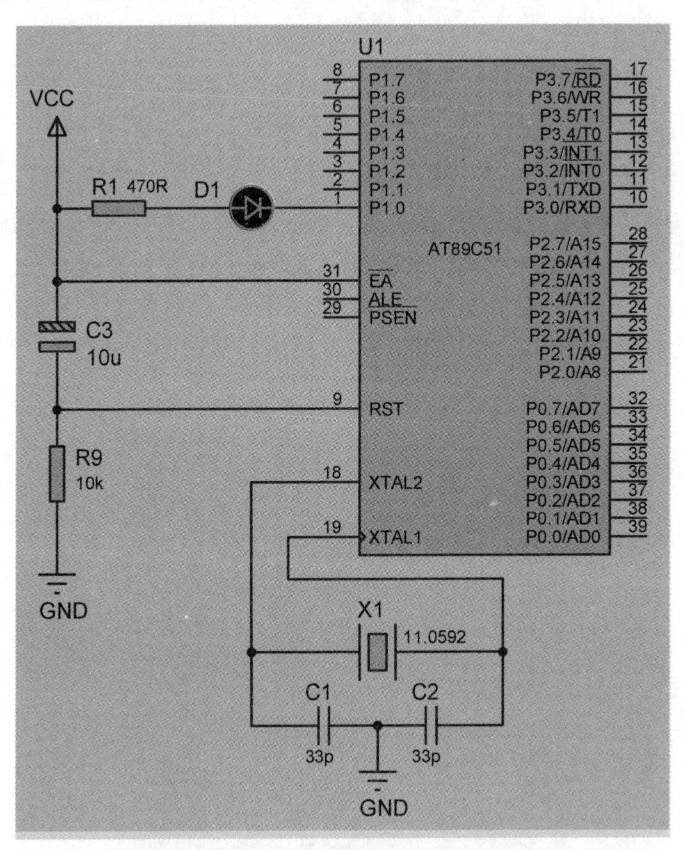

图 2-23　点亮发光二极管 D1 所需的单片机最小系统原理图

注意：在 Proteus 中绘制仿真原理图时，最小系统所需的晶振电路、复位电路和 $\overline{\text{EA}}$ 引脚与电源的连接都可以省略，并不影响仿真效果。

2.2.2 实例 3：用 Keil C51 编写点亮一个发光二极管的程序

本例在 Keil C51 下编写点亮图 2-23 中发光二极管 D1 的程序，并用 Proteus 软件对编写的程序进行仿真。

点亮发光二极管 D1 的工作原理很简单，只要让 P1.0 输出低电平，使 D1 正向偏置。在 C 语言中，只要输入以下语句即可。

```
P1_0=0;     //“0”表示P1.0引脚输出低电平，D1正向偏置
```

可见控制语句很简单，但怎样将其写入单片机呢？换句话说，怎样让单片机明白我们的意思呢？这些工作需要用 Keil C51 软件来完成。

1．新建项目和源程序文件

Keil C51 软件安装完成后，双击桌面上的“Keil μVision2”图标，进入“μVision2”工作界面。

1）新建项目

执行菜单命令“工程”→“新建”，弹出 “新建工程”对话框，如图 2-24 所示。指定好保存路径后，在“文件名”文本框中输入“ex3”，再单击“保存”按钮即完成新工程的创建（系统默认扩展名为“.uv2”）。此时系统弹出如图 2-25 所示的“为目标‘Target 1’选择设备”对话框，单击对话框左侧数据库内容中 Atmel 前面的图标“+”，在弹出的系列单片机型号中单击“89C51”，然后单击“确定”按钮即完成设备的选择。

图 2-24 “新建工程”对话框

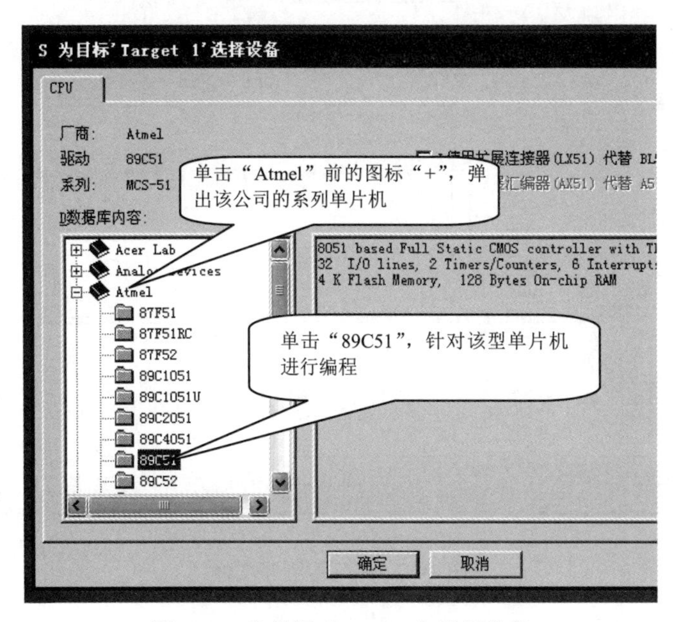

图 2-25 为目标“Target 1”选择设备

设备选择结束后，在如图 2-26 所示的窗口左边的项目管理器中新增了一个“Target 1”文件夹，通过它可以对项目进行源程序添加和属性设置等操作。

图 2-26　项目管理器中新增了“Target 1”文件夹

2）新建源程序文件

要编写程序，还需要新建一个源程序文件，再在该文件中编写程序。

执行菜单命令“文件”→“新建”，新建一个空白文档，如图 2-27 所示。

图 2-27　新建源程序文件

输入以下 C 语言源程序：

```
#include<reg51.h>        //包含51单片机寄存器定义的头文件
void main(void)
 {
   P1=0xfe;              //P1=11111110B，即P1.0引脚输出低电平
 }
```

执行菜单命令“文件”→“保存”，弹出如图2-28所示的“另存”对话框。指定好文件保存路径后，在“文件名”文本框中输入“ex3.c”。单击“保存”按钮完成源程序的保存。

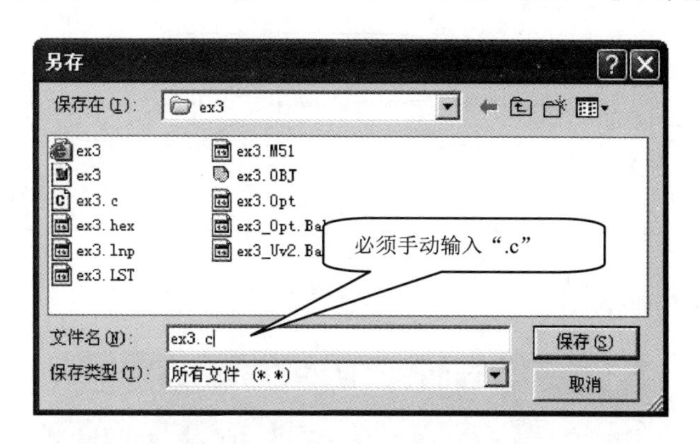

图2-28　保存源程序文件的对话框

注意：*源程序后缀“.c”必须手动输入，表示为C语言程序，让Keil C51采用对应C语言的方式来编译源程序。*

2．将新建的源程序文件加载到项目管理器

单击项目管理器中“Target 1”旁的“+”图标，展开后在“Source Group 1”文件夹上单击鼠标右键，则弹出图2-29所示的快捷菜单。选择“增加文件到组‘Source Group 1’”命令，则弹出图2-30所示的对话框。在该对话框中选择文件类型为“C源文件”，找到新建的“ex3.c”，然后单击“Add”按钮，“ex3.c”文件即被加入到项目中。此时对话框并不会消失，可以继续加载其他文件。单击“关闭”按钮将该对话框关闭。在Keil软件项目管理器的“Source Group 1”文件夹中可以看到新加载的“ex3.c”文件，如图2-31所示。

图2-29　在快捷菜单中选择加载源程序文件的命令

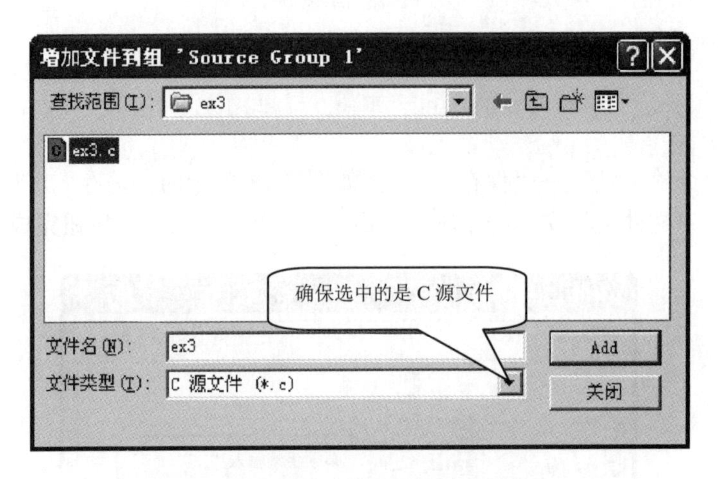

图 2-30　在对话框中选择要添加的文件

图 2-31　“Source Group 1”文件夹下出现新加载的文件

3．编译程序

单片机不能处理 C 语言程序，而必须将 C 程序转换成二进制或十六进制代码，这个转换过程称为汇编或编译。Keil C51 软件本身带有 C51 编译器，可将 C 程序转换成十六进制代码，即*.hex 文件。用鼠标右键单击“Target 1”，从弹出的快捷菜单中选择“目标‘Target 1’属性”命令，弹出如图 2-32 所示的目标属性设置对话框。该对话框有 8 个标签页，其中“目标”和“输出”标签页较为常用，默认打开的是“目标”标签页。本书只需在“输出”标签页中选中“生成 HEX 文件”选项即可，如图 2-33 所示。选中该选项后，在编译时会生成扩展名为“.hex”的十六进制文件供程序烧录或 Proteus 仿真使用，最后单击“确定”按钮即可完成所需设置。设置完成后，单击图 2-34 中的图标，或者执行菜单命令“工程”→“重新构造所有目标”命令，软件就开始对源程序“ex3.c”进行编译。如果程序没有问题，将在输出窗口给出“0 错误，0 警告”的信息提示。

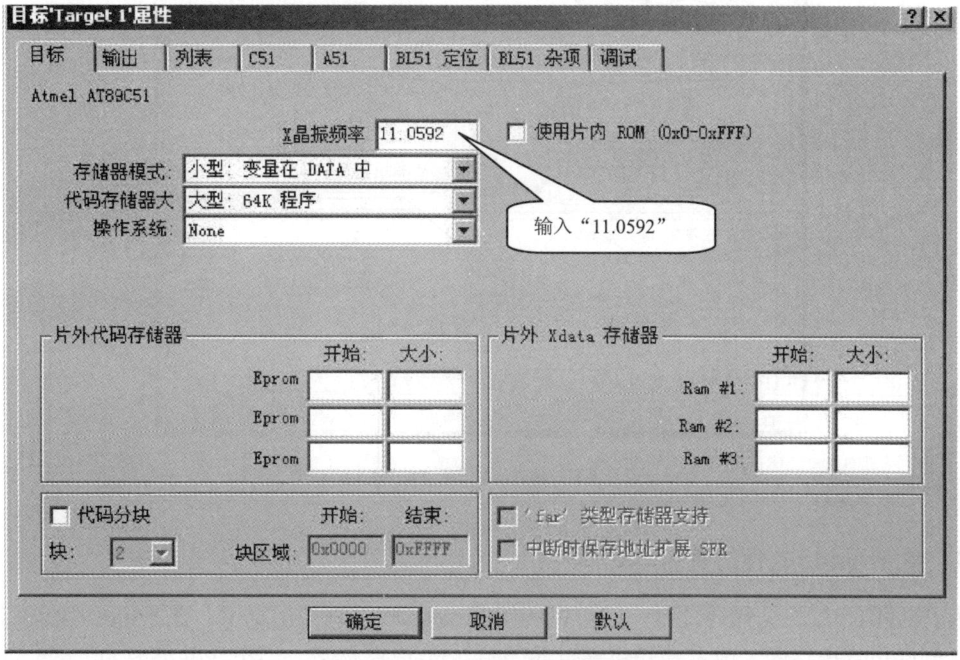

目标'Target 1'属性

目标 | 输出 | 列表 | C51 | A51 | BL51 定位 | BL51 杂项 | 调试

Atmel AT89C51

X晶振频率 11.0592　使用片内 ROM (0x0-0xFFF)

存储器模式: 小型: 变量在 DATA 中

代码存储器大 大型: 64K 程序

操作系统: None

输入“11.0592”

片外代码存储器　开始: 大小:

Eprom

Eprom

Eprom

片外 Xdata 存储器　开始: 大小:

Ram #1:

Ram #2:

Ram #3:

代码分块　开始: 结束:

块: 2　块区域: 0x0000 0xFFFF

'far' 类型存储器支持

中断时保存地址扩展 SFR

确定　取消　默认

图 2-32　目标属性设置对话框

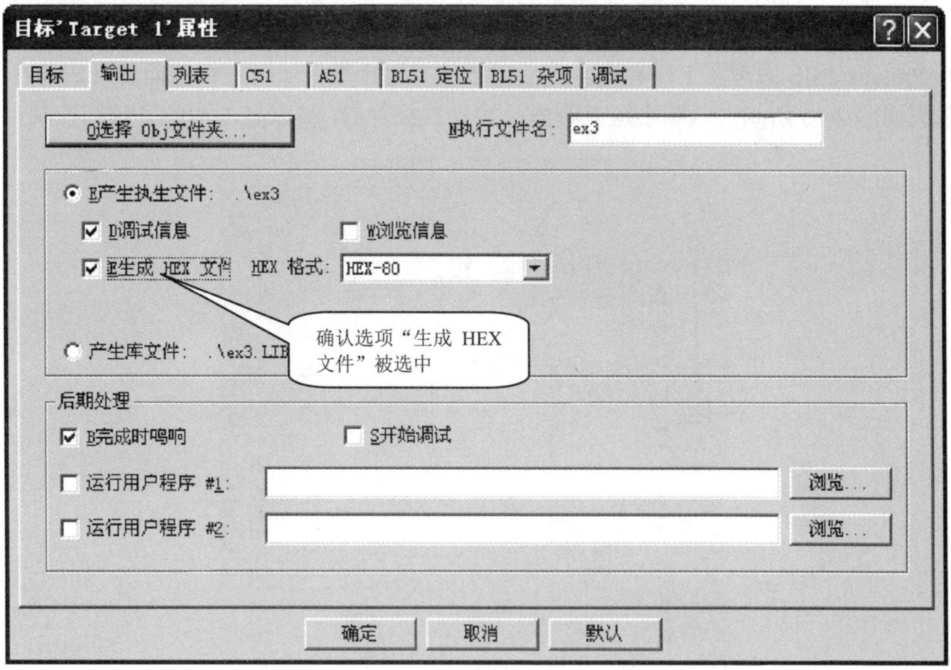

目标'Target 1'属性

目标 | 输出 | 列表 | C51 | A51 | BL51 定位 | BL51 杂项 | 调试

O选择 Obj文件夹...　N执行文件名: ex3

E产生执生文件: .\ex3

D调试信息　W浏览信息

E生成 HEX 文件　HEX 格式: HEX-80

确认选项“生成 HEX 文件”被选中

产生库文件: .\ex3.LIB

后期处理

B完成时鸣响　S开始调试

运行用户程序 #1:　浏览...

运行用户程序 #2:　浏览...

确定　取消　默认

图 2-33　编译时生成十六进制文件“.hex”的设置

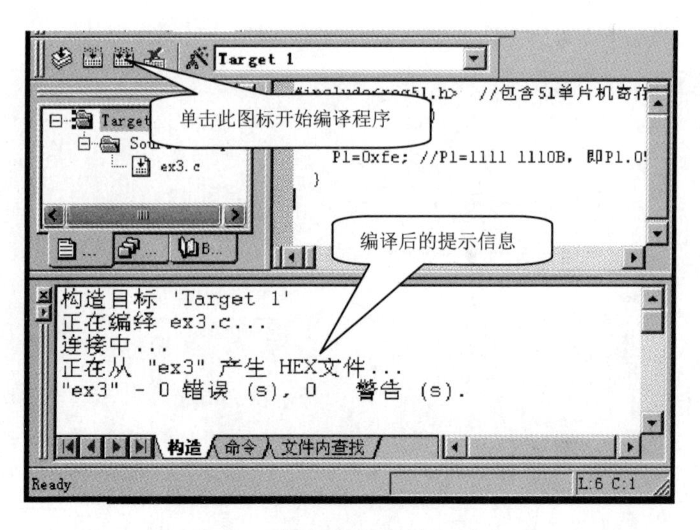

图 2-34　程序编译后的提示信息

4．用 Proteus 软件仿真

程序经 Keil 软件编译通过后，就可以利用 Proteus 软件进行仿真了。在 Proteus ISIS 工作环境中绘制好仿真电路图，或者打开随书附件“第 2 章\仿真实例\ ex3”文件夹内的“ex3.pdsprj”仿真原理图文件。用鼠标右键单击原理图中的 AT89C51，从弹出的快捷菜单中选择“Edit Properties”命令，弹出“Edit Component”对话框，在“Program File”文本框中载入编译好的“ex3.hex”文件，并在“Clock Frequency”文本框中输入“11.0592MHz”，然后单击“OK”按钮返回 Proteus ISIS 原理图工作界面。最后单击仿真运行按钮即可进行功能仿真，仿真原理图搭建效果如图 2-35 所示。从图中可以看出，发光二极管 D1 被点亮，达到了预期控制目标。

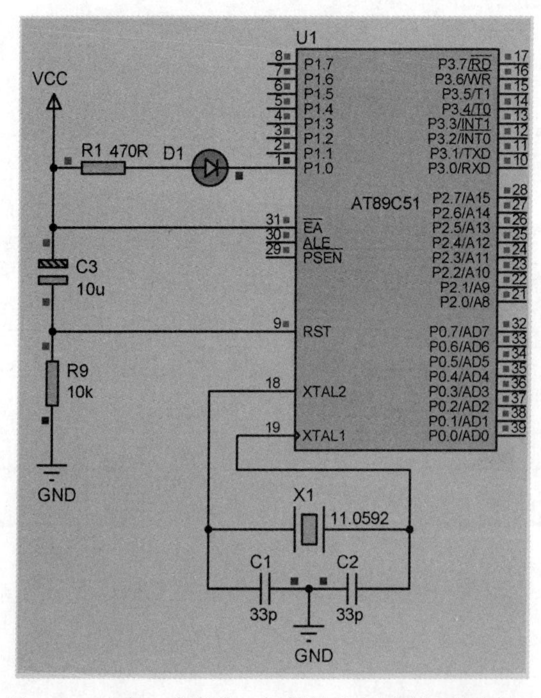

图 2-35　点亮一个发光二极管的仿真原理图搭建效果

2.3 程序烧录器及烧录软件的使用

单片机软硬件系统仿真成功后，要真正投入实际应用，必须将程序“烧写”入单片机芯片，这就必须使用程序烧录器及烧录软件。程序烧录器的主要功能是擦除单片机中的旧程序和写入新程序。不同类型的单片机，一般需要不同的程序烧录器。下面简单介绍 A51 程序烧录器及其烧录软件的使用方法。

在连接 A51 程序烧录器时，先将其 COM 接口（用作数据通信）与计算机的 COM 接口（RS−232）连接好，然后将要“烧写”的单片机安插在烧录器的插座中，再用一根 USB 线将 USB 接口与计算机的 USB 接口连接起来，让计算机通过这根 USB 线向烧录器提供+5V 电源。

烧录器连接好后，就可以使用烧录软件“烧写”单片机程序了。A51 烧录软件界面如图 2-36 所示。在使用烧录器前，仍需手动设置一些参数，进入“设置”标签页，根据编程器所插的 COM 接口，设置好串口，波特率设置为“28800”（bit/s）。

单击“（自动）擦除器件”按钮，即可将单片机中的旧程序擦除；单击“（自动）打开文件”按钮，在弹出的对话框中选择要写入单片机的十六进制文件（*.hex），单击“打开”按钮，再单击“（自动）写器件”按钮，大约 1～2 s 即可将程序写入单片机。

程序写入单片机后，将单片机从烧录器插座取下，再将它安装在单片机实验板上，为实验板通电，单片机即开始工作，实现预设的控制功能。

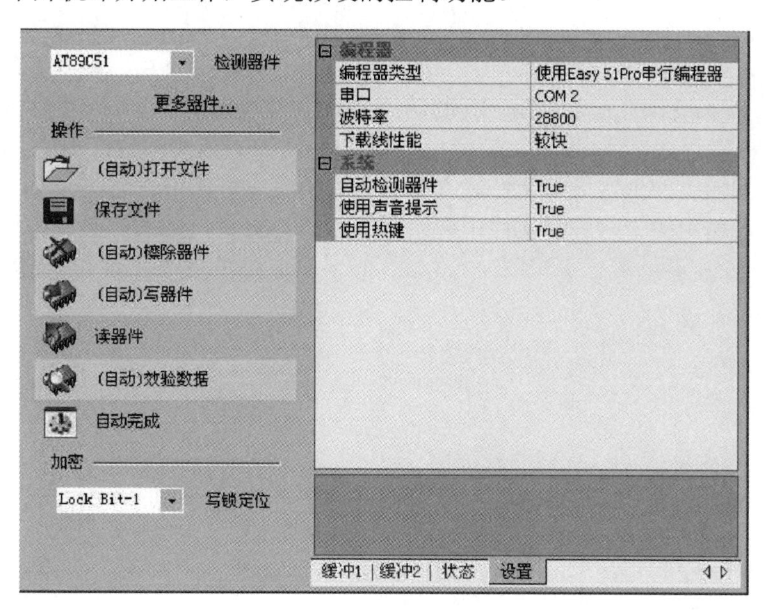

图 2-36　A51 烧录软件界面

习题与实验

1．用 Proteus 软件绘制图 2-37 所示的单片机最小系统仿真原理图。

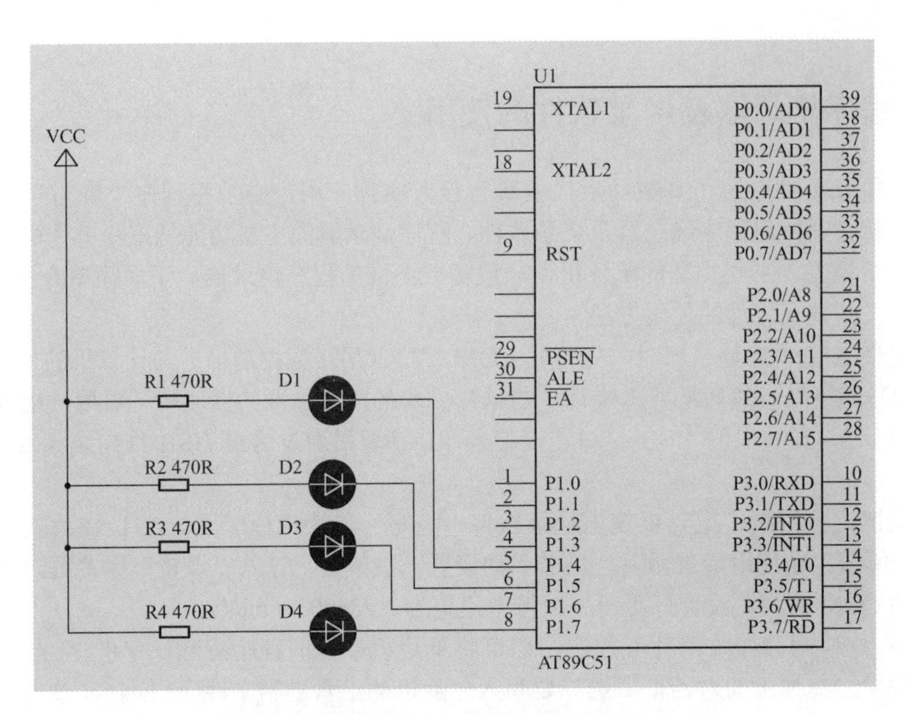

图 2-37　单片机最小系统仿真原理图

2. 在 Keil C51 环境下编译以下源程序并输出十六进制文件。

```
#include<reg51.h>
void main(void)
  {
        P1=0x0f;     //P1 口高四位输出低电平“0”，低四位输出高电平“1”
  }
```

3. 将第 2 题输出的十六进制文件载入第 1 题的仿真原理图进行仿真。
4. 将第 2 题输出的十六进制文件用烧录器写入单片机，再插入实验板进行通电实验。

第3章 逐步认识单片机基本结构

单片机编程实际上就是通过程序来控制单片机各部分硬件按预定目标去工作。例如，要点亮 P1.0 引脚的 LED，就是要让寄存器 P1 的对应位输出低电平。因此，了解单片机的基本结构对掌握单片机编程和单片机应用技术具有极其重要的作用。要熟悉单片机的基本结构并能熟练控制各部分硬件的工作，较好的方法是边学边用，即先学懂一部分硬件的结构，再通过练习达到对这部分结构的熟练控制，然后学另一部分的硬件结构。本章基于这一思路，逐步介绍单片机各部分的硬件结构并在练习中使读者掌握其使用方法。

扫码获取本章学习素材
（仅限本书读者专享）

3.1 实例 4：用单片机控制一盏灯闪烁

本节通过用单片机控制一盏灯（发光二极管）闪烁的实例来介绍单片机的工作频率。本例采用图 2-23 中的电路原理图。

3.1.1 实现方法

当 P1.0 输出低电平时，使发光二极管（LED）D1 正向偏置而点亮；当 P1.0 输出高电平时，LED 熄灭。如果 P1.0 输出电平在高低电平之间不停转换，则 LED 会产生闪烁。也就是说，先点亮 LED 一段时间之后，再熄灭 LED，延迟一段时间后再点亮 LED，如此反复（可用循环语句实现）。

3.1.2 程序设计

先建立文件夹“ex4”，然后建立其工程项目，最后建立源程序文件“ex4.c”。输入以下源程序：

```
//实例 4：用单片机控制一盏灯闪烁，认识单片机的工作频率
#include<reg51.h>                    //包含单片机寄存器的头文件
/*****************************************
函数功能：延迟一段时间
*****************************************/
void delay(void)                     //两个 void 分别表示不需要返回值和没有参数传递
{
  unsigned int i;                    //定义无符号整数，最大取值范围为 0～65535
  for(i=0;i<20000;i++)               //做 20000 次空循环
         ;                           //什么也不做，等待一个机器周期
}
```

```
/*******************************************************
函数功能：主函数 （C 语言规定必须有且只能有 1 个主函数）
********************************************************/
void main(void)
{
  while(1)              //无限循环
   {
    P1=0xfe;            //P1=1111 1110B， P1.0 输出低电平
    delay();            //延迟一段时间
    P1=0xff;            //P1=1111 1111B， P1.0 输出高电平
    delay();            //延迟一段时间
   }
}
```

3.1.3 用 Proteus 软件仿真

为了验证程序的运行效果，将程序经 Keil 软件编译通过后，可利用 Proteus 软件进行仿真。这里我们仍使用第 2 章实例 3 的仿真原理图来进行仿真。为了验证 LED 的闪烁频率，在 Proteus 工作界面的小工具箱中单击虚拟仪表按钮，在弹出的对象选择器中选择“OSCILLOSCOPE”（示波器），如图 3-1 所示。将示波器放置到仿真原理图中，并将其输入端 A 连接在 P1.0 引脚上以观察其输出电平的变化，结果如图 3-2 所示。

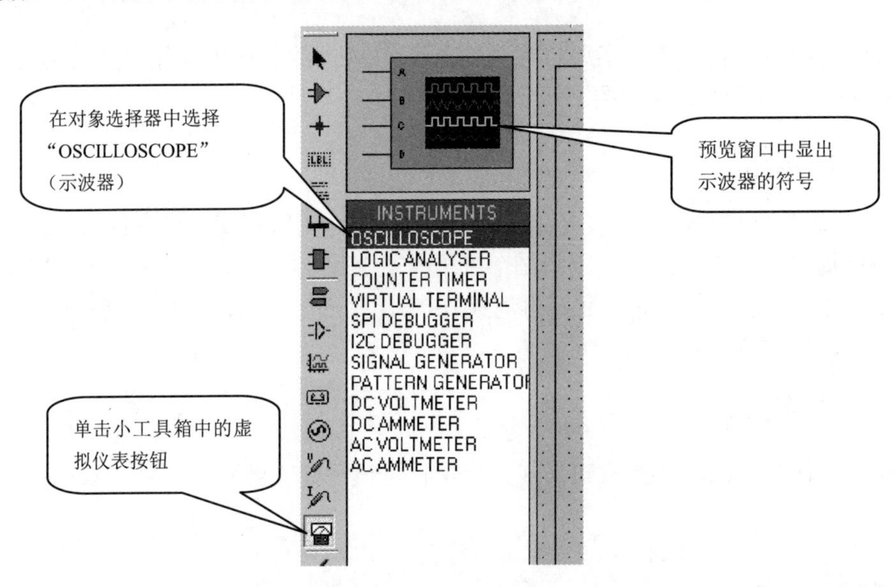

图 3-1 选择示波器

用鼠标右键单击单片机 AT89C51，从弹出的快捷菜单中选择“Edit Properties”命令，弹出“Edit Component”对话框，在“Program File”文本框中载入编译好的“ex4.hex”文件，并在“Clock Frequency”文本框中输入“24MHz”，单击“OK”按钮。单击仿真运行按钮启动仿真，可以看到 LED 以较快的频率闪烁，同时示波器输出一系列矩形波。为便于观察，在图 3-3 所示的示波器控制面板上进行以下参数设置：

- 电压幅值：2V/格；
- 分辨率：0.1s/格。

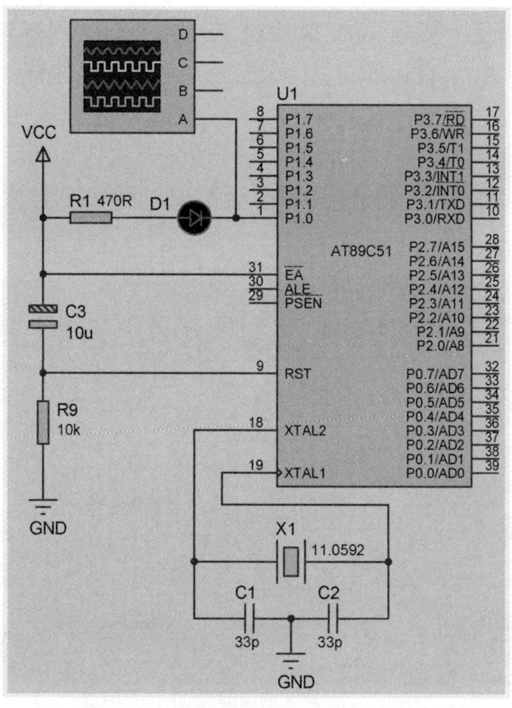

图 3-2　在仿真原理图中添加示波器

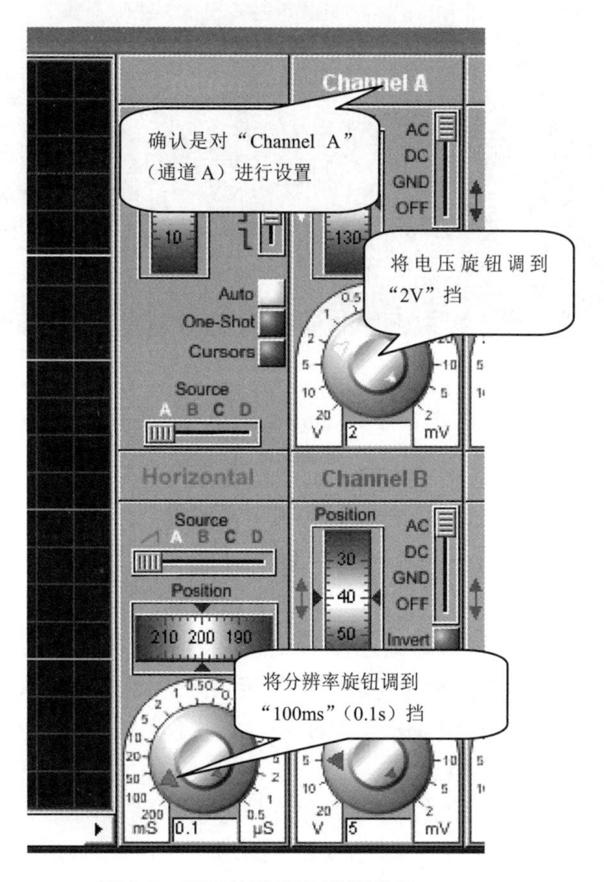

图 3-3　对示波器参数进行设置

结果如图 3-4（a）所示。为了研究单片机工作频率对灯闪烁速度的影响，在仿真原理图中用鼠标右键单击单片机 AT89C51，从弹出的快捷菜单中选择“Edit Properties”命令，弹出“Edit Component”对话框，在“Clock Frequency”文本框中将已输入的“24MHz”改为“2MHz”，单击“OK”按钮。单击仿真运行按钮再次启动仿真，可以看到 LED 的闪烁频率明显变慢，同时还可以看到 P1.0 引脚的输出电平脉宽明显增大，结果如图 3-4（b）所示。

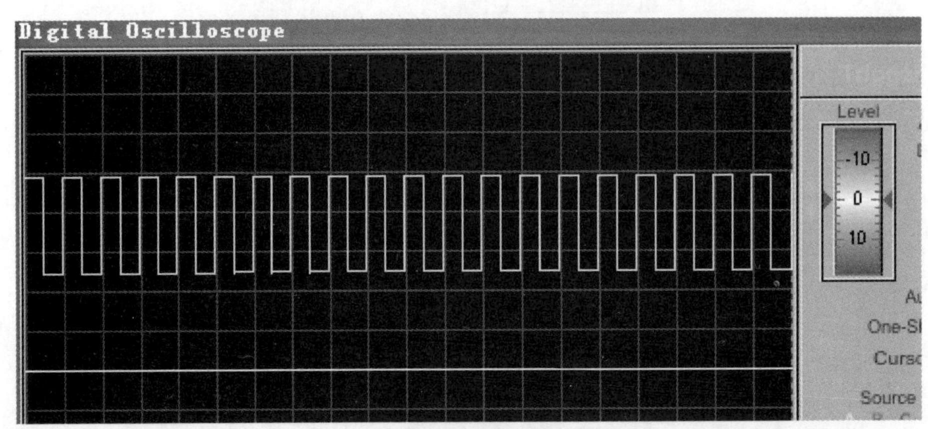

（a）工作频率为 24MHz

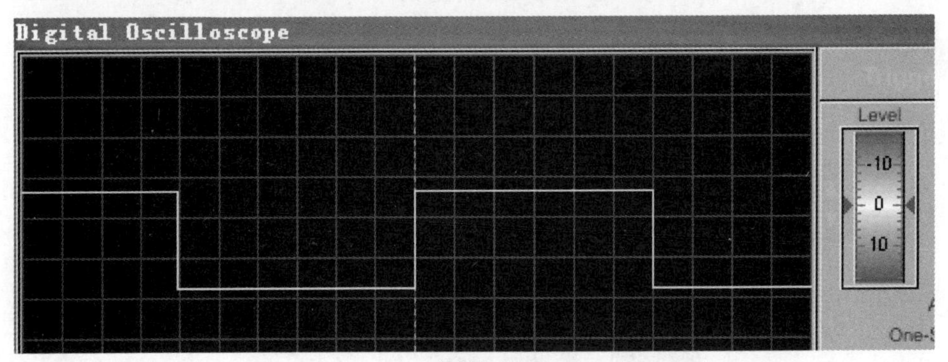

（b）工作频率为 2MHz

图 3-4 P1.0 引脚的输出电平信号波形

3.1.4 延时程序分析

为什么单片机时钟频率（工作频率）的改变会引起灯闪烁速度的明显变化？弄清楚这个问题非常重要。

单片机需要一个时钟信号送给内部各电路，才能使各部分有节拍地工作。时钟信号的频率由外部振荡电路的晶振频率决定。如果外接晶振的频率是 12 MHz，则外部振荡电路送给单片机时钟信号的频率也是 12 MHz。此时，我们说单片机的工作频率就是 12 MHz。以下是与工作频率相关的几个重要概念。

（1）振荡周期：为单片机提供时钟脉冲信号的振荡源的周期。例如，若单片机外接晶振频率是 12 MHz，则振荡周期就是 1/（12 MHz）=（1/12）μs。

（2）机器周期：51 系列单片机的一个机器周期由 12 个振荡周期组成。如果一个单片机的工作频率是 12 MHz，那么它的工作周期就是（1/12）μs，其机器周期就是 12×（1/12）μs=1 μs；如果单片机的外接晶振频率为 11.0592 MHz，其机器周期就是 12×（1/11.0592）μs=1.085 μs。

（3）指令周期：单片机执行一条指令所用的时间。一般来说，单片机执行一个简单指令需要 1 个机器周期，执行一个复杂指令需要 2 个机器周期。因为一个机器周期非常短，一般只有 1～2 μs，所以单片机工作速度非常快。

在本例中，灯的闪烁时间是通过延时程序来实现的，即让单片机等待（空操作）若干个机器周期。通过以下比较可以看出时钟频率对灯的闪烁速度的影响：

- 当时钟频率为 24 MHz 时，一个机器周期为 12×（1/24）μs=0.5 μs；
- 当时钟频率为 2 MHz 时，一个机器周期为 12×（1/2）μs=6 μs。

显然，时钟频率越低，延迟的时间就越长，灯的闪烁速度就越慢。

3.2 实例 5：将 P1 口状态送入 P0、P2 和 P3 口

本节通过一个将 P1 口状态送入 P0、P2 和 P3 口的实例，来介绍单片机的输入/输出口（I/O 口）的基本结构和使用方法。本例采用的电路原理图如图 3-5 所示，要求当按下按键 S 时，发光二极管 D0～D3 均被点亮；当松开按键 S 时，D0～D3 均熄灭。本例的实质是将 P1 口状态送到 P0、P2 和 P3 口。

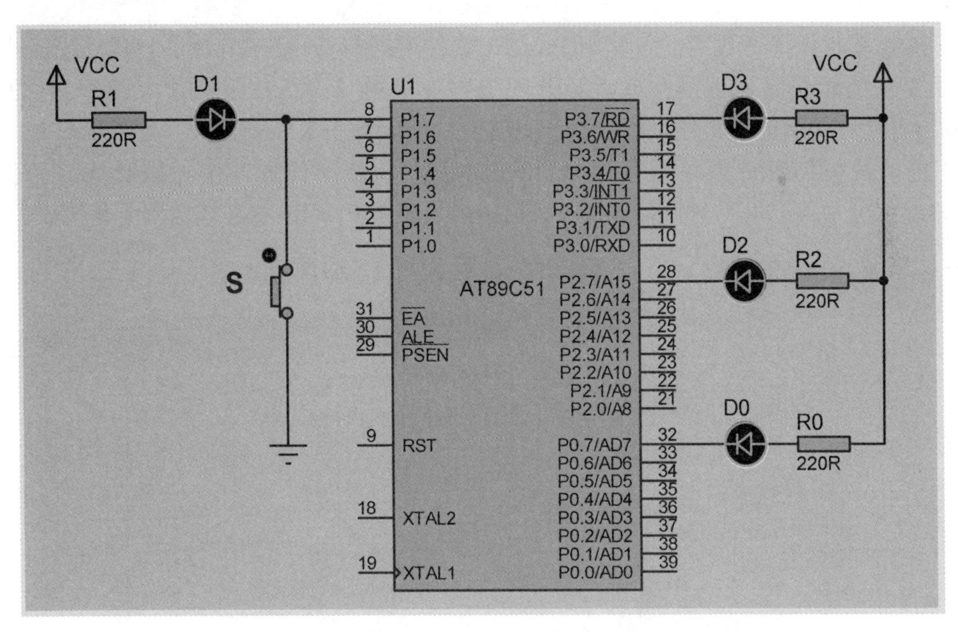

图 3-5 单片机 I/O 口状态输送的电路原理图

3.2.1 实现方法

可以利用单片机工作速度快这个特点，通过编程设置一个无限循环，让单片机不停地把 P1 口的电平状态送到 P0、P2 和 P3 口。在按下按键 S 时，P1.7 引脚的灯被点亮的瞬间，P0.7 引脚、P2.7 引脚和 P3.7 引脚的 3 盏灯也接着被点亮。

3.2.2 程序设计

先建立文件夹“ex5”，然后建立其工程项目，最后建立源程序文件“ex5.c”。输入以下源程序：

```
//实例 5：将 P1 口状态分别送入 P0、P2、P3 口，认识 I/O 口的引脚功能
#include<reg51.h>              //包含单片机寄存器的头文件
/*****************************************************
函数功能：主函数
*****************************************************/
void main(void)
{
     while(1)                  //无限循环
       {
         P1=0xff;              // P1=1111 1111B,熄灭 LED
         P0=P1;                // 将 P1 口状态送入 P0 口
         P2=P1;                // 将 P1 口状态送入 P2 口
         P3=P1;                // 将 P1 口状态送入 P3 口
       }
}
```

3.2.3 用 Proteus 软件仿真

经 Keil 软件编译通过后，可利用 Proteus 软件进行仿真。在 Proteus ISIS 工作环境中绘制好图 3-5 所示仿真原理图，或者打开随书附件“第 3 章\仿真实例\ ex5”文件夹内的“ex5.pdsprj”仿真原理图文件。用实例 4 的方法将编译好的“ex5.hex”文件载入 AT89C51 中，并将单片机的时钟频率设置为“11.0592MHz”。启动仿真，按下按键 S，可以看到 D0～D3 均被点亮，仿真原理图如图 3-6 所示。结果表明 P1 口的状态被送到了其他 3 个口。

注：下文如不作特别说明，时钟频率均设置为“11.0592MHz”。

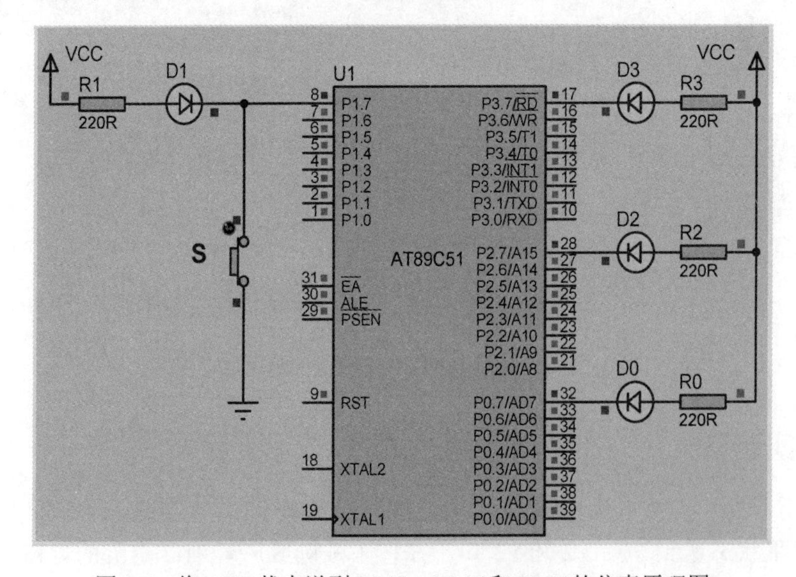

图 3-6 将 P1 口状态送到 P0 口、P2 口和 P3 口的仿真原理图

3.2.4 用实验板进行实验

程序仿真无误后，将“ex5”文件夹中的“ex5. hex”文件烧录到 AT89C51 芯片中。再将烧录好的单片机插入实验板。为实验板通电，可以看到，在按下 P1.7 引脚对应的按键时， P0.7 引脚、P2.7 引脚和 P3.7 引脚的 3 个 LED 被同时点亮。

3.2.5 I/O 口功能介绍

以上仿真实验表明，单片机的 P0、P1、P2 和 P3 口具有输入/输出（I/O）功能。虽然 P1.7 引脚电平在编程时被置为高电平（P1=0xff），但是当按下按键 S 时，该引脚被接地，其电平也被强制下拉为低电平。此时，低电平“0”通过 P1.7 引脚被输入单片机，可见 P1 口具有输入功能。在按下按键 S 时，不仅 P1.7 引脚 LED 点亮，而且 P0.7 引脚 LED 也被点亮，这表明 P1 口的状态被送到了 P0 口，所以 P1 口还具有输出功能。同样地，P0、P2 和 P3 口也有类似的输入/输出功能。

3.2.6 I/O 口的结构分析

要更好地使用单片机的 I/O 口，必须了解其内部结构。

1．P0 口的内部电路结构（外接 32～39 脚）

P0 口有 P0.0～P0.7 共 8 个引脚。图 3-7 所示为 P0 口某一引脚的内部电路结构，其他引脚的内部结构都与此相同。图中有 1 个输出锁存器、2 个三态缓冲器、1 个输出驱动电路和 1 个输出控制端。输出驱动电路由一对场效应管组成，其工作状态受输出端的控制，输出控制端由 1 个与门、1 个反相器和 1 个转换开关 MUX 组成。应用时，P0 口需外接上拉电阻。

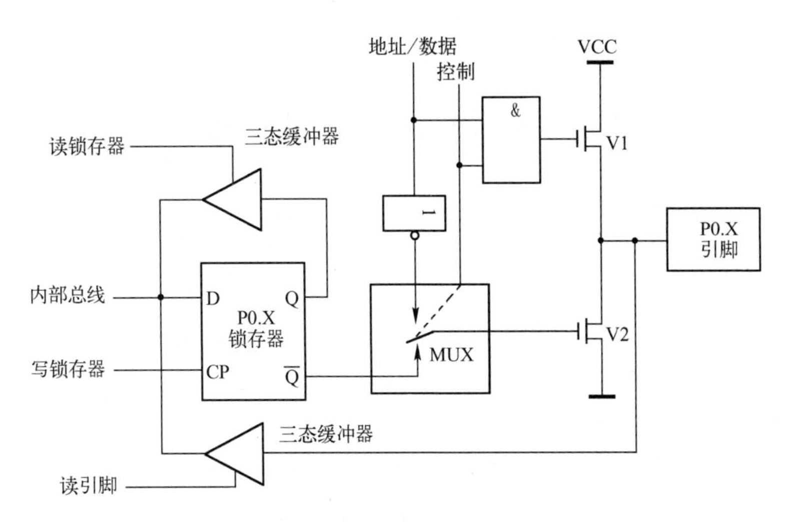

图 3-7　P0 口的内部电路结构

1）P0 口用作输入端口

如果 P0 口用作输入端口，则 P0 口的输入信号既送到下面的三态缓冲器，又送到 V2 的漏极。如果锁存器之前锁存为“0”，即 Q=0，$\overline{Q}$=1，则 V2 导通，通过 P0 口的外接上拉电阻，P0 口被钳位在“0”电平上，“1”无法送入 P0 口。所以，在数据输入 P0 口前，必须先通过内部总线向锁存器写“1”，即让 $\overline{Q}$=0，V2 截止，P0 口输入的“1”就可以送到三态门的输入端。此时，再给三态门的读引脚送一个读控制信号（高电平），“1”就可以通过三态门送到内部总线。

2）P0 口用作输出端口

如果 P0 口用作输出端口，则单片机内部的 CPU 会发出一个“0”到与门的控制端。控制端的“0”一方面关闭与门，使地址/数据总线送来的信号无法通过与门；另一方面控制电子开关，让电子开关与锁存器的 $\overline{Q}$ 端接通。此时，若给写锁存器端 CP 送入写脉冲信号，内部总线送来的数据就可以通过 D 端进入锁存器，并从 Q 和 $\overline{Q}$ 端输出，如果 D 端输入“1”，则 $\overline{Q}$ 端输出“0”，该“0”使场效应管 V2 截止，通过 P0 口的外接上拉电阻，可使 P0 口输出高电平“1”。

2. P1 口的内部电路结构（外接 1～8 脚）

P1 口的内部电路结构如图 3-8 所示。由于其内部与电源之间接了一只上拉电阻，所以 P1 口外部不用再接上拉电阻。

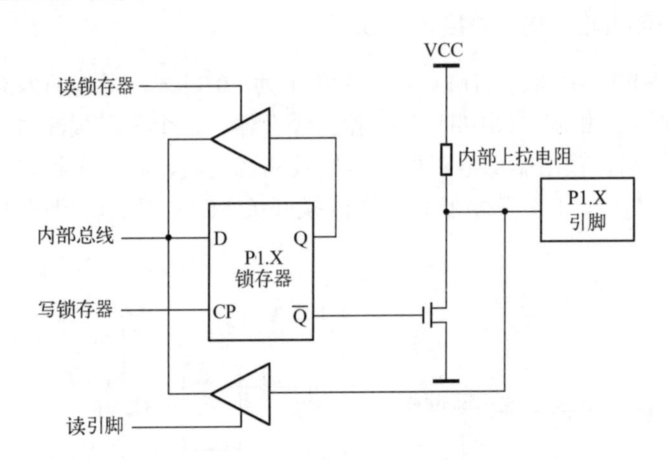

图 3-8　P1 口的内部电路结构

1）P1 口用作输入端口

如果 P1 口用作输入端口，即 Q=0，$\overline{Q}$=1，则图 3-8 中的场效应管导通，通过 P1 端口的内部上拉电阻，P1 口被钳位在“0”电平上，“1”无法送入 P1 口。所以与 P0 口一样，在将数据输入 P1 口前，先要通过内部总线向锁存器写“1”，让 $\overline{Q}$=0，使场效应管截止，P1 口输入的“1”就可以送到输入三态缓冲器（又称三态门）的输入端。此时，再给三态门的读引脚送一个读控制信号，“1”就可以通过三态门送到内部总线。

2）P1 口用作输出端口

如果 P1 口用作输出端口，应给锁存器的写锁存器 CP 端送写脉冲信号，内部总线送来的数据就可以通过 D 端进入锁存器并从 Q 和 $\overline{Q}$ 端输出，如果 D 端输入“1”，则 $\overline{Q}$=0，“0”送到场效应管的栅极，使场效应管截止，从 P1 口输出高电平“1”。

3. P2 口的内部电路结构（外接 21～28 脚）

P2 口有 P2.0～P2.7 共 8 个引脚，其内部电路结构如图 3-9 所示。

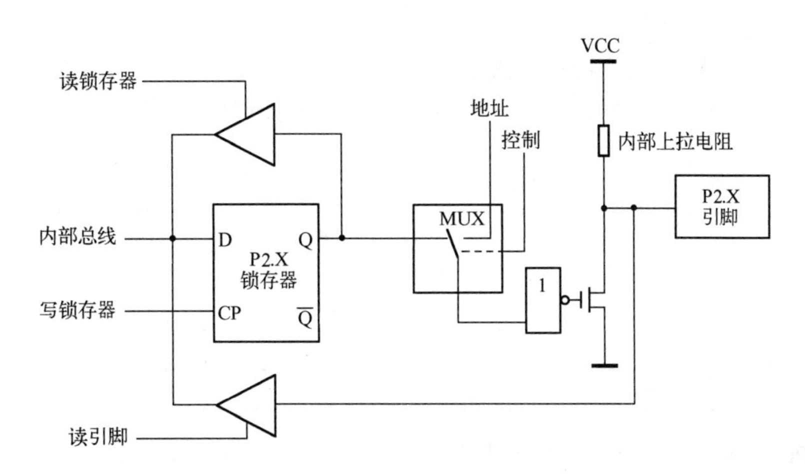

图 3-9 P2 口的内部电路结构

1）P2 口用作输入端口

当 P2 口作为通用 I/O 端口使用时，同样需要先通过内部总线向锁存器写“1”，让 *Q*=1，使场效应管截止，P2 口输入的“1”才能送到输入三态门的输入端。此时，再给读引脚送一个读控制信号，“1”就可以通过三态门送到内部总线。

2）P2 口用作输出端口

当 P2 口用作输出端口时，给锁存器的 CP 端送写脉冲信号，内部总线上的数据就被锁存进锁存器并从 Q 端输出，再通过电子开关、非门和场效应管从 P2 口输出。

4. P3 口的内部电路结构（外接 10～17 脚）

P3 口有 P3.0～P3.7 共 8 个引脚，其内部电路结构如图 3-10 所示。

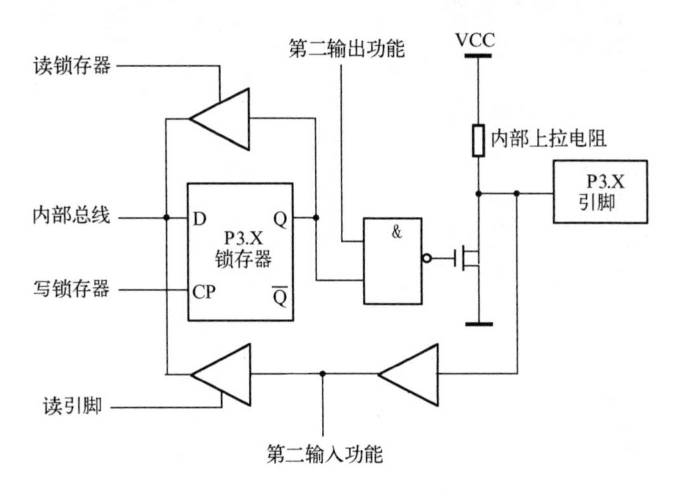

图 3-10 P3 口的内部电路结构

1）P3 口用作 I/O 接口

当 P3 口用作 I/O 接口时，其使用方法与 P1 和 P2 类似。

2）P3 口用作第二功能

P3 口的内部电路结构的特殊性决定了其还可用作第二功能。P3 口各引脚的第二功能见表 3-1。例如，当 P3.2 引脚用作第二功能时，该端口可输入外部设备送来的中断请求信号。

表 3-1　P3 口各引脚的第二功能

引　脚	第　二　功　能	引　脚	第　二　功　能
P3.0	RXD（串行数据输入）	P3.4	T0 （定时器 0 外部输入）
P3.1	TXD（串行数据输出）	P3.5	T1 （定时器 1 外部输入）
P3.2	$\overline{\text{INT0}}$（外部中断 0 输入）	P3.6	$\overline{\text{WR}}$（外部 RAM 写信号）
P3.3	$\overline{\text{INT1}}$（外部中断 1 输入）	P3.7	$\overline{\text{RD}}$（外部 RAM 读信号）

总之，P0、P1、P2 和 P3 口都可用作输入/输出端口；P3 口具有第二功能。各端口的用法：P0 口使用时需要外接上拉电阻；P1～P3 口使用时不需要外接上拉电阻；在用作输入端口时，都需要先通过内部总线置“1”。

3.3　实例 6：使用 P3 口流水点亮 8 位 LED

本节通过使用 P3 口流水点亮（次第点亮，像流水一样）其外接的 8 位 LED（一个端口的 8 个 LED 对应 8 个二进制位，故本书中称之为 8 位 LED），介绍单片机 I/O 接口的使用方法。本节采用的电路原理图如图 3-11 所示。

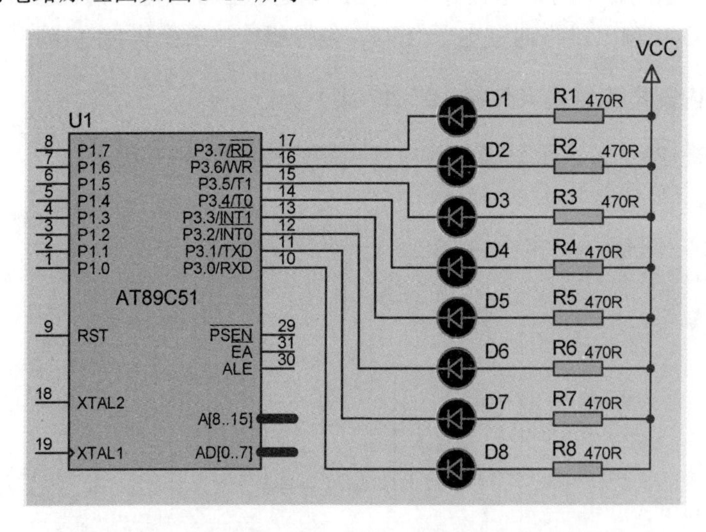

图 3-11　使用 P3 口流水点亮 8 位 LED 的电路原理图

3.3.1　实现方法

可通过循环执行以下操作来实现。

（1）点亮 P3.0 引脚 LED，利用延时程序延迟一段时间，其实现程序如下：

```
P3=0xfe;   // 即 P3=1111 1110B，  P3.0 置为低电平
delay();   // 调用延时函数延迟一段时间
```

（2）点亮 P3.1 引脚 LED，利用延迟程序延迟一段时间，其实现程序如下：

```
P3=0xfd;   // 即 P3=1111 1101B，  P3.1 置为低电平
delay();   // 调用延时函数延迟一段时间
```

（3）点亮 P3.7 引脚 LED，利用延时程序延迟一段时间，其实现程序如下：

```
P3=0x7f;   // 即 P3=0111 1111B，  P3.7 置为低电平
delay();   // 调用延时函数延迟一段时间
```

3.3.2 程序设计

先建立文件夹“ex6”，然后建立其工程项目，最后建立源程序文件“ex6.c”。输入以下源程序：

```
//实例 6：使用 P3 口流水点亮 8 位 LED
#include<reg51.h>        //包含单片机寄存器的头文件
/****************************************
函数功能：延迟一段时间
****************************************/
void delay(void)
   {
      unsigned char i, j;
       for(i=0;i<250;i++)
           for(j=0;j<250;j++)
                   ;
   }
/*******************************************************
函数功能：主函数
*******************************************************/
void main(void)
{
    while(1)
    {
              P3=0xfe;          //第一盏灯亮
               delay();         //调用延时函数
               P3=0xfd;         //第二盏灯亮
               delay();         //调用延时函数
               P3=0xfb;         //第三盏灯亮
               delay();         //调用延时函数
               P3=0xf7;         //第四盏灯亮
               delay();         //调用延时函数
               P3=0xef;         //第五盏灯亮
               delay();         //调用延时函数
               P3=0xdf;         //第六盏灯亮
               delay();         //调用延时函数
               P3=0xbf;         //第七盏灯亮
```

```
            delay();            //调用延时函数
            P3=0x7f;            //第八盏灯亮
            delay();            //调用延时函数
        }
    }
```

3.3.3 用 Proteus 软件仿真

经 Keil 软件编译通过后，可使用 Proteus 软件进行仿真。在 Proteus ISIS 工作环境中绘制好仿真原理图（如图 3-11 所示），或者打开随书附件中“第 3 章\仿真实例\ ex6”文件夹内的“ex6.pdsprj”仿真原理图文件。用鼠标右键单击 AT89C51，将编译好的“ex6.hex”文件载入 AT89C51 中。启动仿真，可以看到 P3 口的 8 位 LED 被流水点亮，仿真原理图如图 3-12 所示。

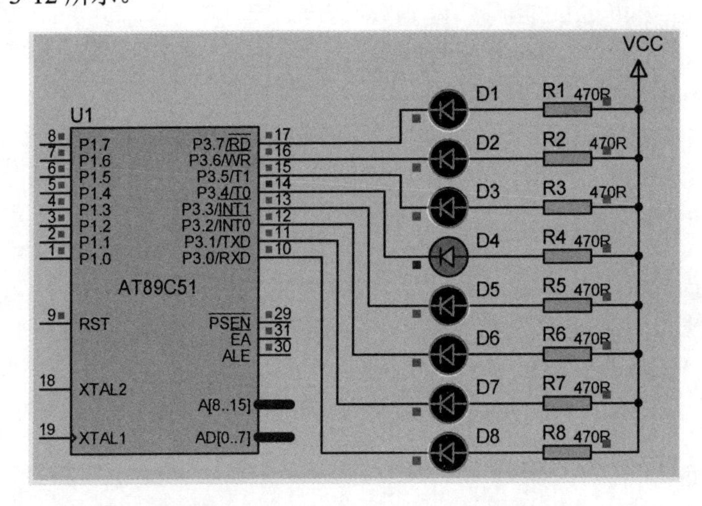

图 3-12　流水点亮 8 位 LED 的仿真原理图

3.3.4 用实验板进行实验

程序仿真无误后，将“ex6”文件夹中的“ex6. hex”文件烧录到 AT89C51 芯片中。再将烧录好的单片机插入实验板上，为实验板通电，可看到 P3 口所接的 8 位 LED 被流水点亮。

通过本实例可知，单片机与外界信息的传递可以通过 P0～P3 口来实现，P0 口和 P3 口实际上是单片机众多特殊功能寄存器中的两个。要使单片机实现各种控制功能，还必须了解单片机的特殊功能寄存器，这需要先明确单片机的地址和存储器的概念。

3.4 实例 7：通过对 P3 口地址的操作流水点亮 8 位 LED

本节通过对 P3 口地址的操作流水点亮 8 位 LED 来认识单片机的存储器。本节仍采用图 3-11 中的电路原理图。

3.4.1 实现方法

单片机中存储器（包括特殊功能寄存器）都有固定的地址，正是通过这些固定的地址，单片机才能准确地实现对各个存储器的操作。例如，P3 口的固定地址是 B0H（这在单片机制造时已经分配好，我们只能根据这种分配来使用它，而不可能改变它），P3 只不过是地址“B0H”的名字，我们对地址“B0H”的操作实际上就是对 P3 的操作。例如，张三同学在教室的第 2 排第 5 列（相当于地址），老师可以说“请张三回答问题”，也可以说“请第 2 排第 5 列的同学回答问题”，两者是一回事。显然，当不知道名字时，用地址就很方便。

要对特殊功能寄存器 P3 的地址“B0H”操作，可进行如下定义：

```
sfr x=0xb0;  // 通过关键字“sfr”将 x 定义为 P3 的地址“0xb0”
```

定义后，程序中对 x 的操作也就相当于对地址“0xb0”即 P3 的操作。

3.4.2 程序设计

先建立文件夹“ex7”，然后建立其工程项目，最后建立源程序文件“ex7.c”。输入以下源程序：

```
//实例 7：通过对 P3 口地址的操作流水点亮 8 位 LED
#include<reg51.h>        //包含单片机寄存器的头文件
sfr x=0xb0;              //将 x 定义为某特殊功能寄存器（P3）的地址“0xb0”
/*****************************************
函数功能：延迟一段时间
*****************************************/
void delay(void)
   {
     unsigned char i,j;
      for(i=0;i<250;i++)
         for(j=0;j<250;j++)
            ;            //利用循环等待若干机器周期，从而延迟一段时间
   }
/*****************************************
函数功能：主函数
*****************************************/
void main(void)
{
     while(1)
   {
          x=0xfe;   //第一盏灯亮
          delay();  //调用延时函数
          x=0xfd;   //第二盏灯亮
          delay();  //调用延时函数
          x=0xfb;   //第三盏灯亮
          delay();  //调用延时函数
          x=0xf7;   //第四盏灯亮
          delay();  //调用延时函数
          x=0xef;   //第五盏灯亮
         delay();   //调用延时函数
          x=0xdf;   //第六盏灯亮
         delay();   //调用延时函数
```

```
            x=0xbf;     //第七盏灯亮
            delay();    //调用延时函数
            x=0x7f;     //第八盏灯亮
            delay();    //调用延时函数
        }
    }
```

3.4.3 用 Proteus 软件仿真

经 Keil 软件编译通过后，可使用 Proteus 软件进行仿真。在 Proteus ISIS 工作环境中绘制好仿真原理图（如图 3-11 所示），或者打开随书附件中“第 3 章\仿真实例\ ex7”文件夹内的“ex7DSN”仿真原理图文件。将编译好的“ex7.hex”文件载入 AT89C51 中。启动仿真，可看到 P3 口 8 位 LED 被流水点亮，表明对地址操作同样可达到预期效果。

3.4.4 用实验板进行实验

程序仿真无误后，将“ex7”文件夹中的“ex7. hex”文件烧录到 AT89C51 芯片中。再将烧录好的单片机插入实验板上，为实验板通电，可看到 P3 口所接的 8 位 LED 被流水点亮。

3.5 MCS-51 单片机存储器的基本结构

MCS-51 单片机有两种存储器：程序存储器和数据存储器。程序存储器用来存储编入的程序；而数据存储器用来存放单片机工作时用到的一些临时数据。

从物理地址空间看，MCS-51 有 4 个存储器地址空间，即片内程序存储器、片外程序存储器、片内数据存储器和片外数据存储器。

3.5.1 程序存储器

单片机编程时，一般先在计算机中用软件编写程序，再通过烧录器（编程器）将编好的程序写入程序存储器中，单片机通过执行程序存储器中的程序来实现控制目的。

MCS-51 单片机在一般情况下使用内部程序存储器。当内部存储空间不够时，需要使用外部程序存储器，其使用受 $\overline{EA}$ 端外接电平的控制。

- 当 $\overline{EA}$ =0（接地）时，单片机只能使用外部程序存储器；
- 当 $\overline{EA}$ =1（接+5V 电源）时，单片机先使用内部程序存储器，容量不够时自动使用外部程序存储器。

AT89C51 系列单片机内部有 4KB 的程序存储器，存储单元的地址编号是 0000～0FFFH，当扩展外接 60KB 程序存储器时，外部程序存储器的地址编号是 1000H～FFFFH。

MCS-51 单片机上电复位后程序计数器 PC 的内容为 0000H ，因此系统从 0000H 单元开始读取指令并执行程序。

3.5.2 数据存储器

MCS-51 单片机的数据存储器分为两个地址空间：一个为内部数据存储器，另一个为外部数据存储器，需采用不同的方法进行访问。

内部数据存储器有 256B 存储空间，地址编号为 00H～FFH；外部数据存储器的地址编号为 0000H～FFFFH，有 64KB 存储空间。最常用的是内部数据存储器，其结构如图 3-13 所示。从图中可以看出，内部数据存储器分为四个区：工作寄存器区、位寻址区、数据缓冲区和特殊功能寄存器区。

特殊功能寄存器区（地址范围为 80H～FFH）
数据缓存区（地址范围为 30H～7FH）
位寻址区（地址范围为 20H～2FH）
工作寄存器区（地址范围为 00H～1FH）

图 3-13 MCS-51 单片机内部数据存储器的结构

如果采用汇编语言来设计单片机应用程序，就必须熟练掌握内部数据存储器的结构和地址；但如果采用 C 语言来开发单片机，几乎用不到工作寄存器区、位寻址区和数据缓存区的结构和地址，因而本书不对此进行详细介绍，但需要了解以下内容。

工作寄存器区分为 4（0～3）组，每组有 8 个存储单元。应用时默认第 0 组寄存器工作。

表 3-2 所列各特殊功能寄存器的名字和功能在应用时非常重要，其使用方法将在后文逐步介绍。

表 3-2 特殊功能寄存器

标识符	名称	地址
ACC	累加器	E0H
B	B 寄存器	F0H
PSW	程序状态字	D0H
SP	堆栈指针	81H
DPTR	数据指针（包括 DPH 和 DPL）	83H 和 82H
P0	端口 0（P0 口）	80H
P1	端口 1（P1 口）	90H
P2	端口 2（P2 口）	A0H
P3	端口 3（P3 口）	B0H
IP	中断优先级控制	B8H
IE	允许中断控制	A8H
TMOD	定时器/计数器方式控制	89H
TCON	定时器/计数器控制	88H
TH0	定时器/计数器 0（高位字节）	8CH
TL0	定时器/计数器 0（低位字节）	8AH
TH1	定时器/计数器 1（高位字节）	8DH
TL1	定时器/计数器 1（低位字节）	8BH
SCON	串行控制	98H
SBUF	串行数据缓冲器	99H
PCON	电源控制	87H

3.6 单片机的复位电路

单片机通电时，从初始状态开始执行程序，称为上电复位。单片机死机时，通过手动按“重启”键使其从初始状态开始执行程序，称为手工复位。复位电路是单片机应用电路中的重要组成部分。

单片机复位的条件：使单片机的RST端（引脚9的RESET端）加上持续两个机器周期的高电平。例如，若时钟频率为12 MHz，机器周期为1 μs，则只需在RST引脚出现2 μs以上时间的高电平，就可以使单片机复位。

单片机常见的复位电路如图3-14所示。图3-14（a）为上电复位电路，它是利用电容充电来实现的。在通电瞬间，RESET端的电位与VCC相同，随着充电电流的减小，RESET的电位逐渐下降。只要保证RESET为高电平的时间大于两个机器周期，就能正常复位。图3-14（b）为手工复位电路，需复位时，按下RESET键，此时电源VCC经电阻R1、R2分压，在RESET端产生一个复位高电平使单片机复位。

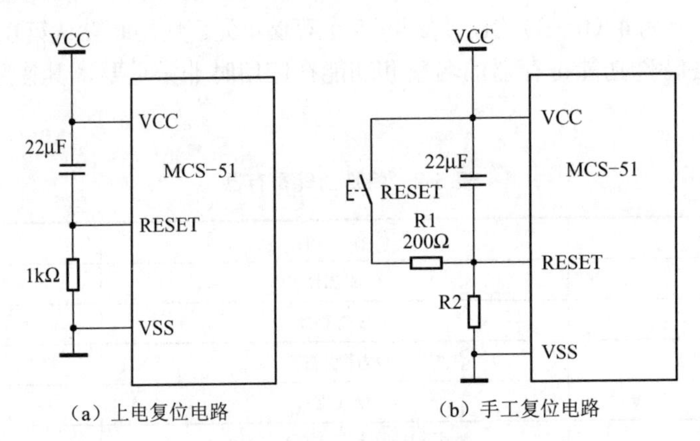

（a）上电复位电路　　（b）手工复位电路

图3-14　单片机常见的复位电路

习题与实验

1．什么是时钟周期？什么是机器周期？当单片机外接晶振的频率为11.0592 MHz时，一个机器周期为多少微秒？

2．MCS-51单片机的4个I/O接口（P0～P3）在结构上有何异同？各自的主要功能是什么？

3．参照图3-11中的电路，设计一个程序使P3口的高四位LED和低四位LED轮流点亮，并分别进行Proteus仿真和实验板验证。

4．MCS-51存储器结构的主要特点是什么？程序存储器和数据存储器有何区别？画出内部数据存储器的基本结构。

5．参照图3-5中的电路，设计一个对地址操作的程序，实现把P1口的状态送到P0、P2和P3口。结果用Proteus仿真和实验板进行验证。

第章

单片机 C 语言开发基础

从事单片机应用系统开发的基本要求是在尽可能短的时间内编写出执行效率高而可靠的代码，因此选择什么语言进行开发具有至关重要的意义。尽管汇编语言具有执行效率高的优点，但由于其编程效率低下、可移植性差、可读性差等缺点，其应用受到了很大限制。而简洁、结构化的 C 语言以其开发速度快、执行效率高、可移植性强等优点，受到了越来越多单片机开发人员的喜爱。其优势是汇编语言所不能比拟的：（1）可以大幅度加快开发进度，特别是开发一些复杂的系统，程序量越大，用 C 语言就越有优势；（2）无须精通单片机指令集和完整地了解硬件结构，就能迅速开发出功能强大的单片机应用系统。

尽管 C 语言写出来的代码比汇编语言占用的空间大 5%～20%，但由于半导体技术的飞速发展，芯片的容量和速度已有了大幅度的提高，占用空间的大小不再是开发者关心的主要因素，而随着市场竞争的日趋激烈，软件开发速度和质量才是决定能否在竞争中取胜的关键。所以，使用 C 语言已成为单片机应用系统开发的趋势。本章介绍单片机开发必须具备的 C 语言基础知识及应用实例。

4.1 C 语言源程序的结构特点

C 语言是一种结构化语言，它层次清晰，可以按模块化方式组织程序，易于调试和维护，语言简洁。它不仅具有丰富的运算符和数据类型，便于实现各种运算，还可以直接对硬件操作。因此，C 语言既具有高级语言的功能，也具有低级语言的优势。

通过下面的一个简单实例来了解 C 语言的结构特点、基本组成和书写格式。

```
#include<reg51.h>        /* C 语言的预编译处理，包含 51 单片机寄存器定义的头文件*/
void main(void)          //主函数，第一个 void 表示无返回值，第二个 void 表示没有参数传递
{                        //每个函数必须以“{”开始
    P0=0xfe;             //赋值语句
}                        //每个函数必须以“}”结束
```

这个程序的作用是通过单片机给 P0 口所接的硬件输出一个数据（例如，可以点亮 P0.0 引脚的 LED）。下面介绍该程序的结构特点。

1）“文件包含”处理

程序的第一行是一个“文件包含”处理，其意义是指一个文件将另外一个文件的内容全部包含进来。由于单片机不认识“P0”（某寄存器的名字），要想让单片机认识 “P0”，就必须给“P0”作一些定义。这种定义已经由开发软件（如 Keil C51）完成了，无须我们再

定义。但必须在编程时将这种定义“包含”进去，这样才能使单片机认识“P0”等各种寄存器的名字。

打开 Keil 的安装目录，在 C51 文件夹下找到“INC”子文件夹，打开里面的“reg51.h”，可以看到以下定义：

```
/*--------------------------------------------------------------------------
reg51.h
Header file for generic 80C51 and 80C31 microcontroller.
Copyright (c) 1988-2001 Keil Elektronik GmbH and Keil Software,   Inc.
All rights reserved.
--------------------------------------------------------------------------*/
/*   BYTE Register   */
sfr P0 = 0x80;
sfr P1 = 0x90;
……
```

这个文件对单片机内部各种寄存器进行了定义。如果将“sfr P0 = 0x80; ”语句中的“P0”改为其他名字，如“Q0”，那么在编程时，使用第一行的“文件包含”处理命令后，单片机以后就不再认识“P0”，而是只认识“Q0”了（最好不要修改）。

2）main( )函数

“main( )”函数被称为主函数，每个 C 语言程序必须有且只能有一个主函数，函数后面一定要有一对大括号“{ }”，程序就写在大括号里面。

3）语句结束标志

语句必须以分号“;”作为结尾。

4）注释

C 语言程序中的注释只是为了提高程序的可读性，在编译时，注释的内容不会被执行。注释有两种方式：一种采用“/*……*/”的格式，另一种采用“//” 的格式。两者的区别：前者可以注释多行内容，后者只能注释一行内容。

4.2 标识符与关键字

在 C 语言编程中经常要用到各种函数、变量、常量、数组、数据类型和一些控制语句等，为了对它们进行标志，就必须使用标识符。例如，可以使用 x、y 作为变量的标识符；使用 delay( )作为函数的标识符。

注意：C 语言对大小写字母敏感，如 max 和 MAX 是两个完全不同的标识符。

程序中的标识符命名应当简洁明了，含义清晰，便于阅读。例如，最好使用“max”表示最大值。

C 语言规定：标识符只能是字母（A～Z，a～z）、数字（0～9）和下画线“_”组成的字符串，并且第一个字符必须是字母或下画线。

在 C 语言编程中，为了定义变量、表达语句功能和对一些文件预处理，还必须用到一些有特殊意义的字符串，即关键字。需要注意的是，关键字已被软件本身使用，不能再作为标识符使用。C 语言的关键字分为以下三类。

（1）类型说明符：用来定义变量、函数或其他数据结构的类型，如 unsigned char、int、long 等。

（2）语句定义符：用来标志一个语句的功能，如条件判断语句 if、while 等。

（3）预处理命令字：表示预处理命令的关键字，如程序开头的“include”。

由 ANSI 标准定义的关键字共 32 个：auto、double、int、struct、break、else、long、switch、case、enum、register、typedef、char、extern、return、union、const、float、short、unsigned、continue、for、signed、void、default、goto、sizeof、volatile、do、if、while、static。

另外，为了能够直接访问单片机的一些内部寄存器，Keil C51 编译器扩充了关键字 sfr。利用这种扩充关键字可以在 C 语言源程序中直接对 8051 系列单片机的特殊功能寄存器进行定义。其方法如下：

```
sfr 特殊功能寄存器名=地址常数
```

例如：

```
sfr P0=0x80;   /* 定义地址为“0x80”的特殊功能寄存器名字为“P0”，对 P0 的操作也就是对地
                  址为 0x80 的寄存器的操作*/
```

在 8051 系列单片机应用系统中，经常需要访问特殊功能寄存器中的某些位，Keil C51 编译器为此提供了另一种扩充关键字 sbit，利用它可以定义位寻址对象。定义方法如下：

```
sbit 位变量名=特殊功能寄存器名^位位置
```

例如：

```
sbit  LED=P1^3 ; //位定义 LED 为 P1.3（寄存器 P1 的第 3 位）
```

经过上述定义后，如果要点亮图 4-1 中的发光二极管 D1，编程时就可以直接使用以下命令：

```
LED=0;  //将 P1.3 引脚电平置“0”，对 LED 的操作就是对 P1.3 的操作
```

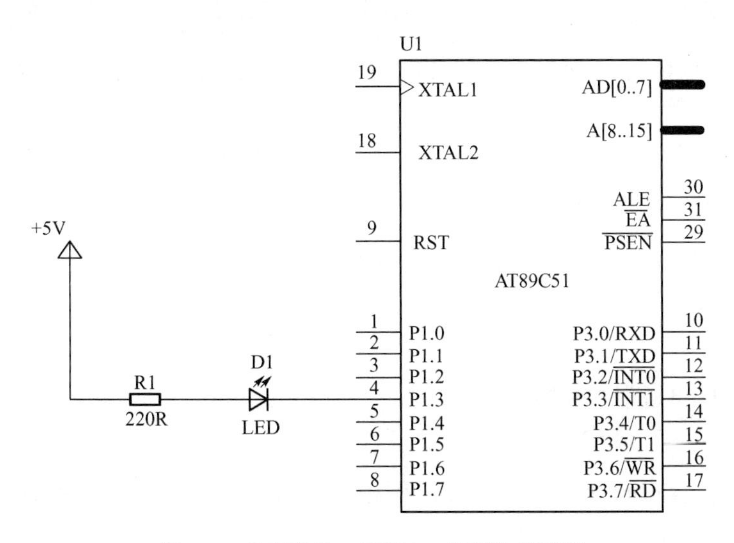

图 4-1　点亮发光二极管 D1 的硬件原理图

4.3 C语言的数据类型与运算符

4.3.1 数据类型

数据是计算机处理的对象，计算机要处理的一切内容最终将以数据的形式出现。因此，程序设计中的数据有着很多种不同的含义，不同的数据类型往往以不同的形式表现出来，这些数据在计算机内部进行处理、存储时往往有着很大的区别。所以，必须掌握 C 语言的数据类型。

C 语言中常用的数据类型有整型、字符型、实型、指针型和空类型等。而根据变量在程序执行中是否发生变化，还可将数据类型分为常量与变量两种。在程序中，常量可以不经说明而直接引用，而变量则必须先定义类型后才能使用。

1．常量与变量

在程序运行过程中，其值不能被改变的量称为常量。常量又分为不同的类型，如 12、0 为整型常量，3.14、2.55 为实型常量，'a'、'b'是字符型常量。

C 语言中还有一种符号常量，其定义形式如下：

```
#define 符号常量的标识符 常量
```

其中，#define 是一条预编译处理命令，称为宏定义命令，其功能是把该标识符定义为其后的符号常量值。一经定义，在程序中所有出现该标识符的地方，就用之前定义好的常量来代替。习惯上符号常量的标识符用大写字母来表示，示例如下：

```
#define PI 3.1415926
void main(void)
  {
     float r, s;
     s=PI*r*r;
     ……
  }
```

程序的第一行定义了一个符号常量 PI，它的值为 3.1415926。在后面的程序中，凡是出现 PI 的地方，PI 都代表这个值。

使用符号常量的好处是显然的：当程序中有很多地方要用到某个常量，而其值又需要经常改动时，使用符号常量就可以“一改全改”。

在程序运行中，其值可以改变的量称为变量，变量标识符常用小写字母来表示。变量必须先定义再使用，一般放在程序的开头部分。

2．整型数据

整型数据包括整型常量和整型变量。

1）整型常量

整型常量就是整型的常数。在 C 语言中，整型常量可以分为八进制数、十进制数和十六进制数 3 种。

十进制数没有前缀，用 0～9 来表示，如 210、-174 等。

八进制数必须以“0”开头（以“0”作为八进制数的前缀），用 0～7 来表示，如 016（相当于十进制数 14）。

十六进制数必须以“0x”开头（以“0x”作为十六进制数的前缀），用 0～9 和 A～F 来表示，如 0x1A（相当于十进制数 26）、0xB0（相当于十进制数 176）。

2）整型变量

整型变量可分为基本型和无符号型两类。前者的类型说明符为 int，在内存中占 2 字节；后者的类型说明符为 unsigned，在内存中占 2 字节。Keil C51 编译器所支持的数据类型见表 4-1。

表 4-1 数据类型表

类型	符号	关键字	所占位数	数的表示范围
整型	有	(signed) int	16	-32768～32767
		(signed) short	16	-32768～32767
		(signed) long	32	-2147483648～2147483647
	无	(unsigned) int	16	0～65535
		(unsigned) short int	16	0～65535
		(unsigned) long int	32	0～4294967295
实型	有	float	32	3.4×10^{-38}～3.4×10^{38}
	有	double	64	1.7×10^{-308}～1.7×10^{308}
字符型	有	char	8	-128～127
	无	(unsigned) char	8	0～255

整型变量的定义形式如下：

```
类型说明符　变量标识符 1，变量标识符 2，…；
```

例如：

```
int a, b, max；// 各变量名之间用一个逗号隔开。
```

3. 实型数据

实型数据在 C 语言中有两种表示形式：十进制小数形式和指数形式。本书没有用到实型数据，所以不对其进行详细介绍。

4. 字符型数据

字符型数据包括字符常量和字符变量。

1）字符常量

用单引号括起来的一个字符，称为字符常量，如'x'、'u'、' ='和'+'等。字符常量常用于显示说明。

2）字符变量

字符变量用来存储单个字符，其说明符是“char”，定义形式如下：

```
char   a, b;
```

char 型数据的长度是 1 字节。unsigned char 型数据与 signed char 型数据的区别是有无符号位，前者可以表达的数值范围是 0～255，而后者的范围是-128～127。

3）字符串常量

由一对双引号括起来的字符序列，称为字符串常量，如“BeiJing Time :”“Volt=”等。

5．指针型数据

指针是一个特殊的变量，它存储的是某变量的地址，使用指针是 C 语言的精髓所在，其使用方法在下文介绍。

6．位类型数据

位类型数据是 C51 编译器的一种扩充数据类型，利用它可以定义一个位变量，但不能定义位指针，也不能定义位数组。该类型数据只能有两个取值：“1”或“0”。

7．空类型数据

C 语言经常使用函数，当函数被调用完后，通常会返回一个函数值。函数值也有一定类型，示例如下：

```
int add( )            //将函数定义为整型数据
{
  int sum;
  sum=12345+76543;
  return sum;       //返回计算值
}
```

函数 add( )返回一个整型数据，就说该函数是整型函数。但常有些函数不需要返回函数值。例如，LED 流水点亮控制程序中的延时函数：

```
void delay( )       //用“void”说明该函数为“空类型”，即无返回值
{
   unsigned int x;
   for(x=0; x<20000; x++)
         ;
}
```

这种函数称为“空类型”，其类型说明符为“void”。

8．变量赋值

在程序中常常需要对变量赋值，C 语言中的赋值方法如下：

```
类型说明符  变量=值;
```

例如：

```
int a=12345;
unsigned char n=0xab;
```

C 语言中各种类型的数据运算必须借助运算符和表达式才能进行，下面介绍几种重要的

运算符与表达式。

4.3.2 运算符

1．算术运算符

C 语言有 5 种算术运算符，见表 4-2。

表 4-2 算术运算符

运 算 符	意 义	举例（设 x=10, y=3）
＋	加法运算	z=x＋y ; // z=13
-	减法运算	z=x-y ; // z=7
*	乘法运算	z=x * y ; // z=30
/	除法运算（保留商的整数，小数部分丢弃）	z=x/y ; // z=3
%	模运算（取余运算）	z=x%y; //z=1

C 语言中表示加 1 和减 1 时可以采用简洁的运算符：自增运算符和自减运算符，见表 4-3。

表 4-3 自增运算符和自减运算符

运 算 符	意 义	举例（设 x 的初值为 3）
x＋＋	先用 x 的值，再让 x 加 1	y=x++; // y 为 3 ， x 为 4
＋＋x	先让 x 加 1，再用 x 的值	y=++x; // y 为 4，x 为 4
x--	先用 x 的值，再让 x 减 1	y=x- -; // y 为 3，x 为 2
--x	先让 x 减 1，再用 x 的值	y=- -x; // y 为 2，x 为 2

2．关系运算符

在程序中经常需要比较两个变量的大小关系，以便对程序的功能进行选择。用来比较两个数据量的运算符称为关系运算符。C 语言有 6 种关系运算符，见表 4-4。关系运算的结果只有“0”和“1”两种，即条件满足时结果为“1”，否则为“0”。例如，a＋b>c 的值，当 a=3，b=4，c=9 时，结果为“0”；而当 a =3，b=4，c=2 时，结果为“1”。

表 4-4 关系运算符

运 算 符	意 义	举例（设 a=2，b=3）
<	小于	a<b ; //返回值 1
>	大于	a>b ; //返回值 0
<=	小于等于	a<=b; //返回值 1
>=	大于等于	a>=b; //返回值 0
!=	不等于	a!=b ; //返回值 1
= =	等于	a= =b; //返回值 0

3．逻辑运算符

逻辑运算的结果只有“真”和“假”两种，用“1”表示真，用“0”表示假，即：当逻辑条件满足时为真，不满足时为假。C 语言的逻辑运算符有 3 种，见表 4-5。

表 4-5　逻辑运算符

运　算　符	意　　义	举例（设 a=0，b=1）
&&	逻辑与	a&&b；　// 返回值 0
||	逻辑或	a||b；　// 返回值 1
!	逻辑非	!a；　// 返回值 1

例如，条件“25>100”为假，“4<8”为真，则逻辑“与”运算：(25>100)&&(4<8)=0&&1=0。因为“与”运算的规则是“有 0 出 0”，所以该计算结果为 0。

4．位运算符

在单片机开发中经常要对一些数据进行位操作，C 语言提供了位运算功能。利用位操作运算符可对一个数按二进制格式进行位操作。下面以 x=25（二进制数 00011001B），y=77（二进制数 01001101B）为例来说明位运算符的使用。

1）按位“与”运算符“&”

“&”运算符的功能是对两个二进制数按位进行“与”运算。根据“与”运算规则“有 0 为 0，全 1 出 1”，则

```
        x   0001 1001
&       y   0100 1101
            0000 1001
```

将 0000 1001B 化为十进制数，结果为 9。所以，25&77=9。

2）按位“或”运算符“|”

“|”运算符的功能是对两个二进制数按位进行“或”运算。根据“或”运算规则“有 1 为 1，全 0 出 0”，则

```
    x   0001 1001
|   y   0100 1101
        0101 1101
```

将 0101 1101B 化为十进制数，结果为 93。所以，25|77=93。

3）按位“异或”运算符“^”

“^”运算符的功能是对两个二进制数按位进行“异或”运算。根据“异或”运算规则“相异为 1，相同出 0”，则

```
    x   0001 1001
^   y   0100 1101
        0101 0100
```

将 0101 0100B=0x54=5×16＋4=84。所以，25^77=84。

4）按位“取反”运算符“～”

“~”运算符的功能是对二进制数按位取反。例如，要对变量 z=0x0f 按位取反，将 z 化为二进制数即为 0000 1111B，根据取反规则“有 0 出 1，有 1 出 0”，则

```
~z   0000 1111
     1111 0000
```

将 1111 0000B 化为十六进制数，结果为 0xf0。所以，~x=0xf0。

5）左移运算符“<<”

“<<”运算符的功能是将一个二进制数的各位全部左移若干位，移动过程中，高位丢弃，低位补 0。例如 w=0x3a，化为二进制数即为 0011 1010B，若将各二进制位全部左移两位，可通过左移运算符“<<”进行，即 w<<2，则变量 w=1110 1000B，化为十六进制数，结果为 0xe8。

6）右移运算符“>>”

“>>”运算符的功能是将一个二进制数的各位全部右移若干位，正数在移动过程中，低位丢弃，高位补 0；负数则高位补 1。例如 w=0x0f，化为二进制数即为 0000 1111B，若将各二进制位全部右移两位，可通过右移运算符“>>”进行，即 w>>2，则变量 w=0000 0011B，化为十六进制数，结果为 0x03。

5．赋值运算符

赋值运算符用于赋值运算，它将一个数据赋给一个变量，也可以将一个表达式的值赋给一个变量。C 语言中有以下两类赋值运算符。

1）简单赋值运算符（=）

赋值运算符“=”的作用是将一个数据赋给一个变量，如 c=a＋b。

2）复合赋值运算符（+=、−=、*=、/=、%=、&=、|=、^=、>>=、<<=）

使用复合赋值运算符可以简化程序，提高 C 程序的编译效率并产生质量较高的目标代码。下面举例说明其效果。

- a＋=5 等价于 a=a＋5；
- x*=y＋7 等价于 x=x*(y＋7)；
- r%=p 等价于 r=r%p；
- a<<=3 等价于 a=a<<3，即将 a 的二进制位全部左移 3 位后，再将移位后的值赋给 a。

C 语言赋值运算符的意义及说明见表 4-6。

表 4-6　C 语言赋值运算符的意义及说明

运算符	意义	说明
=	将右边表达式的值赋给左边的变量或数组元素	
+=	左边的变量或数组元素加上右边表达式的值	x+=a 等价于 x=x+a
−=	左边的变量或数组元素减去右边表达式的值	x−=a 等价于 x=x−a
*=	左边的变量或数组元素乘以右边表达式的值	x*=a 等价于 x=x*a
/=	左边的变量或数组元素除以右边表达式的值	x/=a 等价于 x=x/a
%=	左边的变量或数组元素模右边表达式的值	x%=a 等价于 x=x%a
<<=	左移操作，再赋值	x<<=a 等价于 x=x<<a
>>=	右移操作，再赋值	x>>=a 等价于 x=x<<a
&=	按位与操作，再赋值	x&=a 等价于 x=x&a
^=	按位异或操作，再赋值	x^=a 等价于 x=x^a
~=	按位取反操作，再赋值	x~=a 等价于 x=x~a

6．逗号运算符

逗号运算符用于将几个表达式串在一起，格式如下：

```
表达式 1，表达式 2，…，表达式 n
```

运算顺序为从左到右，整个逗号表达式的值是最右边表达式的值，如 x=(y=3, z=5, y+2)，结果为 z=5，y=3，x=y+2=5。

7．条件运算符

C 语言提供了一个条件运算符“？：”，它要求有 3 个运算对象，用它可以将 3 个表达式连接构成一个条件表达式。其一般形式如下：

```
逻辑表达式？表达式 1：表达式 2
```

首先计算逻辑表达式，当其值为真（非 0）时，将表达式 1 的值作为整个表达式的值；当逻辑表达式为假（0）时，将表达式 2 的值作为整个表达式的值。

例如，当 a=8，b=13 时，求 a、b 中的最大值可用以下条件表达式：

```
max=(a>b)？a：b
```

因为 a>b 为假，所以应取表达式 2 即 b 的值，结果 max=13。

8．强制转换运算符

当参与运算的数据类型不同时，先转换成同一数据类型，再进行运算。数据类型的转换方式有两种：一种是自动类型转换；另一种是强制转换。在 C 语言程序中进行算术运算时，必须注意数据类型的转换。

自动类型转换是在对程序进行编译时由编译器自动处理的。自动类型转换的基本规则是转换后计算精度不降低，所以当 char、int、unsigned、long、double 类型的数据同时存在时，其转换高低关系为 char→int→unsigned→long→double。例如，当 char 型数据与 int 型数据共存时，先将 char 型数据转换为 int 型数据再计算。

强制转换是通过强制类型转换运算符“()”进行的，其作用是将一个表达式转换为所需的类型，格式如下：

```
(类型名)(表达式)
```

示例如下：

```
(int)a；            //将 a 强制转换为整型数据
(int)(3.58)；       //将实型常量 3.58 强制转换为整型数据，结果为 3
```

下面举例说明数据类型与运算符的使用方法。

4.3.3 实例 8：用不同数据类型控制 LED 的闪烁

本例使用无符号整型数据和无符号字符型数据来设计延时函数，并分别用来控制图 4-2 中 D1 和 D2 的闪烁，从而研究这两种数据的不同效果。

1．实现方法

为比较无符号整型数据和无符号字符型数据的使用效果，可将由它们设计延时函数的循环次数设置为相同，然后比较其延时效果。

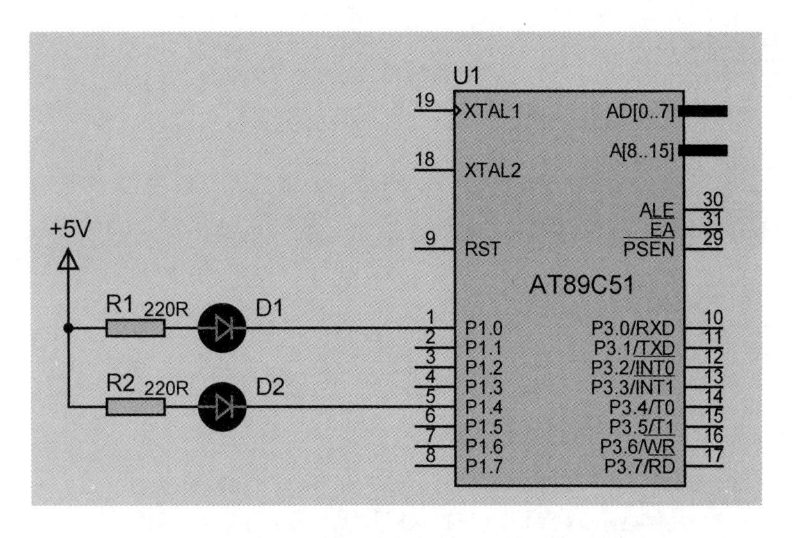

图 4-2　不同数据类型控制 LED 闪烁的电路原理图

2．程序设计

先建立文件夹“ex8”，然后建立其工程项目，最后建立源程序文件“ex8.c”。输入以下源程序：

```
//实例 8：用不同数据类型控制 LED 闪烁时间
#include<reg51.h>              //包含单片机寄存器的头文件
/*****************************************************
函数功能：用整型数据延迟一段时间
*****************************************************/
void int_delay(void)           //延迟一段较长的时间
{
  unsigned int m;              //定义无符号整型变量，双字节数据，值域为 0~65535
  for(m=0;m<36000;m++)
              ;                //空操作
}
/*****************************************************
函数功能：用字符型数据延迟一段时间
*****************************************************/
void char_delay(void)          //延迟一段较短的时间
{
   unsigned char i,j;          //定义无符号字符型变量，单字节数据，值域为 0~255
     for(i=0;i<200;i++)
       for(j=0;j<180;j++)
              ;                //空操作
}
/*****************************************************
函数功能：主函数
*****************************************************/
void main(void)
{
```

```
    unsigned char i;
    while(1)
    {
          for(i=0;i<3;i++)
              {
              P1=0xfe;            //P1.0 口的灯点亮
                int_delay();      //延迟一段较长的时间
                P1=0xff;          //熄灭
                int_delay();      //延迟一段较长的时间
              }
          for(i=0;i<3;i++)
              {
              P1=0xef;            //P1.4 口的灯点亮
                char_delay();     //延迟一段较长的时间
                P1=0xff;          //熄灭
                char_delay();     //延迟一段较长的时间
              }
      }
}
```

3．用 Proteus 软件仿真

经 Keil 软件编译通过后，可使用 Proteus 软件进行仿真。在 Proteus ISIS 工作环境中绘制好仿真原理图（如图 4-3 所示），或者打开随书附件中“第 4 章\仿真实例\ ex8”文件夹内的“ex8.pdsprj”仿真原理图文件。将虚拟示波器的输入信号通道 A、B 分别连接到 P1.0 和 P1.4 引脚，载入编译好的“ex8.hex”文件。启动仿真，可看到 D1 的闪烁时间明显慢于 D2，即整型数据实现的延时函数延时明显较长。图 4-3（a）、（b）分别为某时刻的仿真原理图和 P1.0 口、P1.4 口的输出波形。从波形图上也可以看出，P1.0 口输出的低电平长度（D1 的点亮时间）明显长于 P1.4 口输出的低电平长度。

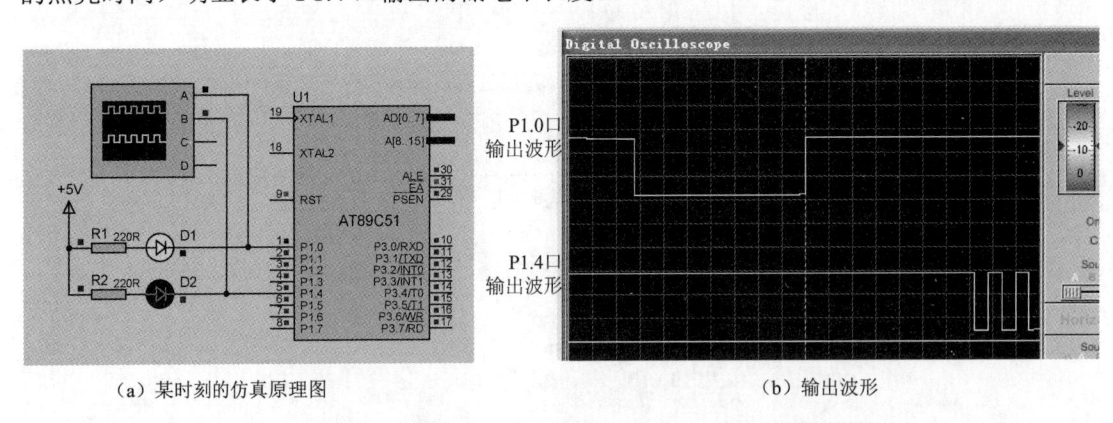

（a）某时刻的仿真原理图　　（b）输出波形

图 4-3　不同数据类型控制两个 LED 闪烁的仿真原理图和输出波形

由于整型数据占 2 字节，而无符号字符型数据仅占 1 字节，因此对无符号整型数据进行操作花费的时间就要长一些。例如，整型数据实现 100 次循环，消耗的时间约为 800 个机器周期；而用无符号字符型数据同样实现 100 次循环，消耗的周期则只有 300 个机器周期。

所以，为了提高程序的运行速度，应尽可能采用无符号字符型数据进行程序设计。

4．用实验板进行实验

程序仿真无误后，将“ex8”文件夹中的“ex8.hex”文件烧录到 AT89C51 芯片中。再将烧录好的单片机插入实验板上，为实验板通电，可看到和仿真类似的实验结果。

4.3.4 实例 9：用 P0 口、P1 口分别显示加法和减法运算结果

本实例利用单片机实现“63+40”和“63−40”两道加、减法运算，并将加法运算结果送 P1 口显示，减法运算结果送 P0 口显示。本实例采用的电路原理图如图 4-4 所示。

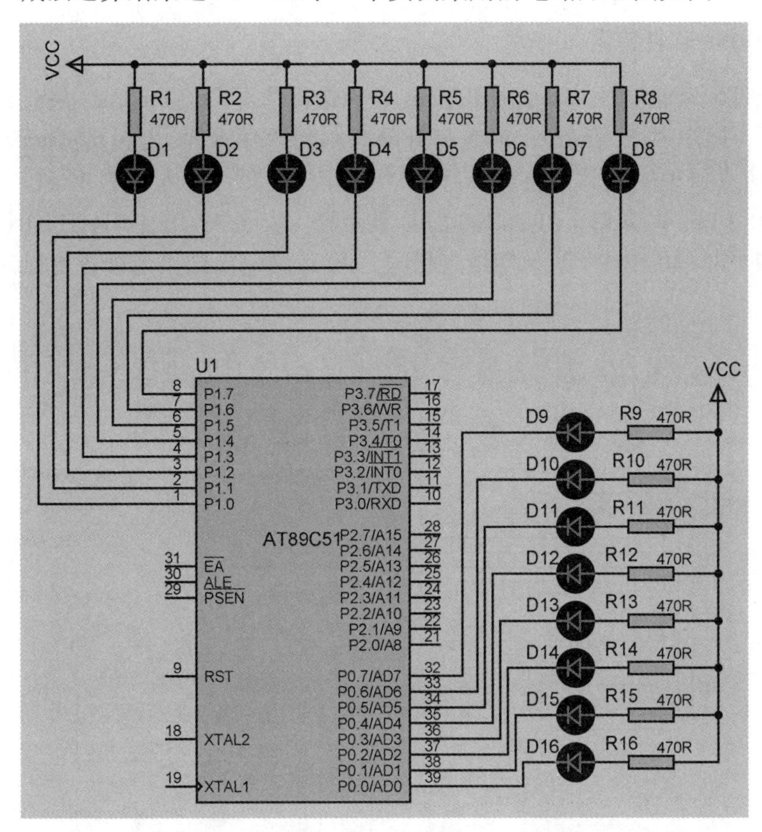

图 4-4　用 P0 口、P1 口分别显示加法和减法运算结果的电路原理图

1．实现方法

设置两个无符号字符型变量 n 和 m，并将其分别赋值为 60 和 43，将（n+m）和（n−m）的结果分别送入寄存器 P1 和 P0。

2．程序设计

先建立文件夹“ex9”，然后建立其工程项目，最后建立源程序文件“ex9.c”。输入以下源程序：

```
//实例 9：用 P0 口、P1 口分别显示加法和减法运算结果
#include<reg51.h>                //包含单片机寄存器的头文件
```

```
void main(void)
{
    unsigned char m, n;         //定义无符号字符型变量
    m=43;                       //m 赋值为 43
    n=60;                       //n 赋值为 60
    P1= n + m;                  //P1=103=0110 0111B，结果 P1.3、P1.4、P1.7 口的 LED 被点亮
    P0=n-m;                     //P0=17=0001 0001B，结果 P0.0、P0.4 的 LED 熄灭
    while(1)
        ;                       //无限循环，防止程序"跑飞"
}
```

3．用 Proteus 软件仿真

经 Keil 软件编译通过后，可使用 Proteus 软件进行仿真。在 Proteus ISIS 工作环境中绘制好仿真原理图（如图 4-5 所示），或者打开随书附件"第 4 章\仿真实例\ex9"文件夹内的"ex9.pdsprj"仿真原理图文件。将编译好的"ex9.hex"文件载入 AT89C51，启动仿真。由图 4-5 可见，P1.3 口、P1.4 口、P1.7 口的 LED 被点亮，表明 P1=0110 0111B = 0x67= 6 × 16 +7= 96 + 7 = 103 和"63+40=103"的预期结果相同。P0 口的输出结果请读者自行分析。

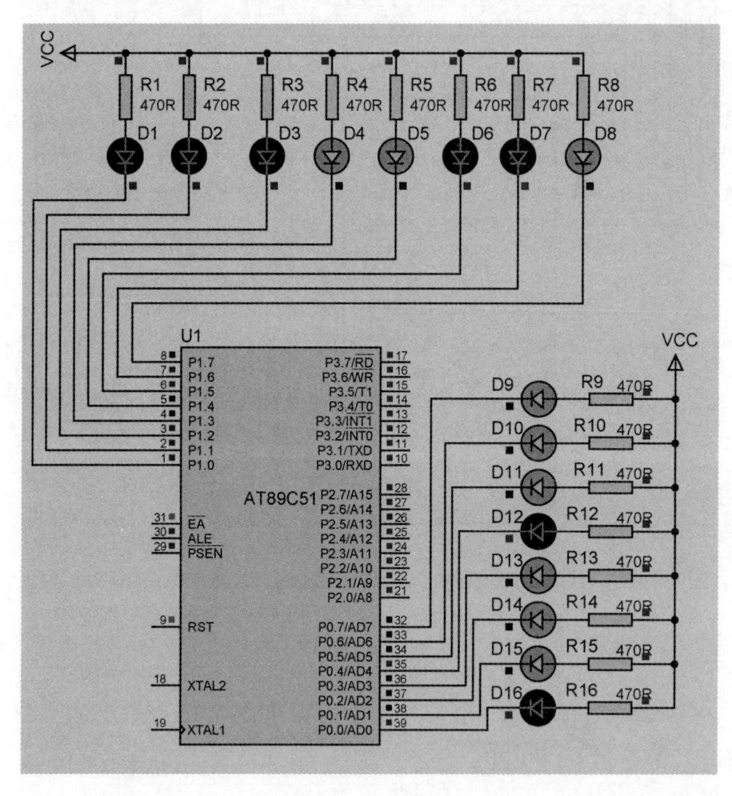

图 4-5　用 P0 口、P1 口分别显示加法和减法运算结果的仿真原理图

4．用实验板进行实验

程序仿真无误后，将"ex9"文件夹中的"ex9. hex"文件烧录到 AT89C51 芯片中。通电运行后，即可看到和仿真类似的实验结果。

4.3.5 实例 10：用 P0 口、P1 口显示乘法运算结果

本实例用单片机实现乘法“64×71”的运算，并将结果送 P1 口和 P0 口，结果用 LED 的亮灭状态验证。本实例仍然采用图 4-4 中的电路原理图。

1．实现方法

先设置两个字符型变量 m 和 n，并分别赋值为 64 和 71。再设置一个整型变量 s，用来存储 m 和 n 的乘积。因为 s=64×71=4544，需要 16 位二进制数表示，可将高 8 位送 P1 口，低 8 位送 P0 口。如果“4544”化为十六进制数后为 $H_3H_2H_1H_0$，必有

$$H_3\times16\times16\times16+H_2\times16\times16+H_1\times16+H_0\times1=4544$$

即

$$(H_3\times16+H_2)\times256+H_1\times16+H_0\times1=4544$$

所以，将 4544 除以 256 取整就可以得到表示 4544 的 16 位二进制数的高 8 位，而将 4544 除以 256 取余数，就可以得到表示 4544 的 16 位二进制数的低 8 位。

```
P1=s/256;          //除法运算，高 8 位送 P1 口
P0=s%256;          //取余数运算，低 8 位送 P0 口
```

2．程序设计

先建立一个文件夹“ex10”，然后建立其工程项目，最后建立源程序文件“ex10.c”。输入以下源程序：

```
//实例 10：用 P0、P1 口显示乘法运算结果
#include<reg51.h>      //包含单片机寄存器的头文件
void main(void)
{
  unsigned char m, n;
  unsigned int s;
  m=64;
  n=71;
  s=m*n;
  P1=s/256;            //高 8 位送 P1 口 ，P1=17=0001 0001B，P1.0 和 P1.4 口 LED 灭，其余亮
  P0=s%256;            //低 8 位送 P0 口 ，P0=192 =1100 0000B，P0.6 和 P0.7 口 LED 灭，其余亮
  while(1)
   ;                   //无限循环，防止程序“跑飞”
}
```

3．用 Proteus 软件仿真

经 Keil 软件编译通过后，可使用 Proteus 软件进行仿真。在 Proteus ISIS 工作环境中绘制好仿真原理图（如图 4-6 所示），或者打开随书附件“第 4 章\仿真实例\ex10”文件夹内的“ex10.pdsprj”仿真原理图文件。将编译好的“ex10.hex”文件载入 AT89C51，启动仿真。由图 4-6 可见，P1.0 口、P1.4 口的 LED 熄灭，其余均被点亮，表明高 8 位数 P1=0001 0001B＝0x11；而 P0 口除 P0.6 口和 P0.7 口的 LED 熄灭外，其余均被点亮，表明低 8 位数 P0=1100 0010=0xc0，则 P1、P0 表示的十六进制数即 11C0H，化为十进制数：1×16×16×16+1×16×16+12×16+0=4096+256+192=4544。这个结果和“64×71=4544”相同。

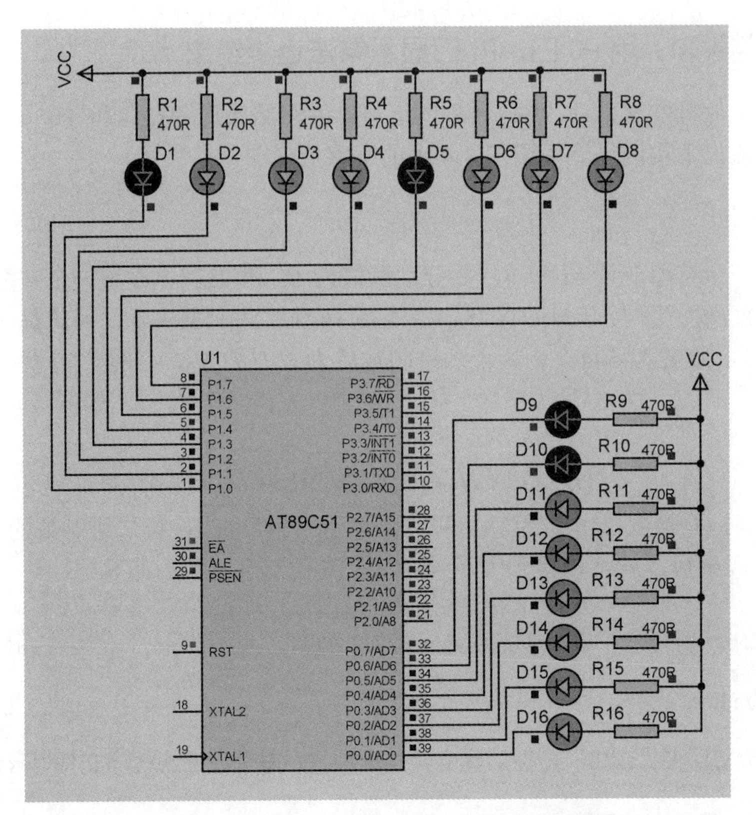

图 4-6　P0 口、P1 口显示乘法运算的仿真原理图

4．用实验板进行实验

程序仿真无误后，将“ex10”文件夹中的“ex10.hex”文件烧录到 AT89C51 芯片中。再将烧录好的单片机插入实验板上，通电运行即可看到和仿真类似的实验结果。

4.3.6　实例 11：用 P1 口、P0 口显示除法运算结果

本实例用单片机实现除法“36÷5=7.2”的运算，所得商的整数部分送 P1 口显示，小数部分送 P0 口显示。本实例仍然采用图 4-4 中的电路原理图。

1．实现方法

整数部分“7”可用除法运算“36/5=7”来实现，小数部分“0.2”的实现过程如下：

36 除以 5 的余数为 1，若用除法运算“1/5”，则得“0”（小数部分自动舍去）。因此需将余数“1”再乘以 10，然后用所得的积除以“5”，即

```
((36%5)*10)/5;          //结果为(1*10)/5=2
```

结果为小数部分的数字“2”。

注意：上述方法在单片机控制小数的显示时非常有用，如温度为 29.6℃。

2．程序设计

先建立文件夹“ex11”，然后建立其工程项目，最后建立源程序文件“ex11.c”。输入以

下源程序：

```
//实例 11：用 P1、P0 口显示除法运算结果
#include<reg51.h>                //包含单片机寄存器的头文件
void main(void)
{
  P1=36/5;                      //求整数，P1=7=0000 0111B，  P1.2、P1.1、P1.0 口 LED 熄灭
  P0=((36%5)*10)/5;             //求小数，P0=2=0000 0010，P0.1 口 LED 熄灭
  while(1)
    ;                           //无限循环，防止程序“跑飞”
}
```

3．用 Proteus 软件仿真

经 Keil 软件编译通过后，可使用 Proteus 软件进行仿真。在 Proteus ISIS 工作环境中绘制好仿真原理图（如图 4-7 所示），或者打开随书附件“第 4 章\仿真实例\ex11”文件夹内的“ex11.pdsprj”仿真原理图文件。将编译好的“ex9.hex”文件载入 AT89C51，启动仿真。由图 4-7 可见，P1.0 口、P1.1 口、P1.2 口的 LED 熄灭，其余均被点亮，表明 P1=0000 0111B =0x07=7，与“36/5=7”的期望结果相同；而 P0 口只有 P0.1 口的 LED 熄灭，其余均被点亮，表明 P0=0000 0010=0x02=2，与“36÷5=7.2”所得小数部分是“2”的期望结果相同。

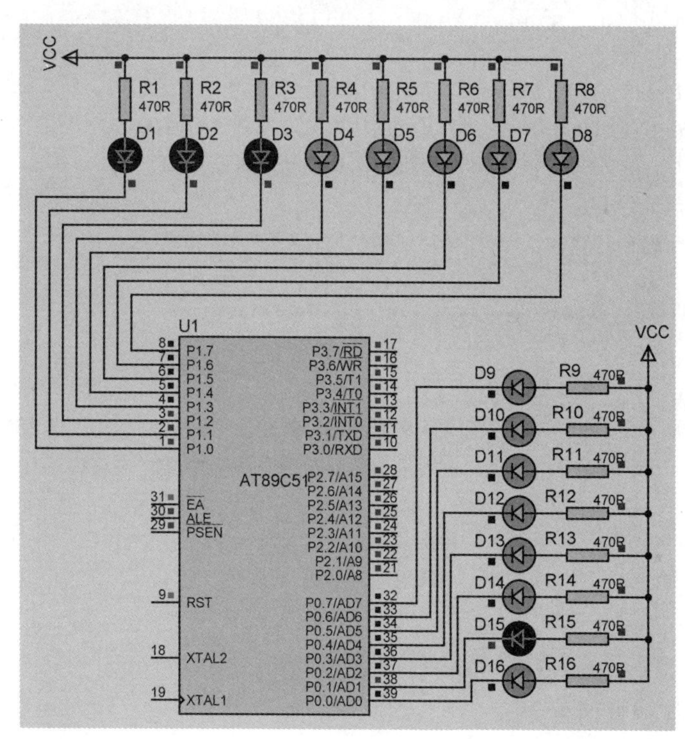

图 4-7　用 P1 口、P0 口显示除法运算结果的仿真原理图

4．用实验板进行实验

程序仿真无误后，将“ex11”文件夹中的“ex11.hex”文件烧录到 AT89C51 芯片中。再

将烧录好的单片机插入实验板上，通电运行即可看到和仿真类似的实验结果。

4.3.7　实例 12：用自增运算控制 P0 口 8 位 LED 的闪烁花样

本实例用自增运算控制 P0 口 8 位 LED 的闪烁花样，采用的电路原理图参见图 4-4。

1．实现方法

只要送到 P0 口的数值发生变化，P0 口 8 位 LED 点亮的状态就会发生变化。可以先将变量的初值送到 P0 口延迟一段时间，再利用自增运算使变量加 1，然后将新的变量值送到 P0 口并延迟一段时间……即可使 8 位 LED 的闪烁花样不断变化。

2．程序设计

先建立文件夹“ex12”，然后建立其工程项目，最后建立源程序文件“ex12.c”。输入以下源程序：

```
//实例 12：用自增运算控制 P0 口 8 位 LED 的闪烁花样
#include<reg51.h>                    //包含单片机寄存器的头文件
/*****************************************************
函数功能：延迟一段时间
*****************************************************/
void delay(void)
{
    unsigned int i;                  //定义无符号整型变量
        for(i=0;i<20000;i++)         //设置循环次数，控制延迟时间
          ;                          //空操作，用以消耗机器周期
}
/*****************************************************
函数功能：主函数
*****************************************************/
void main(void)
{
   unsigned char i;                  //定义无符号字符型变量，其值不能超过 255
   for(i=0;i<255;i++)                //用自增运算符使 i 值改变
     {
        P0=i;                        //将 i 的值送 P0 口
        delay();                     //调用延时函数
     }
}
```

3．用 Proteus 软件仿真

经 Keil 软件编译通过后，可使用 Proteus 软件进行仿真。在 Proteus ISIS 工作环境中绘制好仿真原理图，或者打开随书附件“第 4 章\仿真实例\ex12”文件夹内的“ex12.pdsprj”仿真原理图文件，将编译好的“ex12.hex”文件载入 AT89C51。启动仿真，即可看到 P0 口 8 位 LED 闪烁的花样不断发生变化。

4．用实验板进行实验

程序仿真无误后，将“ex12”文件夹中的“ex12.hex”文件烧录到 AT89C51 芯片中。再将烧录好的单片机插入实验板上，通电运行即可看到和仿真类似的实验结果。

4.3.8 实例 13：用 P0 口显示逻辑“与”运算结果

本实例用 P0 口显示逻辑“与”运算“(4>0) && (9>0xab)”的结果，所采用电路原理图如图 4-4 所示。

1．实现方法

逻辑表达式的计算过程是（4>0）&&（9>0xab）=1&&0=0，直接将这个值送到 P0 口即可（8 位 LED 将被全部点亮）。

2．程序设计

先建立文件夹“ex13”，然后建立其工程项目，最后建立源程序文件“ex13.c”。输入以下源程序：

```
//实例 13：用 P0 口显示逻辑"与"运算结果
#include<reg51.h>                    //包含单片机寄存器的头文件
void main(void)
{
  P0=(4>0)&&(9>0xab);                //将逻辑运算结果送 P0 口
  while(1)
    ;                                //设置无限循环，防止程序“跑飞”
}
```

3．用 Proteus 软件仿真

经 Keil 软件编译通过后，可使用 Proteus 软件进行仿真。在 Proteus ISIS 工作环境中绘制好仿真原理图，或者打开随书附件“第 4 章\仿真实例\ex13”文件夹内的“ex13.pdsprj”仿真原理图文件，将编译好的“ex13.hex”文件载入 AT89C51。启动仿真，即可看到 P0 口 8 位 LED 被全部点亮。

4．用实验板进行实验

程序仿真无误后，将“ex13”文件夹中的“ex13.hex”文件烧录到 AT89C51 芯片中。再将烧录好的单片机插入实验板上，通电运行即可看到和仿真类似的实验结果。

4.3.9 实例 14：用 P0 口显示条件运算结果

本实例用 P0 口显示条件运算“(8>4)? 8:4”的结果，所采用的电路原理图如图 4-4 所示。

1．实现方法

条件运算“(8>4)? 8:4”的计算过程：先判断条件“8>4”是否满足，若满足，取 8 作为计算结果，否则取 4 作为计算结果。显然本实例条件运算的结果为 8，直接将该结果送到 P0 口即可。

2．程序设计

先建立文件夹“ex14”，然后建立其工程项目，最后建立源程序文件“ex14.c”。输入以下源程序：

```
//实例 14：用 P0 口显示条件运算结果
#include<reg51.h>              //包含单片机寄存器的头文件
void main(void)
{
  P0=(8>4)?8:4;                //将条件运算结果送 P0 口，P0=8=0000 1000B
  while(1)
     ;                         //设置无限循环，防止程序“跑飞”
}
```

3．用 Proteus 软件仿真

经 Keil 软件编译通过后，可使用 Proteus 软件进行仿真。在 Proteus ISIS 工作环境中绘制好仿真原理图，或者打开随书附件“第 4 章\仿真实例\ex14”文件夹内的“ex14.pdsprj”仿真原理图文件，将编译好的“ex14.hex”文件载入 AT89C51。启动仿真，可看到 P0 口的 8 位 LED 中，只有 P1.3 引脚的 LED 熄灭，其余均被点亮。所以，P0=0000 1000B=8，与预期结果相同。

4．用实验板进行实验

程序仿真无误后，将“ex14”文件夹中的“ex14.hex”文件烧录到 AT89C51 芯片中。再将烧录好的单片机插入实验板上，通电运行即可看到和仿真类似的实验结果。

4.3.10　实例 15：用 P0 口显示按位“异或”运算结果

本实例用 P0 口显示“异或”运算“0xa2^0x3c”的结果，所采用电路原理图参见图 4-4。

1．实现方法

“异或”运算的规则是“相异出 1，相同出 0”。据此，本例计算结果如下：

	0xa2	1010 0010
^	0x3c	0011 1100
	0x9e	1001 1110

将结果送到 P0 口即可。因为 P0=1001 1110B=0x9e，可以预计 P0.0、P0.5、P0.6 引脚的 LED 将被点亮，而其他 LED 均处于熄灭状态。

2．程序设计

先建立文件夹“ex15”，然后建立其工程项目，最后建立源程序文件“ex15.c”。输入以下源程序：

```
//实例 15：用 P0 口显示按位“异或”运算结果
#include<reg51.h>              //包含单片机寄存器的头文件
void main(void)
```

```
  {
    P0=0xa2^0x3c;              //将条件运算结果送 P0 口，P0=1001 1110B
    while(1)
      ;                        //设置无限循环，防止程序“跑飞”
  }
```

3．用 Proteus 软件仿真

经 Keil 软件编译通过后，可使用 Proteus 软件进行仿真。在 Proteus ISIS 工作环境中绘制好仿真原理图，或者打开随书附件“第 4 章\仿真实例\ex15”文件夹内的“ex15.pdsprj”仿真原理图文件，将编译好的“ex15.hex”文件载入 AT89C51。启动仿真，可看到只有 P0.0、P0.5、P0.6 引脚的 LED 被点亮，与预期结果相同。

4．用实验板进行实验

程序仿真无误后，将“ex15”文件夹中的“ex15.hex”文件烧录到 AT89C51 芯片中。再将烧录好的单片机插入实验板上，通电运行即可看到和仿真类似的实验结果。

4.3.11 实例 16：用 P0 口显示左移运算结果

本实例用 P0 口显示左移运算“0x3b<<2”的结果，所采用电路原理图参见图 4-4。

1．实现方法

左移运算“0x3b<<2”的计算过程：先将 0x3b 转换为二进制数（由单片机自动完成）0011 1011，然后将所有二进制位左移两位。移动过程中，高位丢弃，低位补 0。按此规则，0011 1011 左移两位后得到 1110 1100。将此结果送到 P0 口，将使 P0.0、P0.1、P0.4 引脚的 LED 点亮。

2．程序设计

先建立文件夹“ex16”，然后建立其工程项目，最后建立源程序文件“ex16.c”。输入以下源程序：

```
//实例 16：用 P0 显示左移运算结果
#include<reg51.h>                  //包含单片机寄存器的头文件
void main(void)
{
  P0=0x3b<<2;                      //将左移运算结果送 P0 口，P0=1110 1100B=0xec
  while(1)
    ;                              //无限循环，防止程序“跑飞”
}
```

3．用 Proteus 软件仿真

经 Keil 软件编译通过后，可使用 Proteus 软件进行仿真。在 Proteus ISIS 工作环境中绘制好仿真原理图，或者打开随书附件“第 4 章\仿真实例\ex16”文件夹内的“ex16.pdsprj”仿真原理图文件，将编译好的“ex16.hex”文件载入 AT89C51。启动仿真，可看到 P0.0、P0.1、P0.4 引脚的 LED 被点亮，与预期结果相同。

4. 用实验板进行实验

程序仿真无误后，将“ex16”文件夹中的“ex16.hex”文件烧录到AT89C51芯片中。再将烧录好的单片机插入实验板上，通电运行即可看到和仿真类似的实验结果。

4.3.12 实例17：“万能逻辑电路”实验

本实例以单片机实现逻辑函数“$F=\overline{X}\,Y+Z$”为例，介绍单片机实现“万能逻辑电路”的方法。本实例采用的仿真原理图如图4-8所示。

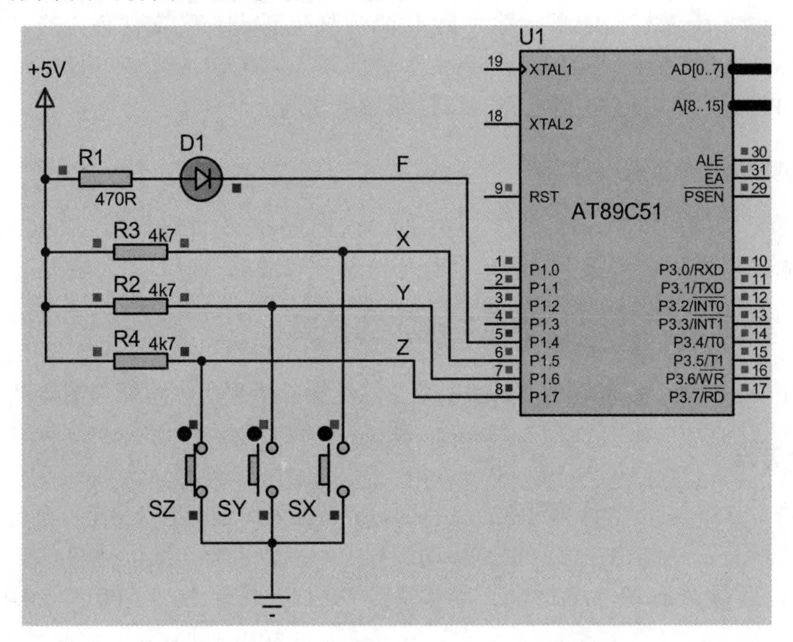

图4-8　实现“万能逻辑电路”的仿真原理图

逻辑函数的实现有两个基本途径：一个是专门设计数字电路，实现逻辑功能；另一个是通过单片机编程来实现逻辑功能，即“软件就是硬件”。显然，用软件代替硬件有着很大的灵活性和更广阔的应用场景。因此，单片机被称为“万能逻辑电路”。

1. 实现方法

因为输入量的逻辑电平只有两种（按下按键为0，松开按键为1），所以可将3个输入量分别定义为位变量（X定义为P1.5，Y定义为P1.6，Z定义为P1.7），则可以使用位的逻辑运算符（&、|、～）来实现逻辑函数。

```
F=((~X)&Y)|Z ;    //通过位运算实现逻辑函数
```

先将X取反后和Y进行“与”运算，再将所得结果和Z进行“或”运算，最后将结果赋给F。

2. 程序设计

先建立文件夹“ex17”，然后建立其工程项目，最后建立源程序文件“ex17.c”。输入以下源程序：

```
//实例17：“万能逻辑电路”实验
```

```
#include<reg51.h>              //包含单片机寄存器的头文件
sbit F=P1^4;                   //将 F 位定义为 P1.4
sbit X=P1^5;                   //将 X 位定义为 P1.5
sbit Y=P1^6;                   //将 Y 位定义为 P1.6
sbit Z=P1^7;                   //将 Z 位定义为 P1.7
void main(void)
{
   while(1)
   {
         F=((~X)&Y)|Z;   //将逻辑运算结果赋给 F
   }
}
```

3．用 Proteus 软件仿真

经 Keil 软件编译通过后，可使用 Proteus 软件进行仿真。在 Proteus ISIS 工作环境中绘制好仿真原理图（参见图 4-8），或者打开随书附件“第 4 章\仿真实例\ ex17”文件夹内的“ex17.pdsprj”仿真原理图文件，将编译好的“ex17.hex”文件载入 AT89C51。启动仿真，可以看到，当用鼠标按下按键 SZ 时，P1.4 引脚的 LED 被点亮。因为此时 X=1，Y=1，Z=0，所以 F=((～1)&1)|0=(0&1)|0=0|0=0。因为 F 被位定义为 P1.4 引脚，其逻辑值的变化将被反映为 P1.4 引脚的电平信号变化，“0”表示低电平，所以 P1.4 引脚的 LED 被点亮。

4．用实验板进行实验

程序仿真无误后，将“ex17”文件夹中的“ex17.hex”文件烧录到 AT89C51 芯片中。再将烧录好的单片机插入实验板上，通电运行即可看到和仿真类似的实验结果。

4.3.13 实例 18：用右移运算流水点亮 P1 口 8 位 LED

本实例用右移运算“>>”流水点亮 P1 口的 8 位 LED，所采用的电路原理图参见图 4-4。

1．实现方法

因为右移运算的结果是低位丢弃，高位补 0，所以可将 P1 口置为 0xff，即二进制数 1111 1111，那么将各二进制位右移 1 位后，即经“P1=P1>>1”运算 1 次后，最高位将被补 0，而最低位的 1 被丢弃，结果 P1=0111 1111B。将各二进制位再右移 1 位，则 P1=0011 1111B……经 8 次右移运算后，P1=0000 0000B。待 8 位 LED 全部点亮后，重新将 P1 口置为 0xff，如此循环，就可以流水点亮 P1 口的 8 位 LED。

2．程序设计

先建立文件夹“ex18”，然后建立其工程项目，最后建立源程序文件“ex18.c”。输入以下源程序：

```
//实例 18：用右移运算流水点亮 P1 口 8 位 LED
#include<reg51.h>                    //包含单片机寄存器的头文件
/******************************
```

```
函数功能：延迟一段时间
******************************/
void delay(void)
{
 unsigned int n;
  for(n=0;n<30000;n++)
      ;
}
/******************************
函数功能：主函数
******************************/
void main(void)
{
  unsigned char i;
  while(1)                        //无限循环
   {
     P1=0xff;
       delay();
       for(i=0;i<8;i++)           //循环次数设置为 8
        {
          P1=P1>>1;               //每次循环 P1 口的各二进制位右移 1 位，高位补 0
            delay();              //调用延时函数
        }
     }
}
```

3．用 Proteus 软件仿真

经 Keil 软件编译通过后，可使用 Proteus 软件进行仿真。在 Proteus ISIS 工作环境中绘制好仿真原理图，或者打开随书附件“第 4 章\仿真实例\ex18”文件夹内的“ex18.pdsprj”仿真原理图文件，将编译好的“ex18.hex”文件载入 AT89C51。启动仿真，即可看到 P1 口 8 位 LED 被循环流水点亮。

4．用实验板进行实验

程序仿真无误后，将“ex18”文件夹中的“ex18.hex”文件烧录到 AT89C51 芯片中。再将烧录好的单片机插入实验板，通电运行即可看到和仿真类似的实验结果。

4.4 C 语言的语句

4.4.1 概述

一个完整的 C 程序是由若干条 C 语句按一定的方式组合而成的。按 C 语句执行方式的不同，C 程序的结构可分为顺序结构、选择结构和循环结构。

- 顺序结构：程序按语句的顺序逐条执行。
- 选择结构：程序根据条件选择相应的执行顺序。
- 循环结构：程序根据某条件的存在重复执行一段程序，直到这个条件不满足为止；如果这个条件永远存在，就会形成死循环。

一般的C程序都是由顺序、选择和循环这3种结构混合组成的，但要保证C程序能够按照预期的意图运行，还要用到以下5类语句来对程序进行控制。

（1）控制语句。

C语言中有9种控制语句：

- if…else…：条件语句；
- for…：循环语句；
- while…：循环语句；
- do…while：循环语句；
- continue：结束本次循环语句；
- break：终止执行循环语句；
- switch：多分支选择语句；
- goto：跳转语句；
- return：从函数返回语句。

（2）函数调用语句。

调用已定义过的函数，如延时函数。

（3）表达式语句。

表达式语句由一个表达式和一个分号构成，例如：

```
sum=x+y;
```

（4）空语句。

空语句什么也不做，常用于消耗若干机器周期，延时等待。

（5）复合语句。

用“{}”把一些语句括起来就构成了复合语句，例如：

```
{
  P1=0xbf/10;
  P0=0x80&0P1;
  P0<<2;
}
```

4.4.2 控制语句

控制语句用来控制程序的流程。下面介绍常用的C语言控制语句。

1. if语句

if语句用来判定所给条件是否满足，根据判定的结果（真或假）选择执行给出的两种操作之一。if语句有3种基本形式。

（1）if(表达式)语句。

例如：

```
if(S1= =0)
P1=0x00;
```

该语句可以实现的功能：如果按键 S1 按下（接地，相应位为低电平），P1 口 8 位 LED 全部点亮。

（2）if(表达式)
    语句 1
else
    语句 2

例如：

```
if(a>b)
   max=a;
else
   max=b;
```

（3）if(表达式 1)
    语句 1
else
    if(表达式 2)
        语句 2
    else
        if (表达式 3)
          语句 3
            …
        else
          语句 *n*

例如，找出 3 个数中的最小数，代码如下：

```
void main(void)
{
     unsigned char x, y, z;
     x=3;
     y=5;
     z=2;
     if(x<y)
       min=x;
     else
       min=y;
       if(z<min)
           min=z;
}
```

2．switch…case 多分支选择语句

if 语句比较适合于从两者之间选择。当要实现从几种可能中选择一个时，采用 switch…case 多分支选择语句，可使程序变得更为简洁，格式如下：

```
switch(表达式)
    {
```

```
        case 常量表达式 1:          //如果常量表达式 1 满足给定条件，则执行语句 1
            语句 1;
            break;                  //执行完语句 1 后，使用给定条件 break 可使流程跳出 switch 结构
        case 常量表达式 2:          //如果常量表达式 2 满足给定条件，则执行语句 2
            语句 2;
            break;                  //执行完语句 2 后，使用 break 可使流程跳出 switch 结构
          …
        case 常量表达式 n:
            语句 n;
            break;
        default;                    //默认情况下（条件都不满足），执行语句 n+1
            语句 n+1;
    }
```

对于 switch 语句，要注意两点：一是常量表达式的值必须是整型或字符型；二是最好使用“break”。

例如：

```
void main(void)
{
 unsigned char i;
  i=3;
 switch(i)
   {
      case 0: P0=0xff;          //如果 i=0，则执行“P0=0xff”语句
              break;
      case 1: P1=0xff;
              break;
      case 2: P2=0xff;
              break;
      case 3: P3=0xff;          //常量表达式 3 满足给定条件，则执行“P3=0xff”语句
              break;            //执行完毕后，跳出 switch 结构
      default: P0=0x00;
   }
```

3．for 循环语句

for 语句结构可使程序按指定的次数重复执行一个语句或一组语句。其一般格式如下：

```
for(初始化表达式;条件表达式;增量表达式)
      语句;
```

（1）初始化表达式。

（2）求解条件表达式，若其值为“真”，则执行 for 后面的语句；如果为“假”，那么跳过 for 循环语句。

（3）若条件表达式为 “真”，则在执行指定的语句后，执行增量表达式。

（4）转回步骤（2）继续执行。

（5）执行 for 后面的语句。

例如，求 1 到 10 的和，代码如下：

```
void main(void)
    {
      unsigned char i, sum;
      sum=0;
      for(i=1; i<=10; i++)
        sum=sum+i;
      P0=sum;
    }
```

4．while 循环语句

while 语句先判定其循环条件为真还是假。如果为真，则执行循环体；否则，跳出循环体，执行后续操作。其格式如下：

```
while (表达式)
     循环体
```

使用 while 语句时应注意：

（1）当循环体包含一个以上的语句时，应该用大括号“{ }”括起来。

（2）在一般情况下，在循环体中应该有让循环最终能结束的语句；否则，将造成死循环。

例如，求 1 到 10 的和，代码如下：

```
void main(void)
    {
      unsigned char i, sum;
      sum＝0;
      i=1;
      while(i<=10)
       {
         sum=sum+i
         i++;
       }
     P0=sum; //将结果送 P0 口显示
    }
```

5．do…while 循环语句

do…while 循环语句先执行循环体一次，再判断表达式的值。若为真值，则继续执行循环；否则退出循环。其一般格式如下：

```
do 循环体语句
while(表达式);
```

（1）先执行一次指定的循环体语句，再判断表达式的值。

（2）当表达式的值为非零时，返回到步骤（1）重新执行循环体语句。

（3）如此反复，直到表达式的值等于 0 时，循环结束。

使用 do…while 循环语句应注意：

（1）do 是 C 语言关键字，必须和 while 联合使用。

（2）while(表达式)后的分号“；”不能丢，它表示整个循环语句的结束。

例如，求 1 到 10 的和，代码如下：

```
void main(void)
 {
    unsigned char i, sum;
    sum=0;
    i=1;
    do {
           sum=sum+i;        /*注意{}不能省，否则跳不出循环体*/
           i++;
       }while(i<=10);
```

6．goto 无条件转移语句

goto 语句是无条件转移语句，它将程序运行的流向转到它所指定的标号处去执行。其使用格式如下：

```
goto 标号：
```

例如，求 1 到 10 的和，代码如下：

```
void main(void)
 {
    unsigned char i, sum;
    sum＝0;
    i=1;
    loop:
           sum=sum+i;
           if(i<=10)
           goto loop;   //跳转到标号“loop”处执行
           P0=sum;
 }
```

使用 goto 语句应慎重，若非必须用，则尽量不用；因为该语句会破坏程序的模块化结构，使可读性变差，难以正确运行和维护。

下面举例说明 C 语言控制语句在单片机开发中的使用方法。

4.4.3 实例 19：用 if 语句控制 P0 口 8 位 LED 的点亮状态

本实例用 if 语句控制 P0 口 8 位 LED 的点亮状态。要求按下按键 S1 时，P0 口高 4 位 LED 点亮；按下按键 S2 时，P0 口低 4 位 LED 点亮。其仿真原理图如图 4-9 所示。

1．实现方法

由图 4-9 可见，当按下按键 S1 时，P1.4 引脚接地，所以 P1.4 引脚电平被强制下拉为低电平 0。因此，可通过检测 P1.4 引脚电平来判断按键 S1 是否按下。如果 S1 被按下，就点亮 P0 口高 4 位 LED。其操作程序如下：

```
sbit S1=P1^4;      //将 S1 位定义为 P1.4 引脚
if(S1= =0)         //如果 P1.4 引脚为低电平，则表明 S1 被按下
P1=0x0f;           //即 P1=0000 1111B，高 4 位输出低电平，高 4 位 LED 被点亮
```

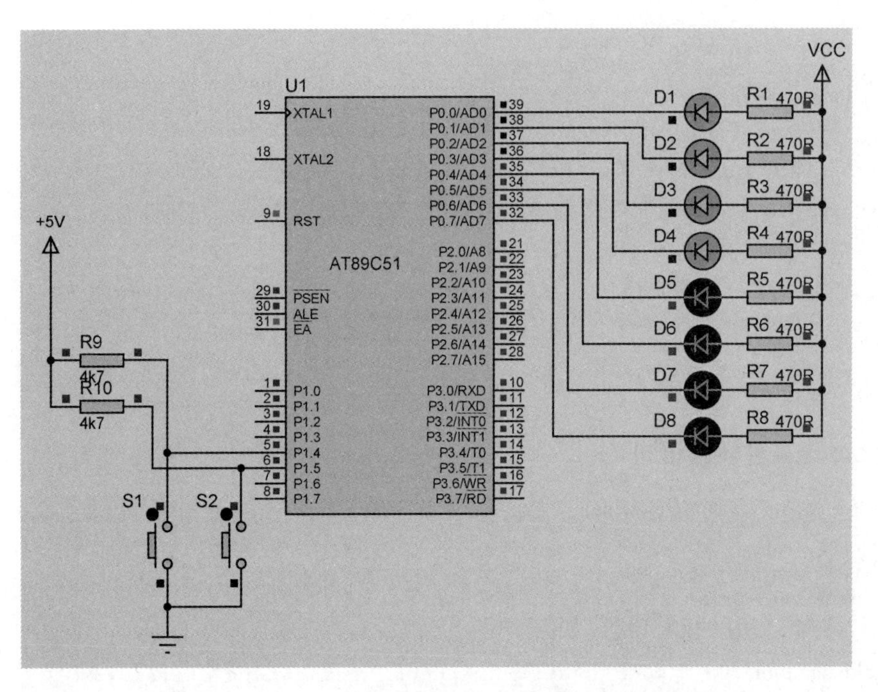

图 4-9　用 if 语句控制 LED 点亮状态的仿真原理图

2．程序设计

先建立文件夹“ex19”，然后建立其工程项目，最后建立源程序文件“ex19.c”。输入以下源程序：

```
//实例 19：用 if 语句控制 P0 口 8 位 LED 的点亮状态
#include<reg51.h>            //包含单片机寄存器的头文件
sbit S1=P1^4;                //将 S1 位定义为 P1.4 引脚
sbit S2=P1^5;                //将 S2 位定义为 P1.5 引脚
/******************************
函数功能：主函数
******************************/
void main(void)
{
   while(1)
     {
     if(S1= =0)              //如果 P1.4 引脚为低电平，即 S1 按下
       P0= 0x0f;             //P0 口高 4 位 LED 点亮
     if(S2= =0)              //如果 S2 按下
       P0=0xf0;              //P0 口低 4 位 LED 点亮
     }
}
```

3．用 Proteus 软件仿真

经 Keil 软件编译通过后，可使用 Proteus 软件进行仿真。在 Proteus ISIS 工作环境中绘制好如图 4-9 所示仿真原理图，或者打开随书附件“第 4 章\仿真实例\ex19”文件夹内的

“ex19.pdsprj”仿真原理图文件，将编译好的“ex19.hex”文件载入AT89C51。启动仿真，可以看到，当用鼠标按下按键S1或S2时，P0口高4位或低4位LED被点亮。

4. 用实验板进行实验

程序仿真无误后，将“ex19”文件夹中的“ex19.hex”文件烧录到AT89C51芯片中。再将烧录好的单片机插入实验板，通电运行即可看到和仿真类似的实验结果。

4.4.4 实例 20：用 switch 语句控制 P0 口 8 位 LED 的点亮状态

本实例用 switch 语句控制 P0 口 8 位 LED 的点亮状态，采用的仿真原理图如图 4-9 所示。第一次按下按键 S1 时，D1 被点亮；第二次按下按键 S1 时，D2 被点亮；…；第八次按下 S1 时，D8 被点亮。再次（第 9 次）按下按键 S1 时，D1 又被点亮……如此循环。

1. 实现方法

设置一个变量 i，当 i=1 时，点亮 D1；当 i=2 时，点亮 D2；…；当 i=8 时，点亮 D8。使用 switch 语句，根据 i 的值来实现相应的功能。

i 值的改变可通过按键 S1 来控制，每次按下 S1 时，就使 i 自增 1。当其增加到 9 时，再将其值重新置为 1。

需要说明的是，按下按键时，通常都会有抖动（后面将详细介绍）。表面上看按了一次按键，但由于按键的抖动，单片机可能认为是按了很多次按键，这使输入不可控制。此问题可用“软件消抖”来解决，其原理是：当单片机第一次检测到按键被按下时，将认为是抖动而不理会；延迟 20～80 ms 后，若再次检测到按键被按下，则认为按键确实被按下了，从而执行相应的指令。

2. 程序设计

先建立文件夹“ex20”，然后建立其工程项目，最后建立源程序文件“ex20.c”。输入以下源程序：

```
//实例 20：用 switch 语句控制 P0 口 8 位 LED 的点亮状态
#include<reg51.h>              //包含单片机寄存器的头文件
sbit S1=P1^4;                  //将 S1 位定义为 P1.4
/*****************************
函数功能：延迟一段时间（约 80 ms）
*****************************/
void delay(void)
{
  unsigned int n;
  for(n=0;n<10000;n++)
          ;
}
/*****************************
函数功能：主函数
*****************************/
void main(void)
```

```
{
    unsigned char i;
      i=0;                                    //将 i 初始化为 0
      while(1)
      {
         if(S1= =0)                           //如果 S1 被按下
         {
              delay();                        //延迟一段时间
              if(S1= =0)                      //如果再次检测到 S1 被按下
                i++;                          //i 自增 1
              if(i= =9)                       //如果 i=9，重新将其置为 1
                i=1;
         }
       switch(i)                              //使用多分支选择语句
             {
                   case 1：P0=0xfe;           //第一个 LED 亮
                           break;
                   case 2：P0=0xfd;           //第二个 LED 亮
                           break;
                   case 3：P0=0xfb;           //第三个 LED 亮
                           break;
                   case 4：P0=0xf7;           //第四个 LED 亮
                           break;
                   case 5：P0=0xef;           //第五个 LED 亮
                           break;
                   case 6：P0=0xdf;           //第六个 LED 亮
                           break;
                   case 7：P0=0xbf;           //第七个 LED 亮
                           break;
                   case 8：P0=0x7f;           //第八个 LED 亮
                           break;
                   default:                   //默认值, 关闭所有 LED
                        P0=0xff;
             }
      }
}
```

3．用 Proteus 软件仿真

经 Keil 软件编译通过后，可使用 Proteus 软件进行仿真。在 Proteus ISIS 工作环境中绘制好如图 4-9 所示仿真原理图，或者打开随书附件“第 4 章\仿真实例\ex20”文件夹内的“ex20.pdsprj”仿真原理图文件，将编译好的“ex20.hex”文件载入 AT89C51。启动仿真，可以看到，当用鼠标按下按键 S1 时，P0 口的 LED 将依照 S1 被按下的次数而被点亮。例如，第五次按下 S1 时，D5 将被点亮。

4．用实验板进行实验

程序仿真无误后，将“ex20”文件夹中的“ex20.hex”文件烧录到 AT89C51 芯片中。再将烧录好的单片机插入实验板，通电运行即可看到和仿真类似的实验结果。

4.4.5　实例 21：用 for 语句设计鸣笛报警程序

本实例使用的硬件电路原理图如图 2-1 所示。要求使用 for 语句设计一个鸣笛报警程序。具体设计要求：（1）能交替发出频率分别为 1600 Hz 和 800 Hz 的声音；（2）高音（1600 Hz）的发音时间约为 0.5 s，低音的发音时间约为 0.25 s。

注意：本实例看似一个简单的小程序，但该程序用到的一些方法将在后面章节中经常用到，尤其在写某些芯片的驱动程序时。

1．实现方法

1）音频的实现

首先分析如何发出频率为 f 的声音。因为该声音的周期 $T=1/f$，所以要让蜂鸣器发出频率为 f 的声音，只要让单片机给蜂鸣器输送周期为 T 的脉冲方波电平即可，如图 4-10 所示。也就是让单片机的输出电平每半个周期（$T/2$）取反 1 次就可以了。以频率为 1600 Hz 的声音为例，其周期 $T=$（1/1600）s=0.000625 s=625 μs；半周期 $T/2\approx312$ μs，即需要输出电平每 312 μs 取反一次。显然，半周期可通过延时来实现。

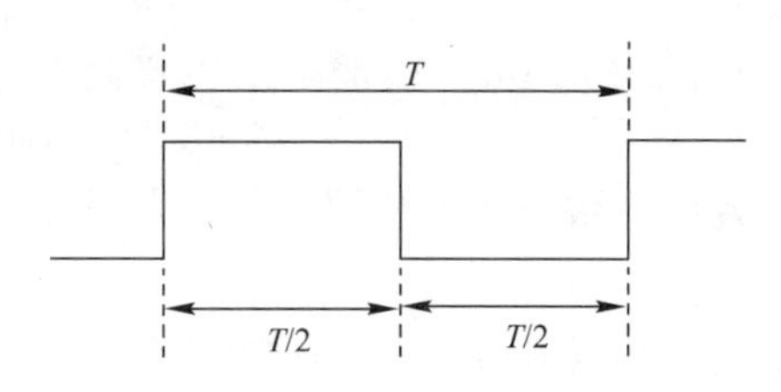

图 4-10　周期为 T 的脉冲方波电平信号

2）延迟时间的控制

通过前面的例子可知，采用循环的方法可以实现延时，但延迟的时间和循环次数之间有什么关系呢？下面通过一个实例来分析。

先编译下列 C 程序：

```
#include<reg51.h>
void delay(void)//延时函数
{
  unsigned char n;
  for(n=0; n<100; n++)
      ;
}
void main(void)//主函数
{
    while(1)
```

```
    {
        P0=0x00;        //点亮 P0 口 8 位 LED
        delay();        //调用延时函数
        P0=0xff;        //关闭 P0 口 8 位 LED
        delay();        //调用延时函数
    }
}
```

将其在 Keil C51 环境下编译后，执行菜单命令“调试”→“开始/停止”；再执行菜单命令“视图”→“反汇编”。此时，系统弹出如图 4-11 所示的反汇编代码窗口。

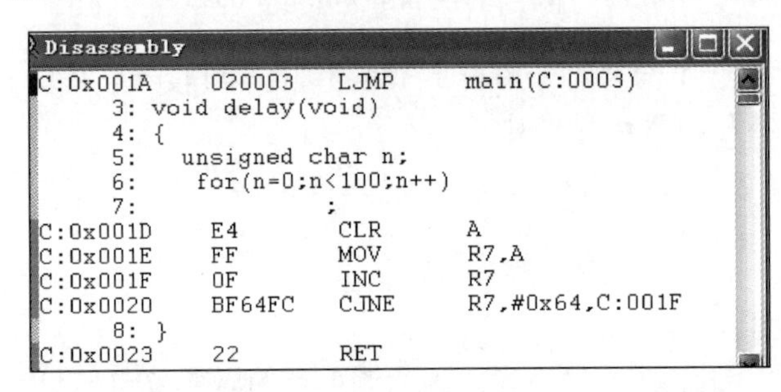

图 4-11　反汇编代码窗口

其中有一段汇编语言程序（以 0x001D 开头）：

```
01              CLR   A                      ;将 A 清零
02              MOV   R7,A                   ;将 0 送给工作寄存器 R7
03   C: 001F    INC   R7                     ;将 R7 加 1
04              CJNE  R7,#0x64, C: 001F      ;若 R7 不等于 0x64（6*16+4=100），则
                                             ;转到 C: 001F 处执行
```

这段代码就是由 C 语言延时函数形成的汇编代码，它消耗的机器周期等于 C 语言延时程序消耗的机器周期。

查汇编指令表可以知道，在上述程序段中：

- 第 01 行指令“CLR”消耗 1 个机器周期；
- 第 02 行指令“MOV”消耗 1 个机器周期；
- 第 03 行指令“INC”消耗 1 个机器周期；
- 第 04 行指令“CJNE”消耗 2 个机器周期。

根据循环条件，第 03 行和 04 行总共要执行 100 次（0x64=100），所以上述程序共消耗机器周期数 N=1+1+（1+2）×100=302。

根据上面的结果可知，一重循环程序

```
for(i=0; i<n; i++)
    ;
```

所消耗的机器周期数为

$$N = 3 \times n + 2 \tag{4-1}$$

式中，N 为消耗的机器周期数；n 为设定的循环次数（n 必须为无符号字符型数据）。

若 $n \gg 2$，则

$$N \approx 3 \times n \tag{4-2}$$

可以证明，二重循环程序

```
for(i=0; i<m; i++)            //m 为无符号字符型数据
  for(i=0; i<n; i++)          //n 为无符号字符型数据
          ;
```

所消耗的机器周期数为

$$N = 3\times m\times n + 5\times m + 2 \tag{4-3}$$

式中，N 为消耗的机器周期数；m、n 分别为外循环和内循环的设定循环次数。若 $n \gg 5$，则

$$N \approx 3\times m\times n \tag{4-4}$$

式（4-2）和式（4-4）在写某些芯片的驱动程序时非常有用。

3）声音周期的控制

如果单片机的晶振频率为 11.0592 MHz，则其机器周期为 1.085 μs。根据分析，要发出频率为 1600 Hz 的声音，就要让单片机每 312 μs 将输出电平取反 1 次，而延迟 312 μs 需消耗机器周期数 N=312/1.085≈286≈300（一般应用，延时不需要特别精确）。根据式（4-2）可知，循环次数应选为 n=300/3=100。即每循环 100 次，让输出电平取反 1 次就可得到 1600 Hz 的音频。所以，1600 Hz 音频的延时函数可设计如下：

```
/*******************************************
函数功能：延时以形成 1600 Hz 音频
*******************************************/
void delay1600(void)
{
  unsigned char n;
    for(n=0; n<100; n++)
          ;
}
```

类似地，800 Hz 音频的延时函数可设计如下：

```
/*******************************************
函数功能：延时以形成 800 Hz 音频
*******************************************/
void delay800(void)
{
  unsigned char n;
    for(n=0; n<200; n++)
          ;
}
```

4）音频发声时间的控制

以 1600 Hz 音频发声时间控制为例，要使其发声时间为 0.5 s=500 ms，而该音频的 1 个振动周期为 625 μs≈0.6 ms，则共需 500/0.6≈830 个声音周期。类似地，800 Hz 音频的发声时间（0.25 s）需设置约 200 个声音周期。

2．程序设计

先建立文件夹“ex21”，然后建立其工程项目，最后建立源程序文件“ex21.c”。输入以下源程序：

```
//实例 21：用 for 语句控制蜂鸣器鸣笛
#include<reg51.h>              //包含单片机寄存器的头文件
sbit sound=P3^7;               //将 sound 位定义为 P3.7
/****************************************
函数功能：延时以形成 1600 Hz 音频
****************************************/
void delay1600(void)
{
 unsigned char n;
    for(n=0;n<100;n++)
        ;
}
/****************************************
函数功能：延时以形成 800 Hz 音频
****************************************/
void delay800(void)
{
 unsigned char n;
    for(n=0;n<200;n++)
        ;
}
/****************************************
函数功能：主函数
****************************************/
void main(void)
{
  unsigned int i;
      while(1)
        {
          for(i=0;i<830;i++)
           {
             sound=0;              //P3.7 输出低电平
             delay1600();
             sound=1;              //P3.7 输出高电平
             delay1600();          //正好构成一个声音周期
           }
         for(i=0;i<200;i++)
           {
             sound=0;              //P3.7 输出低电平
             delay800();
             sound=1;              //P3.7 输出高电平
             delay800();           //正好构成一个声音周期
           }
        }
}
```

3. 用 Proteus 软件仿真

经 Keil 软件编译通过后，可使用 Proteus 软件进行仿真。在 Proteus ISIS 工作环境中绘制好如图 2-1 所示仿真原理图，或者打开随书附件“第 4 章\仿真实例\ex21”文件夹内的“ex21.pdsprj”仿真原理图文件，将编译好的“ex21.hex”文件载入 AT89C51。启动仿真，即可听到计算机音箱发出的报警声音。

4. 用实验板进行实验

程序仿真无误后，将“ex21”文件夹中的“ex21.hex”文件烧录到 AT89C51 芯片中。再将烧录好的单片机插入实验板上，通电运行即可看到和仿真类似的实验结果。

4.4.6 实例 22：用 while 语句控制 P0 口 8 位 LED 闪烁花样

本实例用 while 语句控制 P0 口 8 位 LED 的闪烁花样，其硬件电路原理图如图 4-12 所示。

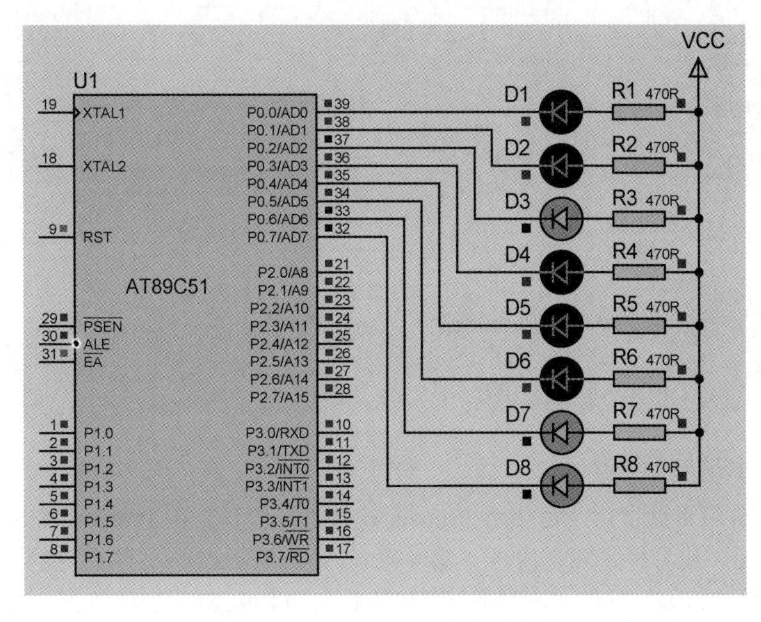

图 4-12 控制 P0 口 8 位 LED 闪烁花样的硬件电路原理图

1. 实现方法

在 while 循环中设置一个变量 *i*，当 *i* 小于 0xff 时，将 *i* 的值送 P0 口显示并自增 1；当 *i* 等于 0xff 时，就跳出 while 循环。

2. 程序设计

先建立文件夹“ex22”，然后建立其工程项目，最后建立源程序文件“ex22.c”。输入以下源程序：

```
//实例 22：用 while 语句控制 P0 口 8 位 LED 闪烁花样
#include<reg51.h>                    //包含单片机寄存器的头文件
/*****************************************
```

```
函数功能：延迟约 60 ms (3*100*200 个机器周期)
****************************************/
void delay60ms(void)
{
 unsigned char m, n;
 for(m=0;m<100;m++)
   for(n=0;n<200;n++)
        ;
}
/****************************************
函数功能：主函数
****************************************/
void main(void)
{
  unsigned char i;
     while(1)                       //无限循环
      {
         i=0;                       //将 i 初始化为 0
           while(i<0xff)            //当 i 小于 0xff(255)时执行循环体
            {
              P0=i;                 //将 i 送 P0 口显示
                delay60ms();        //延时
                i++;                //i 自增 1
            }
      }
}
```

3．用 Proteus 软件仿真

经 Keil 软件编译通过后，可使用 Proteus 软件进行仿真。在 Proteus ISIS 工作环境中绘制好仿真原理图，或者打开随书附件“第 4 章\仿真实例\ex22”文件夹内的“ex22.pdsprj”仿真原理图文件，将编译好的“ex22.hex”文件载入 AT89C51。启动仿真，即可看到 P0 口的 8 位 LED 以各种花样不断闪烁。

4．用实验板进行实验

程序仿真无误后，将“ex22”文件夹中的“ex22 hex”文件烧录到 AT89C51 芯片中。再将烧录好的单片机插入实验板，通电运行即可看到和仿真类似的实验结果。

4.4.7 实例 23：用 do…while 语句控制 P0 口 8 位 LED 流水点亮

本实例用 do…while 语句控制 P0 口 8 位 LED 流水点亮，采用的电路原理图参见图 4-12。

1．实现方法

只需在循环中将 8 位 LED 依次点亮，再将循环条件设为“死循环”即可。

2．程序设计

先建立文件夹“ex23”，然后建立其工程项目，最后建立源程序文件“ex23.c”。输入以下源程序：

```
//实例 23：用 do…while 语句控制 P0 口 8 位 LED 流水点亮
#include<reg51.h>                    //包含单片机寄存器的头文件
/*****************************************
函数功能：延迟约 60 ms (3*100*200 个机器周期)
*****************************************/
void delay60ms(void)
{
 unsigned char m, n;
 for(m=0; m<100; m++)
    for(n=0; n<200; n++)
          ;
}
/*****************************************
函数功能：主函数
*****************************************/
void main(void)
{
   do
     {
           P0=0xfe;                    //第一个 LED 亮
           delay60ms();
           P0=0xfd;                    //第二个 LED 亮
           delay60ms();
           P0=0xfb;                    //第三个 LED 亮
           delay60ms();
           P0=0xf7;                    //第四个 LED 亮
           delay60ms();
           P0=0xef;                    //第五个 LED 亮
           delay60ms();
           P0=0xdf;                    //第六个 LED 亮
           delay60ms();
           P0=0xbf;                    //第七个 LED 亮
           delay60ms();
           P0=0x7f;                    //第八个 LED 亮
           delay60ms();
       }while(1);                      //无限循环，此处句末的分号“；”不能省略
}
```

3．用 Proteus 软件仿真

经 Keil 软件编译通过后，可使用 Proteus 软件进行仿真。在 Proteus ISIS 工作环境中绘制好仿真原理图，或者打开随书附件“第 4 章\仿真实例\ex23”文件夹内的“ex23.pdsprj”

仿真原理图文件，将编译好的“ex23.hex”文件载入 AT89C51。启动仿真，即可看到 P0 口的 8 位 LED 被循环流水点亮。

4．用实验板进行实验

程序仿真无误后，将“ex23”文件夹中的“ex23.hex”文件烧录到 AT89C51 芯片中。再将烧录好的单片机插入实验板，通电运行即可看到和仿真类似的实验结果。

4.5 C 语言的数组

数组是同类型的一组变量，引用这些变量时可用同一个标识符，借助下标来区分各个变量。数组中的每一个变量称为数组元素。数组由连续的存储区域组成，最低地址与数组的第一个元素对应，最高地址与最后一个元素对应。数组可以是一维的，也可以是多维的。

4.5.1 数组的定义和引用

1．一维数组

一维数组的表达形式如下：

```
类型说明符  数组名［常量］；
```

方括号中的常量称为下标。在 C 语言中，下标是从 0 开始的。示例如下：

```
int  a[10];  //定义整型数组 a，它有 a[0]～a[9]共 10 个元素，每个元素都是整型变量
```

一维数组的赋值方法有以下 3 种：

（1）在数组定义时赋值，示例如下：

```
int a[10]={0, 1, 2, 3, 4, 5, 6, 7, 8, 9}；
```

数组元素的下标从 0 开始，赋值后，a[0]=0，a[1]=1，…，a[9] = 9。

（2）也可以部分赋值，示例如下：

```
int b[10] ={0, 1, 2, 3, 4, 5}；
```

这里只对前 6 个元素赋值。对于没有赋值的 b[6]～b[9]，默认的初始值为 0。

（3）如果一个数组的全部元素都已赋值，则可以省去方括号中的下标，示例如下：

```
int a[ ]={0, 1, 2, 3, 4, 5, 6, 7, 8, 9}；
```

数组元素的赋值与普通变量相同。可以把数组元素像普通变量一样使用。

2．二维数组

C 语言允许使用多维数组，最简单的多维数组是二维数组。其一般表达形式如下：

```
类型说明符  数组名[下标 1 ][下标 2];
```

示例如下：

```
unsigned char x[3][4];  //定义无符号字符型二维数组，有 3×4=12 个元素
```

二维数组以行列矩阵的形式存储。第一个下标代表行，第二个下标代表列。上面示例数组中各数组元素的顺序排列如下：

x[0][0]、x[0][1]、x[0][2]、x[0][3]

x[1][0]、x[1][1]、x[1][2]、x[1][3]

x[2][0]、x[2][1]、x[2][2]、x[2][3]

二维数组的赋值可以采用以下两种方式：

（1）按存储顺序整体赋值。

这是一种比较直观的赋值方式，示例如下：

```
int a[3][4] = {0，1，2，3，4，5，6，7，8，9，10，11}；
```

如果是全部元素赋值，可以不指定行数，写成如下形式：

```
int a[ ][4] = {0，1，2，3，4，5，6，7，8，9，10，11}；
```

（2）按每行分别赋值。

为了能更直观地给二维数组赋值，可以按每行分别赋值，这时要用{}标明，没有说明的部分默认为 0，示例如下：

```
int a[3][4] ={{0，1，2，3}，
              {4，5，6，7}，
              {8}}；  //最后三个元素 a[0][1]、a[2][2]和 a[2][3]被默认为 0。
```

3．字符数组

用来存放字符型数据的数组称为字符数组。与整型数组一样，字符数组也可以在定义时进行初始化赋值。示例如下：

```
char a[8]={'B'，'e'，'i'，'-'，'J'，'i'，'n'，'g'}；
```

上述语句定义了字符数组，它有 a[0]～a[7]共 8 个元素，每个元素都是字符型变量。

还可以用字符串的形式来对全体字符数组元素进行赋值，示例如下：

```
char str[ ] = { "Now, Temperature is:"}；
```

或者写成更简洁的形式：

```
char str[ ] = " Now, Temperature is: " ；
```

注意：字符串是以'\0'作为结束标志的，所以当我们把一个字符串存入数组时，也把结束标志'\0'存入了数组。因此，上面定义的字符数组“str[20]”的最后一个元素不是“:”，而是'\0'。

4．数组元素的引用

必须先定义数组，然后才能使用。C 语言中只能逐个引用数组元素，示例如下：

```
#include<reg51.h>
void main(void)
{
  unsigned char a[8]= {0xfe, 0xfd, 0xfb, 0xf7, 0xef, 0xdf, 0xbf, 0x7f}；    //定义无符号字符数组
  unsigned char i；
  for(i=0；i<8i++)
    {
      P0=a[i]；                                                  //依次引用数组元素，并送
                                                                  P0 口显示

      delay()；
    }
}
```

4.5.2　实例 24：用字符数组控制 P0 口 8 位 LED 流水点亮

本实例使用字符数组控制 P0 口 8 位 LED 流水点亮，采用的电路原理图参见图 4-12。

1．实现方法

只要把流水点亮 P0 口 8 位 LED 的控制码赋给一个数组，再依次引用数组元素，并送 P0 口显示即可。本实例使用无符号字符数组，其定义如下：

```
unsigned char code Tab[ ]={0xfe，0xfd，0xfb，0xf7，0xef，0xdf，0xbf，0x7f}；
```

上述数组中的各个元素在使用过程中不发生变化。此时，使用关键字“code”可以大大减小数组的存储空间。尤其在存储变量较多时，使用“code”意义重大。

2．程序设计

先建立文件夹“ex24”，然后建立其工程项目，最后建立源程序文件“ex24.c”。输入以下源程序：

```
//实例 24：用字符数组控制 P0 口 8 位 LED 流水点亮
#include<reg51.h>                    //包含单片机寄存器的头文件
/****************************************
函数功能：延迟约 60 ms (3*100*200 个机器周期)
****************************************/
void delay60ms(void)
{
 unsigned char m, n;
 for(m=0; m<100; m++)
    for(n=0; n<200; n++)
        ;
}
/****************************************
函数功能：主函数
****************************************/
void main(void)
{
  unsigned char i;
  unsigned char code Tab[ ]={0xfe, 0xfd, 0xfb, 0xf7, 0xef, 0xdf, 0xbf, 0x7f};
                                     //定义无符号字符数组，数组元素为流水点亮 LED 的控制码
  while(1)                           //无限循环，使 8 位 LED 能被循环流水点亮
  {
      for(i=0; i<8; i++)
          {
            P0=Tab[i];               //依次引用数组元素，并将其送 P0 口显示
            delay60ms();             //调用延时函数
          }
  }
}
```

3．用 Proteus 软件仿真

经 Keil 软件编译通过后，可使用 Proteus 软件进行仿真。在 Proteus ISIS 工作环境中绘制好仿真原理图，或者打开随书附件"第 4 章\仿真实例\ex24"文件夹内的"ex24.pdsprj"仿真原理图文件，将编译好的"ex24.hex"文件载入 AT89C51。启动仿真，即可看到 P0 口的 8 位 LED 被循环流水点亮。

4．用实验板进行实验

程序仿真无误后，将"ex24"文件夹中的"ex24.hex"文件烧录到 AT89C51 芯片中。再将烧录好的单片机插入实验板，通电运行即可看到和仿真类似的实验结果。

4.5.3 实例 25：用 P0 口显示字符串常量

本实例使用 P0 口显示字符串常量："Now，Temperature is："，采用的电路原理图参见图 4-12。

1．实现方法

可以将待显示的字符串常量赋给一个字符数组：

```
unsigned char str[ ]= { "Now，Temperature is：" };
```

通过数组元素引用的方法，依次将各元素送到 P0 口显示。因为字符数组中各字符数据在单片机中是以字符的 ASCII 码存放的，例如'a'的 ASCII 码为 97，将'a'送到 P0 口，就相当于把数据 97 送到了 P0 口，所以 P0 口各 LED 会被相应点亮。

2．程序设计

先建立文件夹"ex25"，然后建立其工程项目，最后建立源程序文件"ex25.c"。输入以下源程序：

```
//实例 25：用 P0 口显示字符串常量
#include<reg51.h>                          //包含单片机寄存器的头文件
/**************************************************
函数功能：延迟约 150 ms (3*200*250 个机器周期)
**************************************************/
void delay150ms(void)
{
  unsigned char m, n;
  for(m=0; m<200; m++)
    for(n=0; n<250; n++)
      ;
}
/**************************************************
函数功能：主函数
**************************************************/
void main(void)
{
  unsigned char str[]={"Now, Temperature is : " };   //将待显示的字符串常量赋给一个字符数组
```

```
	unsigned char i;
	while(1)
	{
		i=0;                              //将 i 初始化为 0，从第一个元素开始显示
		  while(str[i]!='\0')             //只要没有显示到结束标志'\0'
		  {
			  P0=str[i];                  //将第 i 个字符送到 P0 口显示
			  delay150ms();               //调用 150 ms 延时函数
			  i++;                        //指向下一个待显示字符
		  }
	}
}
```

3. 用 Proteus 软件仿真

经 Keil 软件编译通过后，可使用 Proteus 软件进行仿真。在 Proteus ISIS 工作环境中绘制好仿真原理图，或者打开随书附件“第 4 章\仿真实例\ex25”文件夹内的“ex25.pdsprj”仿真原理图文件，将编译好的“ex25.hex”文件载入 AT89C51。启动仿真，即可看到 P0 口的 8 位 LED 开始循环闪烁，某时刻的仿真效果如图 4-13 所示。

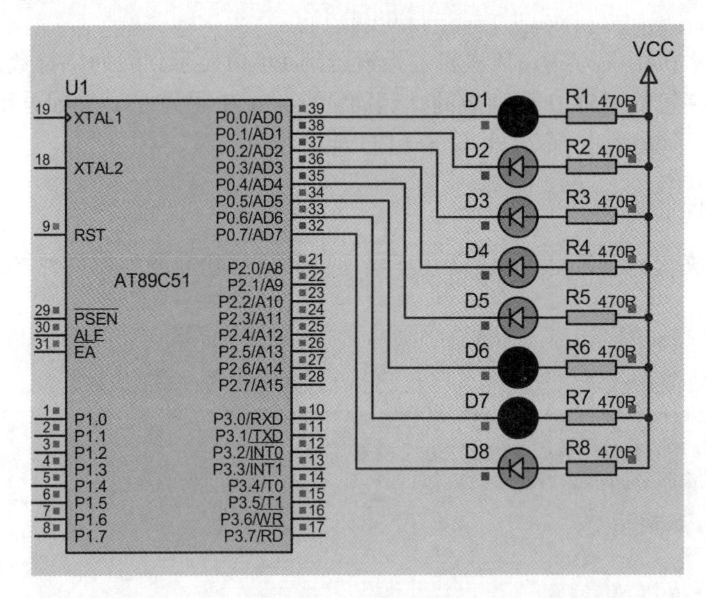

图 4-13　某时刻 P0 口显示字符串的仿真效果

4. 用实验板进行实验

程序仿真无误后，将“ex25”文件夹中的“ex25.hex”文件烧录到 AT89C51 芯片中。再将烧录好的单片机插入实验板，通电运行即可看到和仿真类似的实验结果。

4.6 C 语言的指针

指针是 C 语言中的一个重要概念，也是 C 语言的一个重要特色。正确而灵活地运用指

针，可以有效地表示复杂的数据结构、动态地分配内存、方便地使用字符串和有效地使用数组。总之，掌握指针的应用，可以使程序简洁、高效。

4.6.1 指针的定义与引用

1. 指针的概念

一个数据的指针就是它的地址。通过变量的地址能找到该变量在内存中的存储单元，从而得到它的值。指针是一种特殊类型的变量。它具有一般变量的三要素：名字、类型和值。指针的命名与一般变量是相同的，它与一般变量的区别在于类型和值上。

1）指针的值

指针存放的是某个变量在内存中的地址值。被定义过的变量都有一个内存地址。如果一个指针存放了某个变量的地址值，就称这个指针指向该变量。由此可见，不仅指针本身具有一个内存地址，它还存放了它所指向的变量的地址值。

2）指针的类型

指针的类型就是该指针所指向的变量的类型。例如，一个指针指向 int 型变量，该指针就是 int 型指针。

3）指针的定义格式

指针变量不同于整型或字符型数据，使用前必须将其定义为“指针类型”。其定义的一般形式如下：

```
类型说明符   *指针名字
```

示例如下：

```
int i;              //定义一个整型变量 i
int *pointer;       //定义整型指针，其名字为 pointer
```

可以用取地址运算符“&”使一个指针变量指向一个变量。例如：

```
pointer=&i;         //“&i”表示取 i 的地址，将 i 的地址存放在指针变量 pointer 中
```

在定义指针时要注意两点：

（1）指针名字前的“*”表示该变量为指针变量。

（2）一个指针变量只能指向同一类型的变量。例如，整型指针不能指向字符型变量。

2. 指针的引用

在引用指针变量之前，必须使它指向一个确定的变量。

请牢记：在一个指针变量中只能存放同一类型变量的地址。例如，不能将一个整型变量的地址赋给一个字符型指针变量；否则，可能导致不可预见的严重错误。

3. 指针的运算符

C 语言中有两个与指针有关的运算符：

- &：取地址运算符，其作用是取得某变量的地址；
- *：指针运算符，其作用是取得指针所指向的某变量的值。

例如，&x 是变量 x 的地址；*p 是指针变量 p 所指向变量的值。

可以用赋值语句使指针变量指向一个变量，示例如下：

```
int a，b;               //定义整型变量
int *p1，*p2;           //定义指向整型变量的指针变量 p1，p2
p1=&a;                  //将 a 的地址存放在指针变量 p1 中
p2=&b;                  //将 b 的地址存放在指针变量 p2 中
```

再如：

```
unsigned char *p;       //定义无符号字符型指针变量 p
unsigned char m;        //定义无符号字符型数据 m
m=0xf9;                 //赋值 0xf9 给 m
p=&m;                   //将 m 的地址存放在 p 中
P3=*p;                  //取得指针 p 所指变量 m 的值，并将其送到 P3 口，此时 P3=0xf9
```

4．指针的初始化

指针在使用之前必须经定义说明和初始化，其初始化一般格式如下：

```
类型说明符  指针变量=初始地址值；
```

示例如下：

```
unsigned char *p;       //定义无符号字符型指针变量 p
unsigned char m;        //定义无符号字符型数据 m
p=&m;                   //将 m 的地址存放在 p 中（指针变量 p 有了确定指向，即被初始化了）
```

严禁使用未经初始化的指针变量；否则，将引起严重后果。

5．指针数组

指针可以指向某类变量，也可以指向数组。以指针变量为元素的数组，称为指针数组。这些指针变量应具有相同的存储类型，并且指向的数据类型也必须相同。

指针数组定义的一般格式如下：

```
类型说明符    *指针数组名[元素个数];
```

示例如下：

```
int   *p[2];     //p[2]是包含 p[0]和 p[1]两个指针的指针数组，指向 int 型数据
```

指针数组的初始化可以在定义时同时进行，例如：

```
unsigned char a[ ]={0，1，2，3};
unsigned char *p[4]={ &a[0]，&a[1]，&a[2]，&a[3] };   //存放的元素必须为地址
```

6．指向数组的指针

一个变量有地址，一个数组元素也有地址，所以可以用一个指针指向一个数组元素。如果一个指针存放了某数组的第一个元素的地址，就说该指针是指向这一数组的指针。数组的指针即数组的起始地址。例如：

```
unsigned char a[ ]={0，1，2，3};
unsigned char *p;
p=&a[0];//将数组 a 的首地址存放在指针变量 p 中
```

经上述定义后，指针 p 就是数组 a 的指针。

C 语言规定，数组名代表数组的首地址，也就是其第一个元素的地址。例如，下面两个

语句等价：

```
p=&a[0];
p=a;
```

C 语言规定，p 指向数组 a 的首地址后，p+1 就指向数组的第二个元素 a[1]，p+2 指向 a[2]，…，p+*i* 指向 a[*i*]。

引用数组元素可以用下标（如 a[3]），但使用指针速度更快且占用内存少。这正是使用指针的优点和 C 语言的精华所在。

对于形如

```
int a[3][3] ={{0, 1, 2},
              {3, 4, 5},
              {6, 7, 8}};
```

的二维数组，C 语言规定：如果指针 p 指向该二维数组的首地址（可以用 a 表示，也可以用&a[0][0]表示），那么 p[*i*]+*j* 指向的元素就是 a[*i*][*j*]。这里 *i*，*j* 分别表示二维数组的第 *i* 行和第 *j* 列。例如，p[1]+2 指向的元素是 a[1][2]，所以，*(p[1]+2)=1。

4.6.2 实例 26：用 P0 口显示指针运算结果

本实例进行一个简单的指针运算“*p1+*p2”，并用 P0 口显示运算结果。采用的电路原理图参见图 4-12。

1. 实现方法

先对指针进行定义和初始化，使指针 p1 和 p2 都有特定的指向，再用指针运算符“*”取得两个指针所指向变量的值，然后将两个值的和送 P0 口即可。

2. 程序设计

先建立文件夹“ex26”，然后建立其工程项目，最后建立源程序文件“ex26.c”。输入以下源程序：

```
//实例 26：用 P0 口显示指针运算结果
#include<reg51.h>
void main(void)
{
  unsigned char *p1, *p2;        //定义无符号字符型指针变量 p1, p2
  unsigned char i, j;            //定义无符号字符型数据
  i=25;                          //给 i 赋初值 25
  j=15;
  p1=&i;                         //使指针 p1 变量指向 i ，对指针 i 初始化
  p2=&j;                         //使指针 p2 变量指向 j ，对指针 j 初始化
  P0=*p1+*p2;                    //*p1+*p2 相当于 i+j，所以 P0=25+15=40=0x280=0010 1000B,
                                 //结果 P0.3、P0.5 引脚 LED 熄灭，其余 LED 被点亮
  while(1)
    ;                            //无限循环，防止程序“跑飞”
}
```

3．用 Proteus 软件仿真

经 Keil 软件编译通过后，可使用 Proteus 软件进行仿真。在 Proteus ISIS 工作环境中绘制好仿真原理图，或者打开随书附件“第 4 章\仿真实例\ex26”文件夹内的“ex26.pdsprj”仿真原理图文件，将编译好的“ex26.hex”文件载入 AT89C51。启动仿真，即可看到如图 4-14 所示的仿真效果。此时，P0.3 口、P0.5 口的 LED 处于熄灭状态，其余 LED 均被点亮，表明 P0=0010 1000B=0x28=2×16+8=40，与预期的“25+15=40”相同。

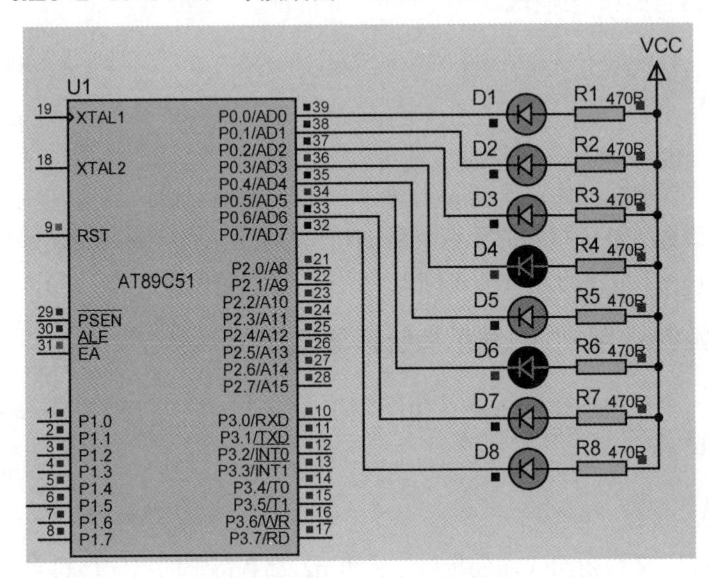

图 4-14　指针运算的仿真效果

4．用实验板进行实验

程序仿真无误后，将“ex26”文件夹中的“ex26.hex”文件烧录到 AT89C51 芯片中。再将烧录好的单片机插入实验板，通电运行即可看到和仿真类似的实验结果。

4.6.3　实例 27：用指针数组控制 P0 口 8 位 LED 流水点亮

本实例使用指针数组控制 P0 口 8 位 LED 流水点亮，采用的电路原理图参见图 4-12。

1．实现方法

显然，指针数组的元素必须为流水灯控制码的地址。可先定义如下控制码数组：

```
unsigned char code Tab[ ]={0xfe, 0xfd, 0xfb, 0xf7, 0xef, 0xdf, 0xbf, 0x7f}；
```

再将其元素的地址依次存入下列指针数组：

```
unsigned char *p[ ]={&Tab[0], &Tab[1], &Tab[2], &Tab[3], &Tab[4], &Tab[5],
                     &Tab[6], &Tab[7]}；
```

最后，利用指针运算符“*”取得各指针所指元素的值，并送入 P0 口即可。

2．程序设计

先建立文件夹“ex27”，然后建立其工程项目，最后建立源程序文件“ex27.c”。输入以下源程序：

```
//实例 27：用指针数组控制 P0 口 8 位 LED 流水点亮
#include<reg51.h>
/**************************************************
函数功能：延迟约 150 ms (3*200*250 个机器周期)
**************************************************/
void delay150ms(void)
{
   unsigned char m, n;
   for(m=0; m<200; m++)
      for(n=0; n<250; n++)
         ;
}
/**************************************************
函数功能：主函数
**************************************************/
void main(void)
{
   unsigned char code Tab[]={0xfe, 0xfd, 0xfb, 0xf7, 0xef, 0xdf, 0xbf, 0x7f}; //流水灯控制码
   unsigned char *p[ ]={&Tab[0], &Tab[1], &Tab[2], &Tab[3], &Tab[4], &Tab[5],
                  &Tab[6], &Tab[7]};                //取流水灯控制码地址，初始化指针数组
   unsigned char i;                                 //定义无符号字符型数据
   while(1)
      {
         for(i=0; i<8; i++)
            {
               P0=*p[i];                            //将指针所指元素的值送 P0 口
               delay150ms();                        //调用 150 ms 延时函数
            }
      }
}
```

3．用 Proteus 软件仿真

经 Keil 软件编译通过后，可使用 Proteus 软件进行仿真。在 Proteus ISIS 工作环境中绘制好仿真原理图，或者打开随书附件“第 4 章\仿真实例\ex27”文件夹内的“ex27.pdsprj”仿真原理图文件，将编译好的“ex27.hex”文件载入 AT89C51。启动仿真，即可看到 P0 口 8 位 LED 被流水点亮。

4．用实验板进行实验

程序仿真无误后，将“ex27”文件夹中的“ex27.hex”文件烧录到 AT89C51 芯片中。再将烧录好的单片机插入实验板，通电运行即可看到和仿真类似的实验结果。

4.6.4 实例 28：用数组的指针控制 P0 口 8 位 LED 流水点亮

本实例使用指向数组的指针控制 P0 口 8 位 LED 流水点亮，所采用的电路原理图参见图 4-12。

1．实现方法

先定义流水灯控制码数组，再将数组名（数组的首地址）赋给指针。然后通过指针引用数组的元素，从而控制 8 位 LED 的流水点亮。

2．程序设计

先建立文件夹“ex28”，然后建立其工程项目，最后建立源程序文件“ex28.c”。输入以下源程序：

```
//实例 28：用数组的指针控制 P0 口 8 位 LED 流水点亮
#include<reg51.h>
/**************************************************
函数功能：延迟约 150 ms (3*200*250 个机器周期)
**************************************************/
void delay150ms(void)
{
  unsigned char m, n;
  for(m=0; m<200; m++)
    for(n=0; n<250; n++)
      ;
}
/**************************************************
函数功能：主函数
**************************************************/
void main(void)
{
  unsigned char i;
  unsigned char Tab[ ]={ 0xFF, 0xFE, 0xFD, 0xFB, 0xF7, 0xEF, 0xDF, 0xBF,
                         0x7F, 0xBF, 0xDF, 0xEF, 0xF7, 0xFB, 0xFD, 0xFE,
                       0xFE, 0xFC, 0xFB, 0xF0, 0xE0, 0xC0, 0x80, 0x00,
                         0xE7, 0xDB, 0xBD, 0x7E, 0x3C, 0x18, 0x00, 0x81,
                         0xC3, 0xE7, 0x7E, 0xBD, 0xDB, 0xE7, 0xBD, 0xDB };
                              //共 32 位流水灯控制码，数组元素越多，越能体现指针的优势
  unsigned char *p;           //定义无符号字符型指针
  p=Tab;                      //将数组首地址存入指针 p
  while(1)
    {
        for(i=0; i<32; i++)   //共 32 个流水灯控制码
          {
            P0=*(p+i);        //*(p+i)的值等于 a[i]，通过指针引用数组元素的值
              delay150ms();   //调用 150 ms 延时函数
          }
    }
}
```

3．用 Proteus 软件仿真

经 Keil 软件编译通过后，可使用 Proteus 软件进行仿真。在 Proteus ISIS 工作环境中绘

制好仿真原理图，或者打开随书附件“第 4 章\仿真实例\ex28”文件夹内的“ex28.pdsprj”仿真原理图文件，将编译好的“ex28.hex”文件载入 AT89C51。启动仿真，即可看到 P0 口 8 位 LED 显示出更为丰富的流水花样。

4．用实验板实验

程序仿真无误后，将“ex28”文件夹中的“ex28.hex”文件烧录到 AT89C51 芯片中。再将烧录好的单片机插入实验板，通电运行即可看到和仿真类似的实验结果。

4.7 C 语言的函数

为了实现模块化编程，C 语言使用了子程序这个概念，而子程序的功能是由函数来完成的。一个 C 语言程序可由一个主函数 main()和若干个其他函数构成。由主函数调用其他函数，其他函数也可以互相调用，但其他函数不能调用主函数。

4.7.1 函数的定义与调用

1．函数的定义

从函数的形式看，函数可分为无参数函数和有参数函数。前者在被调用时没有参数传递，后者在被调用时有参数传递。

（1）无参数函数定义的一般形式如下：

```
类型说明符  函数名(void)                    //用“void”声明该函数无参数
   {
     说明部分
     语句部分
   }
```

类型说明符定义了函数返回值的类型。例如，要让函数返回一个无符号字符型数据，则需要用“unsigned char”来作为类型说明符；如果函数没有返回值，需要用“void”作为说明符。如果没有类型说明符出现，函数返回值默认是整型值。例如，延时函数的定义：

```
void delay(void)                            //第一个“void”声明函数无返回值
{
 unsigned int n;                            //说明部分
 for(n=0;n<20000;n++)                       //语句部分
        ;                                   //语句部分
}
```

（2）有参数函数定义的一般形式如下：

```
类型说明符    函数名(形式参数列表)          //注：形式参数超过 1 个时，用逗号隔开
{
  说明部分
  语句部分
}
```

该类函数在被调用时，主函数将实际参数传递给这些形式参数。例如：

```
//函数功能：计算 x 和 y 中的最小值
int min(int x,   int y)            //定义整型函数，x 和 y 为形式参数
```

```
{
  int z;                    //说明部分
  z=x<y?x: y;               //语句部分
  return (z);               //语句部分，如果要返回一个数值给主函数，需用关键字“return”
}
//函数功能：主函数
void main(void)
{
 int R;                     //定义整型变量
 R=min(2008, 3008);         //调用函数 min()，获得返回值，“2008、3008”为实际参数
}
```

关于返回值要注意：

- 返回值是通过 return 语句获得的。
- 返回值的类型必须和函数定义的类型一致。
- 如果函数无返回值，需用“void”声明函数无返回值。

2．局部变量与全局变量

在汇编语言中，一个子程序中定义过的变量在其他程序或主程序中是不能再作为其他变量使用的，但是在C语言中就不一样了。

在函数内部定义的变量称为局部变量，局部变量只在该函数内有效。例如，一个函数定义了变量“x”为整型数据，另一个函数则把变量“x”定义为字符型数据，两者之间互不影响。

全局变量也称为外部变量，它定义在函数的外部，最好是在程序的顶部。它的有效范围为从定义开始的位置到源文件结束。全局变量可以被函数内的任何表达式访问。如果全局变量和某一函数的局部变量同名，则在该函数内，只有局部变量被引用，全局变量被自动“屏蔽”。

3．指针变量作为函数参数

函数的参数不仅可以是数据，也可以是指针类型，它的作用是将一个变量的地址传送到另一个函数中。例如：

```
//函数功能：计算两个整数的和
int sum(int *p1，int *p2)          //定义整型函数 sum()，其形参为两个整型指针 p1，p2
{
  int z;                           //定义整型变量 z
  z=*p1+*p2;                       //用指针运算符“*”取得两个指针所指变量的值，求和后
                                    存入 z
  return (z);                      //返回计算结果给主函数
}
//函数功能
void main(void)
{
   int u，v，w;                    //定义整型变量
   int *pointer_1，*pointer_2;     //定义两个整型指针 pointer_1，pointer_2
   u=12345;
```

```
    v=67890;
    pointer_1=&u;                    //将 pointer_1 指向变量 u
    pointer_2=&v;                    //将 pointer_2 指向变量 v
    z=sum(pointer_1, pointer_2)      //将两个指针 pointer_1、pointer_2 作为实参传递
}
```

4．数组作为函数参数

除了可以用变量作为函数的参数之外，还可以用数组名作为函数的参数。一个数组的名字表示该数组的首地址，所以在将数组名用作函数的参数时，被传递的就是数组的首地址。因此，被调用函数的形式参数必须定义为指针型变量。

在将数组名用作函数的参数时，应该在主调函数和被调用函数中分别进行定义，而不能只在一方定义数组，并且两个函数中定义的数组类型必须一致。如果不一致，将导致编译出错。实参数组和形参数组的长度可以一致，也可以不一致。编译器不检查形参数组的长度，只是将实参数组的首地址传递给形参数组。为保证两者长度一致，最好在定义形参数组时，不指定长度，只在数组名后面跟一个空的方括号[ ]。编译时，系统会根据实参数组的长度为形参数组自动分配长度。示例如下：

```
//函数功能：计算 10 个整数的总和
int sum(int a[  ])                          //定义整型函数，其形参为整型数组的首地址
{
 int total;
 unsigned char i;
 total=0;
 for(i=0;i<10;i++)
 total=total+a[i];
 return (total);                            //返回计算结果
}
//函数功能：主函数
void main(void)
{
 int x;
 int b[10]={1, 2, 3, 4, 5, 6, 7, 8, 9, 10};  //定义整型数组 b
 x=sum(b);                                  //将整型数组 b 的名字作为实际参数传递给函
                                              数 sum()
}
```

5．函数型指针

在 C 语言中，指针变量除能指向数据对象外，也可以指向函数。一个函数在编译时会分配一个入口地址，这个入口地址就称为函数的指针。可以用一个指针变量指向函数的入口地址，然后通过该指针变量调用此函数。

定义指向函数的指针变量的一般形式如下：

```
类型说明符  (*指针变量名)(形参列表)
```

函数的调用可以通过函数名来调用，也可以通过函数指针来调用。要通过函数指针调用函数，只要把函数的名字赋给该指针就可以了。例如：

```
//函数功能：求两个整型数中的最大值
```

```
int max(int x，int y)      //定义整型函数，其形参为两个整型数x，y
{
   int z;
   z=x>y?x：y;
   return (z);             //返回计算结果给主函数
}
//主函数
void main(void)
{
  int (*p)( int a，int b); //定义指向函数型指针变量p，形参为a、b
  int u，v，w;
  u=1234;
  v=5678;
  p=max;                   //把被调用函数的名字(地址)赋给指针变量p，即p指向被调用函数
  w=(*p)(u，v);             //通过函数型指针调用函数max()，并把返回值存入w
}
```

下面举例说明函数的使用方法。

4.7.2　实例29：用P0口、P1口显示整型函数返回值

本例使用一个无符号整型函数计算“2008+2009”的值，并把计算结果送P0、P1口显示（P0口显示低8位，P1口显示高8位）。本例采用的电路原理图参见图4-4。

1．实现方法

将函数定义为无符号整型函数，其形参为两个无符号整型数据，计算结果需用关键字“return”返回。将返回值除以256取整可得高8位数据（送P1口），将返回值除以256取余数可得低8位数据（送P0口）。

2．程序设计

先建立文件夹“ex29”，然后建立其工程项目，最后建立源程序文件“ex29.c”。输入以下源程序：

```
//实例29：用P0 、P1口显示整型函数返回值
#include<reg51.h>
/***************************************************
函数功能：计算两个无符号整数的和
***************************************************/
unsigned int sum(int a, int b)            //定义整型函数sum(), 形参为a、b
{
   unsigned int s;
   s=a+b;
   return (s);                            //返回计算结果
}
/***************************************************
函数功能：主函数
***************************************************/
```

```
void main(void)
{
  unsigned z;
    z=sum(2008, 2009);                //调用函数 sum()，把返回值存入 z
    P1=z/256;                         //取得 z 的高 8 位
    P0=z%256;                         //取得 z 的低 8 位
    while(1)
      ;                               //无限循环，防止程序“跑飞”
}
```

3．用 Proteus 软件仿真

经 Keil 软件编译通过后，可使用 Proteus 软件进行仿真。在 Proteus ISIS 工作环境中绘制好仿真原理图，或者打开随书附件“第 4 章\仿真实例\ex29”文件夹内的“ex29.pdsprj”仿真原理图文件，将编译好的“ex29.hex”文件载入 AT89C51。启动仿真，可看到如图 4-15 所示的仿真效果。由仿真效果可知，高 8 位数据 P1=00001111B=0x0f=15，低 8 位数据 P0=1011 0001B=0xb1=11×16+1=177。则它们表示的计算结果为 15×256+177=3840+177=4017。与“2008+2009=4017”预期结果相同。

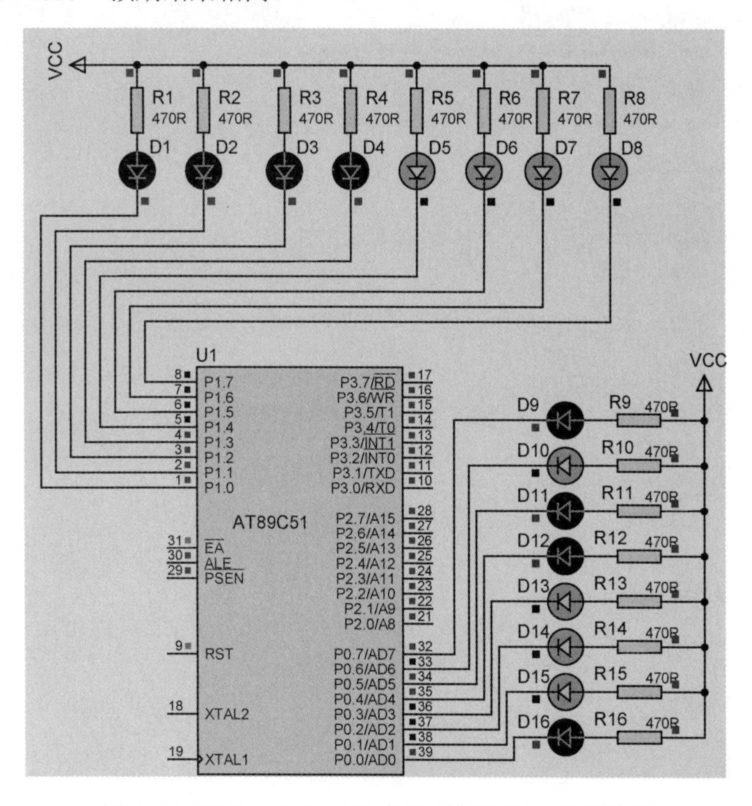

图 4-15　P0 口、P1 口显示整型函数返回值的仿真效果

4．用实验板进行实验

程序仿真无误后，将“ex29”文件夹中的“ex29.hex”文件烧录到 AT89C51 芯片中。再将烧录好的单片机插入实验板，通电运行即可看到和仿真类似的实验结果。

4.7.3　实例 30：用有参数函数控制 P0 口 8 位 LED 流水点亮速度

本实例用有参数函数控制 P0 口 8 位 LED 的流水点亮速度。快速流动时相邻 LED 的点亮间隔为 60 ms，慢速流动时点亮间隔为 150 ms。本例采用的电路原理图参见图 4-12。

1．实现方法

本实例用于延时的循环次数可用式（4-4）计算。因为一个机器周期为 1.085 μs，可近似看作 1 μs，如果把内层循环次数设为 n=200 时，则要延迟 60 ms，外循环次数为

$$m = \frac{60000}{3 \times 200} = 100$$

同理，若要延迟 150 ms，则外循环次数应为 m=250。

2．程序设计

先建立文件夹“ex30”，然后建立其工程项目，最后建立源程序文件“ex30.c”。输入以下源程序：

```
//实例 30：用有参数函数控制 P0 口 8 位 LED 流水速度
#include<reg51.h>
/**************************************************
函数功能：延迟一段时间
**************************************************/
void delay(unsigned char x)
{
  unsigned char m, n;
  for(m=0; m<x; m++)
     for(n=0; n<200; n++)
           ;
}
/**************************************************
函数功能：主函数
**************************************************/
void main(void)
{
  unsigned char i;
  unsigned   char   code   Tab[ ]={0xFE, 0xFD, 0xFB, 0xF7, 0xEF, 0xDF, 0xBF, 0x7F};
                                         //流水灯控制码
  while(1)
     {
         for(i=0; i<8; i++)          //共 8 个流水灯控制码
            {
              P0=Tab[i];
              delay(100);            //延迟约 60 ms (3*100*200 个机器周期)
            }
        for(i=0; i<8; i++)           //共 8 个流水灯控制码
            {
```

```
                P0=Tab[i];
                delay(250);           //延迟约 150 ms (3*250*200 个机器周期)
            }
        }
    }
```

3．用 Proteus 软件仿真

经 Keil 软件编译通过后，可使用 Proteus 软件进行仿真。在 Proteus ISIS 工作环境中绘制好仿真原理图，或者打开随书附件“第 4 章\仿真实例\ex30”文件夹内的“ex30.pdsprj”仿真原理图文件，将编译好的“ex30.hex”文件载入 AT89C51。启动仿真，即可看到 P0 口 8 位 LED 先以较快速度流水点亮，再以较慢速度流水点亮，如此循环。

4．用实验板进行实验

程序仿真无误后，将“ex30”文件夹中的“ex30.hex”文件烧录到 AT89C51 芯片中。再将烧录好的单片机插入实验板，通电运行即可看到和仿真类似的实验结果。

4.7.4　实例 31：用数组作为函数参数控制 P0 口 8 位 LED 流水点亮

本实例使用数组作为参数控制 P0 口 8 位 LED 流水点亮，其电路原理图参见图 4-12。

1．实现方法

先定义流水灯控制码数组，再定义流水灯点亮函数，使其形参为数组，并且数据类型和实参数组（流水灯控制码数组）的类型一致。

2．程序设计

先建立文件夹“ex31”，然后建立其工程项目，最后建立源程序文件“ex31.c”。输入以下源程序：

```
实例 31：用数组作为函数参数控制流水花样
#include<reg51.h>
/**************************************************
函数功能：延迟约 150 ms
**************************************************/
void delay(void)
{
  unsigned char m, n;
  for(m=0;m<200;m++)
    for(n=0;n<250;n++)
          ;
}
/**************************************************
函数功能：流水点亮 P0 口 8 位 LED
**************************************************/
```

```
void led_flow(unsigned char a[8])
{
  unsigned char i;
   for(i=0;i<8;i++)
      {
         P0=a[i];
         delay();
      }
}
/************************************************
函数功能：主函数
************************************************/
void main(void)
{
  unsigned   char code Tab[ ]={0xFE, 0xFD, 0xFB, 0xF7, 0xEF, 0xDF, 0xBF, 0x7F};
                         //流水灯控制码
  led_flow(Tab);         //将数组名作为实参传给被调函数
}
```

3．用 Proteus 软件仿真

经 Keil 软件编译通过后，可使用 Proteus 软件进行仿真。在 Proteus ISIS 工作环境中绘制好仿真原理图，或者打开随书附件“第 4 章\仿真实例\ex31”文件夹内的“ex31.pdsprj”仿真原理图文件，将编译好的“ex31.hex”文件载入 AT89C51。启动仿真，即可看到 P0 口 8 位 LED 先后以不同的速度被流水点亮。

4．用实验板进行实验

程序仿真无误后，将“ex31”文件夹中的“ex31.hex”文件烧录到 AT89C51 芯片中。再将烧录好的单片机插入实验板，通电运行即可看到和仿真类似的实验结果。

4.7.5　实例 32：用指针作为函数参数控制 P0 口 8 位 LED 流水点亮

本实例使用指针作为函数的参数来控制 P0 口 8 位 LED 流水点亮，采用的电路原理图参见图 4-12。

1．实现方法

因为存储流水控制码的数组名即表示该数组的首地址，所以可以定义一个指针指向该首地址，然后用这个指针作为实际参数传递给被调用函数的形参。因为该形参也是一个指针，该指针也指向流水控制码的数组，所以只要通过指针引用数组元素的方法就可以控制 P0 口 8 位 LED 流水点亮。

2．程序设计

先建立文件夹“ex32”，然后建立其工程项目，最后建立源程序文件“ex32.c”。输入以下源程序：

```
//实例 32：用指针作为函数参数控制 P0 口 8 位 LED 流水点亮
#include<reg51.h>
/**************************************************
函数功能：延迟约 150 ms
**************************************************/
void delay(void)
{
  unsigned char m, n;
  for(m=0;m<200;m++)
    for(n=0;n<250;n++)
        ;
}
/**************************************************
函数功能：流水点亮 P0 口 8 位 LED
**************************************************/
void led_flow(unsigned char *p)            //形参为无符号字符型指针
{
  unsigned char i;
  while(1)
   {
      i=0;                                 //将 i 置为 0，指向数组第一个元素
      while(*(p+i)!='\0')                  //只要没有指向数组的结束标志
        {
        P0=*(p+i);                         //取得指针所指变量（数组元素）的值，送 P0 口
          delay();                         //调用延时函数
           i++;                            //指向下一个数组元素
        }
   }
}
/**************************************************
函数功能：主函数
**************************************************/
void main(void)
{
  unsigned  char code Tab[ ]={0xFE, 0xFD, 0xFB, 0xF7, 0xEF, 0xDF, 0xBF, 0x7F,
                              0x7F, 0xBF, 0xDF, 0xEF, 0xF7, 0xFB, 0xFD, 0xFE,
                                 0xFF, 0xFE, 0xFC, 0xFB, 0xF0, 0xE0, 0xC0, 0x80,
                              0x00, 0xE7, 0xDB, 0xBD, 0x7E, 0xFF, 0xFF, 0x3C,
                              0x18, 0x0, 0x81, 0xC3, 0xE7, 0xFF, 0xFF, 0x7E};
                                     //流水灯控制码
  unsigned char *pointer;            //定义无符号字符型指针 pointer
  pointer=Tab;                       //将数组的首地址赋给指针 pointer
  led_flow(pointer);                 //调用流水灯控制函数，指针为实际参数
}
```

3．用 Proteus 软件仿真

经 Keil 软件编译通过后，可使用 Proteus 软件进行仿真。在 Proteus ISIS 工作环境中绘

制好仿真原理图，或者打开随书附件“第 4 章\仿真实例\ex32”文件夹内的“ex32.pdsprj”仿真原理图文件，将编译好的“ex32.hex”文件载入 AT89C51。启动仿真即可看到 P0 口 8 位 LED 被流水点亮。

4. 用实验板进行实验

程序仿真无误后，将“ex32”文件夹中的“ex32.hex”文件烧录到 AT89C51 芯片中。再将烧录好的单片机插入实验板，通电运行即可看到和仿真类似的实验结果。

4.7.6 实例 33：用函数型指针控制 P0 口 8 位 LED 流水点亮

本实例使用函数型指针来控制 P0 口 8 位 LED 流水点亮，所采用电路原理图参见图 4-12。

1. 实现方法

先定义流水灯点亮函数，再定义函数型指针，然后将流水灯点亮函数的名字（入口地址）赋给函数型指针，就可以通过该函数型指针调用流水灯点亮函数。

注意：函数型指针的类型说明必须和函数的类型说明一致。

2. 程序设计

先建立文件夹“ex33”，然后建立其工程项目，最后建立源程序文件“ex33.c”。输入以下源程序：

```
//实例 33：用函数型指针控制流水花样
#include<reg51.h>        //包含 51 单片机寄存器定义的头文件
unsigned char code Tab[ ]={0xFE, 0xFD, 0xFB, 0xF7, 0xEF, 0xDF, 0xBF, 0x7F};
                          //流水灯控制码，该数组被定义为全局变量
/**************************************************************
函数功能：延迟约 150 ms
**************************************************************/
 void delay(void)
{
   unsigned char m, n;
       for(m=0;m<200;m++)
       for(n=0;n<250;n++)
           ;
 }
/**************************************************************
函数功能：流水点亮 P0 口 8 位 LED
**************************************************************/
void led_flow(void)
{
  unsigned char i;
  for(i=0;i<8;i++)      //8 位控制码
     {
```

```
            P0=Tab[i];
              delay();
            }
        }
/**************************************************************
函数功能：主函数
***************************************************************/
 void main(void)
 {
    void (*p)(void);      //定义函数型指针，所指函数无参数，无返回值
        p=led_flow;       //将函数的入口地址赋给函数型指针 p
        while(1)
        (*p)();           //通过函数的指针 p 调用函数 led_flow()
}
```

3．用 Proteus 软件仿真

经 Keil 软件编译通过后，可使用 Proteus 软件进行仿真。在 Proteus ISIS 工作环境中绘制好仿真原理图，或者打开随书附件“第 4 章\仿真实例\ex33”文件夹内的“ex33.pdsprj”仿真原理图文件，将编译好的“ex33.hex”文件载入 AT89C51。启动仿真，即可看到 P0 口 8 位 LED 被流水点亮。

4．用实验板进行实验

程序仿真无误后，将“ex33”文件夹中的“ex33.hex”文件烧录到 AT89C51 芯片中。再将烧录好的单片机插入实验板，通电运行即可看到和仿真类似的实验结果。

4.7.7 实例 34：用指针数组作为函数的参数显示多个字符串

本实例使用指针数组作为函数参数来显示多个字符串，要求用 P0 口的 8 位 LED 显示，其电路原理图参见图 4-12。

说明：指针数组适合于用来指向若干个字符串，尤其是各列字符串长度不一致的情形，这对于字符的液晶显示等很有意义。显示的字符越多，越能体现出指针数组的优越性。

1．实现方法

字符串在 C 语言中是被当作字符数组处理的，所以每个字符串的名字就是其首地址。这样，只要把各字符串的名字存入一个字符型指针数组，再把该指针数组的名字作为实参传递给处理函数，即可显示各个字符串。

2．程序设计

先建立文件夹“ex34”，然后建立其工程项目，最后建立源程序文件“ex34.c”。输入以下源程序：

```
//实例 34：用指针数组作为函数的参数显示多个字符串
#include<reg51.h>                              //包含 51 单片机寄存器定义的头文件
```

```
unsigned char code str1[ ]="Temperature is tested by DS18B20"; //字符串的名字就是首地址
unsigned char code str2[ ]="Now temperature is:";
unsigned char code str3[ ]="The Systerm is designed by Zhang San";
unsigned char code str4[ ]="The date is 2008-9-30";
unsigned char *p[ ]={str1, str2, str3, str4};              //定义 p 为指向 4 个字符串的字符型指针数组
/************************************************************
函数功能：延迟约 150 ms
************************************************************/
 void delay(void)
{
    unsigned char m, n;
       for(m=0; m<200; m++)
       for(n=0; n<250; n++)
              ;
 }
/************************************************************
函数功能：将字符串送 P0 口显示
************************************************************/
void led_display(unsigned char *x[ ])              //形参必须为指针数组
{
      unsigned char i, j;
        for(i=0; i<4; i++)                          //有 4 个字符串要显示
         {
           j=0;                                     //指向待显字符串的第 0 号元素
          while(*(x[i]+j)!='\0')                    //只要第 i 个字符串的第 j 号元素不是结束标志
              {
                P0=*(x[i]+j);                       //取得该元素值送到 P0 口显示
                    delay();                        //调用延时函数
                   j++;                             //指向下一个元素
              }
          }
}
/************************************************************
函数功能：主函数
************************************************************/
 void main(void)
 {
    unsigned char i;
    while(1)
     {
      for(i=0; i<4; i++)
         led_display(p);                            //将指针数组名作为实际参数传递
     }
}
```

3．用 Proteus 软件仿真

经 Keil 软件编译通过后，可使用 Proteus 软件进行仿真。在 Proteus ISIS 工作环境中绘制好仿真原理图，或者打开随书附件“第 4 章\仿真实例\ex34”文件夹内的“ex34.pdsprj”仿真原理图文件，将编译好的“ex34.hex”文件载入 AT89C51。启动仿真，即可看到 P0 口 8 位 LED 开始以各种花样闪烁。

说明：在实际运用液晶显示器等显示字符时，如果液晶显示器的接口通过 P0 口和单片机连接，将各字符串送入 P0 口，实际上就是送入液晶显示器。

4．用实验板进行实验

程序仿真无误后，将“ex34”文件夹中的“ex34.hex”文件烧录到 AT89C51 芯片中。再将烧录好的单片机插入实验板，通电运行即可看到和仿真类似的实验结果。

C 语言的函数可以自己定义，但为了提高编程效率和质量，避免不必要的重复工作，最好尽可能使用 C51 库函数。下面举例说明 C51 库函数的使用方法。

4.7.8　实例 35：字符函数 ctype.h 应用举例

本实例使用字符函数 ctype.h 中的 isalpha()函数来检查某参数字符（如'_'）是否为英文字母。若是，P3 口低 4 位 LED 点亮；若不是，P3 口高 4 位 LED 点亮。本例采用的电路原理图参见图 4-16。

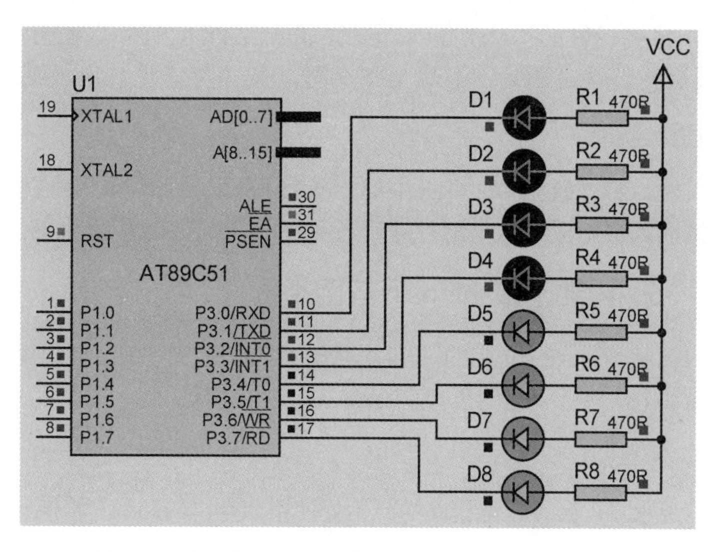

图 4-16　用函数 isalpha()检查参数字符的电路原理图

1．实现方法

在使用 isalpha()函数时，必须在源程序的开始处使用命令“include”将声明 isalpha()函数的头文件“ctype.h”包含进来。

isalpha()函数在“ctype.h”中的声明如下：

```
bit isalpha(char c);  //功能：检查字符 c 是否为英文字母
```

根据上述声明，可知该函数的参数必须是字符型变量，并且返回值是位变量（1 或0）。例如，因为 i 是英文字母，所以 isalpha('i')的返回值就是 1，而 isalpha('&')的返回值就是 0。该函数在字符处理时非常有用。

2．程序设计

先建立文件夹“ex35”，然后建立其工程项目，最后建立源程序文件“ex35.c”。输入以下源程序：

```
//实例 35：字符函数 ctype.h 应用举例
#include<reg51.h>                      //包含 51 单片机寄存器定义的头文件
#include<ctype.h>                      //包含函数 isalpha()声明的头文件
void main(void)
 {
    while(1)
    {
       P3=isalpha('_')?0xf0：0x0f;     //条件运算，若满足条件，P3=0xf0
    }
 }
```

3．用 Proteus 软件仿真

经 Keil 软件编译通过后，可使用 Proteus 软件进行仿真。在 Proteus ISIS 工作环境中绘制好仿真原理图，或者打开随书附件“第 4 章\仿真实例\ex35”文件夹内的“ex35.pdsprj”仿真原理图文件，将编译好的“ex35.hex”文件载入 AT89C51。启动仿真，即可看到 P3 口高 4 位 LED 被点亮。这是因为'_'不是英文字符，条件不满足，所以 P3=0x0f。

4．用实验板进行实验

程序仿真无误后，将“ex35”文件夹中的“ex35.hex”文件烧录到 AT89C51 芯片中。再将烧录好的单片机插入实验板，通电运行即可看到和仿真类似的实验结果。

4.7.9 实例 36：内部函数 intrins.h 应用举例

本实例使用内部函数 intrins.h 中的_crol_()函数来流水点亮 P3 口 8 位 LED。本例采用的电路原理图参见图 4-16。

1．实现方法

在使用_crol_()函数时，必须在源程序的开始处使用命令“include”将声明_crol_()函数的头文件“intrins.h”包含进来。

crol()函数在“intrins.h”中的声明如下：

```
unsigned char _crol_(unsigned char val，unsigned n)；     //功能：将 val 循环左移 n 位
```

根据上述声明，可知该函数的参数是两个无符号字符型变量 val 和 n，并且返回值也是无符号字符型变量。它的功能是将变量 val 的二进制位循环左移 n 位。例如，当 val=15=0x0f=0000 1111B 时，如果要将 val 的各二进制位循环左移 2 位，则 val=0011 1100。该过程可用语句

```
_crol_(15, 2)；
```

来实现，_crol_(15, 2)的返回值是 0011 1100B=0x3c=3×16+12=60。

注意：_crol_()函数和位运算符“<<“不同，位运算符在移位过程中“高位丢失，低位补 0”。

2. 程序设计

先建立文件夹“ex36”，然后建立其工程项目，最后建立源程序文件“ex36.c”。输入以下源程序：

```
//实例 36：内部函数 intrins.h 应用举例
#include<reg51.h>                    //包含 51 单片机寄存器定义的头文件
#include<intrins.h>                  //包含函数 intrins.h 声明的头文件
/**************************************************
函数功能：延迟约 150 ms
**************************************************/
void delay(void)
{
  unsigned char m, n;
  for(m=0; m<200; m++)
    for(n=0; n<250; n++)
          ;
}
/**************************************************
函数功能：主函数
**************************************************/
void main(void)
{
    P3=0xfe;                         //P3=1111 1110B
     while(1)
      {
          P3=_crol_(P3, 1);          //将 P3 的二进制位循环左移 1 位后再赋给 P3
          delay();                   //调用延时函数
      }
}
```

3. 用 Proteus 软件仿真

经 Keil 软件编译通过后，可使用 Proteus 软件进行仿真。在 Proteus ISIS 工作环境中绘制好仿真原理图，或者打开随书附件“第 4 章\仿真实例\ex36”文件夹内的“ex36.pdsprj”仿真原理图文件，将编译好的“ex36.hex”文件载入 AT89C51。启动仿真，即可看到 P3 口 8 位 LED 被循环点亮。

4. 用实验板进行实验

程序仿真无误后，将“ex36”文件夹中的“ex36 hex”文件烧录到 AT89C51 芯片中。再将烧录好的单片机插入实验板，通电运行即可看到和仿真类似的实验结果。

4.7.10 实例 37：标准函数 stdlib.h 应用举例

本实例使用标准函数 stdlib.h 中的 rand()函数来产生一个 0～32767 之间的随机数。为使 P3 口能够显示该随机数，将其缩小 1/160 后再送 P3 口。本实例采用的电路原理图参见图 4-16。

1. 实现方法

在使用 rand()函数时，必须在源程序的开始处使用命令“include”将声明 rand()函数的头文件“stdlib.h”包含进来。

rand()函数在“stdlib.h”中的声明如下：

```
int rand();  //功能：产生一个 0～32767 之间的随机数
```

根据上述声明，可知该函数属于无参数函数，其返回值为整型数据。它的功能是产生一个 0～32767 之间的随机数。

2. 程序设计

先建立文件夹“ex37”，然后建立其工程项目，最后建立源程序文件“ex37.c”。输入以下源程序：

```
//实例 37：标准函数 stdlib.h 应用举例
#include<reg51.h>                    //包含 51 单片机寄存器定义的头文件
#include<stdlib.h>                   //包含函数 rand()声明的头文件
/**************************************************
函数功能：延迟约 150 ms
**************************************************/
void delay(void)
{
  unsigned char m, n;
  for(m=0;m<200;m++)
    for(n=0;n<250;n++)
        ;
}
/**************************************************
函数功能：主函数
**************************************************/
void main(void)
 {
  unsigned char i;
  while(1)
   {
     for(i=0;i<10;i++)               //产生 10 个随机数
       {
          P3=rand()/160;             //将产生的随机数缩小 1/160 后送 P3 口显示
            delay();
        }
     }
 }
```

3．用 Proteus 软件仿真

经 Keil 软件编译通过后，可使用 Proteus 软件进行仿真。在 Proteus ISIS 工作环境中绘制好仿真原理图，或者打开随书附件“第 4 章\仿真实例\ex37”文件夹内的“ex37.pdsprj”仿真原理图文件，将编译好的“ex37hex”文件载入 AT89C51。启动仿真，即可看到 P3 口 8 位 LED 开始随机闪烁。

4．用实验板进行实验

程序仿真无误后，将“ex37”文件夹中的“ex37.hex”文件烧录到 AT89C51 芯片中。再将烧录好的单片机插入实验板，通电运行即可看到和仿真类似的实验结果。

4.7.11 实例 38：字符串函数 string.h 应用举例

本实例使用字符串函数 string.h 中的 strcmp()函数来比较两个字符串 str1 和 str2。如果两个字符串相等，P3 口 8 位 LED 全部点亮；如果 str1 < str2，则 P3 口低 4 位 LED 点亮；如果 str1 > str2，则 P3 口高 4 位 LED 点亮。本实例采用的电路原理图参见图 4-16。

1．实现方法

在使用 strcmp()函数时，必须在源程序的开始处使用命令“include”将声明 strcmp()函数的头文件“string.h”包含进来。

strcmp()函数在“string.h”中的声明如下：

```
char strcmp(char *s1, char *s2);   //功能：比较字符串 s1 和 s2 的大小
```

根据上述声明，可知该函数带有两个字符指针型参数，其返回值为字符型数据。它的功能是比较两个字符指针所指向的字符串的大小。根据规定，若 s1=s2，返回值为 0；如果 s1<s2，返回值为负数；如果 s1>s2，返回值为正数。所以，可以根据返回值对 P3 口的显示情况进行相应设置。

2．程序设计

先建立文件夹“ex38”，然后建立其工程项目，最后建立源程序文件“ex38.c”。输入以下源程序：

```
//实例 38：字符串函数 string.h 应用举例
#include<reg51.h>              //包含 51 单片机寄存器定义的头文件
#include<string.h>             //包含函数 strcmp()声明的头文件
void main(void)
 {
  unsigned char str1[ ]="Now, The temperature is :";
  unsigned char str2[ ]="Now, The temperature is 36 Centgrade: ";
  unsigned char i;
  i=strcmp(str1, str2);        //比较两个字符串，并将结果存入 i
  if(i= =0)                    //str1=str2
    P3=0x00;
  else
    if(i<0)                    //str1<str2
```

```
            P3=0xf0;
        else                        //str1>str2
            P3=0x0f;
    while(1)
        ;                           //防止程序“跑飞”
}
```

3．用 Proteus 软件仿真

经 Keil 软件编译通过后，可使用 Proteus 软件进行仿真。在 Proteus ISIS 工作环境中绘制好仿真原理图，或者打开随书附件“第 4 章\仿真实例\ex38”文件夹内的“ex38.pdsprj”仿真原理图文件，将编译好的“ex38.hex”文件载入 AT89C51。启动仿真，即可看到 P3 口的低 4 位 LED 被点亮，表明字符串 str1 小于 str2，这与预期结果一致。

4．用实验板进行实验

程序仿真无误后，将“ex38”文件夹中的“ex38.hex”文件烧录到 AT89C51 芯片中。再将烧录好的单片机插入实验板，通电运行即可看到和仿真类似的实验结果。

4.8 C 语言的编译预处理

C 语言与其他高级程序设计语言的一个主要区别就是对程序的编译预处理功能。编译预处理器是 C 语言编译器的一个组成部分。在 C 语言中，通过一些预处理命令可以在很大程度上为 C 语言本身提供许多功能和符号等方面的扩充，增强 C 语言的灵活性和方便性。预处理命令可以在编写程序时加在需要的地方，但它只在程序编译时起作用，并且通常是按行进行处理的，因此又称为编译控制行。编译器在对整个程序进行编译之前，先对程序中的编译控制进行预处理，然后将预处理的结果与整个 C 语言源程序一起进行编译，以产生目标代码。常用的预处理命令有宏定义、文件包含和条件命令。为了与一般 C 语言语句进行区分，预处理命令由“#”开头。

4.8.1 常用预处理命令介绍

1．宏定义

C 语言允许用一个标识符来表示一个字符串，称为“宏”。被定义为“宏”的标识符为“宏名”。在编译预处理时，程序中的所有“宏名”都用宏定义中的字符串替代，称为“宏代换”。“宏”定义分为两种：不带参数的宏定义和带参数的宏定义。

（1）不带参数的宏定义的一般形式如下：

```
#define 标识符 字符串
```

其含义是出现标识符的地方均用字符串来替代。

例如，#define PI 3.1415926，作用是用标识符（“宏名”）PI 替代字符串“3.1415926”。

说明：

① 宏定义不是 C 语句，不能在行末加分号，如果加了分号则会连同分号一起进行替代。

② 宏名的有效范围为定义命令之后到本源文件结束。通常，#define 命令写在文件开头，在函数之前，作为文件的一部分，在此文件范围内有效。

③ 可以用#undef命令终止宏定义的作用域，例如：

```
#define G 9.80
main()
  {
    ……
  }
#undef G
f1()
```

由于#undef 的作用，G 的作用范围在函数 f1()中不再代表 9.80，这样可以灵活控制宏定义的范围。

（2）带参数的宏不是进行简单的字符串替换，还要进行参数替换，其定义的一般形式如下：

```
#define   宏名(参数表) 字符串
```

字符串包含在括弧中所指定的参数，例如：

```
#define PI 3.1415926
#define S(r) PI*r*r
main()
{
 float a，area;
a=4.8;
area=S(a);
…
}
```

经预处理后，程序在编译时如果遇到带参数的宏，如 S(a)，则按照指定的字符串 PI*a*a 从左到右进行替换。

说明：

① 宏定义#define S(r) PI*r*r 可能会引发歧义。例如，当参数不是 r 而是 a+b 时，S(a+b)将被替换为 PI*a+b*a+b。这显然与编程的意图不一致。为此，应当在定义时在字符串中的形式参数外面加上一个括号，即#define S(r) PI*(r)*(r)。

宏定义不是 C 语句，不能在行末加分号，如果加了分号则会连同分号一起进行替代。

② 宏名与参数表之间不能有空格，否则空格以后的字符都将作为替代字符串的一部分。

2. 文件包含

文件包含是指一个程序将另一个指定的文件的全部内容包含进来。在前面的例子中已经多次使用过文件包含命令 #include<reg51.h>，就是将 C51 编译器提供的关于 51 单片机寄存器定义的文件 reg51.h 包含到要设计的程序中去。文件包含命令的一般格式如下：

```
#include<文件名>
```

文件包含命令#include 的功能是用指定文件的全部内容替换该预处理行。在进行较大规模程序设计时，文件包含命令十分有用。为了满足模块化编程的需要，可以将组成 C 语言程序的各个功能函数分散到多个程序文件中，分别由若干人员完成编程，最后再用#include 命令将它们嵌入到一个总的程序文件中去。

注意：一个#include 命令只能指定一个被包含文件，如果程序中要包含多个文件，则需要使用多个包含命令。当程序中需要调用 C51 编译器提供的各种库函数时，必须在程序的开头使用#include 命令将相应的函数说明文件包含进来。实例 38 程序开头的命令#include<string.h>就是这个目的。

3．条件编译

在一般情况下对 C 语言程序进行编译时，所有的程序都参加编译，但有时希望对其中一部分内容只在满足一定条件时才进行编译，这就是所谓的条件编译。条件编译可以选择不同的编译范围，从而产生不同的代码。C51 编译器的预处理提供的条件编译命令可以分为以下 3 种形式。

（1）
```
# ifdef 标识符
    程序段 1
# else
    程序段 2
# end if
```

功能：如果指定的标识符已被定义，则程序段 1 参加编译，并产生有效代码，而忽略掉程序段 2；否则，程序段 2 参加编译并产生有效代码，而忽略掉程序段 1。

（2）
```
# if 常量表达式
    程序段 1
#else
    程序段 2
#endif
```

功能：如果常量表达式为“真”，那么就编译该语句后的程序段。

（3）
```
# ifndef 标识符
  程序段 1
#else
  程序段 2
#endif
```

功能：该命令的格式与第一种命令格式只在第一行上不同，它的作用与第一种刚好相反，即如果标识符还没有被定义，那么就编译该语句后的程序段。

4.8.2 实例 39：宏定义应用举例

本实例使用带参数的宏定义完成运算“a+(a*b)/256+b；”并将结果送 P3 口显示。本实例采用的电路原理图参见图 4-16。

1．实现方法

定义如下带参数的宏：

```
# define   F(a，b)   (a)+(a)*(b)/256+(b)
```

注意：（1）在字符串中的形参外加上一个括弧，可以避免编译时产生歧义；（2）宏名 F 与带参数的括弧之间不应加空格；（3）带参数的宏和函数不同，函数是先求出实参表达式的值，然后代入形参，而带参数的宏只是进行简单的字符替换。

2．程序设计

先建立文件夹“ex39”，然后建立其工程项目，最后建立源程序文件“ex39.c”。输入以下源程序：

```
//实例 39：宏定义应用举例
#include<reg51.h>                         //包含 51 单片机寄存器定义的头文件
# define F(a, b) (a)+(a)*(b)/256+(b) //带参数的宏定义，a 和 b 为形参
void main(void)
 {
    unsigned char i, j, k;
    i=40;
    j=30;
    k=20;
    P3=F(i, j+k);                         //i 和 j+k 分别为实参，宏展开时，实参将替代宏定义中的形参
    while(1)
      ;
 }
```

3．用 Proteus 软件仿真

经 Keil 软件编译通过后，可使用 Proteus 软件进行仿真。在 Proteus ISIS 工作环境中绘制好仿真原理图，或者打开随书附件“第 4 章\仿真实例\ex39”文件夹内的“ex39.pdsprj”仿真原理图文件，将编译好的“ex39.hex”文件载入 AT89C51。启动仿真，即可看到 P3.1 口、P3.2 口、P3.3 口、P3.4 口和 P3.7 口的 LED 被点亮，而其余 LED 熄灭，如图 4-17 所示。这表明 P3=0110 0001B=0x61=6×16+1=97，而程序中的计算 40+40×50/256+50=40+7+50=97。两者结果相同，表明宏使用正确。

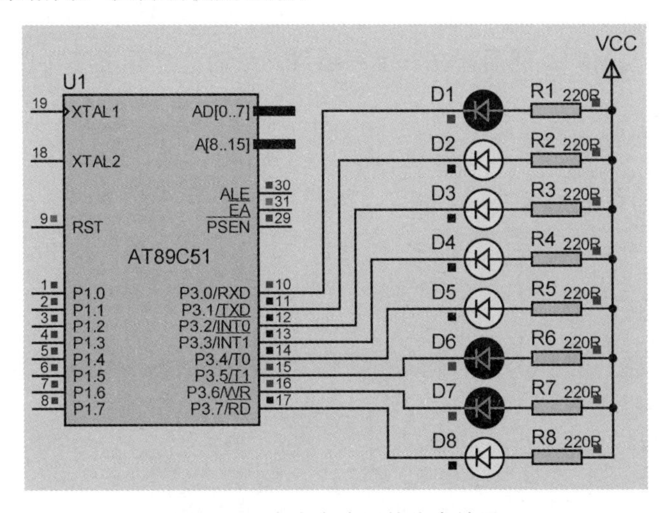

图 4-17　宏定义应用的仿真效果

4．用实验板进行实验

程序仿真无误后，将“ex39”文件夹中的“ex39.hex”文件烧录到 AT89C51 芯片中。再将烧录好的单片机插入实验板，通电运行即可看到和仿真类似的实验结果。

4.8.3 实例 40：文件包含应用举例

本实例使用头文件“AT89X51.h”中有关特殊功能寄存器的定义，使 P3 口低 4 位 LED 点亮，高 4 位 LED 熄灭。其电路原理图参见图 4-16。

1．实现方法

在 Keil C51 的安装目录下根据路径：“Keil\C51\INC\Atmel”找到头文件“AT89X51.H”，双击或用记事本将其打开，可看到如下关于该头文件的声明：

```
/*--------------------------------------------------------------------------
AT89X51.H
Header file for the low voltage Flash Atmel AT89C51 and AT89LV51.
Copyright (c) 1995-1996 Keil Software， Inc.   All rights reserved.
--------------------------------------------------------------------------*/
……
/*------------------------------------------------
P3 Bit Registers (Mnemonics & Ports)
------------------------------------------------*/
sbit P3_0 = 0xB0;   //将 P3_0 位定义为 P3.0 引脚(其地址为 0xB0)，以下定义类似
sbit P3_1 = 0xB1;
sbit P3_2 = 0xB2;
……..
```

从中可以看到 P3 口的各个引脚都被作了定义，如 P3_0 被位定义为 P3.0 引脚。所以用文件包含命令# include<AT89X51.H>将该头文件包含进去以后，就可以直接使用 P3_0 等引脚定义对 P3 口进行操作了。

2．程序设计

先建立文件夹“ex40”，然后建立其工程项目，最后建立源程序文件“ex40.c”。输入以下源程序：

```
//实例 40：文件包含应用举例
#include<AT89X51.h>
void main(void)
{
      P3_0=0;          //将 P3.0 引脚置低电平，LED 点亮
      P3_1=0;          //将 P3.1 引脚置低电平，LED 点亮
      P3_2=0;          //将 P3.2 引脚置低电平，LED 点亮
      P3_3=0;          //将 P3.3 引脚置低电平，LED 点亮
      P3_4=1;          //将 P3.4 引脚置高电平，LED 熄灭
      P3_5=1;          //将 P3.5 引脚置高电平，LED 熄灭
      P3_6=1;          //将 P3.6 引脚置高电平，LED 熄灭
```

```
        P3_7=1;           //将 P3.7 引脚置高电平，LED 熄灭
        while(1)
          ;               //防止程序“跑飞”
}
```

3．用 Proteus 软件仿真

经 Keil 软件编译通过后，可使用 Proteus 软件进行仿真。在 Proteus ISIS 工作环境中绘制好仿真原理图，或者打开随书附件“第 4 章\仿真实例\ex40”文件夹内的“ex40.pdsprj”仿真原理图文件，将编译好的“ex40.hex”文件载入 AT89C51。启动仿真，即可看到 P3 口低 4 位 LED 被点亮，而高 4 位 LED 则处于熄灭状态。

4．用实验板进行实验

程序仿真无误后，将“ex40”文件夹中的“ex40.hex”文件烧录到 AT89C51 芯片中。再将烧录好的单片机插入实验板，通电运行即可看到和仿真类似的实验结果。

4.8.4　实例 41：条件编译应用举例

本实例使用条件编译来控制 P3 口的点亮状态，以掌握条件编译的使用方法。要求当某条件满足时，P3 口低 4 位 LED 点亮；若不满足，则高 4 位 LED 点亮。本实例采用的电路原理图参见图 4-16。

1．实现方法

常用的条件编译是根据某常量表达式的值是否为真来控制编译的，即

```
#if 常量表达式
      程序段 1
#else
      程序段 2
#endif
```

这种格式条件编译的功能是当常量表达式为真时，程序段 1 参加编译，用#endif 命令结束本次条件编译。使用这种格式，需要事先给定某一条件，使程序在不同的条件下完成不同的功能。

2．程序设计

先建立文件夹“ex41”，然后建立其工程项目，最后建立源程序文件“ex41.c”。输入以下源程序：

```
//实例 41：条件编译应用举例
#include<reg51.h>                //包含 51 单片机寄存器定义的头文件
#define MAX 100                  //将 MAX 宏定义为字符串 100
void main(void)
{
      #if MAX>80                 //给出常量表达式
        P3=0xf0;                 //如果常量表达式满足，P3 口低 4 位 LED 点亮
      #else
```

```
        P3=0x0f;                //否则，P3 口高 4 位 LED 点亮
    #endif                      //结束本次编译
}
```

3. 用 Proteus 软件仿真

经 Keil 软件编译通过后，可使用 Proteus 软件进行仿真。在 Proteus ISIS 工作环境中绘制好仿真原理图，或者打开随书附件“第 4 章\仿真实例\ex41”文件夹内的“ex41.pdsprj”仿真原理图文件，将编译好的“ex41.hex”文件载入 AT89C51。启动仿真，即可看到 P3 口低 4 位 LED 被点亮，表明程序段“P3=0xf0”被编译了，而程序段“P3=0x0f”则被忽略。

4. 用实验板进行实验

程序仿真无误后，将“ex41”文件夹中的“ex41.hex”文件烧录到 AT89C51 芯片中。再将烧录好的单片机插入实验板，通电运行即可看到和仿真类似的实验结果。

习题与实验

1．求以下算术运算表达式的值：

（1）x+a%3*(int)(x+y)%2/4 ，设 x=2.5，a=7，y=4.7。

（2）a*=2+3，设 a=12。

2．参考图 4-12 中电路，给出下面程序的运行结果。

```
#include<reg51.h>
void main(void)
 {
     unsigned char i，'a';
     i=0x1b;
     P0=i+'a';
 }
```

3．结合图 4-8 中电路，编程实现逻辑函数 $F = X \cdot Y + \overline{X} \cdot \overline{Y} + \overline{Z}$ 。结果用 Proteus 软件仿真验证。

4．结合图 4-9 中电路，编程实现如下功能：当按下按键 S1 时，P0 口 8 位 LED 正向流水点亮；当按下按键 S2 时，P0 口 8 位 LED 反向流水点亮。结果用 Proteus 软件仿真验证。

5．现有 4 个无符号字符型数据：0xcd、182、0x59、0xbf。编程实现从小到大排列，并由 P0 口依次输出排序结果，本题采用的电路原理图如图 4-12 所示。结果用 Proteus 软件仿真验证。

6．现有 10 个无符号整数 0xcd、182、0x59、0xaf、0xb5、251、0xa8、0x3f、0xc8、0x7e。请先将其存入数组，编程找出其中最小数并送 P0 口显示，本题采用的电路原理图如图 4-12 所示。结果用 Proteus 软件仿真验证。

7．编写一个函数计算两个无符号数 a 与 b 的平方和，结果的高 8 位送 P1 口显示，低 8 位送 P0 口显示，本题采用的电路原理图如图 4-5 所示。结果用 Proteus 软件仿真验证。

8．现有以下指针数组：

```
char *str[ ]={"English", "Math", "Music", " Physics", " Chemistry"};
```

请编写一个函数将各字符串送 P0 口循环显示，要求用该指针数组作参数。本题采用的电路原理图如图 4-12 所示。结果用 Proteus 软件仿真验证。

9．使用头文件“AT89x51.H”编写一个程序，流水点亮 P2 口 8 位 LED。画出其仿真原理图并对结果分别进行 Proteus 软件仿真和实验板验证。

第5章 单片机的定时器/计数器

使用单片机对外部信号进行计数，或者利用单片机对外部设备进行定时控制，如测量电动机转速或控制电炉加热时间等，就需要用到单片机的定时器/计数器。MCS-51 系列单片机内部有 T0 和 T1 两个定时器/计数器，它们对于单片机各种控制功能的实现具有重要作用。

5.1 定时器/计数器的基本概念

要熟悉定时器/计数器的结构和功能，需要了解以下基本概念。

1．计数

计数一般是指对事件的统计，通常以“1”为单位进行累加。生活中常见的计数应用有录音机上的磁带量计数器、家用电度表、汽车和摩托车上的里程表等。计数也广泛用于工业生产和仪表检测中。例如，某制药厂生产线需要对药片计数，要求每计满 100 片为 1 瓶，当生产线上的计数器计满 100 片时，就产生一个电信号以驱动某机械机构做出相应的包装动作。

2．计数器的容量

通常，计数器能够计数的总数都是有限的。例如，录音机上的计数器最多只计到 999。80C51 单片机中有两个计数器，即 T0 和 T1，这两个计数器分别是由两个 8 位计数单元构成的。例如，T0 由 TH0 和 TL0 两个特殊功能寄存器构成，每个寄存器均为 8 位。所以 T0 和 T1 都是 16 位的计数器，最大的计数值是 65536（2 的 16 次方）。单片机的计数方法示意图如图 5-1 所示。

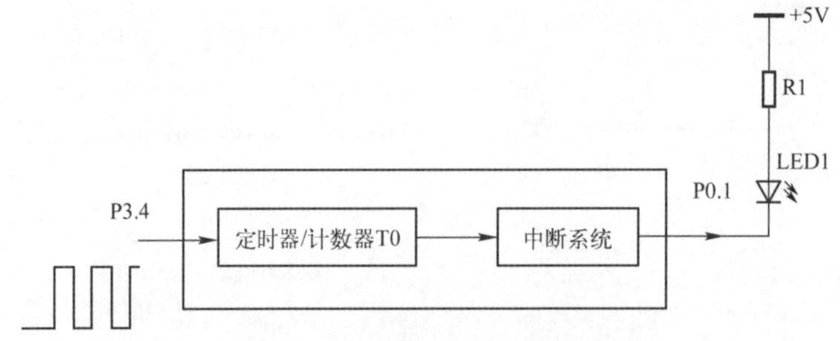

图 5-1　单片机的计数方法示意图

在图 5-1 中，单片机内有一个定时器/计数器 T0，可以用编程的方法将它设为计数器。当用作计数器时，它是一个 16 位计数器，它的最大计数值为 $2^{16}=65536$。T0 端（P3.4 引脚）用来输入脉冲信号。当脉冲信号输入时，计数器就会对脉冲计数，当计满 65536 时，计数器将溢出并送给 CPU 一个信号，使 CPU 停止目前正在执行的任务，而去执行规定的其他任务（在单片机术语中，这种现象叫“中断”。就如同我们正在看书，突然门铃响了，我们必须开门一样）。本例计数溢出后规定的任务是让 P0.1 引脚输出低电平，点亮发光二极管。

上面的方法似乎只有计数到 65536 个脉冲，才能通过溢出触发中断去执行规定的任务。那么怎样才能计数 100 个脉冲就触发中断呢？可以预先将计数器的初始值设置为 65436（65536–100），这样给计数器输入 100 个脉冲就会达到 65536 而产生一个溢出信号，从而触发中断。这种方法叫作设定定时器的初值。

3. 定时

80C51 单片机中的计数器除了可以计数外，还可以用来设置定时。定时的用途很多，如学校的打铃器、电视机定时关机、空调定时开关和工业电炉加热时间的控制等，可见定时器有着极为广泛的应用。单片机的定时方法示意图如图 5-2 所示。

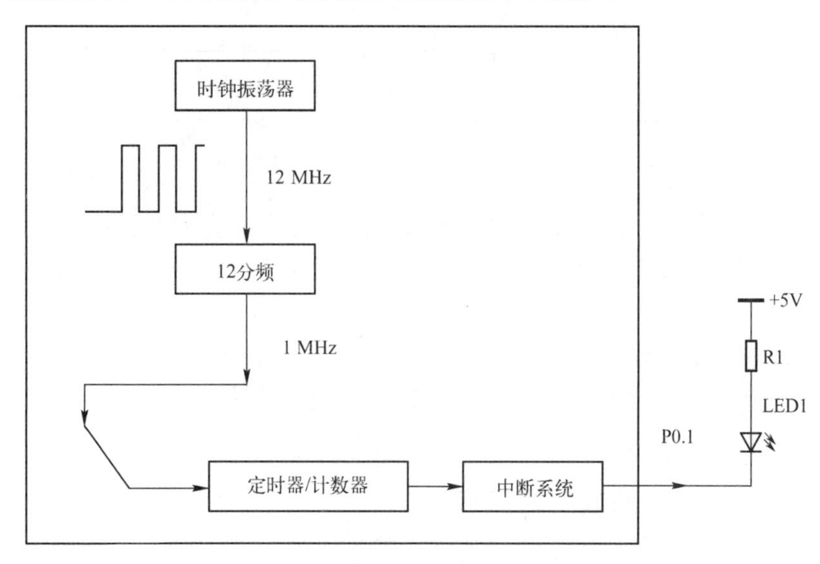

图 5-2　单片机的定时方法示意图

从图 5-2 中可以看出，将定时器/计数器 T0 设为定时器，就是将定时器/计数器与外部输入断开，而与内部脉冲信号连通，对内部信号计数。

假定单片机的时钟振荡器可以产生 12 MHz 的时钟脉冲信号，经 12 分频后得到 1 MHz 的脉冲信号，1 MHz 信号每个脉冲的持续时间（1 个周期）为 1 μs，如果定时器 T0 对 1 MHz 的信号进行计数，当计到 65536 时，将需要 65536 μs，即 65.536 ms。此时，定时器计数达到最大值，也会溢出并送给 CPU 一个信号，使 CPU 停止目前正执行的任务，而去执行规定的其他任务。例如，本例的任务是让 P0.1 引脚输出低电平，点亮发光二极管。

与计数器类似，如果将定时器的初值设置为 65536–1000=64536，那么单片机将计数 1000 个 1 μs 脉冲（即 1 ms）而产生溢出。利用这种办法，我们可以任意定时和计数。

5.2 定时器/计数器的结构和工作原理

定时器/计数器是单片机的一个重要组成部分，了解它的结构和工作原理，对于单片机应用系统开发具有很大帮助。

5.2.1 定时器/计数器的结构

MCS−51 单片机中的定时器或计数器是对同一种结构进行不同设置而形成的，其基本结构如图 5-3 所示。定时器/计数器 T0 和 T1 分别是由 TH0、TL0 和 TH1、TL1 两个 8 位计数器构成的 16 位计数器，两者均为加 1 计数器。

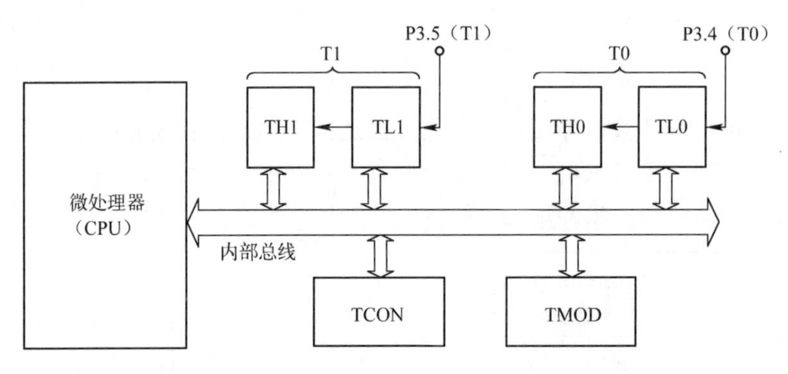

图 5-3 MCS−51 单片机定时器/计数器的基本结构

从图 5-3 中可以看出，单片机内部与定时器/计数器有关的部件如下：

（1）两个定时器/计数器（T0 和 T1）：均为 16 位计数器。

（2）寄存器 TCON：控制两个定时器/计数器的启动和停止。

（3）寄存器 TMOD：设置定时器/计数器的工作方式（计数或定时）。

两个定时器/计数器在内部通过总线与 CPU 连接，可以受 CPU 的控制并传送给 CPU 信号，从而申请 CPU 去执行规定的任务。

5.2.2 定时器/计数器的工作原理

当定时器/计数器 T0 或 T1 被用作计数器时，通过单片机外部引脚 T0 或 T1 对外部脉冲信号计数。当加在 T0 或 T1 引脚上的外部脉冲信号出现一个由 1 到 0 的负跳变时，计数器加 1，如此直至计数器产生溢出。

当定时器/计数器 T0 或 T1 被用作定时器时，外接晶振产生的振荡信号经 12 分频后，提供给计数器，作为计数的脉冲输入，计数器以 12 分频后的脉冲周期为基本计数单位，对输入的脉冲进行计数，直至产生溢出。

需要说明的是，无论 T0 或 T1 工作于计数方式还是定时方式，在它们对内部时钟脉冲或外部脉冲进行计数时，都不占用 CPU 的时间，直到定时器/计数器产生溢出为止。它们的作用是当溢出发生后，通知 CPU 停下当前的工作，去处理“时间到”或“计数满”这样的事件。因此，定时器/计数器的工作并不影响 CPU 其他的工作。这也正是采用定时器/计数器的优点。如果让 CPU 计时或计数，结果就非常麻烦。因为 CPU 是按顺序执行程序的，如果让 CPU 计时 1 h 后去执行切断某电源的命令，那么它就必须按顺序执行完延迟 1 h 的延时程序后，才能切断电源。而在执行延时程序期间无法进行其他工作，如判断温度是否异常、有无气体泄漏等。

5.3 定时器/计数器的控制

由于定时器/计数器必须在寄存器 TCON 和 TMOD 的控制下才能准确工作，因此必须掌握寄存器 TCON 和 TMOD 的控制方法。所谓的“控制”，也就是对两个寄存器 TCON 和 TMOD 的位进行设置。

5.3.1 定时器/计数器的工作方式控制寄存器（TMOD）

寄存器 TMOD 是单片机的一个特殊功能寄存器，其功能是控制定时器/计数器 T0、T1 的工作方式。它的字节地址为 89H，不可以对它进行位操作，只能进行字节操作，即通过对寄存器整体赋值的方法设置初始值，如 TMOD=0x01。在上电和复位时，寄存器 TMOD 的初始值为 00H，其格式见表 5-1。

表 5-1　定时器/计数器工作方式控制寄存器 TMOD 的格式

位序	B7	B6	B5	B4	B3	B2	B1	B0
位符号	GATE	$C/\overline{T}$	M1	M0	GATE	$C/\overline{T}$	M1	M0

TMOD 寄存器中高 4 位用来控制 T1，低 4 位用来控制 T0。它们对定时器/计数器 T0、T1 的控制功能一样。下面以低 4 位控制定时器/计数器 T0 为例，来说明各位的具体控制功能。

（1）GATE：门控制位。该位用来控制定时器/计数器的启动模式。

当 GATE=0 时，只要用软件使 TCON 中的 TR0 置“1”（高电平），就可以启动定时器/计数器工作；当 GATE=1 时，除了需将 TR0 置“1”外，还需要外部中断引脚 $\overline{INT0}$ 也为高电平，才能启动定时器/计数器 T0 工作。

（2）$C/\overline{T}$：定时器/计数器模式选择位。

当 $C/\overline{T}=0$ 时，定时器/计数器被设置为定时器工作方式；当 $C/\overline{T}=1$ 时，定时器/计数器则被设置为计数器工作方式。

（3）M1、M0 位：定时器/计数器工作方式设置位。

M1、M0 位不同取值的组合，可以将定时器/计数器设置为不同的工作方式。M1、M0 位不同取值与定时器/计数器工作方式的关系见表 5-2。

表 5-2　定时器/计数器工作方式选择表

M1	M0	工作方式	说　明
0	0	0	13 位定时器，TH0 的 8 位和 TL0 的低 5 位，最大计数值 $2^{13}=8192$
0	1	1	16 位定时器，TH0 的 8 位和 TL0 的 8 位，最大计数值 $2^{16}=65536$
1	0	2	带自动重装功能的 8 位计数器，最大计数值 $2^{8}=256$
1	1	3	T0 分成两个独立的 8 位计数器，T1 在方式 3 时停止工作

5.3.2 定时器/计数器控制寄存器（TCON）

TCON 是一个特殊功能寄存器，其主要功能是接收各种中断源送来的请求信号，同时也对定时器/计数器进行启动和停止控制。其字节地址是 88H，它有 8 位，每位均可进行位寻址。例如，可使用指令“TR0=1;”将该位置“1”。定时器/计数器控制寄存器 TCON 的位地址和位符号见表 5-3。

表 5-3　定时器/计数器控制寄存器 TCON 的位地址和位符号

位地址	8F	8E	8D	8C	8B	8A	89	88
位符号	TF1	TR1	TF0	TR0				

TCON 的高 4 位用于控制定时器/计数器的启动和中断申请，低 4 位与外部中断有关，其含义在后面介绍，下面仅介绍其高 4 位的功能。

（1）TF1 和 TF0：定时器/计数器 T1 和 T0 的溢出标志位。当定时器/计数器工作产生溢出时，会将 TF1 或 TF0 位置“1”，表示定时器/计数器有中断请求。

（2）TR1 或 TR0：定时器/计数器 T1 和 T0 的启动/停止位。在编写程序时，若将 TR1 或 TR0 设置为“1”，那么相应的定时器/计数器就开始工作；若设置为“0”，那么相应的定时器/计数器就停止工作。

5.3.3　定时器/计数器的 4 种工作方式

T0、T1 的定时/计数功能可由 TMOD 的 $C/\overline{T}$ 位选择，而工作方式则由 TMOD 的 M1、M0 位共同控制。在 M1、M0 位的控制下，定时器/计数器可以在 4 种不同的方式下工作，可根据特点在不同的场合选用。

1. 工作方式 0

当 M1M0=00 时，定时器/计数器 T1 选定为工作方式 0。在这种工作方式下 T1 为 13 位计数器，这时定时器/计数器的等效电路如图 5-4 所示，它由 TL1 的低 5 位和 TH1 的 8 位构成。当 TL1 低 5 位和 TH1 组成的 13 位计数器计数溢出时，则置位 TCON 中的溢出标志位 TF1，表示有中断请求。

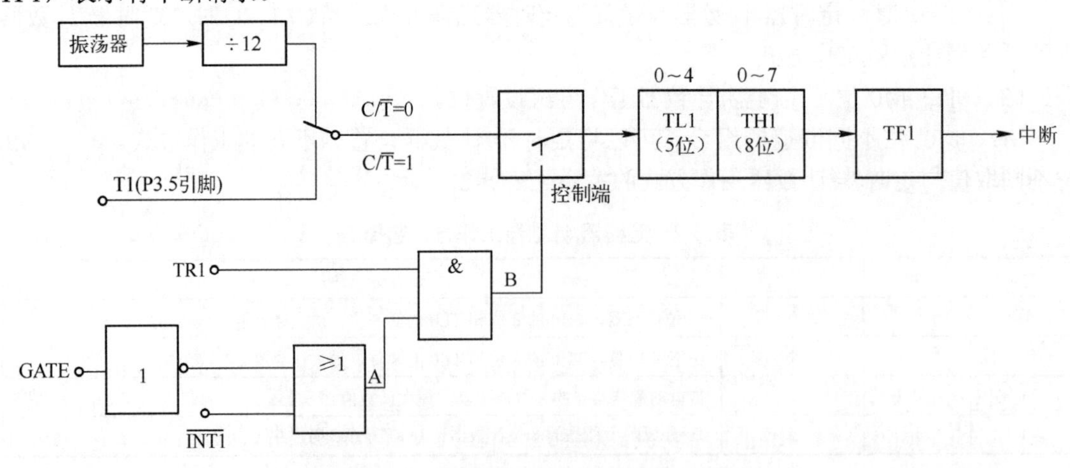

图 5-4　T1 在工作方式 0 下的等效电路

由图 5-4 可知，TMOD 中的标志位 $C/\overline{T}$ 控制的电子开关决定了定时器/计数器的工作方式。

（1）当 $C/\overline{T}$=0 时，电子开关打在上面位置，T1 为定时器工作方式。此时计数器的计数脉冲是单片机内部振荡器 12 分频后的信号。

（2）当$C/\overline{T}=1$时，电子开关打在下面位置，T1 为计数器工作方式。此时计数器的计数脉冲为 P3.5 引脚上的外部输入脉冲，当 P3.5 引脚上输入脉冲发生负跳变时，计数器加 1。

T1 或 T0 能否启动工作，取决于 TR1、TR0、GATE 和引脚$\overline{INT1}$、$\overline{INT0}$的状态。其规定如下：

- 当 GATE=0 时，只要 TR1、TR0 为 1 就可以启动 T1、T0 工作；
- 当 GATE=1 时，只有$\overline{INT1}$或$\overline{INT0}$引脚为高电平且 TR1 或 TR0 置 1 时，才能启动 T1 或 T0 工作。

2. 工作方式 1

当 M1M0=01 时，定时器/计数器选定为工作方式 1。在这种工作方式下，T1 为 16 位计数器。定时器/计数器 T1 在工作方式 1 下的等效电路如图 5-5 所示，它由 TL1 的 8 位和 TH1 的 8 位构成。当 TL1 和 TH1 组成的 16 位计数器计数溢出时，则置位 TCON 中的溢出标志位 TF1，表示有中断请求，同时 16 位计数器复位为 0。

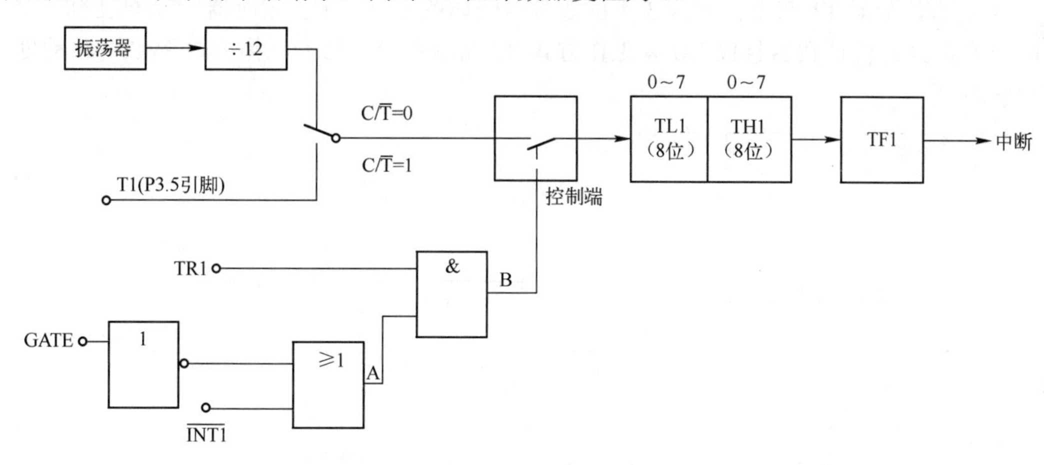

图 5-5　T1 在工作方式 1 下的等效电路

除了计数位数不同外，定时器/计数器在工作方式 1 的工作原理与工作方式 0 完全相同，其启动与停止的控制方法也和工作方式 0 完全相同。

3. 工作方式 2

对于 MCS−51 单片机的定时器/计数器，工作方式 0 和工作方式 1 计数溢出时复位为 0。在许多场合需要重复计数和循环定时，因此就存在重新装入初值的问题，这样一方面影响定时精度，另一方面程序编写麻烦。工作方式 2 就解决了这个问题。

当 M1M0=10 时，定时器/计数器选定为工作方式 2。在这种工作方式下，T1 为自动重装初值的 8 位计数器。定时器/计数器 T1 在工作方式 2 下的等效电路如图 5-6 所示。

由图 5-6 可知，T1 由 TL1 构成 8 位计数器，TH1 用作计数器初值的常数缓冲器。当 TL1 计数溢出时，置溢出标志位 TF1 为 1 的同时，还自动将 TH1 的初值送入 TL1，使 TL1 从初值重新开始计数。这样既提高了定时精度，同时在应用时只需在开始时赋初值 1 次，不需要重复赋初值，简化了程序的编写。

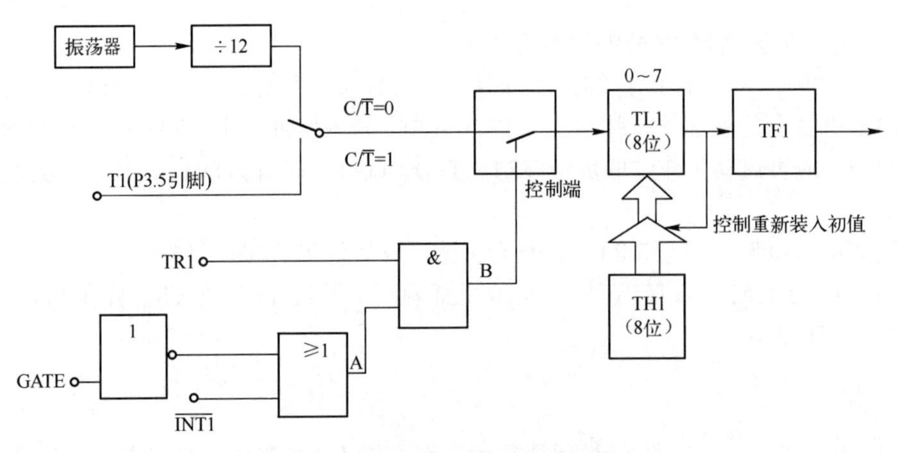

图 5-6　T1 在工作方式 2 下的等效电路

4．工作方式 3

定时器/计数器 T1 在工作方式 3 下的等效电路如图 5-7 所示。定时器/计数器工作方式 3 是两个独立的 8 位计数器且仅 T0 有工作方式 3，如果把 T1 置为工作方式 3，T1 自动处于停止状态。

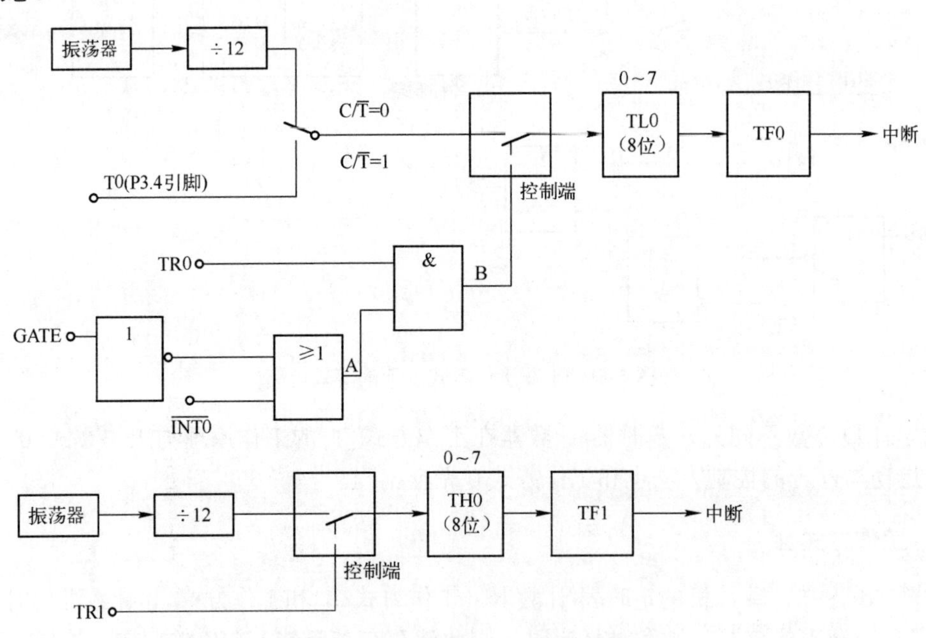

图 5-7　T1 在工作方式 3 下的等效电路

当 T0 工作在方式 3 时，TL0 构成的 8 位计数器可工作于定时/计数状态，并使用 T0 的控制位与 TF0 的中断源。TH0 则只能工作于定时器状态，使用 T1 中的控制位与 TF1 的中断源。

在一般情况下，使用工作方式 0～2 皆可满足需要。但是在特殊场合，必须要求 T0 工作于工作方式 3，而 T1 工作于工作方式 2（需要 T1 用作串行口波特率发生器，将在后文介绍）。所以，工作方式 3 适用于单片机需要 1 个独立的定时器/计数器、1 个定时器和 1 个串行口波特率发生器的情况。

5.3.4 定时器/计数器中定时/计数初值的计算

对于 80C51 内核单片机，T1 和 T0 都是增量计数器，因此不能直接将要计数的值作为初值放入寄存器中，而是将计数的最大值减去实际要计数的值的差存入寄存器中。可采用如下定时器/计数器初值计算公式计算：

$$计数初值 = 2^n - 计数值$$

式中，n 为由工作方式决定的计数器位数。

例如，当 T0 工作于工作方式 0 时，n=16，最大计数值为 65536，若要计数 10000 次，需将初值设置为 65536−10000=55536。如果单片机采用的晶振频率为 11.0592 MHz，则计数 1 次需要的时间（12 分频后的 1 个脉冲周期）

$$T_0 = \frac{12}{11.0592}\,\mu s = 1.085\,\mu s$$

所以计数 10000 次实际上就相当于计时 1.085 μs×10000=10850 μs。

通过上面的分析可以看出，定时器/计数器不管是用于计数还是计时，其初值的设定方法都是一样的。下面通过具体实例来说明定时器/计数器的使用方法。

5.4 定时器/计数器应用举例

5.4.1 实例 42：用定时器 T0 控制跑马灯的实现

本实例使用定时器 T0 的查询方式 TF0 来控制 P2 口 8 位 LED 的闪烁。要求 T0 工作于工作方式 1，LED 的闪烁周期是 100 ms，即亮 50 ms，熄灭 50 ms。本实例采用的电路原理图参见图 5-8。

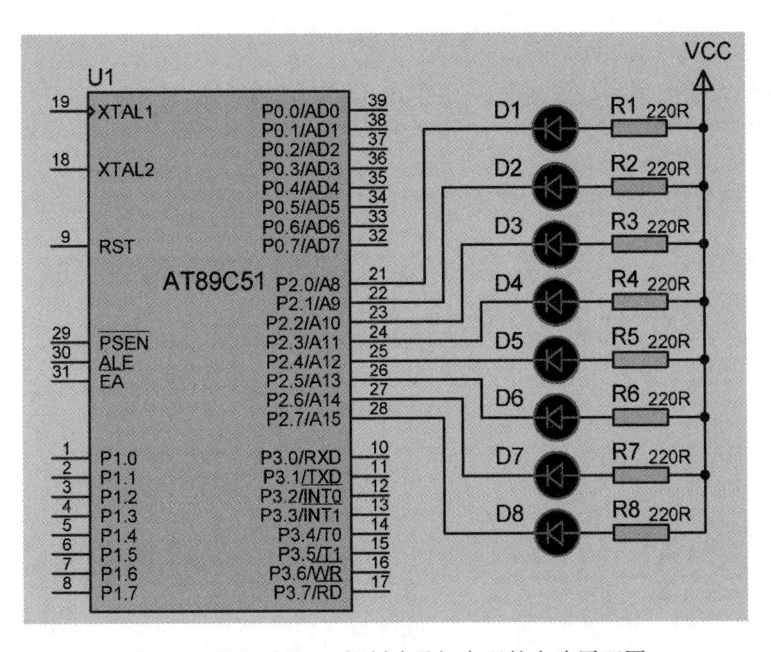

图 5-8 用定时器 T0 控制跑马灯实现的电路原理图

1. 实现方法

1）定时器T0工作方式的设置

用下列指令对T0的工作方式进行设置：

```
TMOD=0x01; //即 TMOD=0000 0001B，低 4 位 GATE=0，C/T̄=0，M1M0=01
```

在上述设置中，低 4 位的“C/$\overline{T}$=0”表示 T0 工作于计时方式；“GATE=0”表示当TR0=1时即可启动T0开始工作；“M1M0=01”表示T0工作于工作方式1。

2）定时器初值的设定

因为单片机的晶振频率为 11.0592 MHz，所以经 12 分频后送到 T0 的脉冲频率就是 f=11.0592/12 MHz，周期 T=1/f=12/11.0592=1.085 μs。即每个脉冲计时 1.085 μs，要计时 50 ms（50000 μs），需要计的脉冲数为 50000/1.085=46083（次）。则定时器的初值应设置为 65536–46083=19453。

这个数需要 T0 的高 8 位寄存器（TH0）和低 8 位寄存器（TL0）来分别存储，这两个寄存器初值的设置方法如下：

```
TH0=(65536-46083)/256;     //定时器 T0 的高 8 位赋初值
TL0=(65536-46083)%256;     //定时器 T0 的低 8 位赋初值
```

3）查询方式的实现

定时器T0开始工作后，可通过编程让单片机不断查询溢出标志位TF0是否为“1”。若为“1”，则表示计时时间到；否则，等待。

2. 程序设计

先建立文件夹“ex42”，然后建立其工程项目，最后建立源程序文件“ex42.c”。输入以下源程序：

```
//实例 42：用定时器 T0 控制跑马灯实现
#include<reg51.h>                         //包含 51 单片机寄存器定义的头文件
/**************************************************************
函数功能：主函数
**************************************************************/
void main(void)
{
    TMOD=0x01;                            //TMOD=0000 0001B，定时器 T0 工作于工作方式 1
    TH0=(65536-46083)/256;                //定时器 T0 的高 8 位赋初值
    TL0=(65536-46083)%256;                //定时器 T0 的低 8 位赋初值
    TR0=1;                                //启动定时器 T0
    A=0xfe;
    P2=A;                                 //先点亮 1 个 LED
    while(1)  //无限循环
    {
        while(TF0= =0)                    //查询标志位是否溢出
             ;                            //空操作
          TF0=0;                          //若计时时间到，TF0=1，需用软件将其清零
          A=<<1;                          //数据左移 1 位
```

```
            if (A! =0xff)
                A=|1;                        //数据末位置 1
            else
                A=0xfe;                      //数据置初始值
            P2=A;                            //实现显示
        TH0=(65536-46083)/256;               //定时器 T0 的高 8 位重新赋初值
        TL0=(65536-46083)%256;               //定时器 T0 的低 8 位重新赋初值
    }
}
```

3. 用 Proteus 软件仿真

经 Keil 软件编译通过后，可使用 Proteus 软件进行仿真。在 Proteus ISIS 工作环境中绘制好如图 5-8 所示仿真原理图，或者打开随书附件“第 5 章\仿真实例\ex42”文件夹内的“ex42.pdsprj”仿真原理图文件，将编译好的“ex42.hex”文件载入 AT89C51。启动仿真，即可看到 P2 口的 8 位 LED 循环点亮。

4. 用实验板进行实验

程序仿真无误后，将“ex42”文件夹中的“ex42.hex”文件烧录到 AT89C51 芯片中。再将烧录好的单片机插入实验板，通电运行即可看到和仿真类似的实验结果。

5.4.2 实例 43：用定时器 T1 的查询方式控制报警器鸣笛

本实例使用定时器 T1 的查询方式控制单片机发出 1 kHz 和 500 Hz 两种音频且交替输出，实现鸣笛效果。本实例采用的电路原理图参见图 5-9，电路由 P3.7 驱动蜂鸣器，要求 T1 工作于工作方式 1。

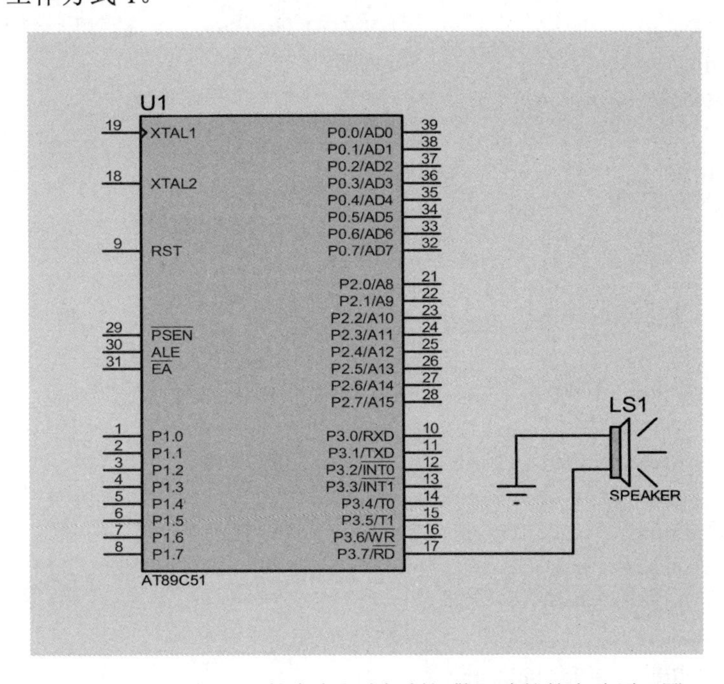

图 5-9 用定时器 T1 的查询方式控制报警器鸣笛的电路原理图

1．实现方法

1）T1 工作方式的设置

用下列指令对 T1 的工作方式进行设置：

```
TMOD=0x10 //即 TMOD=0001 0000B，高 4 位 GATE=0，C/T̄=0，M1M0=01
```

2）定时器 T1 初值的设定

要发出 1 kHz 的音频，只需让单片机送给蜂鸣器（接 P3.7 引脚）的电平信号，每隔音频的半个周期取反一次即可。各音频输出 1 s。本实例中音频周期为 1/1000=0.001 s，即 1000 μs，要计数的脉冲数为 1000/1.085=921(次)。所以，定时器 T1 的初值设置如下：

```
TH1=(65536-921)/256;       //定时器 T1 的高 8 位赋初值
TL1=(65536-921)%256;       //定时器 T1 的低 8 位赋初值
```

2．程序设计

先建立文件夹“ex43”，然后建立其工程项目，最后建立源程序文件“ex43.c”。输入以下源程序：

```
//实例 43：用定时器 T1 的查询方式控制报警器鸣笛
#include<reg51.h>                         //包含 51 单片机寄存器定义的头文件
sbit sound=P3^7;                          //将 sound 位定义为 P3.7 引脚
unsigned int time=0;
/**************************************************************
函数功能：主函数
**************************************************************/
void main(void)
{
    TMOD=0x10;                            //即 TMOD=0010 0000B ，定时器 T1 工作于工作方式 1
    TH1=(65536-921)/256;                  //定时器 T1 的高 8 位赋初值
    TL1=(65536-921)%256;                  //定时器 T1 的低 8 位赋初值
    TR1=1;                                //启动定时器 T1
   while(1)                               //无限循环
    {
        while(TF1= =0)                    //查询标志位是否溢出
              ;
          TF1=0;
         time++;
          if(time < 1000)
          sound=~sound;                   //将 P3.7 引脚输出电平取反
          if(time== 1000)
          sound=0;                        //关闭蜂鸣器
          if((time >= 2500)&&(time < 3000))
          sound=~sound;
          if(time== 3000)
          sound =0;                       //关闭蜂鸣器
          if((time >= 3500)&&(time < 4000))
          sound=~sound;
```

```
        if(time == 4000)
        sound=0;                    //关闭蜂鸣器
        if((time >= 4500)&&(time < 5500))
        sound=~sound;
        if ( time == 5500)
        sound=0;                    //关闭蜂鸣器
        if ( time == 10500)
        time=0;
        TH1=(65536-921)/256;        //定时器 T0 的高 8 位赋初值
        TL1=(65536-921)%256;        //定时器 T0 的低 8 位赋初值
    }
}
```

3．用 Proteus 软件仿真

经 Keil 软件编译通过后，可使用 Proteus 软件进行仿真。在 Proteus ISIS 工作环境中绘制好如图 5-9 所示仿真原理图，或者打开随书附件“第 5 章\仿真实例\ex43”文件夹内的“ex43.pdsprj”仿真原理图文件，将编译好的“ex43.hex”文件载入 AT89C51。启动仿真，即可听到计算机音箱发出“嘀…”的 1 kHz 音频。

4．用实验板进行实验

程序仿真无误后，将“ex43”文件夹中的“ex43.hex”文件烧录到 AT89C51 芯片中。再将烧录好的单片机插入实验板，通电运行即可看到和仿真类似的实验结果。

习题与实验

1．80C51 单片机的定时器有哪几种工作方式？有何区别？如何使 T0 工作于工作方式 1？

2．综述 80C51 系列单片机定时器 T1 的结构和工作原理。

3．结合图 5-8 中电路，编程实现如下功能：

（1）P1 口 8 位 LED 以 1 s 的周期闪烁（亮 0.5 s，灭 0.5 s）；

（2）P1 口高 4 位 LED 以 0.1 s 周期闪烁，而低 4 位 LED 以 0.5 s 的周期闪烁。

结果用 Proteus 软件仿真和实验板分别验证。

4．结合图 5-8 中电路，编写程序使 P1.0 引脚输出精确的周期为 10 ms 的方波。要求用定时器 T1 的工作方式 1 实现，结果用 Proteus 软件仿真（通过虚拟示波器输出波形）和实验板分别验证。

第 6 章 单片机的中断系统

中断系统在单片机应用系统中起着十分重要的作用，是现代嵌入式控制系统广泛采用的一种实时控制技术，能对突发事件进行及时处理，从而大大提高系统对外部事件的处理能力。可以说，正是有了中断技术，单片机才得以普及。因此，中断技术是单片机的一项重要技术，只有掌握了中断技术才能开发出灵活、高效的单片机应用系统。

6.1 中断系统的基本概念

在日常生活中，“中断”是一种很普遍的现象。例如，某同学正在教室写作业，忽然被人叫出去，回来后，继续写作业。类似地，单片机中也有同样的问题。CPU 正在执行原程序，突然被意外事件打断，转去执行新程序；CPU 执行完新程序结束后，又回到原程序中继续执行。这种停止当前工作，转而去做其他工作，做完后又返回来做先前工作的现象称为中断。

1．中断源

要让单片机停止当前的程序去做其他工作，需要向它发出请求信号，CPU 接收到中断请求信号后才能产生中断。让 CPU 产生中断的信号称为中断源（又称中断请求源）。第 5 章学习的定时器/计数器实际上就是中断源。例如，当定时 50 ms 的时间计满后，定时器将通过内部总线自动向 CPU 发出一个中断请求：“停止当前工作，转而去执行中断程序（如点亮某位 LED）”，待执行完后，再返回接着执行原来的工作。

80C51 单片机提供了 5 个中断源，包括两个外部中断请求源 $\overline{\text{INT0}}$（P3.2）和 $\overline{\text{INT1}}$（P3.3）、两个片内定时器/计数器 T0 和 T1 的溢出请求中断请求源 TF0（TCON 的第 5 位）和 TF1（TCON 的第 7 位）、1 个片内串行通信中断请求源 TI（SCON 的第 1 位）和 RI（SCON 的第 0 位）。它们可以向 CPU 发出中断请求。

2．中断的优先级别

在单片机内的 CPU 工作时，如果一个中断源向它发出中断请求信号，它就会产生中断。但是如果同时有两个中断源发出中断请求信号，CPU 将如何处理呢？CPU 会优先接收级别高的中断源请求，然后接收级别低的中断源请求。80C51 的 5 个独立中断源由其硬件结构决定的自然优先级排列顺序见表 6-1。

对应于 80C51 的 5 个独立中断源，应有相应的中断服务程序。这些中断服务程序有专门规定的存放位置。这样在产生了相应的中断以后，就可转到相应的位置去执行，就像听到电话铃声就会去电话机旁边接电话一样。80C51 中 5 个独立中断入口地址见表 6-1。有了这些地址，当有了中断请求后，CPU 可以根据入口地址迅速找到中断服务程序并开始执行，大大提高执行效率。

表 6-1 80C51 单片机中断源的自然优先级、入口地址和中断编号

中 断 源	自然优先级	中断入口地址	C51 编译器对中断的编号
外部中断 $\overline{INT0}$	高	0003H	0
定时器 T0	↓	000BH	1
外部中断 $\overline{INT1}$	↓	0013H	2
定时器 T1	↓	001BH	3
串行通信中断 RI 或 TI	低	0023H	4

为了便于用 C 语言编写单片机中断程序，C51 编译器也支持 51 单片机的中断服务程序，而且用 C 语言编写中断服务程序比用汇编语言方便得多。C 语言编写中断服务程序的格式如下：

```
函数类型　函数名（形式参数列表）　[interrupt n] [using m]
```

interrupt 后面的 n 是中断编号，n 的取值范围为 0～4，其编号对应表 6-1 中的中断编号。using 中的 m 表示使用的工作寄存器组号（如果不声明，则默认用第 0 组）。

例如，定时器 T0 的中断服务函数可用如下方法编写：

```
void Time0( void )    interrupt 1    using 0
    //定时器 T0 的中断服务函数，T0 的中断编号为 1，使用第 0 组工作寄存器
{
    ……//中断服务程序
}
```

3. 中断处理

CPU 处理事件的过程称为 CPU 的中断响应过程，对事件的整个处理过程称为中断处理。再接着继续执行被中断的程序，这称为中断返回。中断的处理过程和普通子程序调用是有本质区别的。中断的产生是随机的，主要为各种外部或内部事件服务；而普通子程序（子函数）调用是程序中事先安排好的，主要为主程序服务（与外部事件无关），例如执行到某一步时，主程序调用某子函数将某发光二极管点亮 500 ms。

6.2 中断系统的结构和控制

6.2.1 中断系统的结构

80C51 系列单片机中断系统的结构如图 6-1 所示。

1. 5 个中断请求源

80C51 单片机的中断系统有 5 个中断请求源。

（1）外部中断请求源 $\overline{INT0}$，由 P3.2 口输入。

（2）外部中断请求源 $\overline{INT1}$，由 P3.3 口输入。

（3）定时器/计数器溢出中断请求源 T0。

（4）定时器/计数器溢出中断请求源 T1。

（5）串行通信中断请求源 TI 或 RI。

2. 中断源寄存器

80C51 单片机的中断源寄存器有 2 个，即定时器/计数器控制寄存器 TCON 和串行通信

控制寄存器 SCON。它们的功能是向 CPU 发出中断请求。

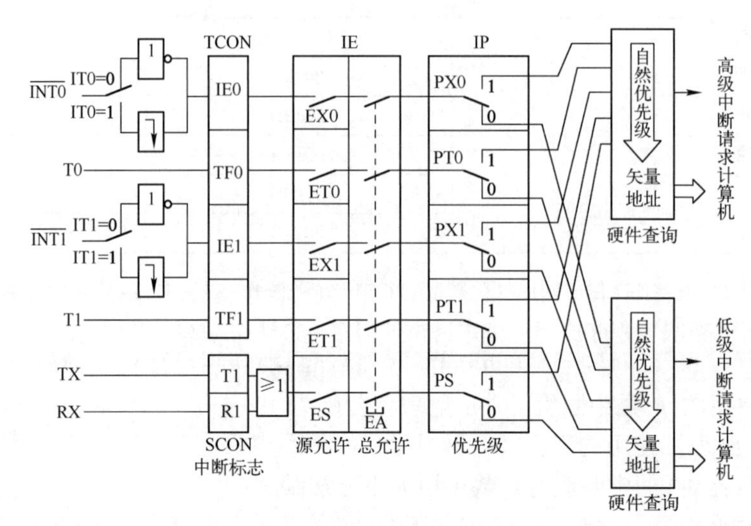

图 6-1　80C51 系列单片机中断系统的结构

3．中断允许寄存器

80C51 单片机有 1 个中断允许寄存器 IE，其功能是控制各个中断请求能否通过，即是否允许使用各个中断。

4．中断优先级控制寄存器

80C51 单片机有 1 个中断优先级寄存器 IP，其功能是设置每个中断的优先级。

6.2.2　中断系统的控制

80C51 单片机中断的各种控制是通过设置以下 4 个寄存器（TCON、SCON、IE、IP）来实现的。

1．定时器/计数器控制寄存器 TCON

TCON 的功能是接收外部中断源（$\overline{\text{INT0}}$、$\overline{\text{INT1}}$）和定时器/计时器（T0、T1）送来的中断请求信号，其字节地址为 88H，可进行位操作。该寄存器中有定时器/计数器 T0 和 T1 的溢出中断请求标志位 TF1 和 TF0，外部中断请求标志位 IE0 和 IE1。TCON 的格式见表 6-2。

表 6-2　TCON 的格式

8FH	8EH	8DH	8CH	8BH	8AH	89H	88H
TF1	TR1	TF0	TR0	IE1	IT1	IE0	IT0

下面介绍 TCON 中与中断系统有关的各标志位的功能。

- IT0 和 IT1：外部中断 $\overline{\text{INT0}}$ 和 $\overline{\text{INT1}}$ 的触发方式控制位，可由软件进行置位和复位。以外部中断 $\overline{\text{INT1}}$ 为例，当 IT1=0 时，$\overline{\text{INT1}}$ 为低电平触发方式，“0”到来即触发外部中断 $\overline{\text{INT1}}$；当 IT1=1 时，$\overline{\text{INT1}}$ 为负跳变触发方式，即由“1”到“0”跳变时触发外部中断 $\overline{\text{INT1}}$。

- IE0 和 IE1：外部中断 $\overline{\text{INT0}}$ 和 $\overline{\text{INT1}}$ 的中断请求标志位。以外部中断 $\overline{\text{INT1}}$ 为例，当外部有中断请求信号（低电平或负跳变）输入 P3.3 口时，TCON 的 IE1 会被硬件自动置“1”。在 CPU 响应中断后，IE1 自动清零。
- TF0 和 TF1：定时器/计数器 T0 和 T1 的中断请求标志。当定时器/计数器工作产生溢出时，会将 TF0 或 TF1 置“1”。以定时器 T0 为例，当 T0 溢出时，TF0 置“1”，同时向 CPU 发出中断请求。在 CPU 响应中断后，TF0 自动清零。注意和定时器查询方式的区别：查询到 TF0 置“1”后，需由软件清零。
- TR0 和 TR1：定时器/计数器 T0 和 T1 的启动/停止位。在编写程序时，若将 TR0 或 TR1 设置为“1”，那么定时器/计数器就开始工作；若设置为“0”，定时器/计数器则会停止工作。

在单片机复位时，TCON 的各位均被初始化为“0”。

2. 串行通信控制寄存器 SCON

SCON 的功能主要是接收串行通信接口送来的中断请求信号，其具体格式将在第 7 章介绍。

3. 中断允许寄存器 IE

在 80C51 中断系统中，中断的允许或禁止是由可位操作的 8 位中断允许寄存器 IE 来控制的，它通过 CPU 控制着所有中断源的总开关和每个中断源的“分支”开关。在图 6-1 中只要将 EA 断开，所有中断源都将被禁止使用。只有在总开关 EA 和“分支”开关均“闭合”时，相应的中断源才被允许使用。例如，要使用定时器 T0 的中断，需闭合总开关 EA 和“分支”开关 ET0。用软件设置的方法如下：

```
EA=1;  //开启总中断
ET0=1; //允许定时器 T0 中断
```

IE 的字节地址为 A8H，可进行位操作，其格式见表 6-3。

表 6-3 中断允许寄存器 IE 的格式

AFH	—	—	ACH	ABH	AAH	A9H	A8H
EA	—	—	ES	ET1	EX1	ET0	EX0

IE 中各位的功能如下：

- EA：中断允许总控制位，EA=0，禁止所有中断；EA=1，开放总中断。
- ES：串行口中断允许，ES=0，禁止串行口中断；ES=1，允许串行口中断。
- ET1：定时器/计数器 T1 的溢出中断允许位，ET1=0，禁止 T1 中断；ET1=1，允许 T1 中断。
- EX1：外部中断 1 的中断允许位，EX1=0，禁止 $\overline{\text{INT1}}$ 中断；EX1=1，允许 $\overline{\text{INT1}}$ 中断。
- ET0：定时器/计数器 T0 的溢出中断允许位，ET0=0，禁止 T0 中断；ET0=1，允许 T0 中断。
- EX0：外部中断 0 的中断允许位，EX0=0，禁止 $\overline{\text{INT0}}$ 中断；EX0=1，允许 $\overline{\text{INT0}}$ 中断。

MCS−51 复位以后，IE 被清零，所有的中断请求被禁止。所以，要使用某一中断必须根据表 6-3 对相应的位进行设置。改变 IE 的内容既可采用位操作的方法来实现，也可用字节操作的方法来实现。例如，使用定时器 T0 的中断而其他中断被禁止，可采用以下两种方法实现。

（1）用位操作的方式：

```
EA=1;        //CPU 开启中断
ET0=1;       //允许定时器/计数器 T0 溢出中断
```

（2）用字节操作的方式：

```
IE=0x82;  //IE=1000 0010B，即 EA=1，ET0=1
```

4．中断优先级控制寄存器 IP

由于 80C51 的 5 个独立中断源的硬件结构不同，在同时发生中断请求时，CPU 按照表 6-1 中的自然优先级顺序接受它们的中断请求。然而在有些场合，系统需要优先接受某些自然优先级较低的中断源请求，这时需要通过中断优先级控制寄存器 IP 来进行设置。

中断优先级控制寄存器 IP 的字节地址为 B8H，可进行位操作，其格式见表 6-4。

表 6-4　中断优先级控制寄存器 IP 的格式

—	—	—	BCH	BBH	BAH	B9H	B8H
—	—	—	PS	PT1	PX1	PT0	PX0

中断优先级控制寄存器 IP 各位的含义如下：

- PS：串行口优先级控制位，PS=1，串行口中断定义为高优先级中断；PS=0，串行口中断定义为低优先级中断。
- PT1：定时器/计数器 T1 中断优先级控制位，PT1=1，定时器/计数器 T1 定义为高优先级中断；PT1=0，定时器/计数器 T1 定义为低优先级中断。
- PX1：外部中断 1 优先级控制位，PX1=1，外部中断 1 的中断定义为高优先级中断；PX1=0，外部中断 1 的中断定义为低优先级中断。
- PT0：定时器/计数器 T0 中断优先级控制位，PT0=1，定时器/计数器 T0 定义为高优先级中断；PT0=0，定时器/计数器 T0 定义为低优先级中断。
- PX0：外部中断 0 优先级控制位，PX0=1，外部中断 0 的中断定义为高优先级中断；PX0=0，外部中断 0 的中断定义为低优先级中断。

中断优先级控制寄存器 IP 的各位都由用户通过程序置 1 和清零。可用位操作指令或字节操作指令设置 IP 的内容，以改变各中断源的中断优先级。例如，尽管定时器 T0 的自然优先级高于外部中断 $\overline{\text{INT1}}$，但仍然可以通过设置 IP 使 $\overline{\text{INT1}}$ 的中断请求比 T0 优先响应，其设置方法有以下两种。

（1）用位操作的方式：

```
PX1=1;       //外部中断 INT1 被设置为高优先级中断
PT0=0;       //定时器 T0 被设置为低优先级中断
```

（2）用字节操作的方式：

```
IP=0x04;  //IP=0000 0100B，即 PX1=1，PT0=0
```

综合以上介绍，一个中断源的中断请求被响应，需满足以下必要条件。

（1）CPU 开中断，即 IE 寄存器中的中断总允许位 EA=1。

（2）该中断源发出中断请求，即该中断源所对应的中断请求标志位为 1。

（3）该中断源的中断允许位为 1，即该中断没有被屏蔽。

（4）没有更高优先级或同优先级的中断正在被处理。

下面举例说明中断服务程序的编写方法。

6.3 中断系统应用举例

6.3.1 实例 44：用定时器 T0 的中断方式控制跑马灯的实现

本实例使用定时器 T0 的中断方式来控制 P2.0 口 LED 的闪烁，要求闪烁周期为 100 ms，即亮 50 ms，灭 50 ms。本实例采用的电路原理图参见图 6-2。

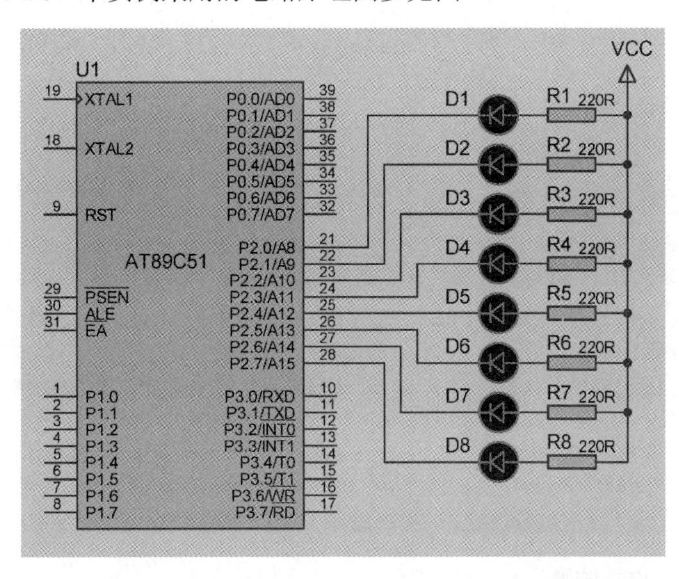

图 6-2　用定时器 T0 的中断方式控制跑马灯实现的电路原理图

1．实现方法

将定时器 T0 设置为工作于工作方式 1，而要使 T0 作为中断源，必须打开总中断开关 EA 和 T0 的“分支”开关“ET0”，还要将 TR0 位置“1”以启动定时器 T0。

2．程序设计

先建立文件夹“ex44”，然后建立其工程项目，最后建立源程序文件“ex44.c”。输入以下源程序：

```
//实例 44：用定时器 T0 的工作方式 1 控制 LED 闪烁
#include<reg51.h>                          //包含 51 单片机寄存器定义的头文件
sbit D1=P2^0;                              //将 D1 位定义为 P2.0 口
/**************************************************************
函数功能：主函数
**************************************************************/
void main(void)
{
   EA=1;                                   //开启总中断
   ET0=1;                                  //定时器 T0 中断允许
```

```
    TMOD=0x01;                                //选择定时器T0的工作方式1
    TH0=(65536–46083)/256;                    //定时器T0的高8位赋初值
    TL0=(65536–46083)%256;                    //定时器T0的低8位赋初值
    TR0=1;                                    //启动定时器T0
    A=0xfe;
    D1=A;
    while(1)                                  //无限循环，等待中断
       ;
  }
/*************************************************************
函数功能：定时器T0的中断服务程序
*************************************************************/
void Time0(void) interrupt 1 using 0          //"interrupt"声明函数为中断服务函数
                                              //其后的"1"为定时器T0的中断编号；"0"表示使
                                                用第0组工作寄存器
  {
        A<<=1;                                //数据左移1位
        if (A! =0xff)
           A|=1;                              //数据末位置1
        else
           A=0xfe;                            //数据置初始值
        D1=A;                                 //实现显示
       TH0=(65536–46083)/256;                 //定时器T0的高8位重新赋初值
       TL0=(65536–46083)%256;                 //定时器T0的低8位重新赋初值
  }
```

3．用Proteus软件仿真

经Keil软件编译通过后，可使用Proteus软件进行仿真。在Proteus ISIS工作环境中绘制好如图6-2所示仿真原理图，或者打开随书附件“第6章\仿真实例\ ex44”文件夹内的“ex44.pdsprj”仿真原理图文件，将编译好的“ex44.hex”文件载入AT89C51。启动仿真，即可看到P2.0口LED开始闪烁。

4．用实验板进行实验

程序仿真无误后，将“ex44”文件夹中的“ex44.hex”文件烧录到AT89C51芯片中。再将烧录好的单片机插入实验板，通电运行即可看到和仿真类似的实验结果。

6.3.2　实例45：烟雾报警器的设计与制作

本实例使用滑动变阻器变化的阻值模拟烟雾报警器模块监测到烟雾的阻值，单片机通过A/D转换模块获取阻值，控制蜂鸣器报警。当烟雾超过设定最大值时，蜂鸣器会报警。A/D转换模块在下文会详细介绍，本节主要使用定时器T1控制蜂鸣器发出报警声。本实例采用的电路原理图参见图6-3。

1．实现方法

先将定时器T1设置为工作于工作方式1，再开总中断“EA”和分支中断“ET1”，接着

启动定时器 T1 即可使用其中断。由实例 43 可知要产生 1 kHz 的音频，定时器 T1 的初值应设置如下：

```
TH1=(65536–921)/256;    //定时器 T1 的高 8 位赋初值
TL1=(65536–921)%256;    //定时器 T1 的低 8 位赋初值
```

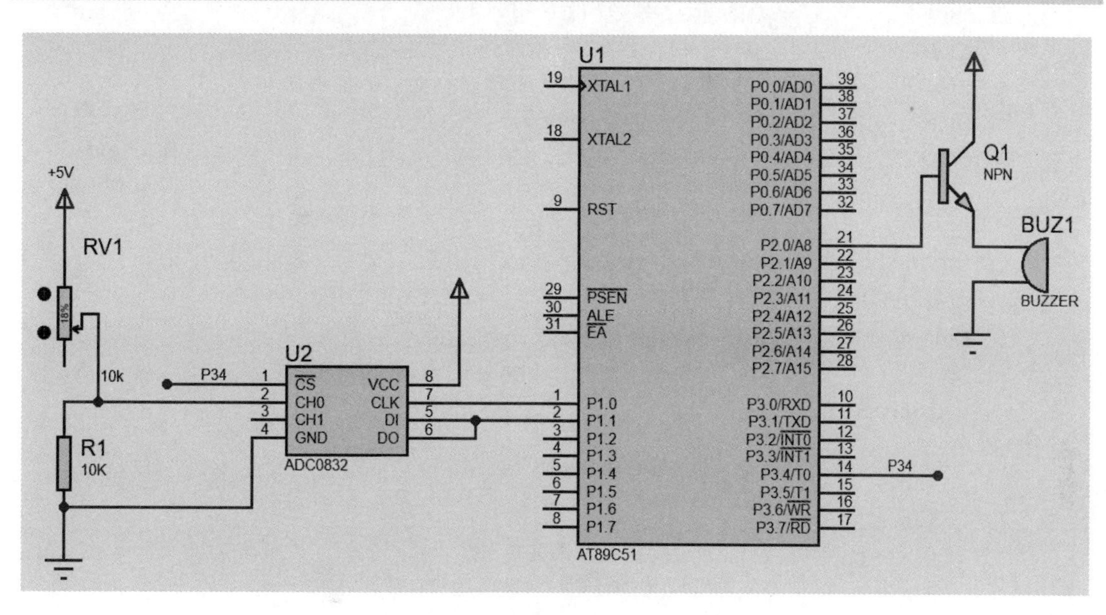

图 6-3　烟雾报警器的电路原理图

2．程序设计

先建立文件夹“ex45”，然后建立其工程项目，最后建立源程序文件“ex45.c”。输入以下源程序：

```
//实例 45：烟雾报警器的设计与制作
#include<reg51.h>        //包含单片机寄存器的头文件
#include<intrins.h>      //包含_nop_()函数定义的头文件

sbit sound=P2^0;
sbit CS=P3^4;            //将 CS 位定义为 P3.4 口
sbit CLK=P1^0;           //将 CLK 位定义为 P1.0 口
sbit DIO=P1^1;           //将 DIO 位定义为 P1.1 口

unsigned int time=0;

/****************************************************************
函数功能：AD 采集程序
****************************************************************/

unsigned char   A_D()
{
  unsigned char i,dat;
```

```
    CS=1;                    //一个转换周期开始
    CLK=0;                   //为第一个脉冲做准备
    CS=0;                    //CS 置 0，片选有效

    DIO=1;                   //DIO 置 1，规定的起始信号
    CLK=1;                   //第一个脉冲
    CLK=0;                   //第一个脉冲的下降沿，此前 DIO 必须是高电平
    DIO=1;                   //DIO 置 1，通道选择信号
    CLK=1;                   //第二个脉冲，在第二、三个脉冲下沉之前，DI 必须输入两位数据用于选
择                            通道，这里选通道 CH0
    CLK=0;                   //第二个脉冲下降沿
    DIO=0;                   //DIO 置 0，选择通道 CH0
    CLK=1;                   //第三个脉冲
    CLK=0;                   //第三个脉冲下降沿
    DIO=1;                   //第三个脉冲下沉之后，输入端 DIO 失去作用，应置 1
    for(i=0;i<8;i++)         //高位在前
     {
       CLK=1;                //第四个脉冲
       CLK=0;
       dat<<=1;              //将下面存储的低位数据向右移
       dat=dat|DIO;          //将输出数据 DIO 通过“或”运算存放在 dat 最低位
     }
     CS=1;                   //片选无效
  return dat; //将读出的数据返回
  }

/*************************************************************
函数功能：中断初始化
**************************************************************/

void Timer_Init(void)
{
     EA=1;                              //开启总中断
     ET1=1;                             //定时器 T1 中断允许
     TMOD=0x10;                         //即 TMOD=0001 0000B ，定时器 T1 工作于工作方式 1
     TH1=(65536-921)/256;               //定时器 T1 的高 8 位赋初值
     TL1=(65536-921)%256;               //定时器 T1 的低 8 位赋初值
     TR1=1;                             //启动定时器 T1
}
/*************************************************************
函数功能：主函数
**************************************************************/

int main()
{
  unsigned int count;
```

```
    Timer_Init();
    sound=0;
    while(1)
    {
        if(time==2000)
        {
            unsigned int AD_val;        //存储 A/D 转换后的值
            AD_val= A_D();              //进行 A/D 转换
            count=AD_val/51;
            if(count>2)
            {
                sound=1;
            }
            else
            {
                sound=0;
            }
            time=0;
        }
    }
    return 0;

}
/****************************************************************
函数功能：定时器 T1 的中断服务程序
****************************************************************/
void Time1(void) interrupt 3 using 0        //"interrupt"声明函数为中断服务函数
 {
    TH1=(65536-921)/256;                //定时器 T1 的高 8 位重新赋初值
    TL1=(65536-921)%256;                //定时器 T1 的低 8 位重新赋初值
    time++;
 }
```

3．用 Proteus 软件仿真

经 Keil 软件编译通过后，可使用 Proteus 软件进行仿真。在 Proteus 工作环境中绘制好仿真原理图，或者打开随书附件“第 6 章\仿真实例\ ex45”文件夹内的“ex45. pdsprj”仿真原理图文件，将编译好的“ex45.hex”文件载入 AT89C51。启动仿真，当 AD 模块采集到的值大于 2 时，单片机启动报警程序，蜂鸣器发出响声，声音是 1 kHz 的音频。

4．用实验板进行实验

程序仿真无误后，将“ex45”文件夹中的“ex45.hex”文件烧录到 AT89C51 芯片中。再将烧录好的单片机插入实验板，通电运行即可看到和仿真类似的实验结果。

6.3.3 实例46：用定时器T0的中断方式控制PWM波模拟舵机转动

本实例使用定时器T0，使用中断的方式控制P3.7口输出PWM波。使得舵机转动90°的角度，实现对舵机的控制。本实例采用的电路原理图参见图6-4。

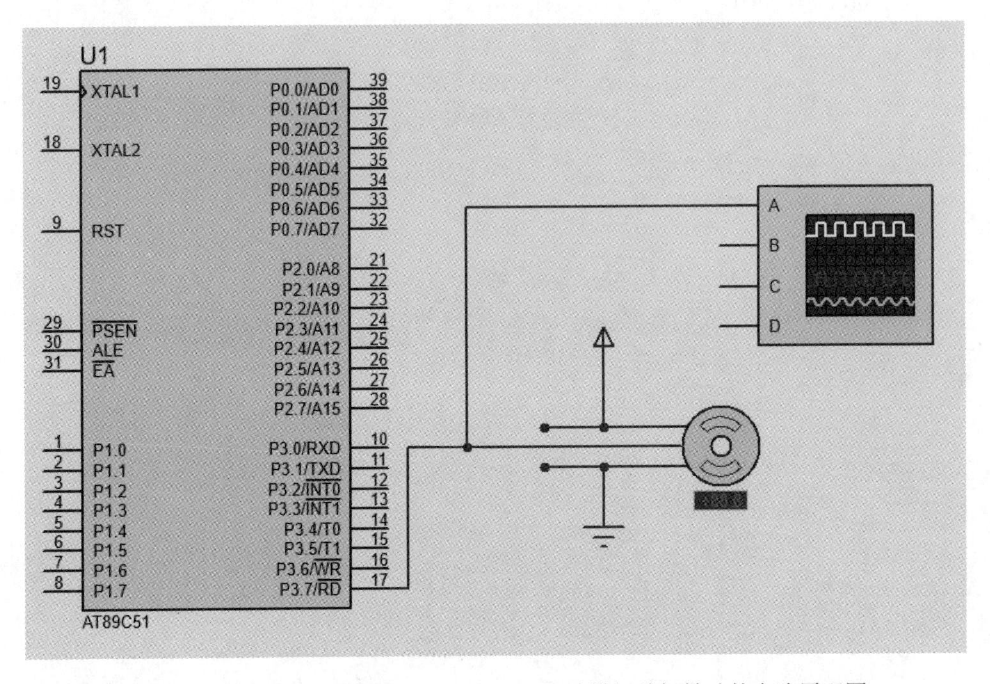

图6-4 用定时器T0的中断方式控制PWM波模拟舵机转动的电路原理图

1．实现方法

使用定时器T0输出PWM波，周期为T=20 ms，高电平方波持续时间为0.5~2.5 ms，对于180°舵机对应的舵机角度为

t = 0.5 ms，对应0°；

t = 1.0 ms，对应45°；

t = 1.5 ms，对应90°；

t = 2.0 ms，对应135°；

t = 2.5 ms，对应180°。

例如想让舵机转到135°，PWM波的正脉冲为2 ms，则负脉冲为20 ms−2 ms=18 ms，所以开始时在控制口输出高电平，设置定时器每0.1 ms中断一次，中断时，时间变量count自加1，判断时间变量是否达到20（即2 ms），达到20后在控制口输出低电平，否则跳出中断。用同样的方式在count达到200（即20 ms）后在控制口输出高电平同时count清零，如此往复实现PWM信号输出到舵机。用这样的方法巧妙形成了脉冲信号，调整时间段的宽度便可控制舵机灵活运动。

将定时器T0设置为工作于工作方式1，而要使T0作为中断源，必须打开总中断开关EA和T0的“分支”开关“ET0”，还要将TR0位置“1”以启动定时器T0。将定时器的高8位和低8位分别赋初值，定时0.1 ms。

```
TH0=0xff;    //定时器T0的高8位赋初值
TL0=0xa4;    //定时器T0的低8位赋初值
```

2．程序设计

先建立文件夹“ex46”，然后建立其工程项目，最后建立源程序文件“ex46.c”。输入以下源程序：

```
//实例46：用定时器T0的中断方式控制PWM波模拟舵机转动
#include <reg51.h>                    //包含51单片机定义的头文件
#include <intrins.h>                  //需要用到_nop_()空指令，因此包含该头文件
sbit PWM = P3^7;                      //设定PWM输出的I/O端口
unsigned char count = 0;              //定义无符号字符变量count
unsigned char timer1 ;                //定义无符号字符变量timer1

/*****************************************************
函数功能：延时函数
*****************************************************/
void delay1s(void)
{
     unsigned char a,b,c;             //定义无符号字符变量a,b,c
     for(c=167;c>0;c--)               //第一层for循环
          for(b=171;b>0;b--)          //第二层for循环
               for(a=16;a>0;a--);     //第三层for循环
     _nop_();                         //空操作
}

/*****************************************************
函数功能：定时器T0初始化
*****************************************************/
void Timer0_Init()
{
     TMOD &= 0x00;                    //寄存器清空
     TMOD |= 0x01;                    //定时器T0设置成工作方式1
     TH0 = 0xff;                      //定时常数 0.1ms 晶振为11.0592MHz
     TL0 = 0xa4;
     ET0 = 1;                         //允许T0中断
     TR0 = 1;                         //开启T0定时器
     EA=1;                            //开启总中断
}
/*****************************************************
函数功能：T0中断初始化
*****************************************************/
void Time0_Init() interrupt 1
{
  TR0 = 0;                            //关闭总中断
  TH0 = 0xff;                         //定时常数 0.1ms 晶振为11.0592MHz
  TL0 = 0xa4;
```

```
    if(count <= timer1)                  //5==0°，15==90°
    {
        PWM = 1;                         //P3.7 的 I/O 口拉高
    }
    else                                 //变量 count 值大于变量 timer1
    {
        PWM = 0;                         //P3.7 的 I/O 口拉低
    }
    count++;                             //变量 count 值自加 1
    if (count >= 200)                    //T = 20ms 清零
    {
        count = 0;                       //变量 count 值清零
    }
    TR0 = 1;                             //开启 T0 定时器
}
/**************************************************************
函数功能：主函数
**************************************************************/
int main()
{
  Timer0_Init();
  while(1)
  {

        timer1 =5;                       //舵机恢复到 0° 的位置
        count=0;                         //让定时器重新计数
        delay1s();                       //调用延时函数，延迟 1 s
        timer1 =15;                      //舵机旋转 90°
        count=0;                         //变量 count 值清零
        delay1s();                       //调用延时函数，延迟 1 s
        timer1 =10;                      //舵机旋转 90°
        count=0;                         //变量 count 值清零
        delay1s();                       //调用延时函数，延迟 1 s
  }
}
```

3．用 Proteus 软件仿真

经 Keil 软件编译通过后，可使用 Proteus 软件进行仿真。在 Proteus 工作环境中绘制好如图 6-4 所示仿真原理图，或者打开随书附件“第 6 章\仿真实例\ ex46”文件夹内的“ex46.pdsprj”仿真原理图文件，将编译好的“ex46.hex”文件载入 AT89C51。启动仿真，即可看到舵机转动。

4．用实验板进行实验

程序仿真无误后，将“ex46”文件夹中的“ex46.hex”文件烧录到 AT89C51 芯片中。再将烧录好的单片机插入实验板，通电运行即可看到和仿真类似的实验结果。

6.3.4 实例 47：用定时器 T0 的中断方式实现音乐播放器功能

本实例使用定时器 T0 的中断方式控制播放音乐《好人一生平安》，其乐谱如图 6-5 所示。要求 T0 工作于工作方式 0。本实例采用的电路原理图参见图 6-3。已知 C 音调与频率的对应关系见表 6-5。

好人一生平安

电视剧《渴望》片头曲

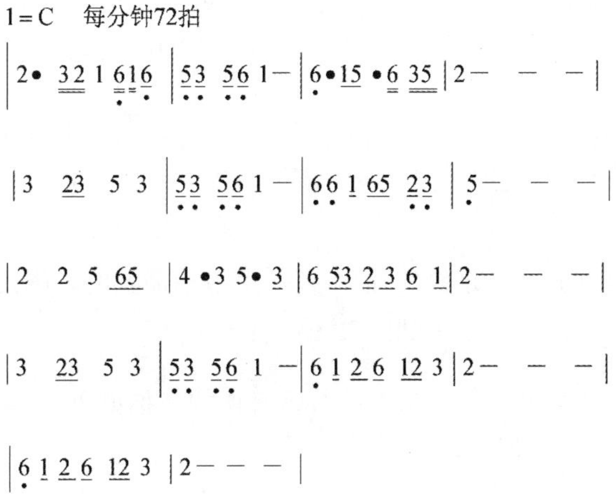

1=C　每分钟72拍

|2• 32 1 616 |53 56 1— |6•15 •6 35 |2— — —|

|3 23 5 3 |53 56 1 — |66 1 65 23 |5— — —|

|2 2 5 65 |4 •3 5• 3 |6 53 2 3 6 1|2— — —|

|3 23 5 3 |53 56 1 —|6 1 2 6 12 3 |2— — —|

|6 1 2 6 12 3 |2— — — |

图 6-5　《好人一生平安》乐谱

表 6-5　C 音调与频率的对应关系

音调	低 1（低音"dao"）	低 2	低 3	低 4	低 5	低 6	低 7
频率/Hz	262	294	330	349	392	440	494
音调	1（中音"dao"）	2	3	4	5	6	7
频率/Hz	523	587	659	698	784	880	988
音调	高 1（高音"dao"）	高 2	高 3	高 4	高 5	高 6	高 7
频率/Hz	1046	1175	1318	1397	1568	1760	1967

1．实现方法

1）音频控制

要让蜂鸣器发出某音调的声音，只要给蜂鸣器输送该音调频率的电平信号就可以了。由于单片机 I/O 口的输出只有高电平"1"和低电平"0"两种状态，因此给蜂鸣器输送的电平信号实际上就是该音频的方波。例如，中音"1"的频率为 523 Hz，它的周期为 1/523 s，即 1.91 ms。因此，只要给蜂鸣器输送周期为 1.91 ms 的脉冲方波电平信号就能发出 523 Hz 的音调，该方波的半周期为 1.91 ms/2=0.955 ms。为此，需要利用定时器的中断，让输送给蜂鸣器的电平信号每 0.955 ms 取反一次。由于本书使用单片机的晶振频率为 11.0592 MHz，它的一个机器周期为 12×(1/11.0592) μs=1.085 μs，所以需要的机器周期总数为

$$\frac{955\ \mu s}{1.085\ \mu s}=880$$

即定时器的定时常数应取为 880。根据上述分析，在发出频率为 f 的音频时，定时常数 C 计算公式为

$$C=\frac{\frac{10^6}{2f}\ \mu s}{1.085\ \mu s}=\frac{460830}{f}$$

因为 T0 工作于工作方式 0，其最大计数值为 8192，完全可以满足各音频定时常数设置的需要。可以证明，在已知定时常数为 C 的条件下，13 位计数器的高 8 位和低 5 位的初值可由以下公式设定：

```
TH0=(8192-C)/32;    //可证明这是 13 位计数器 TH0 高 8 位的赋初值方法
TL0=(8192-C)%32;    //可证明这是 13 位计数器 TL0 低 5 位的赋初值方法
```

2）节拍控制

因为本实例简谱的节拍为每分钟 72 拍，则每个节拍需要的时间为

$$\frac{1000\times 60\ ms}{72}=833\ ms$$

根据乐谱知识，乐谱中第一行的第 1 小节各音调的节拍如下：

- “2”为 1 拍，需延迟 833 ms；
- “$\underline{\underline{32}}$”为两个 1/4 拍，需分别延迟 833/4=208 ms；
- “1”为 1 拍，需延迟 833 ms；
- “$\underline{\underline{\underset{\cdot}{6}}}$”为 1/4 拍，需延迟 208 ms；
- “$\underline{\underline{1}}$”为 1/4 拍，需延迟 208 ms；
- “$\underline{\underset{\cdot}{6}}$”为 1/2 拍，需延迟 833/2=416 ms。

根据上述分析，可以取 1/4 拍（约 200 ms）为 1 个延时单位，若某音调为 1/2 拍，则延迟 2 个延时单位；若某音调为 1 拍，则延迟 4 个延时单位。

3）音调与节拍的存储

可以将简谱中所有音调的频率及其节拍分别存储于两个数组，然后依次从数组中读出频率，再根据频率和定时器延时常数的计算公式，由定时器中断控制发出该音调的音频，其发声时间可由节拍控制（1～4 个延时单位）。

4）音调的宏定义

直接将频率存入数组，显然不如以“dao、rei、mi、fa、sao……”的形式存储方便，但是为了让单片机认识“dao、rei、mi、fa、sao……”，需要在程序开头处对各音调的频率进行宏定义。例如，低音 6（$\underset{\cdot}{6}$）的频率为 440 Hz；中音 6 的频率为 880 Hz；高音 6（$\dot{6}$）的频率为 1760 Hz。所以可以对这 3 个频率进行如下宏定义（其他类似）：

```
#define l_la 440      //将“l_la”宏定义为低音“6”的频率 440 Hz
#define la 880        //将“la”宏定义为中音“6”的频率 880 Hz
#define h_la 1760     //将“h_la”宏定义为高音“6”的频率 1760 Hz
……
```

有了上述宏定义，只要直接将“dao、rei、mi、fa、sao……”及其节拍存入数组，再由单片机读出处理就可以播放音乐了。

2. 程序设计

先建立文件夹“ex47”，然后建立其工程项目，最后建立源程序文件“ex47.c”。输入以下源程序：

```
//实例47：用定时器T0的工作方式0控制播放《好人一生平安》
#include<reg51.h>              //包含51单片机寄存器定义的头文件
sbit sound=P3^7;               //将sound位定义为P3.7
unsigned int C;                //存储定时器的定时常数
//以下是C调低音的音频宏定义
#define l_dao 262              //将“l_dao”宏定义为低音“1”的频率262 Hz
#define l_re 286               //将“l_re”宏定义为低音“2”的频率286 Hz
#define l_mi 311               //将“l_mi”宏定义为低音“3”的频率311 Hz
#define l_fa 349               //将“l_fa”宏定义为低音“4”的频率349 Hz
#define l_sao 392              //将“l_sao”宏定义为低音“5”的频率392 Hz
#define l_la 440               //将“l_a”宏定义为低音“6”的频率440 Hz
#define l_xi 494               //将“l_xi”宏定义为低音“7”的频率494 Hz
//以下是C调中音的音频宏定义
#define dao 523                //将“dao”宏定义为中音“1”的频率523 Hz
#define re 587                 //将“re”宏定义为中音“2”的频率587 Hz
#define mi 659                 //将“mi”宏定义为中音“3”的频率659 Hz
#define fa 698                 //将“fa”宏定义为中音“4”的频率698 Hz
#define sao 784                //将“sao”宏定义为中音“5”的频率784 Hz
#define la 880                 //将“la”宏定义为中音“6”的频率880 Hz
#define xi 987                 //将“xi”宏定义为中音“7”的频率987 Hz
//以下是C调高音的音频宏定义
#define h_dao 1046             //将“h_dao”宏定义为高音“1”的频率1046 Hz
#define h_re 1174              //将“h_re”宏定义为高音“2”的频率1174 Hz
#define h_mi 1318              //将“h_mi”宏定义为高音“3”的频率1318 Hz
#define h_fa 1396              //将“h_fa”宏定义为高音“4”的频率1396 Hz
#define h_sao 1567             //将“h_sao”宏定义为高音“5”的频率1567 Hz
#define h_la 1760              //将“h_la”宏定义为高音“6”的频率1760 Hz
#define h_xi 1975              //将“h_xi”宏定义为高音“7”的频率1975 Hz
/*******************************************
函数功能：1个延时单位，延迟200 ms
*******************************************/
void delay()
   {
     unsigned char i,j;
       for(i=0;i<250;i++)
        for(j=0;j<250;j++)
             ;
   }
```

```
/*******************************************
函数功能：主函数
*******************************************/
void main(void)
{
  unsigned char i,j;
//以下是《渴望》片头曲的一段简谱“好人一生平安”
   unsigned   int code f[]={ re,mi,re,dao,l_la,dao,l_la,       //每行对应一小节音调
                        l_sao,l_mi,l_sao,l_la,dao,
                            l_la,dao,sao,la,mi,sao,
                            re,
                            mi,re,mi,sao,mi,
                            l_sao,l_mi,l_sao,l_la,dao,
                        l_la,l_la,dao,l_la,l_sao,l_re,l_mi,
                              l_sao,
                              re,re,sao,la,sao,
                              fa,mi,sao,mi,
                              la,sao,mi,re,mi,l_la,dao,
                              re,
                              mi,re,mi,sao,mi,
                              l_sao,l_mi,l_sao,l_la,dao,
                              l_la,dao,re,l_la,dao,re,mi,
                              re,
                              l_la,dao,re,l_la,dao,re,mi,
                              re,
                              0xff};                      //以 0xff 作为音调的结束标志
//以下是简谱中每个音调的节拍
//“4”对应 4 个延时单位，“2”对应 2 个延时单位，“1”对应 1 个延时单位
unsigned char code JP[ ]={4,1,1,4,1,1,2,                   //每行对应一小节音调的节拍
                      2,2,2,2,8,
                         4,2,3,1,2,2,
                         10,
                         4,2,2,4,4,
                         2,2,2,2,4,
                      2,2,2,2,2,2,2,
                         10,
                         4,4,4,2,2,
                         4,2,4,4,
                         4,2,2,2,2,2,2,
                         10,
                         4,2,2,4,4,
                         2,2,2,2,6,
                         4,2,2,4,1,1,4,
                         10,
                         4,2,2,4,1,1,4,
```

```
                10};
    EA=1;                           //开启总中断
    ET0=1;                          //定时器 T0 中断允许
  TMOD=0x00;                        //选择定时器 T0 的工作方式 0（13 位计数器）
    while(1)                        //无限循环
      {
       i=0;                         //从第 1 个音调 f[0]开始播放
      while(f[i]!=0xff)             //只要没有读到结束标志就继续播放
        {
        C=460830/f[i];
        TH0=(8192-C)/32;            //可证明这是 13 位计数器 TH0 高 8 位的赋初值方法
        TL0=(8192-C)%32;            //可证明这是 13 位计数器 TL0 低 5 位的赋初值方法
        TR0=1;                      //启动定时器 T0
          for(j=0;j<JP[i];j++)      //控制节拍数
          delay();                  //延时 1 个节拍单位
            TR0=0;                  //关闭定时器 T0
            i++;                    //播放下一个音调
          }
        }
}
/************************************************************
函数功能：定时器 T0 的中断服务子程序，使 P3.7 口输出音频的方波
************************************************************/
void Time0(void ) interrupt 1 using 1
  {
    sound=!sound;                   //将 P3.7 口输出电平取反，形成方波
    TH0=(8192-C)/32;                //可证明这是 13 位计数器 TH0 高 8 位的赋初值方法
    TL0=(8192-C)%32;                //可证明这是 13 位计数器 TL0 低 5 位的赋初值方法
  }
```

3．用 Proteus 软件仿真

经 Keil 软件编译通过后，可使用 Proteus 软件进行仿真。在 Proteus ISIS 工作环境中绘制好如图 6-3 所示仿真原理图，或者打开随书附件“第 6 章\仿真实例\ ex47”文件夹内的“ex47.pdsprj”仿真原理图文件，将编译好的“ex47.hex”文件载入 AT89C51。启动仿真，即可听到动听的音乐。

4．用实验板进行实验

程序仿真无误后，将“ex47”文件夹中的“ex47.hex”文件烧录到 AT89C51 芯片中。再将烧录好的单片机插入实验板，通电运行即可看到和仿真类似的实验结果。

6.3.5 实例 48：用定时器 T0 的门控制位测量外部正脉冲宽度

本实例用单片机 U1（从 P1.4 口）输出正脉宽为 250 μs 的方波，再用单片机 U2 的 $\overline{\text{INT0}}$（P3.2）口检测、验证该方波的正脉冲宽度，结果由 P1 口的 8 位 LED 显示验证。本

实例采用的电路原理图参见图 6-6 所示。

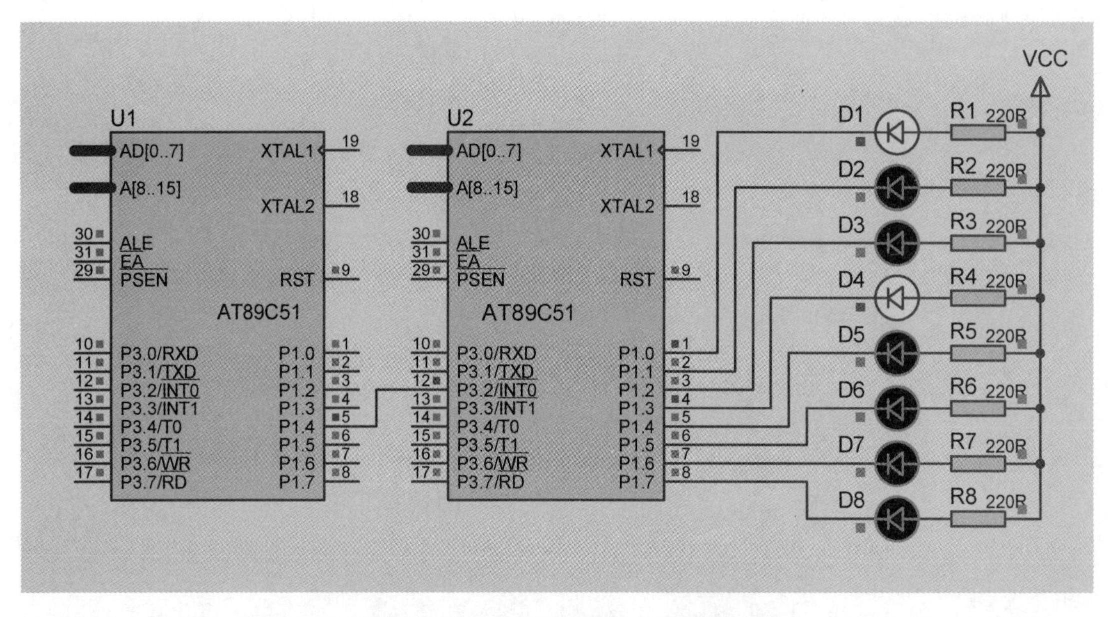

图 6-6　测量外部正脉冲宽度的电路原理图

1．实现方法

本实例需要设计两个程序。

第一个程序使单片机 U1 产生正脉冲宽度为 250 μs 的方波，为精确起见，需使用定时器 T0 的工作方式 2 控制产生。

第二个程序使用定时器 T0 的门控制位测量 $\overline{\text{INT0}}$ 口上出现的正脉冲宽度。当 T0 的门控制位 GATE=1 时，需要 TR0 和 $\overline{\text{INT0}}$ 同时为高电平，才能启动 T0 计时。所以，可以利用定时器在 $\overline{\text{INT0}}$ 为高电平期间对外部正脉冲宽度计时。

2．程序设计

（1）设计第一个程序，使单片机 U1 产生正脉冲宽度为 250 μs 的方波。

先建立一个文件夹“ex48”，再建立“fangbo”子文件夹，然后建立其工程项目，最后建立源程序文件“fangbo.c”。输入以下源程序：

```
//实例 48-1：输出正脉冲宽度为 250μs 的方波
#include<reg51.h>                //包含 51 单片机寄存器定义的头文件
sbit u=P1^4;                     //将 u 位定义为 P1.4
/*******************************************
函数功能：主函数
*******************************************/
void main(void)
  {
    TMOD=0x02;                      //TMOD=0000 0010B，使用定时器 T0 的工作方式 2
    EA=1;                           //开启总中断
     ET0=1;                         //定时器 T0 中断允许
```

```
        TH0=256-250;                   //定时器 T0 的高 8 位赋初值
        TL0=256-250;                   //定时器 T0 的低 8 位赋初值
        TR0=1;                         //启动定时器 T0
        while(1)                       //无限循环，等待中断
          ;
 }
/**************************************************************
函数功能：定时器 T0 的中断服务程序
**************************************************************/
void Time0(void) interrupt 1 using 0   //“interrupt”声明函数为中断服务函数
{
   u=~u;                               //将 P1.4 口输出电平取反，产生方波
 }
```

（2）设计第二个程序，使用定时器 T0 的门控制位测量 $\overline{\text{INT0}}$ 口上出现的正脉冲宽度。

先建立“celiang”子文件夹，然后建立其工程项目，最后建立源程序文件“celiang.c”。输入以下源程序：

```
//实例 48-2：用定时器 T0 的工作方式 2 测量正脉冲宽度
#include<reg51.h>              //包含 51 单片机寄存器定义的头文件
sbit ui=P3^2;                  //将 ui 位定义为 P3.2（INT0）口，表示输入电压
/*******************************************
函数功能：主函数
*******************************************/
void main(void)
  {
     TMOD=0x0a;                // TMOD=0000 1010B，使用定时器 T0 的工作方式 2，GATE 置 1
     EA=1;                     //开启总中断
      ET0=0;                   //不使用定时器 T0 的中断
      TR0=1;                   //启动 T0
      TH0=0;                   //计数器 T0 高 8 位赋初值
      TL0=0;                   //计数器 T0 低 8 位赋初值
      while(1)                 //无限循环，不停地将 TL0 计数结果送 P1 口
      {
         while(ui= =0)         //INT0 为低电平，T0 不能启动，等待高电平到来
             ;
          TL0=0;               //INT0 的高电平到来，启动 T0 计时，TL0 从 0 开始计时
         while(ui= =1)         //在 INT0 高电平期间，等待，计时
               ;
         P1=TL0;               //将计时结果送 P1 口显示
      }
 }
```

3．用 Proteus 软件仿真

以上两个程序均经 Keil 软件编译通过后，可使用 Proteus 软件进行仿真。绘制好仿真原理图，或者打开随书附件“第 6 章\仿真实例\ ex48”文件夹内的“ex48.pdsprj”仿真原理图文件，先将编译好的 fangbo.hex 载入单片机 U1；再将编译好的 celiang.hex 载入单片机 U2。启动仿

真即可看到 P1.0 口、P1.4 口的 LED 被点亮，表明 P1=1111 0110B=0xf6= 15×16+6=246，与预期的 250 μs 仅存在 4 μs 的误差。

4．用实验板进行实验

如果有信号发生器，可利用实验板进行实验。程序仿真无误后，将“ex48”文件夹中的“celiang.hex”文件烧录到 AT89C51 芯片中。通电运行后，信号发生器将产生的脉冲信号送到 P3.2 口即可验证正脉冲的宽度。

6.3.6 实例 49：用外部中断 $\overline{\text{INT0}}$ 测量负跳变信号累计数

本实例使用外部中断 $\overline{\text{INT0}}$ 测量从 P3.0 口输出的负跳变信号累计数，并将结果送 P1 口显示验证。本实例采用的电路原理图及其仿真效果参见图 6-7。

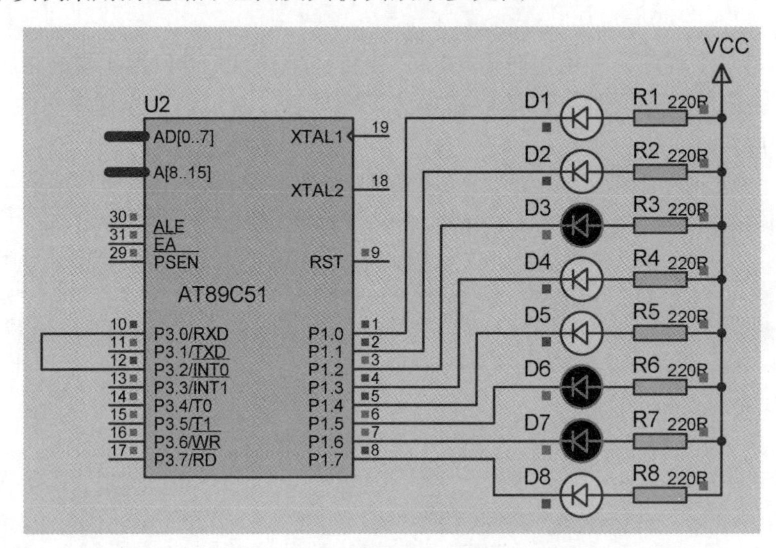

图 6-7　测量负跳变信号累计数的电路原理图及其仿真效果

1．实现方法

1）外部中断的使用

要使用外部中断，必须对中断允许控制寄存器 IE 和定时器/计数器控制寄存器 TCON 进行如下设置：

```
EA=1;      //开启总中断
EX0=1;     //允许使用外部中断
IT0=1;     //选择负跳变来触发外部中断
```

而对负跳变信号数的统计可利用外部中断 $\overline{\text{INT0}}$ 的中断服务函数进行，即当外部中断到来时，让计数变量自加 1 即可。

2）负跳变的形成

由软件控制 P3.0 口输出电平产生。

2．程序设计

先建立文件夹“ex49”，然后建立其工程项目，最后建立源程序文件“ex49.c”。输入以下源程序：

```
//实例 49：用定时器 T0 控制输出高低宽度不同的矩形波
#include<reg51.h>              //包含 51 单片机寄存器定义的头文件
sbit u=P3^0;                   //将 u 位定义为 P3.0，从该引脚输出矩形脉冲
unsigned char Countor;         //设置全局变量，存储负跳变累计数
/**************************************************
函数功能：延迟约 30 ms (3*100*100 个机器周期)
**************************************************/
void delay30ms(void)
{
  unsigned char m,n;
  for(m=0;m<100;m++)
     for(n=0;n<100;n++)
         ;
}
/*******************************************
函数功能：主函数
*******************************************/
void main(void)
 {
    unsigned char i;
    EA=1;                      //开启总中断
    EX0=1;                     //允许使用外部中断
    IT0=1;                     //选择负跳变来触发外部中断
    Countor=0;                 //将计数变量初始化为 0
    for(i=0;i<100;i++)         //输出 100 个负跳变
     {
        u=1;                   //P3.0 口输出高电平
        delay30ms();
        u=0;                   //P3.0 口输出低电平
        delay30ms();
     }
        while(1)
          ;                    //无限循环，防止程序“跑飞”
 }
/**************************************************************
函数功能：外部中断 T0 的中断服务程序
**************************************************************/
void int0(void) interrupt 0 using 0         //外部中断 0 的中断编号为 0
{
  Countor++;                                //每触发一次外部中断，计数变量加 1
  P1=Countor;                               //计数结果送 P1 口显示
 }
```

3．用 Proteus 软件仿真

经 Keil 软件编译通过后，可使用 Proteus 软件进行仿真。在 Proteus ISIS 工作环境中绘制好仿真原理图，或者打开随书附件“第 6 章\仿真实例\ ex49”文件夹内的“ex49.pdsprj”仿真原理图文件，将编译好的“ex49.hex”文件载入 AT89C51。启动仿真，即可看到如图 6-7 所示的仿真效果。可验证：P1=0110 0100B=0x44=6×16+4=100，与预期发送的 100 个负跳变数相同。

4．用实验板进行实验

程序仿真无误后，将“ex49”文件夹中的“ex49.hex”文件烧录到 AT89C51 芯片中，再用细铜线将 P3.0 口和 P3.2 口连起来。通电运行后，即可看到和仿真类似的结果。

习题与实验

1．80C51 系列单片机共有几个中断源？各种中断标志是如何产生的？

2．简述 80C51 系列单片机中断的响应过程。

3．结合图 6-2 中电路，用定时器 T1 的工作方式 0 控制 P2.4 口输出高电平宽度为 200 μs，低电平宽度为 500 μs 的矩形波。要求由 Proteus 仿真并使用虚拟示波器观察输出波形。

4．80C51 系列单片机的外部中断有哪两种触发方式？如何设置？

5．用实例 47 给出的方法编写程序播放音乐《新年好》。其简谱如下：

| 11 1 5 | 3 3 3 1 | 13 5 5 | 43 2 — |

结果用 Proteus 仿真和实验板分别验证。

第7章

串行通信技术

单片机与外部设备的信息交换称为通信。在众多通信方式中，串行通信是单片机与外部设备最常用的一种，通过内部的串行通信接口，可以实现与外部设备的数据交换。串行通信在数据采集、信息处理以及其他众多应用场景中发挥着重要作用。

7.1 串行通信的基本概念

单片机之间的通信通常采用两种形式：并行通信和串行通信。所谓并行通信，是指构成一组数据的各位同时进行传输的通信方式，如图 7-1（a）所示。串行通信则是指数据一位一位地按顺序传输的通信方式，如图 7-1（b）所示。

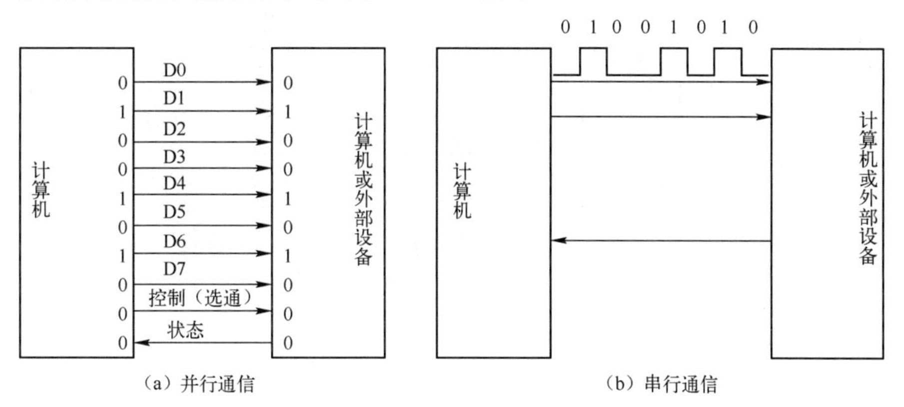

图 7-1 通信的基本方式

并行通信速度快，但数据线多，结构复杂，成本高，一般适用于近距离通信。串行通信速度慢，但接线简单，适用于远距离通信。本书只介绍串行通信。串行通信有两种基本方式：异步串行通信方式和同步串行通信方式。

1. 异步串行通信方式

在异步串行通信中，数据是一帧一帧传送的，即一帧数据传送完成后，可以接着传送下一帧数据，也可以等待，等待期间为高电平。异步串行通信数据传送格式如图 7-2 所示。

低电平	8 位数据（各位数据以电平信号“0”或“1”表示）						高电平
起始位	D0	D1	…	D6	D7	奇偶校验位（可省略）	停止位

图 7-2 异步串行通信数据传送格式

在一帧数据中，先是一个起始位“0”（低电平），然后是 8 个数据位，规定低位在前，高位在后，接下来是奇偶校验位（可以省略），最后是停止位“1”（高电平）。

在异步串行通信中，为了确保收发双方通信的协调，事先必须约定好波特率。波特率是指单位时间内被传送的二进制数据的位数，以 bit/s 为单位。它是衡量串行数据传输速度快慢的重要指标和参数。假设数据传输的速率是 120 字符/s，假设字符为 10 bit，则传输的波特率为 10 bit/字符×120 字符/s=1200 bit/s。每一位传输的时间 T_d 为波特率的倒数。

$$T_{\mathrm{d}} = \frac{1}{1200}\mathrm{s} = 0.833\ \mathrm{ms}$$

2．同步串行通信方式

在异步串行通信中，每个字符要用起始位和停止位作为字符开始和结束的标志，占用时间较多，所以在数据块传递时，为了提高速度，常去掉这些标志，采用同步传送的方式。由于数据块传递开始要用同步字符来指示，同时要求由时钟来实现发送端与接收端之间的同步，因此硬件较复杂。单片机很少采用这种通信方式。

3．串行通信的数据传送方向

在一般情况下，串行数据传输是在两个通信端进行的。数据的传输方向有 3 种：单工通信、半双工通信和全双工通信，如图 7-3 所示。

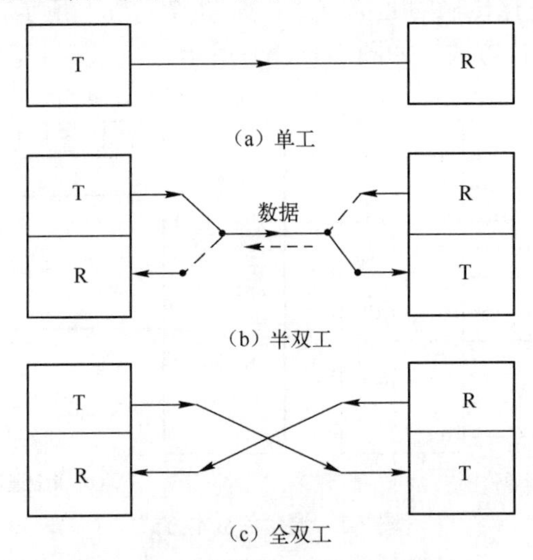

图 7-3　串行通信的 3 种数据传输方式

（1）单工通信。它只允许一个方向传输数据。如图 7-3（a）所示，T 只作为数据发送器，R 只作为数据接收器，不能进行反向传输。

（2）半双工通信。它允许两个方向传输数据，但只能交替进行，两设备间只有一根传输线，如图 7-3（b）所示。

（3）全双工通信。它允许两个方向同时传输数据，两个设备间有两根传输线，如图 7-3（c）所示。

4．串行通信的奇偶校验

由于通信线路可能受到干扰，因此在通信过程中就有可能产生错误。为了确保数据的正确传输，最简单且最常用的方法就是奇偶校验。

单片机的特殊功能寄存器中有一个程序状态字寄存器（PSW），它的最低位 P 叫作奇偶校验位。它可以根据特殊功能寄存器 ACC（累加器）的运算结果变化。如果累加器（ACC）中的“1”的个数为偶数，则 P=0；如果为奇数，则 P=1。假如要传送数据“1010 1110”（奇数个“1”，P=1），在接收到数据后，要对数据进行奇偶校验，如果 P=1，则认为数据传输正确；如果 P=0（偶数个“1”），则认为数据传输错误，通知发送方，再次传输。

7.2 串行通信接口的结构

80C51 系列单片机有一个可编程的全双工串行通信接口，通过它可进行异步通信。串行通信接口的内部结构如图 7-4 所示。

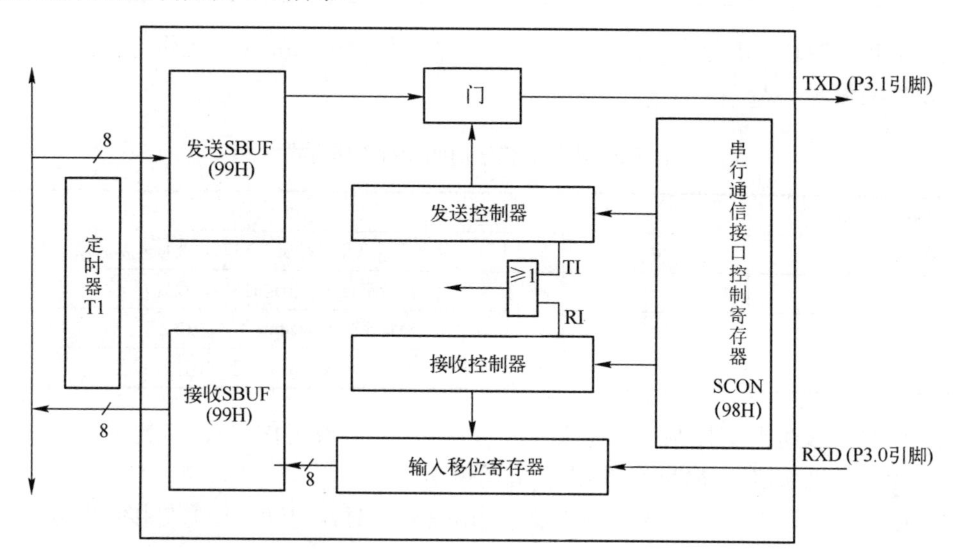

图 7-4　串行通信接口的内部结构

1）两个数据缓冲器 SBUF

SBUF 是一个特殊功能寄存器，它包括发送数据缓冲寄存器 SBUF 和接收数据缓冲寄存器 SBUF。前者用来发送串行数据，后者用来接收串行数据。两者共用一个地址 99H。在发送数据时，该地址指向发送 SBUF；在接收数据时，该地址指向接收 SBUF。

2）输入移位寄存器

输入移位寄存器的功能是在接收控制器的控制下，将输入的数据位逐位移入接收 SBUF。

3）串行通信接口控制寄存器 SCON

SCON 的功能是控制串行通信的工作方式，并反映串行通信接口的工作状态。

4）定时器 T1

T1 被用作波特率发生器，控制传输数据的速度。

7.3 串行通信接口的控制

在 80C51 系列单片机的特殊功能寄存器中，有 4 个与串行通信有关，分别为 SCON、

PCON、IE 和 IP。其中，SCON 和 PCON 直接控制串行通信接口的工作方式。

7.3.1 串行通信接口控制寄存器 SCON

串行通信接口控制寄存器 SCON 用于设置串行通信接口的工作方式、监视串行通信接口工作状态、发送与接收的状态控制等。它是一个既可字节寻址又可位寻址的特殊功能寄存器，字节地址为 98H。SCON 的格式见表 7-1。下面介绍 SCON 中各常用位的功能。

表 7-1 串行通信接口控制寄存器 SCON 的格式

SM0	SM1	SM2	REN	TB8	RB8	TI	RI
9F	9E	9D	9C	9B	9A	99	98

（1）SM0、SM1：串行通信接口工作方式的选择位，可选择 4 种工作方式。各方式的设置方法及功能见表 7-2。

表 7-2 串行通信接口的 4 种工作方式

SM0	SM1	工作方式	功能说明
0	0	0	同步移位寄存器方式（用于扩展 I/O 口），波特率 $f_{OSC}/12$
0	1	1	8 位异步收发，波特率可变（由定时器 T1 设置）
1	0	2	8 位异步收发，波特率为 $f_{OSC}/64$ 或者 $f_{OSC}/32$
1	1	3	9 位异步收发，波特率可变（由定时器 T1 设置）

（2）SM2：多机通信控制位，主要用于工作方式 2 或工作方式 3 的多机通信情况。SM2=1，允许多机通信；SM2=0，禁止多机通信。

（3）REN：允许/禁止数据接收控制位，当 REN=1 时，允许串行通信接口接收数据；当 REN=0 时，禁止串行通信接口接收数据。

（4）TB8：在工作方式 2 或工作方式 3 中，它为要发送数据的第 9 位。通常用作数据的校验位，也可在多机通信时用作地址帧或数据帧的标志位。

（5）RB8：在工作方式 2 或工作方式 3 中，它为要接收数据的第 9 位。在工作方式 1 中，若 SM2=0，则 RB8 是接收到的停止位。

（6）TI：发送中断标志位。若串行通信接口选择工作方式 0，在发送第 8 位数据结束时，TI 由硬件自动置“1”，向 CPU 发送中断请求，在 CPU 响应中断后，必须用软件清零；在其他几种工作方式中，该位在停止位开始发送前自动置“1”，向 CPU 发送中断请求，在 CPU 响应中断后，也必须用软件清零。

（7）RI：接收中断标志。若串行通信接口选择工作方式 0，在接收完第 8 位数据时，RI 由硬件自动置“1”，向 CPU 发出中断请求，在 CPU 响应中断后，必须用软件清零；在其他几种工作方式中，该位在接收到停止位时自动置“1”，向 CPU 发出中断请求，在 CPU 响应中断取走数据后，必须用软件对该位清零，以准备接收下一帧数据。

在系统复位时，SCON 的所有位均被清零。

7.3.2 电源控制寄存器 PCON

电源控制寄存器 PCON 的字节地址为 87H，不能进行位寻址。PCON 中的第 7 位

SMOD 与串行通信接口有关。PCON 的格式见表 7-3。

表 7-3 电源控制寄存器 PCON 的格式

SMOD	—	—	—	GF1	GF0	PD	IDL
D7	—	—	—	D3	D2	D1	D0

SMOD 为波特率选择位。在工作方式 1、工作方式 2 和工作方式 3 下起作用。若 SMOD=0，波特率不变；若 SMOD=1，波特率加倍。当系统复位时，SMOD=0。控制字中其余各位与串行通信接口无关。

7.3.3 4 种工作方式与波特率的设置

MCS-51 单片机串行通信接口有 4 种工作方式，具体工作在哪种方式上受寄存器 SCON 的控制。在串行通信时，要改变数据传输速率，可对波特率进行设置。

1．方式 0

在方式 0 下，通信分两种情况：数据发送和数据接收。

1）数据发送

当串行通信接口工作在方式 0 时，若要发送数据，通常需外接 8 位串/并转换移位寄存器 74LS164，具体连接电路如图 7-5 所示。其中，RXD 端用来输出串行数据；TXD 端用来输出移位脉冲；P1.7 引脚用来对 74LS164 进行清零。

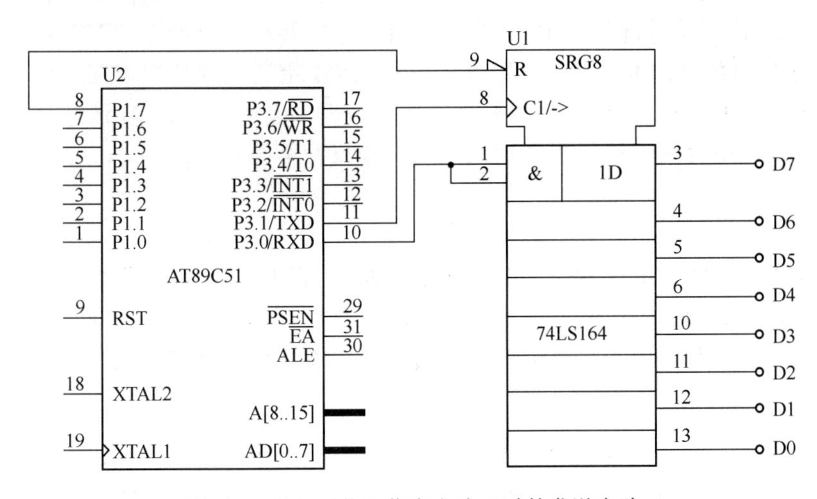

图 7-5 串行通信工作在方式 0 时的发送电路

在发送数据前，P1.7 引脚先发出一个清零信号（低电平）到 74LS164 的第 9 引脚，对其进行清零，让 D0～D7 全部为“0”。然后让单片机执行写 SBUF 命令。只要将数据写入 SBUF，单片机即自动开始发送数据，从 RXD（P3.0）引脚送出 8 位数据。与此同时，单片机 TXD 端输出移位脉冲到 74LS164 的第 8 引脚（时钟引脚），使 74LS164 按照先低位后高位的原则从 RXD 端接收 8 位数据。数据发送完毕，74LS164 的 D7～D0 端即输出 8 位数据。最后，数据发送完毕后，SCON 的发送中断标志位 TI 自动置“1”。为了继续发送数据，需用软件将其清零。

2）数据接收

若要接收数据，需在外部连接 8 位并/串转换移位寄存器 74LS165，其连接电路如图 7-6 所示。此时，RXD 端用来接收输入的串行数据；TXD 端用来输出移位脉冲；P3.7 端用来对 74LS165 的数据进行锁存。

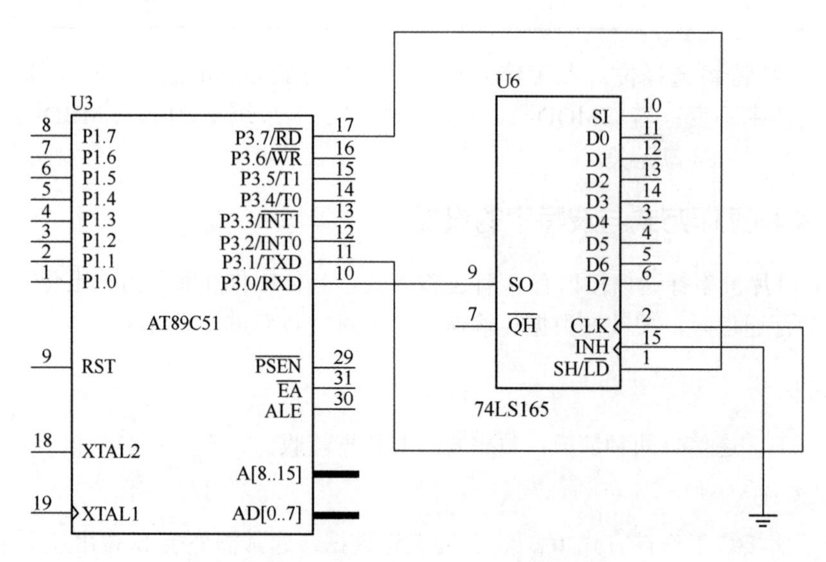

图 7-6　串行通信接口工作在方式 0 时的数据接收电路

先从 P3.7 引脚发出一个低电平信号到 74LS165 的第 1 引脚，锁存由 D7～D0 端输入的 8 位数据，然后由单片机执行读 SBUF 指令（开始接收数据）。同时，TXD 端送移位脉冲到 74LS165 的第 2 引脚（CLK 端），使数据逐位从 RXD 端送入单片机。在串行口接收到一帧数据后，中断标志 RI 自动置位。如果要继续接收数据，需用软件将 RI 清零。

在方式 0 下，串行通信接口发送和接收数据的波特率都是 $f_{OSC}/12$。

2. 方式 1

当 SM0SM1=01 时，串行通信接口工作于方式 1。此时，可发送或接收的一帧数据共 10 位：1 位起始位（高电平“0”）、8 位数据位（D0～D7）和 1 位停止位（低电平“1”）。

在方式 1 下，串行通信接口可分为发送数据和接收数据两种工作情况。

1）数据发送

在发送数据时，只要用指令将数据写入发送缓冲 SBUF，发送控制器在移位脉冲（由定时器 T1 产生的信号经 16 或 32 分频得到）的控制下，先从 TXD 引脚输出 1 位起始位，再逐位将 8 位数据从 TXD 端送出，当最后一位数据发送完毕，发送控制器马上将 SCON 的 TI 位置“1”，向 CPU 发出中断请求，同时从 TXD 端输出停止位（高电平）。

2）数据接收

当 REN=1 时，方式 1 允许接收。串行口开始采样 RXD 引脚，当采样到 1 至 0 的负跳变信号时，确认是起始位 0，就启动接收，将输入的 8 位数据逐位移入内部的输入移位寄存器。如果接收不到起始位，则重新检测 RXD 引脚上是否有负跳变信号。

当一帧数据接收完毕以后，必须同时满足以下两个条件，这帧数据接收才真正有效。

（1）RI=0，即无中断请求，或者在上一帧数据接收完成时，RI=1 发出的中断请求已被响应，SBUF 中的数据已被取走，SBUF 已空。

（2）SM2=0。

若这两个条件不同时满足，接收到的数据不装入 SBUF，则该帧数据将丢弃。

3. 方式 2

串行口的工作方式 2 是 9 位异步通信方式，每帧数据均为 11 位，即 1 位起始位（高电平"0"）、8 位数据位、1 位可编程的第 9 位数据和 1 位停止位。其中，第 9 位数据（TB8）可作奇偶校验位，也可作多机通信的数据/地址标志位。

1）数据发送

数据发送前，先根据通信协议由软件设置 TB8（第 9 位数据），然后将要发送的数据写入 SBUF，即可启动发送过程。串行口能自动将 TB8 取走，并装入到第 9 位数据位的位置，再逐一发送出去。发送一帧信息后，则将 TI 置 1。

2）数据接收

在方式 2 下，需要先设置 SCON 中的 REN=1，串行通信接口才允许接收数据。当 RXD 端检测到有负跳变时，说明外部设备发来了数据的起始位，即开始接收此帧数据的其余数据。

当一帧数据接收完毕以后，必须同时满足以下两个条件，这帧数据接收才真正有效。

（1）RI=0，表示接收缓冲器为空。

（2）SM2=0。

当上述两个条件满足时，接收到的数据送入 SBUF，第 9 位数据送入 RB8，并由硬件自动置 RI 为 1。若不满足这两个条件，接收的该帧数据将被丢弃。

4. 方式 3

当 SM0SM1=11 时，串行通信接口工作于方式 3。

方式 3 与方式 2 一样，传送的一帧数据都是 11 位，工作原理也相同。两者的区别仅在于波特率不同。

5. 波特率设置

在串行通信中，为了保证数据发送和接收成功，要求发送方发送数据的速率和接收方接收数据的速率相同，这就需要将双方的波特率设置为相同。

由于设置波特率比较麻烦，并且在一般情况下常用的波特率足以满足实际应用，因此，本书不介绍设置波特率的计算方法，而是直接给出常用波特率、晶振频率和定时器计数初值之间的关系表，具体见表 7-4。应用时查表即可。

表 7-4　常用波特率表

工作方式	常用波特率/（bit/s）	晶振频率/MHz	SMOD	TH1 初值
1、3	19200	11.0592	1	FDH
1、3	9600	11.0592	0	FDH

（续表）

工 作 方 式	常用波特率/（bit/s）	晶振频率/MHz	SMOD	TH1 初值
1、3	4800	11.0592	0	FAH
1、3	2400	11.0592	0	F4H
1、3	1200	11.0592	0	E8H

注：在晶振频率选用 11.0592 MHz 时极易获得标准波特率。

7.4 串行通信接口应用举例

7.4.1 实例 50：基于方式 1 的单工通信

本实例使用单片机 U1 通过其串行通信接口 TXD 端将一段流水灯控制码以方式 1 发送至单片机 U2 的 RXD，U2 再利用该段控制码流水点亮其 P1 口的 8 位 LED。本实例采用的电路原理图及仿真效果参见图 7-7。

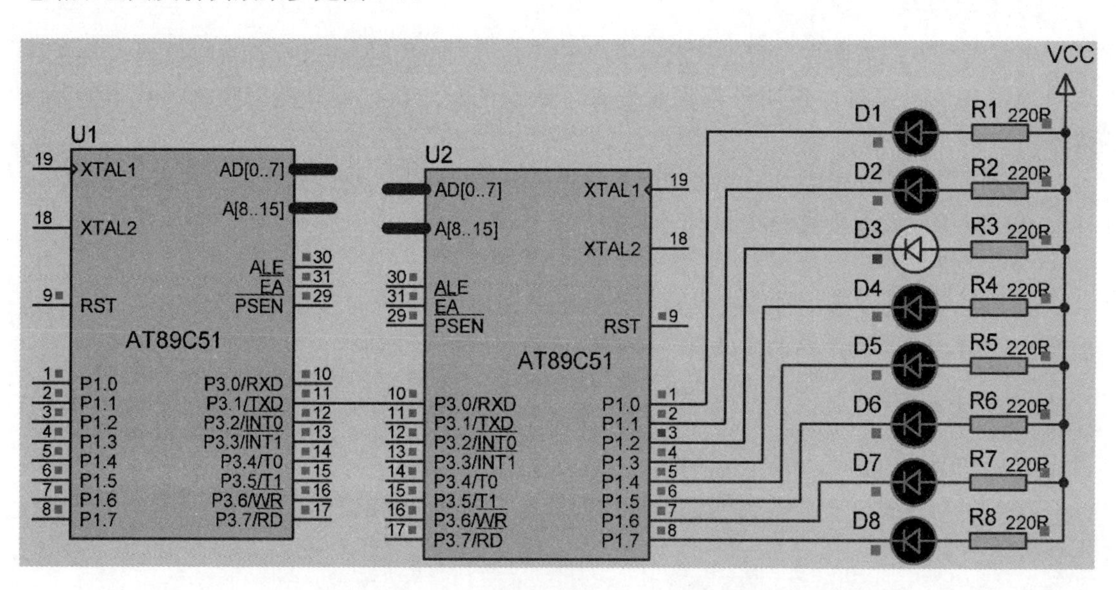

图 7-7　基于方式 1 单工通信的流水灯控制电路原理图及仿真效果

1．实现方法

本实例需针对两个单片机 U1 和 U2 分别设计程序：程序 1 完成数据发送任务（对 U1）；程序 2 完成数据接收任务（对 U2）。对单片机 U1 编程时，需令 SM0=0，SM1=1。对单片机 U2 编程时，除了需令 SM0=0，SM1=1 外还需设置 REN=1，允许接收。

本实例选择的波特率为 9600 bit/s，由表 7-4 可得，SMOD=0，TH1=FDH。

2．程序设计

1）单片机 U1 的数据发送程序

先建立一个文件夹“ex50”，再建立子文件夹“send”，然后建立其工程项目，最后建立源程序文件“send.c”。输入以下源程序：

```
//实例 50-1：数据发送程序
#include<reg51.h>                  //包含 51 单片机寄存器定义的头文件
unsigned char code Tab[ ]={0xFE,0xFD,0xFB,0xF7,0xEF,0xDF,0xBF,0x7F};
                                   //流水灯控制码，该数组被定义为全局变量
/**************************************************
函数功能：发送一字节数据
**************************************************/
void Send(unsigned char dat)
{
   SBUF=dat;                       //将待发送数据写入发送缓冲器
   while(TI= =0)                   //若发送中断标志位没有置“1”（正在发送），则等待
     ;                             //空操作
    TI=0;                          //用软件将 TI 清零
}
/**********************************************************
函数功能：延迟约 150 ms
**********************************************************/
 void delay(void)
{
   unsigned char m,n;
     for(m=0;m<200;m++)
      for(n=0;n<250;n++)
         ;
 }
/**************************************************
函数功能：主函数
**************************************************/
void main(void)
{
   unsigned char i;
   TMOD=0x20;                      //TMOD=0010 0000B，定时器 T1 工作于方式 2
   SCON=0x40;                      //SCON=0100 0000B，串行口工作于方式 1
   PCON=0x00;                      //PCON=0000 0000B，波特率为 9600 bit/s
   TH1=0xfd;                       //根据规定给定时器 T1 高 8 位赋初值
   TL1=0xfd;                       //根据规定给定时器 T1 低 8 位赋初值
   TR1=1;                          //启动定时器 T1
  while(1)
   {
      for(i=0;i<8;i++)             //一共 8 位流水灯控制码
        {
           Send(Tab[i]);           //发送数据 i
              delay();             //每 150 ms 发送一次数据（等待 150 ms 后再发送一次数据）
   }
}
```

2）单片机 U2 的数据接收程序

在文件夹“ex50”下建立子文件夹“receive”，然后建立其工程项目，最后建立源程序文件“receive.c”。输入以下源程序：

```
//实例 50-2：数据接收程序
#include<reg51.h>              //包含 51 单片机寄存器定义的头文件
/****************************************************
函数功能：接收 1 字节数据
****************************************************/
 unsigned char Receive(void)
{
  unsigned char dat;
  while(RI= =0)                //只要接收中断标志位 RI 没有被置“1”就等待，直至接收完毕
        ;                      //空操作
     RI=0;                     //为了接收下一帧数据，需用软件将 RI 清零
   dat=SBUF;                   //将接收缓冲器中的数据存于 dat
    return dat;                //将接收到的数据返回
}
/****************************************************
函数功能：主函数
****************************************************/
void main(void)
{
   TMOD=0x20;                  //定时器 T1 工作于方式 2
   SCON=0x50;                  //SCON=0101 0000B，串行口工作于方式 1
   PCON=0x00;                  //PCON=0000 0000B，波特率为 9600 bit/s
   TH1=0xfd;                   //根据规定给定时器 T1 高 8 位赋初值
   TL1=0xfd;                   //根据规定给定时器 T1 低 8 位赋初值
   TR1=1;                      //启动定时器 T1
   REN=1;                      //允许接收
   while(1)
   {
         P1=Receive();         //将接收到的数据送 P1 口显示
   }
}
```

3. 用 Proteus 软件仿真

经 Keil 软件编译通过后，可使用 Proteus 软件进行仿真。在 Proteus ISIS 工作环境中绘制好如图 7-7 所示仿真原理图，或者打开随书附件“第 7 章\仿真实例\ ex50”文件夹内的“ex50.pdsprj”仿真原理图文件，将编译好的“ex50.hex”文件烧录到 AT89C51。启动仿真，即可看到单片机 U2 的 P1 口 8 位 LED 被流水点亮。

7.4.2 实例 51：基于方式 3 的单工通信

本实例使用单片机 U1 通过其串行通信接口 TXD 端将一段流水灯控制码以方式 3 发送

至单片机 U2 的 RXD，U2 再利用该段控制码流水点亮其 P1 口的 8 位 LED。本实例采用的电路原理图参见图 7-7。

1. 实现方法

本实例的工作方式（方式 3）比方式 1 多了一个可编程位 TB8，该位用作奇偶校验位。接收到的 RB8 位的值和发送的 TB8 是相同的。因为接收到的 8 位二进制数据有可能出错，所以需进行奇偶校验。其方法是将单片机 U2 的 RB8 和 PSW 的奇偶校验位比较，如果相同，接收数据；否则，拒绝接收。

2. 程序设计

1）单片机 U1 的数据发送程序

先建立一个文件夹“ex51”，再建立子文件夹“send”，然后建立其工程项目，最后建立源程序文件“send.c”。输入以下源程序：

```
//实例 51-1：数据发送程序
#include<reg51.h>                 //包含 51 单片机寄存器定义的头文件
sbit p=PSW^0;                     //将 p 位定义为程序状态字寄存器的第 0 位（奇偶校验位）
unsigned char code Tab[ ]={0xFE,0xFD,0xFB,0xF7,0xEF,0xDF,0xBF,0x7F};
                                  //流水灯控制码，该数组被定义为全局变量
/*****************************************************
函数功能：发送 1 字节数据
*****************************************************/
void Send(unsigned char dat)
{
    ACC=dat;
    TB8=p;                        //将奇偶校验位写入 TB8
   SBUF=dat;                      //将待发送数据写入发送缓冲器
    while(TI= =0)                 //若发送标志位没有置“1”（正在发送），则等待
        ;                         //空操作
     TI=0;                        //用软件将 TI 清零
}
/***********************************************************
函数功能：延时约 150 ms
***********************************************************/
 void delay(void)
{
    unsigned char m,n;
     for(m=0;m<200;m++)
       for(n=0;n<250;n++)
             ;
 }
/*****************************************************
函数功能：主函数
*****************************************************/
void main(void)
```

```
{
    unsigned char i;
    TMOD=0x20;              //TMOD=0010 0000B，定时器 T1 工作于方式 2
    SCON=0xc0;              //SCON=1100 0000B，串行口工作于方式 3
    PCON=0x00;              //PCON=0000 0000B，波特率为 9600 bit/s
    TH1=0xfd;               //根据规定给定时器 T1 高 8 位赋初值
    TL1=0xfd;               //根据规定给定时器 T1 低 8 位赋初值
    TR1=1;                  //启动定时器 T1
   while(1)
    {
       for(i=0;i<8;i++)     //一共 8 位流水灯控制码
         {
            Send(Tab[i]);   //发送数据 i
              delay();      //每 150ms 发送一次数据（等待 150 ms 后再发送一次数据）
    }
}
```

2）单片机 U2 的数据接收程序

在文件夹“ex51”下建立子文件夹“receive”，然后建立其工程项目，最后建立源程序文件“receive.c”。输入以下源程序：

```
//实例 51-2：数据接收程序
#include<reg51.h>               //包含 51 单片机寄存器定义的头文件
sbit p=0xd0;                    //将 p 位定义为程序状态字寄存器的第 0 位（奇偶校验位）
/****************************************************
函数功能：接收一字节数据
****************************************************/
 unsigned char Receive(void)
{
  unsigned char dat;
  while(RI= =0)                 //只要接收中断标志位 RI 没有被置“1”就等待，直至接收完毕（RI=1）
       ;                        //空操作
     RI=0;                      //为了接收下一帧数据，需将 RI 清零
    ACC=SBUF;                   //将接收缓冲器中的数据存于 dat
    if(RB8= =p)                 //只有奇偶校验成功，才能接收数据
      {
        dat=ACC;                //将数据存入 dat
        return dat;             //将接收的数据返回
      }
}
/****************************************************
函数功能：主函数
****************************************************/
void main(void)
{
```

```
        TMOD=0x20;              //定时器 T1 工作于方式 2
        SCON=0xd0;              //SCON=1101 0000B，串行口工作于方式 1
        PCON=0x00;              //PCON=0000 0000B，波特率为 9600 bit/s
        TH1=0xfd;               //根据规定给定时器 T1 高 8 位赋初值
        TL1=0xfd;               //根据规定给定时器 T1 低 8 位赋初值
        TR1=1;                  //启动定时器 T1
        REN=1;                  //允许接收
        while(1)
        {
            P1=Receive();       //将接收到的数据送 P1 口显示
        }
}
```

3．用 Proteus 软件仿真

经 Keil 软件编译通过后，可使用 Proteus 软件进行仿真。在 Proteus ISIS 工作环境中绘制好如图 7-7 所示仿真原理图，或者打开随书附件“第 7 章\仿真实例\ex51”文件夹内的“ex51.pdsprj”仿真原理图文件，将编译好的“ex51.hex”文件载入 AT89C51。启动仿真，即可看到单片机 U2 的 P1 口 8 位 LED 被流水点亮。

7.4.3 实例 52：单片机使用 printf 函数向计算机发送数据

本实例采用的电路原理图参见图 7-8。单片机使用的晶振频率为 11.0592 MHz，使用串口工作方式 1 与 PC 进行通信，波特率为 9600 bit/s。

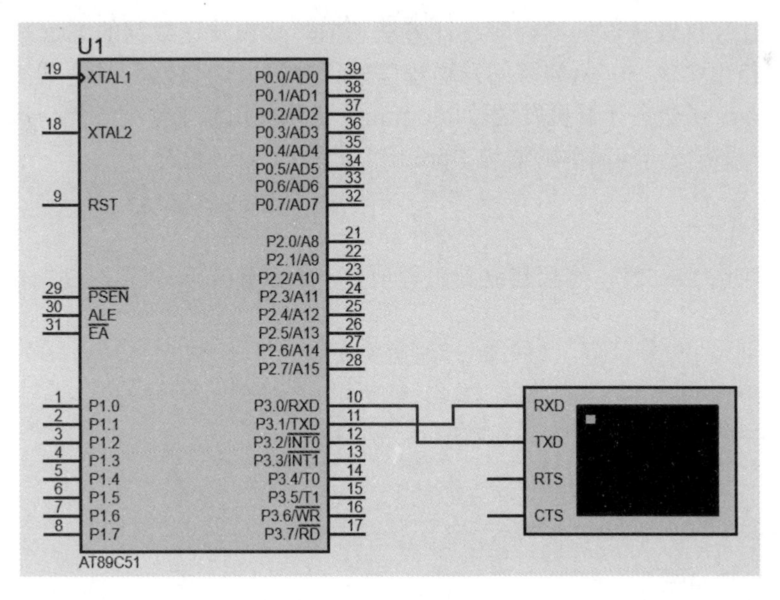

图 7-8 单片机使用 printf 函数向计算机发送数据的电路原理图

1．实现方法

要实现单片机和计算机的通信，首先需要解决单片机和计算机之间的电平转换问题，而这个转换可由专门的集成电路 MAX232 完成。在 Proteus 仿真环境中，提供了虚拟终端工具，通

过虚拟终端的屏幕，可以显示单片机发送的字符，也可以通过键盘向单片机发送字符。

在实际使用中，为了能够在计算机端看到单片机发出的数据，较好的方法是借助调试软件“串口调试助手”（啸峰工作室设计，该软件可免费从网上下载），其运行效果如图 7-9 所示，可设定串口号、波特率、校验位等参数，非常方便。

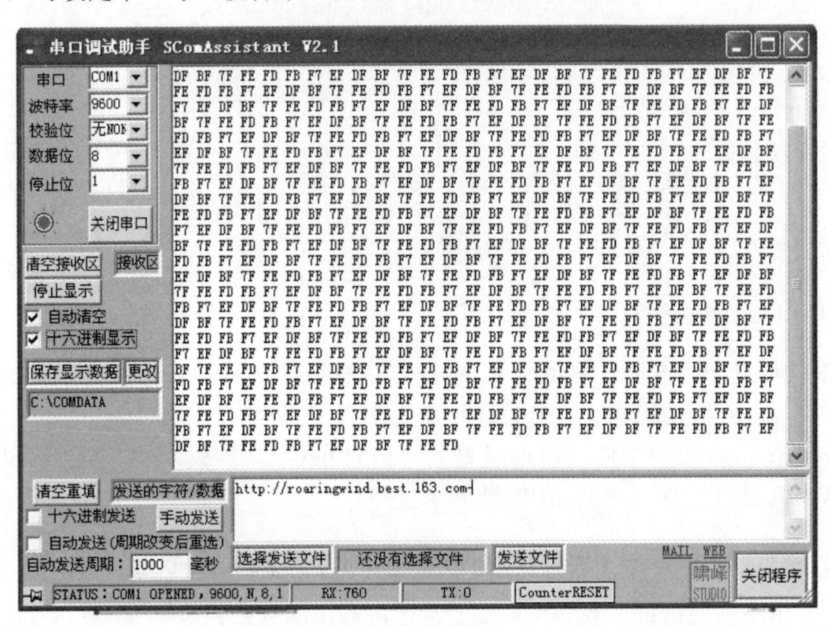

图 7-9　串口调试软件的运行效果

单片机向计算机发送数据的程序设计方法和向单片机发送数据的方法是完全一样的，所以本实例仍使用实例 50 所编写的发送程序向计算机发送数据，但这里使用一种新的方法——使用 printf 函数向计算机发送数据。printf 函数使用起来十分方便，例如要发送一个整数型变量 a，只需要一句简单的语句“printf(“%d”,a)”即可完成。

2. 程序设计

先建立文件夹“ex52”，然后建立其工程项目，最后建立源程序文件“ex52.c”。输入以下源程序：

```
//实例 52：单片机使用 printf 函数向计算机发送数据
#include<reg51.h>              //包含 51 单片机寄存器定义的头文件
#include<stdio.h>              //包含 printf 函数的头文件
/*****************************************************
函数功能：初始化串口
*****************************************************/
void Uart_Init(void)
{
  TMOD |= 0X20;                //定时器 1 工作于方式 2
  TH1=TL1=0XFD;                //设置波特率 9600 bit/s，时钟频率 11.0592 MHz
  SCON = 0X50;                 //串口工作于方式 1
   PCON = 0;                   //电源管理寄存器结构
  ES=1;                        //开启串口中断
```

```
  EA=1;                                    //开启总中断
  TR1=1;                                   //开启定时器 1

}
/**************************************************************
函数功能：毫秒延时
**************************************************************/
void delay_ms(unsigned int t)
{
      unsigned int a = 0,b = 0;            //定义无符号整型变量 a、b
      for(b=0;b<t;b++)                     //for 的外层循环
         for(a=110;a>0;a--);               //for 的内层循环
}
/****************************************************
函数功能：主函数
****************************************************/
int main(void)
{
char   a='A';                              //定义字符型变量 a,并赋值为字符 A
  Uart_Init();                             //调用串口初始化函数
TI = 1;                                    //使用 printf 函数之前 TI 要先置 1
  while(1)                                 //进入 while()循环
  {
        printf("printf_test\n");           //发送串口，并将“printf_test\n”打印在电脑屏幕上
        printf("test is %c\n",a++);        //发送串口，并将“test is %c\n”打印在电脑屏幕上，其中
                                             %c 为变量 a
        delay_ms(500);                     //调用延时函数，延迟 500 ms
  }
  return 0;                                 //无返回值
}
```

3．用实验板进行实验

程序经 Keil 软件编译通过后，可使用实验板进行实验。先将编译好的程序“ex52.hex”烧录到 AT89C51 芯片，再将单片机实验板与计算机的串口通过数据线连接好，通电运行，并启动串口调试助手，即可看到如图 7-9 所示的运行界面。

7.4.4 实例 53：计算机控制单片机 LED 显示

本实例使用单片机接收计算机发送的数据，并把接收的数据送 P1 口 8 位 LED 显示。本实例采用的电路原理图参见图 7-10。

1．实现方法

为了能使计算机向单片机发送数据，需借助串口调试助手软件，其波特率等参数的设置同实例 52，但要将图 7-9 中的“十六进制发送”前的复选框选中，表示要向单片机发送十六进制数据。

单片机接收计算机发送数据的程序和接收单片机的程序完全一样，所以本实例程序仍

采用实例 50 中的接收程序。

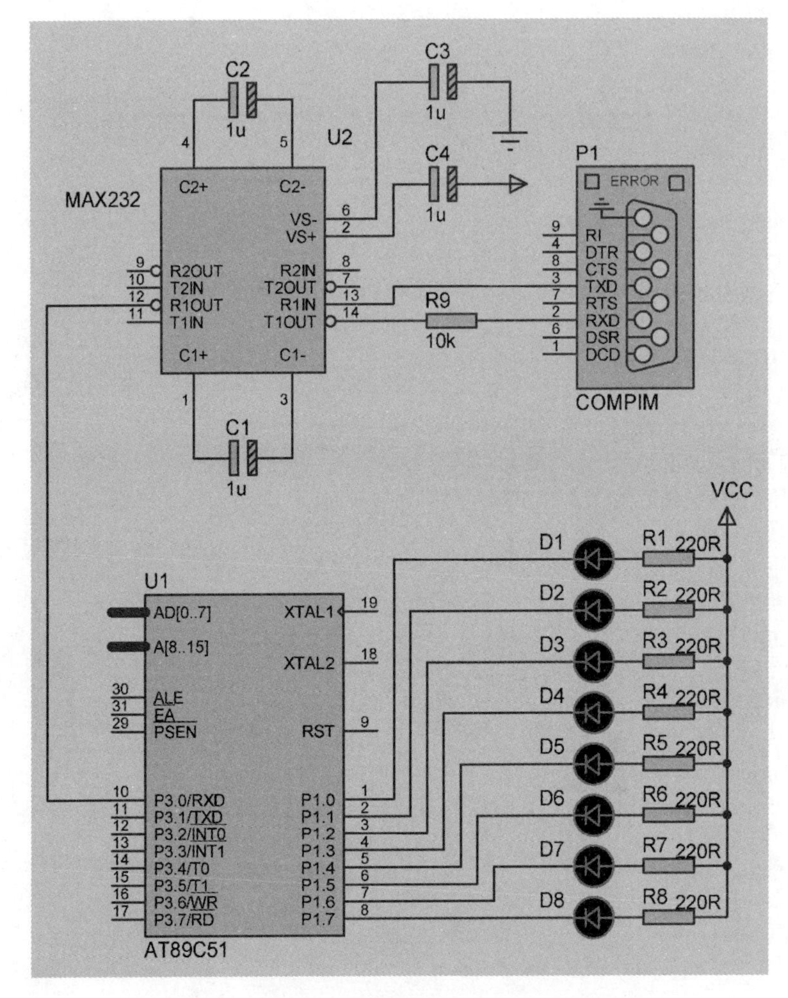

图 7-10　单片机接收计算机发送的数据的电路原理图

2．程序设计

先建立文件夹“ex53”，然后建立其工程项目，最后建立源程序文件“ex53.c”。输入以下源程序：

```
//实例 53：单片机接收计算机发出的数据
#include<reg51.h>              //包含 51 单片机寄存器定义的头文件
/****************************************************
函数功能：接收一字节数据
****************************************************/
 unsigned char Receive(void)
{
  unsigned char dat;
  while(RI= =0)                //只要接收中断标志位 RI 没有被置“1”就等待，直至接收完毕
        ;                      //空操作
     RI=0;                     //为了接收下一帧数据，需用软件将 RI 清零
```

```
        dat=SBUF;               //将接收缓冲器中的数据存于 dat
        return dat;             //将接收到的数据返回
}
/*****************************************************
函数功能：主函数
*****************************************************/
void main(void)
{
    TMOD=0x20;                  //定时器 T1 工作于方式 2
    SCON=0x50;                  //SCON=0101 0000B，串口工作于方式 1
    PCON=0x00;                  //PCON=0000 0000B，波特率为 9600 bit/s
    TH1=0xfd;                   //根据规定给定时器 T1 高 8 位赋初值
    TL1=0xfd;                   //根据规定给定时器 T1 低 8 位赋初值
    TR1=1;                      //启动定时器 T1
    REN=1;                      //允许接收
    while(1)
    {
            P1=Receive();       //将接收到的数据送 P1 口显示
    }
}
```

3．用实验板进行实验

程序经 Keil 软件编译通过后，可使用实验板进行实验。先将编译好的程序“ex53.hex”烧录到 AT89C51 芯片，再将单片机实验板与计算机的串口通过数据线连接好，通电运行，通过串口调试助手给单片机发送一个数据“0xf0”，即可看到单片机 P1 口的高 4 位 LED 熄灭，低 4 位 LED 被点亮。

习题与实验

1．如何区分串行通信中的发送中断和接收中断？

2．80C51 单片机串行通信接口控制寄存器 SCON 中的 SM2、TB8 和 RB8 有何作用？主要在哪几种方式下使用？

3．结合图 7-7 中电路，要求单片机 U1 分别用方式 1 和方式 3 将以下数据：

0xFE，0xFD，0xFB，0xF7，0xEF，0xDF，0xBF，0x7F

发送到单片机 U2，U2 再用接收到的数据控制其外接 8 位 LED 流水点亮。要求用 Proteus 仿真。

4．请编程实现：用两个串/并转换芯片 74LS164 扩展 I/O 口，控制 16 个发光二极管以 150 ms 的间隔轮流点亮。结果用 Proteus 仿真验证。

 接口技术

 新型串行接口芯片应用

 常用功能器件应用举例

第 8 章 接口技术

在工业控制、智能仪表、家用电器等领域，单片机应用系统需要配接数码管、显示器、键盘等外接器件。接口技术就是解决单片机与外接器件的信息传输问题的技术，以完成初始设置、数据输入，以及控制量输出、结果存储和显示等功能。本章主要介绍 LED 数码管、键盘、字符型 LCD 等接口技术及其应用实例。

8.1 LED 数码管接口技术

在单片机系统中，通常用 LED 数码管来显示各种数字或符号。由于 LED 数码管具有显示清晰、亮度高、使用电压低和寿命长的特点，因此应用非常广泛。

8.1.1 LED 数码管的原理和接口电路

1. LED 数码管的原理

LED 数码管显示数字和符号的原理与用火柴棒拼写数字非常类似，用几个发光二极管就可以拼成各种各样的数字和符号。LED 数码管是通过控制对应的发光二极管来显示数字的。

图 8-1 为常见数码管的实物图，其结构如图 8-2 所示。可见，数码管实际上是由 7 个发光二极管组成的一个 8 字形，由另外一个发光二极管做成圆点形，主要作为显示数据的小数点使用，这样一共使用了 8 个发光二极管，所以叫 8 段 LED 数码管。这些段分别由字母 a、b、c、d、e、f、g 和 dp 来表示。当给这些数码管特定的段加上电压后，这些特定的段就会发亮，从而可以显示出各种数字和图形。例如，要显示一个“5”字，那么应当是 a、f、g、c 和 d 亮，而 b、e 和 dp 不亮。

图 8-1 常见数码管的实物图

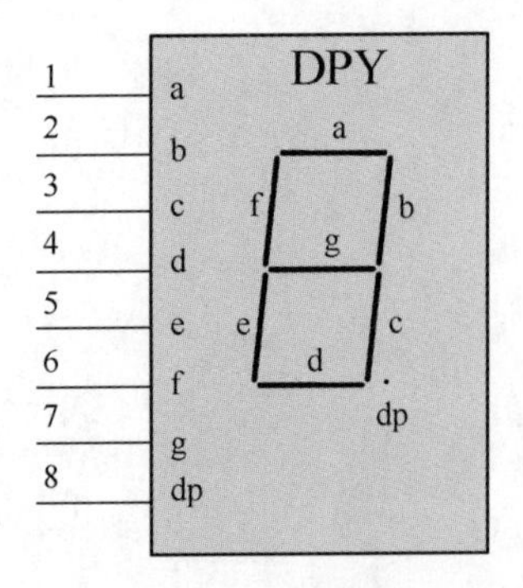

图 8-2 常见数码管的结构

如图 8-3 所示为共阳极数码管的内部电路。所谓共阳极数码管，就是它们的公共端（也叫 COM 端）接正极。本书实验中用的数码管均为共阳极数码管。

2．接口电路与段码控制

共阳极数码管和单片机的接口电路原理图如图 8-4 所示。三极管的导通状态受 P2.0 引脚的输出电平控制，其集电极为数码管的共阳极端。P0.0～P0.7 引脚的输出电平可以控制数码管各字段的亮灭状态。只要让 P0 口输出规定的控制信号，就可以使这些字段按照要求亮/灭，显示出不同的数字。

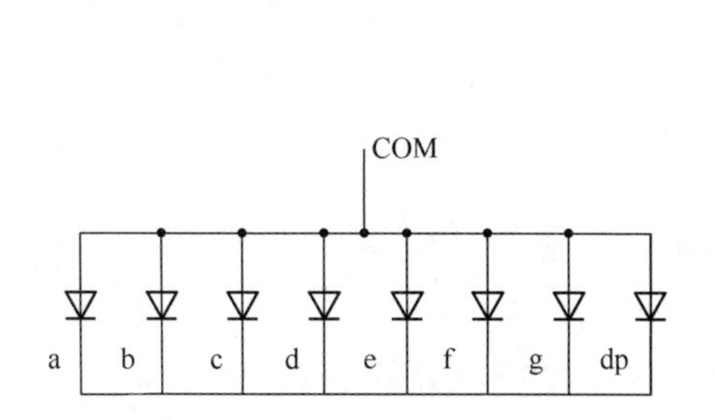

图 8-3　共阳极数码管的内部电路

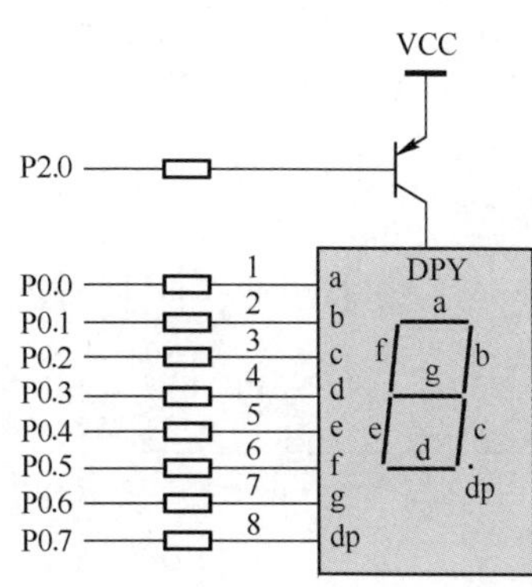

图 8-4　共阳极数码管和单片机的接口电路原理图

下面以数字“5”的显示为例，来说明数码管显示数字的方法。

要显示数字“5”，数码管中亮的字段应当是 a、f、g、c 和 d，即数码管的输入端 a、f、g、c 和 d 需要通低电平；而字段 b、e 和 dp 不亮，即数码管的输入端 b、e 和 dp 通高电平。如果将字段 a、b、c、d、e、f、g 和 dp 分别接在 P0.0、P0.1、P0.2、P0.3、P0.4、P0.5、P0.6 和 P0.7 这 8 个单片机引脚上，各引脚输出的电平信号见表 8-1。

表 8-1　共阳极数码管显示数字“5”的字段控制信号表

字段	a	b	c	d	e	f	g	dp
电平	低电平	高电平	低电平	低电平	高电平	低电平	低电平	高电平
对应引脚	P0.0	P0.1	P0.2	P0.3	P0.4	P05	P0.6	P0.7
输出信号	0	1	0	0	1	0	0	1

根据表 8-1 可得，P0=10010010B=92H。也就是说，只要让单片机 P0 口输出“0x92”，就可以让数码管显示数字“5”，即数字“5”的段码为“0x92”。同理，可得出所有数字的段码，结果见表 8-2。

表 8-2　共阳极数码管段码表

数字	0	1	2	3	4	5	6	7	8	9	•（小数点）
段码	0xc0	0xf9	0xa4	0xb0	0x99	0x92	0x82	0xf8	0x80	0x90	0x7f

8.1.2　实例 54：用 LED 数码管循环显示数字 0～9

本实例用数码管循环显示数字 0～9，采用的接口电路原理图及运行效果参见图 8-5（采用 7SEG-COM-AN-GRN 型数码管）。

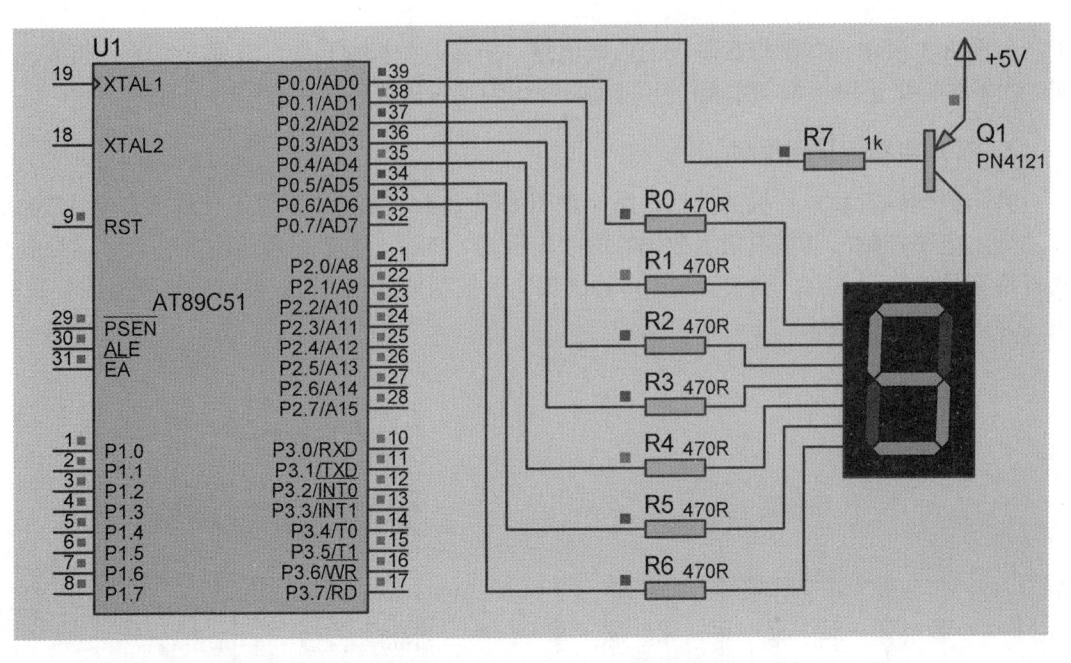

图 8-5　用 LED 数码管循环显示数字 0～9 的接口电路原理图及运行效果

1. 实现方法

若要数码管显示数字，首先要给其提供电源。图 8-5 中数码管的电源由三极管 Q1 提供，当 P2.0 引脚输出低电平“0”时，Q1 导通，数码管通电。只要让 P0 口根据表 8-2 输出对应数字的段码，并将该段码送到数码管相应接口，即可显示出对应数字。整个过程可分以下两个步骤来完成。

（1）由 P2.0 引脚输出低电平点亮数码管。

```
P2=0xfe; //P2=11111110B，P2.0 引脚输出低电平，点亮数码管
```

（2）由 P0 口将输出数字的段码送到数码管。

```
P0=0x92; //以数字“5”为例，0x92 是数字“5”的段码
```

为了使用方便，需将“0”～“9”这 10 个数字的段码存入以下数组：

```
unsigned char code Tab[10]={0xc0,0xf9,0xa4,0xb0,0x99,0x92,0x82,0xf8,0x80,0x90};
// “0～9”的段码; 关键词“code”可大大减小数组的存储空间
```

因为数组元素 Tab[0]存储的是数字“0”的段码，Tab[1] 存储的是数字“1”的段码……所以要显示数字 *i*，只要把 Tab[*i*]中存储的段码送入数码管即可（*i*=0，1，…，9）。

为了看清数字，需在显示一个数字后延迟一段时间。

2. 程序设计

首先建立文件夹“ex54”，然后建立其工程项目，最后建立源程序文件“ex54.c”。输入以下源程序：

```
//实例 54：用 LED 数码管循环显示数字 0～9
#include<reg51.h>      //包含 51 单片机寄存器定义的头文件
/**************************************************
函数功能：延迟约 200 ms
```

```
**************************************************/
 void delay(void)
{
    unsigned char i,j;
    for(i=0;i<255;i++)
     for(j=0;j<255;j++)
            ;
}
/**************************************************
函数功能：主函数
**************************************************/
void main(void)
{
   unsigned char i;
   unsigned char code Tab[10]={0xc0,0xf9,0xa4,0xb0,0x99,0x92,0x82,0xf8,0x80,0x90};
                                    // 0～9 的段码表
   P2=0xfe;                         //P2.0 引脚输出低电平，数码管接通电源
   while(1)                         //无限循环
    {
      for(i=0;i<10;i++)
       {
          P0=Tab[i];                //P0 口输出数字 i 的段码
          delay();                  //调用延时函数
       }
    }
}
```

3. 用 Proteus 软件仿真

经 Keil 软件编译通过后，可使用 Proteus 软件进行仿真。在 Proteus 工作环境中绘制如图 8-5 所示仿真原理图，或者打开随书附件“第 8 章\仿真实例\ ex54”文件夹内的“ex54.pdsprj”仿真原理图文件，将编译好的“ex54.hex”文件载入 AT89C51。启动仿真，即可看到数字“0”～“9”不断地被循环显示。

4. 用实验板进行实验

程序仿真无误后，将“ex54”文件夹中的“ex54.hex”文件烧录到 AT89C51 芯片中，再将烧录好的单片机插入实验板，通电运行即可看到由 P2.0 引脚控制的数码管上循环显示数字“0”～“9”。

8.1.3 实例 55：用三八译码器控制数码管慢速动态扫描显示数字

本实例使用 1 个 8 位数码管慢速动态扫描显示数字“01234567”，采用的接口电路原理图及仿真效果参见图 8-6。

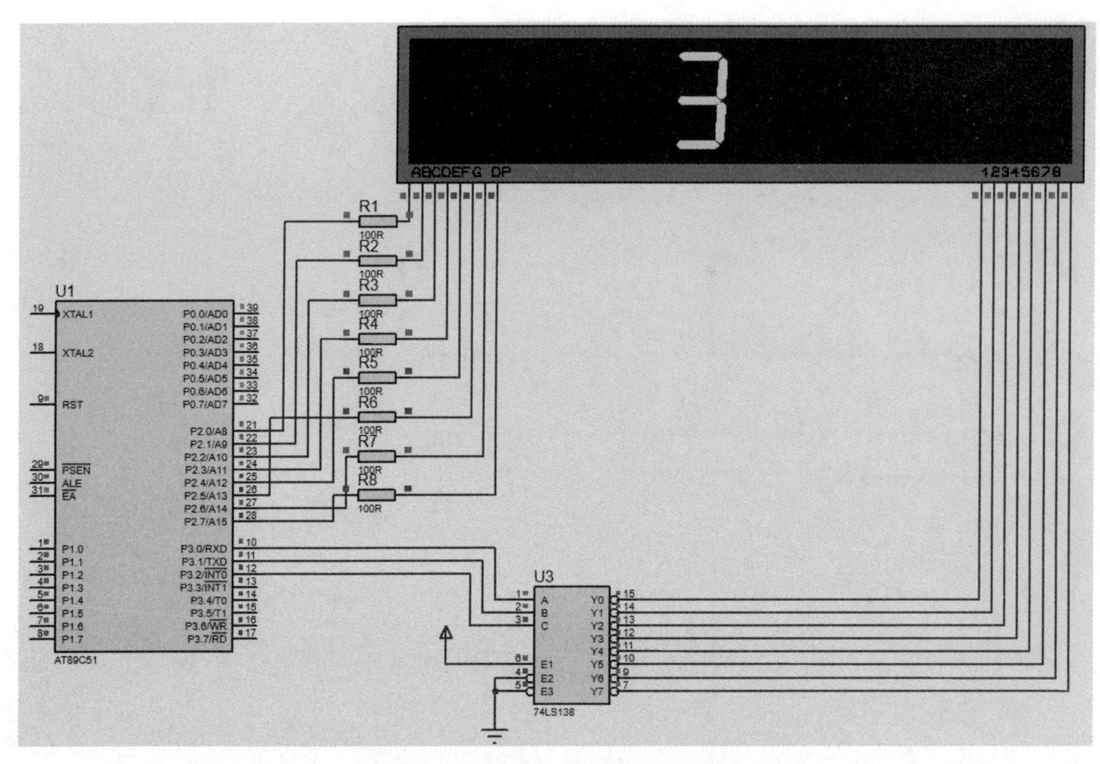

图 8-6　用三八译码器控制数码管慢速动态扫描显示数字的电路原理图及仿真效果

1. 实现方法

若要用数码管显示类似“01234567”的多位数字（如某电炉的温度为“1045℃”），可采用如图 8-6 所示接口电路，电路中有 8 位数码管，它们的字段控制端口都接在 P2 口，而电源控制端口则分别接在三八译码器的不同引脚。如果编程时让三八译码器所有输出引脚都输出低电平，那么这 8 个数码管将同时通电，并显示出同一个数字（因为 P2 口在某一时刻只能输出一个数字的段码），这样不能满足显示要求。

若要动态扫描显示数字“01234567”，可先给数码管 1 通电，显示数字“0”，然后延迟约 300 ms；接着给数码管 2 通电，显示数字“1”，再延迟约 300 ms……待显示完数字“7”后，再重新开始循环显示。

通过三八译码器，单片机可以通过 3 个 I/O 口来控制数码管的 8 个位，具体控制情况见表 8-3。例如，为 74LS138 的输入端 A、B、C 分别输入 1、0、1，那么输出端 Y5 就会输出低电平，剩余的输出端均输出高电平，具体表现为数码管第 6 位点亮。

表 8-3　74LS138 真值表

输　入			输　出							
A	B	C	Y0	Y1	Y2	Y3	Y4	Y5	Y6	Y7
X	X	X	1	1	1	1	1	1	1	1
0	0	0	0	1	1	1	1	1	1	1
0	0	1	1	0	1	1	1	1	1	1
0	1	0	1	1	0	1	1	1	1	1
0	1	1	1	1	1	0	1	1	1	1
1	0	0	1	1	1	1	0	1	1	1
1	0	1	1	1	1	1	1	0	1	1
1	1	0	1	1	1	1	1	1	0	1
1	1	1	1	1	1	1	1	1	1	0

2．程序设计

首先建立文件夹“ex55”，然后建立其工程项目，最后建立源程序文件“ex55.c”。输入以下源程序。

```
//实例55：用三八译码器控制数码管慢速动态扫描显示数字
#include<reg51.h>                                    //包含51单片机寄存器定义的头文件
typedef unsigned char u8;
typedef unsigned int u16;
u8 str_duan[]={0x3F,0x06,0x5B,0x4F,0x66,0x6D,0x7D,0x07,0x7F,0x6F};  //段码
u8 str_wei[]={0x00,0x01,0x02,0x03,0x04,0x05,0x06,0x07};             //位码
 void delay(int i)                                                   //延时函数
{   u16 j,k;
 for(j=0;j<i;j++)
        for(k=0;k<170;k++);
 }
void main(void)
{ u16 m;
 P3=0xff;
 while(1)
 {
        for(m=0;m<8;m++)
        {
                P3=str_wei[m];
                P2=str_duan[m];
                delay(300);
        }
 }
}
```

3．用Proteus软件仿真

经Keil软件编译通过后，可使用Proteus软件进行仿真。在Proteus工作环境中绘制如图8-6所示仿真原理图，或者打开随书附件“第8章\仿真实例\ex55”文件夹内的“ex55.pdsprj”仿真原理图文件，将编译好的“ex55.hex”文件载入AT89C51。启动仿真，即可看到数字“0”～“7”不断地被循环显示。

4．用实验板进行实验

程序仿真无误后，将“ex55”文件夹中的“ex55.hex”文件烧录到AT89C51芯片中，再将烧录好的单片机插入实验板，通电运行即可看到和仿真类似的实验结果。

8.1.4 实例56：交通信号的处理与控制

本实例使用4个数码管模拟十字路口的信号灯情况，采用的接口电路原理图及仿真效果参见图8-7。

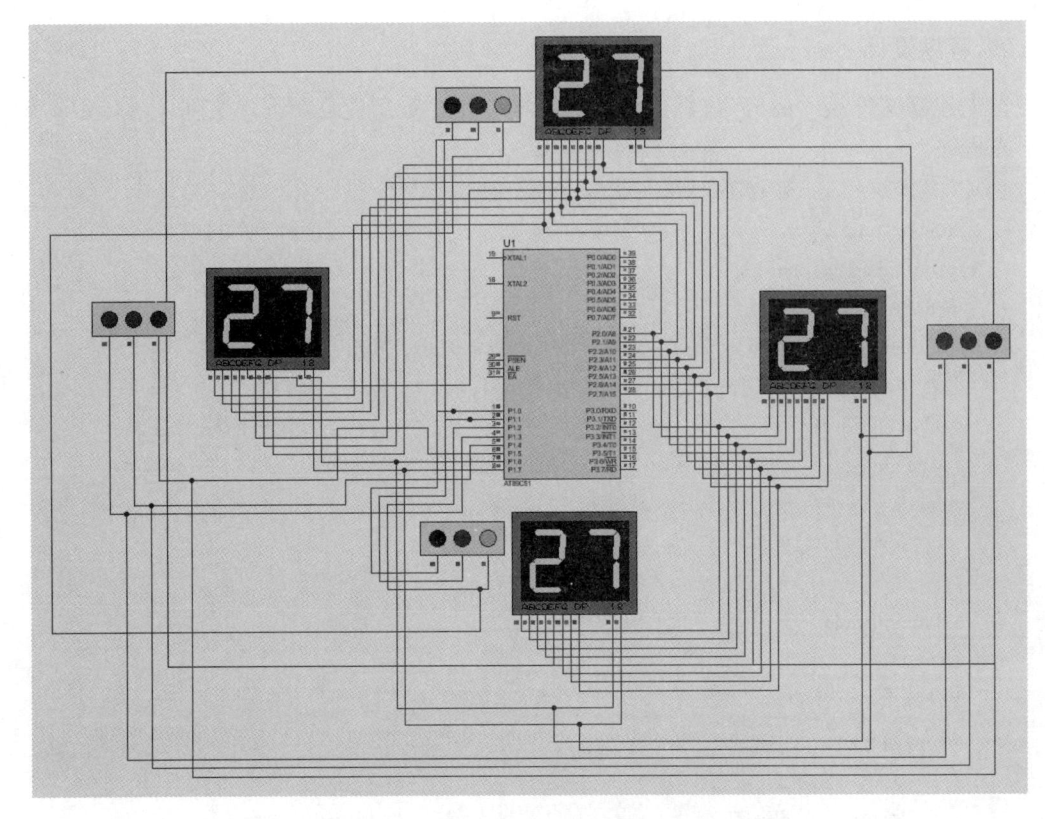

图 8-7　交通信号的处理与控制的接口电路及仿真效果

1. 实现方法

本实例中需要用数码管显示两位数字，因此要使用一种叫作“快速动态扫描”的方法。在实例 56 中，只要延迟时间足够短，数码管在人眼中看起来就是同时亮的，这是利用人眼的“视觉暂留”效应。

具体来说就是，采用循环高速扫描的方式，分时轮流选通各数码管的 COM 端，使数码管轮流导通显示。当扫描速度达到一定程度时，人眼就分辨不出来了，尽管实际上各位数码管并非同时点亮，但只要扫描的速度足够快，在人眼中就是一组稳定的显示数据，人就会认为各数码管是同时发光的。所以，编程的关键是显示数字后的延迟时间要足够短（如小于 1 ms）。值得注意的是，如果延迟时间太短，在人眼中数码管的亮度就会显得很暗。

此外，采用动态扫描方式有时候会出现鬼影现象，所谓鬼影就是不该点亮的数码管字段出现余晖。为了避免这种现象的发生，在每一位数码管点亮完之后应先将位码全部关闭，等送出下一位的段码之后再打开下一位的位码。

2. 程序设计

首先建立文件夹“ex56”，然后建立其工程项目，最后建立源程序文件“ex56.c”。部分源程序如下。

```
//实例 56：交通信号的处理与控制
void delay(int i)              //延时函数
{ unsigned int j,k;
```

```
  for(j=0;j<i;j++)
      for(k=0;k<200;k++);
}
void Timer1Init()                                     //定时器初始化
{TMOD|=0X10;                                          //选择定时器工作方式 1
 TH1=0XFC;                                            //给定时器赋初值，定时 1ms
 TL1=0X18;
 TR1=1;
 ET1=1;                                               //开启定时器 1 中断允许
 EA=1;                                                //开启总中断
}
void Xman()   //数码管显示
{for(i=0;i<2;i++)
   { switch(i)
      {case 0:LA=0,LB=1,LL=smgduan[a/10];break;       //显示十位数
       case 1:LA=1,LB=0;LL=smgduan[a%10];break;       //显示个位数
      }
      delay(10);                                      //延迟一段时间
      LL=0X00;                                        //消隐
   }
}
void key()
{if(a==0)
  { j++;
    if(j==1)
    {AA=0,BB=0,CC=1,DD=1,EE=0,FF=0;                   //南北方向红灯亮，东西方向绿灯亮
     a=30;                                            //数码管显示时间为 30
     }
    if(j==2)
    {AA=0,BB=1,CC=0,DD=1,EE=0,FF=0;                   //南北方向红灯亮，东西方向黄灯亮
     a=2;                                             //数码管显示时间为 2
    }
    if(j==3)
    {AA=1,BB=0,CC=0,DD=0,EE=0,FF=1;                   //南北方向绿灯亮，东西方向红灯亮
     a=30;                                            //数码管显示时间为 30
    }
    if(j==4)
    {AA=1,BB=0,CC=0,DD=0,EE=1,FF=0;                   //南北方向黄灯亮，东西方向红灯亮
     a=2;                                             //数码管显示时间为 2
     j=0;                                             //为 j 重新赋值为 0，使这个程序循环
    }
  }
}
void main()                                           //主函数
{Timer1Init();
    while(1)
```

```
        {
            Xman();
            key();
        }
    }
void Timer1() interrupt 3                //定时器 1 中断
{   static unsigned int nu;
    TH1=0XFC;                            //重新赋值，1 ms 中断
    TL1=0X18;
    nu++;
    if(nu==1000)                         //中断 1000 次，即中断了 1 s
    {nu=0; a--;}
}
```

3．用 Proteus 软件仿真

经 Keil 软件编译通过后，可使用 Proteus 软件进行仿真。在 Proteus 工作环境中绘制好如图 8-7 所示仿真原理图，或者打开随书附件“第 8 章\仿真实例\ ex56”文件夹内的“ex56.pdsprj”仿真原理图文件，将编译好的“ex56.hex”文件载入 AT89C51。启动仿真，即可看到交通信号系统开始工作。

8.1.5　实例 57：超声波测距及数码管显示

本实例采用的仿真电路原理图参见图 8-8。本实例原理为通过 SRF04 超声波测距传感器测出距离，再用快速动态扫描显示出测得的距离。

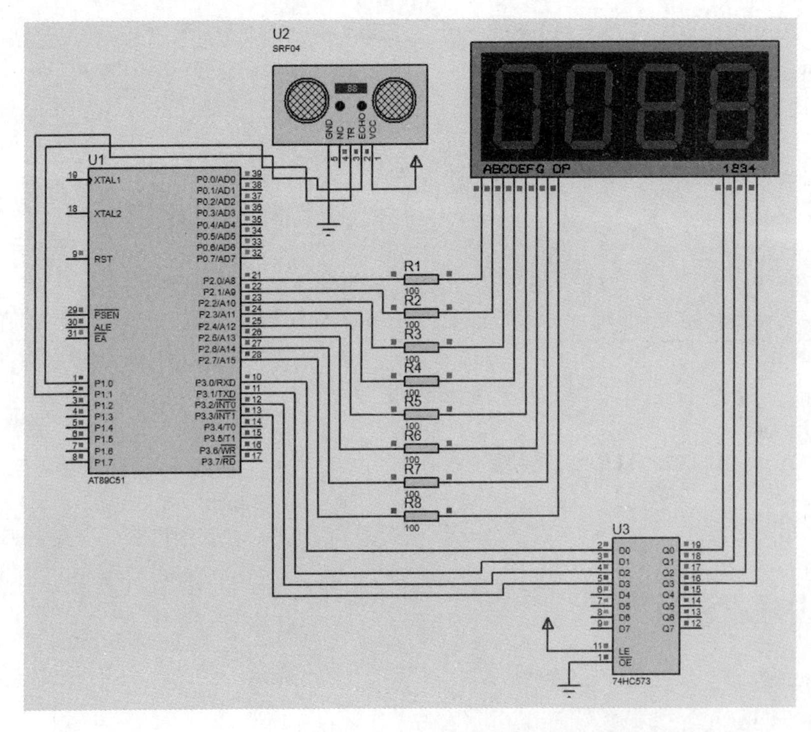

图 8-8　超声波测距及数码管显示的仿真电路原理图

1．实现方法

当 SRF04 模块的 TRIG 口收到一个不低于 10μs 的高电平信号时，模块会自动发送 8 个 40 kHz 的方波，随后模块自动检测是否有信号返回，有信号返回则通过 ECHO 口输出一个高电平，高电平持续的时间就是从超声波发射到返回的时间，通过计算时间和声速即可得到距离。具体操作为用一个 I/O 口发出一个 10μs 以上的高电平，另一个 I/O 口等待高电平输出，检测到高电平信号时打开定时器计时直到此口变为低电平，读取定时器定时的时间就是此次测距的时间，通过计算得出距离后用数码管显示。

2．程序设计

首先建立文件夹“ex57”，然后建立其工程项目，最后建立源程序文件“ex57.c”。输入以下源程序：

```
//实例 57：超声波测距及数码管显示
#include<reg51.h>                          //包含 51 单片机寄存器定义的头文件
uint Read_value()
{

  float temp;
  uint result=0;
  Tr=1;                                    //触发引脚发出 11 μs 的触发信号（不低于 10 μs）
  Delay10us();                             //延迟 10 μs
  _nop_();
  Tr=0;
  while(!Ec);                              //等待高电平信号
  TR0=1;                                   //开启定时器 0
  while(Ec);                               //回响信号高电平
  TR0=0;                                   //关闭定时器 0
  temp=TH0*256+TL0;                        //最终时间（μs）
  temp/=1000.0;                            //最终时间（ms）
  temp*=17.0;                              //距离(cm)，17=声速 34(cm/ms) 除以 2
  result=temp;
  TH0=TL0=0;                               //定时器清零
  if(temp-result>=0.5)                     //四舍五入
        result+=1;
  return result;
}
void main()
{int time;
  uint distance;
  Tr=0;                                    //触发引脚首先拉低
  InitTimer0();                            //初始化定时器 0
  P2=0;
  while(1)
  {
```

```
            distance=Read_value();              //读值
            time=0;
            while(time!=200)
            {
                show(distance);                 //显示距离
                time++;
            }
        }
    }
```

3．用 Proteus 软件仿真

经 Keil 软件编译通过后，可使用 Proteus 软件进行仿真。在 Proteus ISIS 工作环境中绘制如图 8-8 所示仿真原理图，或者打开随书附件“第 8 章\仿真实例\ ex57”文件夹内的“ex57.pdsprj”仿真原理图文件，将编译好的“ex57.hex”文件载入 AT89C51。启动仿真，即可看到数码管显示的数据随超声波模块传入数据的变化而变化。

4．用实验板进行实验

程序仿真无误后，将“ex57”文件夹中的“ex57.hex”文件烧录到 AT89C51 芯片中。再将烧录好的单片机插入实验板，连接好超声波测距模块之后就可以看到数码管显示距离的数值。

8.1.6　实例 58：点阵 LED 动态显示的实现

本实例使用的仿真电路原理图参见图 8-9，其功能是循环显示“0”～“9”。

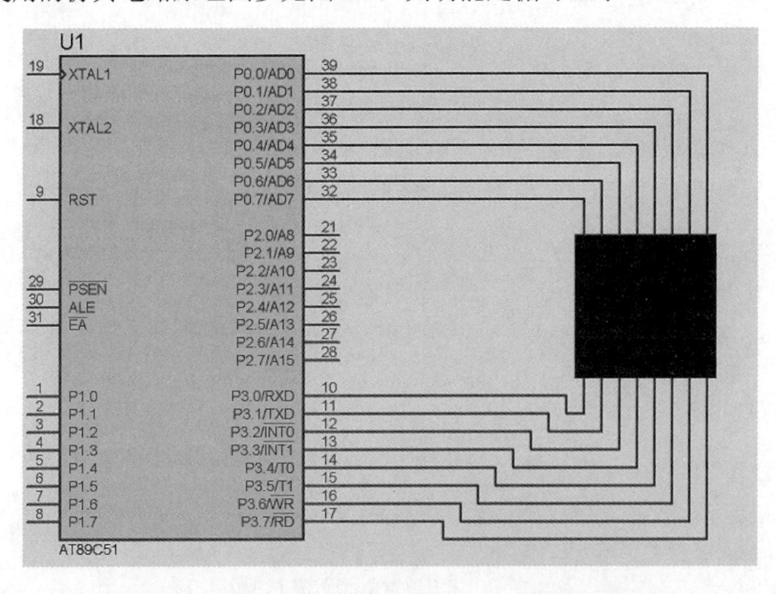

图 8-9　点阵 LED 动态显示实现的仿真电路原理图

1．实现方法

可利用人眼的“视觉暂留”效应，采用循环高速扫描的方式，分时轮流选通各点阵。

当扫描速度达到一定程度时，人眼就分辨不出来了，尽管实际上各点阵并非同时点亮，但只要扫描的速度足够快，给人的印象就是一组稳定的显示数据，人就会认为各点是同时发光的。所以，编程的关键是显示数字后的延迟时间要足够短（如小于 1 ms）。

2．程序设计

首先建立文件夹“ex58”，然后建立其工程项目，最后建立源程序文件“ex58.c”。输入以下源程序：

```
//实例 58：点阵 LED 动态显示实现
#include<reg51.h>
#include<intrins.h>
#define uchar unsigned char
#define uint unsigned int
uchar code Table_of_Digits[]=
{
0x00,0x3e,0x41,0x41,0x41,0x3e,0x00,0x00,    //0
0x00,0x00,0x00,0x21,0x7f,0x01,0x00,0x00,    //1
0x00,0x27,0x45,0x45,0x45,0x39,0x00,0x00,    //2
0x00,0x22,0x49,0x49,0x49,0x36,0x00,0x00,    //3
0x00,0x0c,0x14,0x24,0x7f,0x04,0x00,0x00,    //4
0x00,0x72,0x51,0x51,0x51,0x4e,0x00,0x00,    //5
0x00,0x3e,0x49,0x49,0x49,0x26,0x00,0x00,    //6
0x00,0x40,0x40,0x40,0x4f,0x70,0x00,0x00,    //7
0x00,0x36,0x49,0x49,0x49,0x36,0x00,0x00,    //8
0x00,0x32,0x49,0x49,0x49,0x3e,0x00,0x00     //9
};
uchar i=0,t=0,Num_Index;
//主程序
void main()
{
P3=0x80;
Num_Index=0;                        //从 0 开始显示
TMOD=0x00;                          //T0 工作于方式 0
TH0=(8192-2000)/32;                 //定时 2 ms
TL0=(8192-2000)%32;
IE=0x82;
TR0=1;                              //启动  T0
while(1);
}
//T0  中断函数
void LED_Screen_Display() interrupt 1
{
TH0=(8192-2000)/32;                 //恢复初值
TL0=(8192-2000)%32;
```

```
        P0=0xff;                                    //输出位码和段码
        P0=~Table_of_Digits[Num_Index*8+i];
        P3=_crol_(P3,1);
        if(++i==8) i=0;                             //每屏显示一个数字，该数字由8字节构成
        if(++t==250)                                //每个数字刷新显示一段时间
        {
         t=0;
         if(++Num_Index==10) Num_Index=0;           //显示下一个数字
        }
```

3．用 Proteus 软件仿真

经 Keil 软件编译通过后，可使用 Proteus 软件进行仿真。在 Proteus ISIS 工作环境中绘制好如图 8-9 所示仿真原理图，或者打开随书附件“第 8 章\仿真实例\ ex58”文件夹内的“ex58.pdsprj”仿真原理图文件，将编译好的“ex58.hex”文件载入 AT89C51。启动仿真，即可看到数字“0”～“9”循环显示。

4．用实验板进行实验

程序仿真无误后，将“ex58”文件夹中的“ex58.hex”文件烧录到 AT89C51 芯片中。再将烧录好的单片机插入实验板，通电运行即可看到动态显示的效果。

8.2 键盘接口技术

在单片机应用系统中，通常需要通过输入装置对系统进行初始设置和输入数据等操作，这些任务由键盘来完成。

键盘是单片机应用系统中最常用的输入设备之一，由若干按键按照一定规则组成，每一个按键实际上是一个开关元件，按其构造可分为有触点、无触点两类。有触点按键有机械开关、弹片式微动开关、导电橡胶等；无触点按键有电容式按键、光电式按键和磁感应按键等。目前，单片机应用系统中使用最多的键盘可分为编码键盘和非编码键盘。

编码键盘能够由硬件逻辑自动提供与被按键对应的编码，通常还有去抖动、多键识别等功能。这种键盘使用方便，但价格较贵，一般的单片机应用系统很少采用。

非编码键盘只提供简单的行和列的矩阵，应用时由软件来识别键盘上的闭合键。它具有结构简单、使用灵活等特点，因此被广泛应用于单片机控制系统。在应用中，非编码键盘常用的类型有独立式（线性）键盘和矩阵（行列式）键盘两种。

8.2.1 独立式键盘的工作原理

1．接口电路

独立式键盘（或线性键盘）的接口电路如图 8-10 所示。每一个按键对应 P1 口的一根线，各键是相互独立的。应用时，由软件来识别键盘上的键是否被按下。当某个键被按下时，该键所对应的接口将由高电平变为低电平。反过来，如果检测到某接口为低电平，则可判断出该接口对应的按键被按下。因此，通过软件可判断出某个按键是否被按下。

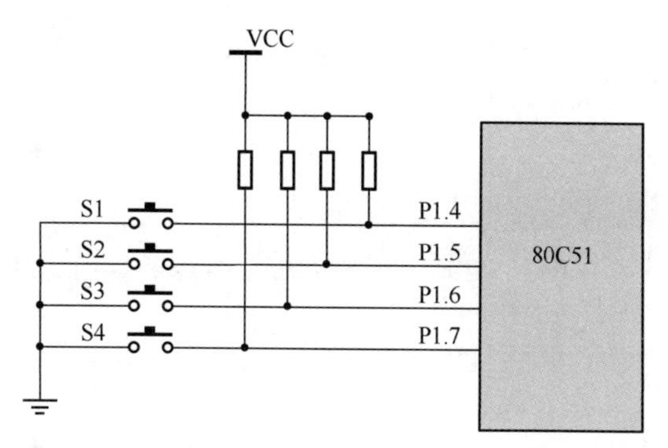

图 8-10　独立式键盘（或线性键盘）的接口电路

2. 按键抖动的消除

单片机中应用的键盘一般是由机械触点构成的。在图 8-10 中，当开关 S1 未被按下时，P1.4 输入为高电平，当 S1 闭合后，P1.4 输入为低电平。由于按键是机械触点，当机械触点断开、闭合时，触点将有抖动，按键抖动产生的 P1.4 输入端的波形如图 8-11 所示。这种抖动对于人来说是感觉不到的，但对于单片机来说，则是完全可以感应到的。因为单片机处理的速度为微秒级，而机械抖动的时间至少是毫秒级，对于单片机而言，这已是一个“漫长”的时间了。所以虽然只按了一次按键，但是单片机却检测到按了多次键，因而往往产生非预期的结果。

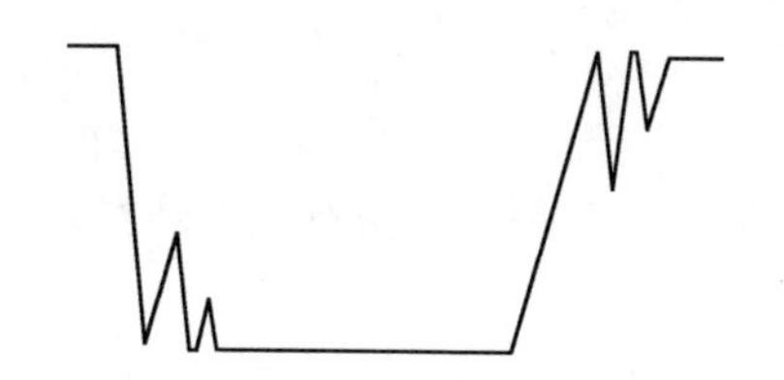
图 8-11　按键抖动产生的 P1.4 输入端的波形

为使单片机能够正确读出键盘所接 I/O 口的状态，就必须考虑消抖问题。单片机中常用的消抖方法为软件消抖法。当单片机第一次检测到某接口为低电平时，不是立即认定其对应按键被按下，而是延迟几十毫秒后再次检测该接口电平。如果该接口仍为低电平，则说明对应按键确实被按下，这实际上是避开了按键按下时的抖动时间。而在检测到按键释放后再延时几十毫秒，以消除后沿的抖动，再执行相应任务。在一般情况下，即使不对按键释放的后沿进行处理，也能满足绝大多数场合的要求。

3. 键盘的工作方式

按键所接引脚电平的高低可通过键盘扫描来判别，键盘扫描有两种方式：一种为 CPU 控制方式；另一种为定时器中断控制方式。前者灵敏度较低，后者则具有很高的灵敏度。

8.2.2　实例 59：无软件消抖的独立式键盘输入实验

本实例用按键 S1 控制发光二极管 D1 的亮/灭状态。第一次按下按键 S1 后，发光二极管 D1 点亮；再次按下 S1，D1 熄灭……本实例采用的接口电路原理图参见图 8-12。

1. 实现方法

将 P3.0 引脚电平初始化为高电平，以后每按下一次按键 S1，就让 P3.0 引脚电平取反。

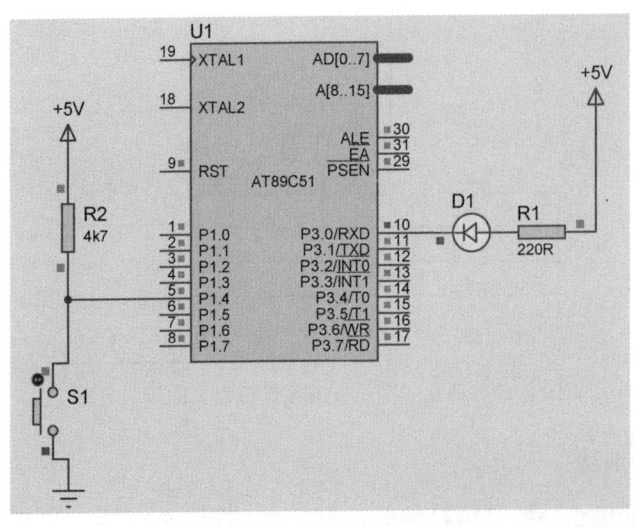

图 8-12　无软件消抖的独立式键盘输入实验的接口电路原理图

2．程序设计

首先建立文件夹“ex59”，然后建立其工程项目，最后建立源程序文件“ex59.c”。输入以下源程序。程序中带有软件消抖功能，如果去掉该功能则在实际使用中会出现按键反应不灵敏的现象。

```
//实例 59：独立式键盘输入实验
#include<reg51.h>                //包含 51 单片机寄存器定义的头文件
sbit S1=P1^4;                    //将 S1 位定义为 P1.4
sbit LED0=P3^0;                  //将 LED0 位定义为 P3.0
/**************************************************
函数功能：延迟约 30 ms
**************************************************/
void delay(void)
{
    unsigned char i,j;
     for(i=0;i<100;i++)
       for(j=0;j<100;j++)
          ;
}
/**************************************************
函数功能：主函数
**************************************************/
void main(void)
{
    LED0=0;                      //P3.0 引脚输出低电平
    while(1)
     {
        if(S1==0)                //P1.4 引脚输出低电平，按键 S1 被按下
          {
```

```
                delay();                //延迟一段时间再次检测（软件消抖）
                if(S1= =0)              //按键 S1 的确被按下
                LEDO=!LEDO;             //P3.0 引脚取反
            }
        }
    }
```

3．用 Proteus 软件仿真

经 Keil 软件编译通过后，可使用 Proteus 软件进行仿真。在 Proteus ISIS 工作环境中绘制如图 8-12 所示仿真原理图，或者打开随书附件“第 8 章\仿真实例\ ex59”文件夹内的“ex59.pdsprj”仿真原理图文件，将编译好的“ex59.hex”文件载入 AT89C51。启动仿真，可以看到，当用鼠标按下按键 S1 时，D1 亮灭状态发生改变。

出现上述现象的原因是，程序没有进行按键消抖，从而使单片机实际检测到的按键次数为不定状态。

4．用实验板进行实验

程序仿真无误后，将“ex59”文件夹中的“ex59.hex”文件烧录到 AT89C51 芯片中，再将烧录好的单片机插入实验板，通电运行即可看到和仿真类似的实验结果。

8.2.3 实例 60：简易门铃设计

本实例采用的接口电路原理图参见图 8-13，本案例功能为按键被按下时蜂鸣器发声。

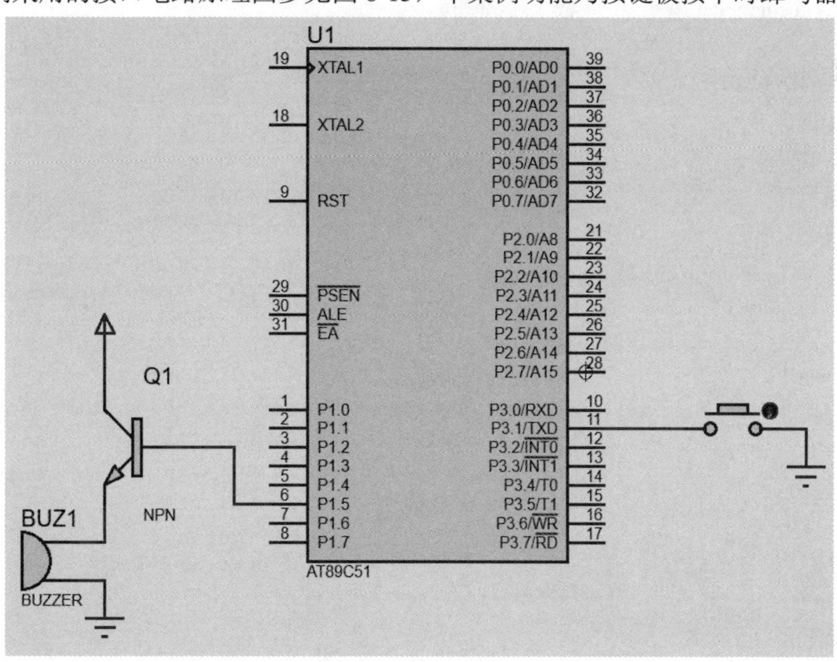

图 8-13 简易门铃设计的接口电路原理图

1．实现方法

当检测到按键被按下时，P1.5 引脚发出信号使蜂鸣器发声。

2. 程序设计

首先建立文件夹“ex60”，然后建立其工程项目，最后建立源程序文件“ex60.c”。输入以下源程序：

```
//实例 60：简易门铃设计
#include<reg51.h>              //包含 51 单片机寄存器定义的头文件
typedef unsigned int u16;      //对数据类型进行声明定义
typedef unsigned char u8;
sbit beep=P1^5;                //蜂鸣器接口定义
sbit k1=P3^1;                  //按键接口定义
u8 L1,L2,flag,stop;
u16 n;
/**************************************************
函数功能：延时
**************************************************/
void delay(u16 i)
{
  while(i--);
}
/**************************************************
函数功能：定时器初始化
**************************************************/
void time0init()               //定时器 0 初始化
{
  TMOD=0X01;                   //定时器 0 工作于方式 1
  TH0=0Xff;
  TL0=0X06;                    //定时 250 μs
  EA=1;
  ET0=1;
}
void Lin_init()
{
  L1=0;                        //叮声音的计数标志
  L2=0;                        //咚声音的计数标志
  n=0;                         //定时 0.5 s 标志
  flag=0;
  stop=0;                      //结束标志
}
/**************************************************
函数功能：主函数
**************************************************/
void main()
{
  time0init();
  Lin_init();
```

```
    while(1)
    {
        if(k1==0)               //判断按键是否被按下
        {
            delay(1000);        //消抖
            if(k1==0)
            {
                TR0=1;          //打开定时器 0
                while(!stop);
            }
        }
        else
        {
            beep=0;             //输出低电平
        }
    }
}
/*************************************************
延时函数：定时器中断
*************************************************/
void time0() interrupt 1
{ n++;
  TH0=0Xff;
  TL0=0X06;                     //定时 250 μs
  if(n==1500)                   //定时 0.5 s，叮声音 0.5 s，咚声音 0.5 s
  {     n=0;
        if(flag==0)
        flag=~flag;
        else
        {     flag=0;
              stop=1;
              TR0=0;            //关闭定时器 0
        }
  }
  if(flag==0)
{     L1++;                     //叮声音
        if(L1==1)
        {   L1=0;
            beep=~beep;         //电平取反
        }
  }
  else
  {     L2++;
        if(L2==2)               //咚声音
```

```
        {   L2=0;
            beep=~beep;                //电平取反
        }
    }
}
```

3. 用 Proteus 软件仿真

经 Keil 软件编译通过后，可使用 Proteus 软件进行仿真。在 Proteus ISIS 工作环境中绘制如图 8-13 所示仿真原理图，或者打开随书附件“第 8 章\仿真实例\ex60”文件夹内的“ex60.pdsprj”仿真原理图文件，将编译好的“ex60.hex”文件载入 AT89C51。启动仿真，用鼠标按下按键 S1，蜂鸣器发出“叮咚”的声音。

4. 用实验板进行实验

程序仿真无误后，将“ex60”文件夹中的“ex60.hex”文件烧录到 AT89C51 芯片中，再将烧录好的单片机插入实验板，通电运行即可看到和仿真类似的实验结果。

8.2.4 实例 61：简易电子密码锁设计

本实例采用的接口电路原理图参见图 8-14。本案例要求输入的密码（默认为 1234）正确后按确认键亮绿灯，否则亮红灯。

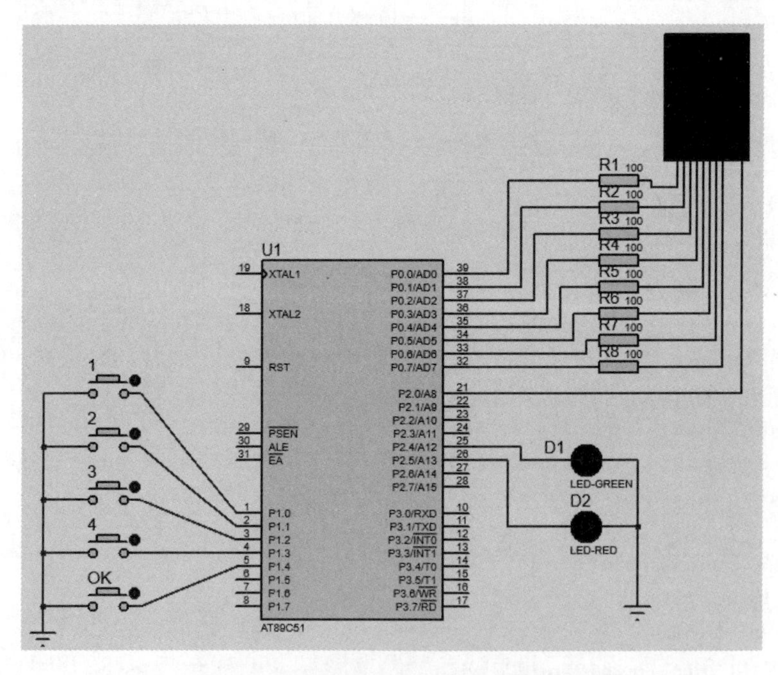

图 8-14　简易电子密码锁设计电路原理图

1. 实现方法

CPU 控制键盘扫描，即按程序的执行顺序，当执行到键盘扫描子程序时，才开始键盘扫描。也就是说，只有在 CPU 空闲时才能去执行扫描键盘操作。

由于本实例中的 5 个按键分别对应 5 种功能，因此，需要为每个按键设置一个事件，并事先规定如下：

- 按下 1 键时，输入密码 1；
- 按下 2 键时，输入密码 2；
- 按下 3 键时，输入密码 3；
- 按下 4 键时，输入密码 4；
- 按下 OK 键时，确认密码。

接下来介绍按键值的判别过程。

（1）判别是否有按键被按下。将 P1 口的低 5 位（P1.0～P1.4）均置高电平"1"，读取这 5 位的电平，只要有一位不为"1"，则说明有按键被按下。读取方法如下：

```
P1=0xff;
while(P1= =0xFF); /*如果 P1 口不为 0xFF，说明有按键被按下，此时 while 里的条件"P1==0xFF"不
                  成立，跳出 while 循环开始检测*/
```

（2）按键消抖。当判别到有按键被按下后，调用延时子程序，延迟几十毫秒后再进行判别，若有按键被按下，则执行相应控制功能，否则重新开始扫描。

（3）键值判别。当确认有按键被按下时，可采用逐位扫描的方法来判断哪个按键被按下。

```
if(P1==0xFE)        //1 键被按下时，P1 口状态为 0xFE
  return 1;         //根据事先规定，返回键值 1
  …
```

（4）密码判断。输入完 4 位密码后，按下 OK 键，密码正确亮绿灯，密码错误亮红灯。

2. 程序设计

首先建立文件夹"ex61"，然后建立其工程项目，最后建立源程序文件"ex61.c"。部分源程序如下：

```
//实例 61：简易电子密码锁设计
char dat[4];                    //存储密码
char client[4];                 //存储输入的参数
/***************************************************
函数功能：延时，时间和传入的参数 i 有关
***************************************************/
void delay(int i)
{
  int m,n;
  for(n=0;n<i;n++)
        for(m=0;m<168;m++);
}
/***************************************************
函数功能：设置密码
***************************************************/
void Keyword(void)
{
  dat[0]=1;                     //密码的第一位
```

```
  dat[1]=2;                    //密码的第二位
  dat[2]=3;                    //密码的第三位
  dat[3]=4;                    //密码的第四位
}
/************************************************
函数功能：处理按键
************************************************/
  char key(void)               //函数返回值为char类型
{
  P1=0xFF;
  while(P1==0xFF);
  if(P1==0xFE)
  {
        Delay2ms();
        if(P1==0xFE)
              return 1;        //返回 1
  }
  if(P1==0xFD)
  {
        Delay2ms();
        if(P1==0xFD)
              return 2;        //返回 2
  }
  if(P1==0xFB)
  {
        Delay2ms();
        if(P1==0xFB)
              return 3;        //返回 3
  }
  if(P1==0xF7)
  {
        Delay2ms();
        if(P1==0xF7)
              return 4;        //返回 4
  }
  return 0;
}
/************************************************
函数功能：记录输入密码数并显示
************************************************/
void Send_keyword(void)
{
  int i=0;
  i=key();                     //读取键值
  P0=duan[i];                  //数码管显示
  client[0]=i;                 //记录第一位参数
  delay(800);                  //延迟一段时间
  i=key();                     //读取键值
```

```
    P0=duan[i];                 //数码管显示
    client[1]=i; ;              //记录第二位参数
    delay(800);                 //延迟一段时间
    i=key();                    //读取键值
    P0=duan[i];                 //数码管显示
    client[2]=i; ;              //记录第三位参数
    delay(800);                 //延迟一段时间
    i=key();                    //读取键值
    P0=duan[i];                 //数码管显示
    client[3]=i; ;              //记录第四位参数
    delay(800);                 //延迟一段时间
}
/**************************************************
函数功能：主函数
**************************************************/
int main(void)
{

    int x;
    int flag=0;
    loop: flag=0;
    turn=0;
    P0=0x00;
    led_green=0;                //绿灯灭
    led_red=0;                  //红灯灭
    Keyword();                  //设置密码
    Send_keyword();             //输入密码
    while(P1!=0xEF);            //确认密码
    P0=duan[0];                 //数码管清零
    while(1)
    {
        for(x=0;x<4;x++)
        {
            if(client[x]==dat[x])
            {
                flag=1;
            }
            else
            {
                flag=2;
            }
        }
        if(flag==1)
        {
            led_green=1;        //密码正确亮绿灯
            delay(2000);        //延迟一段时间
        }
        else
```

```
        {
            led_red=1;                //密码错误亮红灯
            delay(2000);              //延迟一段时间


        }
        goto loop;
    }
}
```

3．用 Proteus 软件仿真

经 Keil 软件编译通过后，可使用 Proteus 软件进行仿真。在 Proteus ISIS 工作环境中绘制如图 8-14 所示仿真原理图，或者打开随书附件“第 8 章\仿真实例\ex61”文件夹内的“ex61.pdsprj”仿真原理图文件，将编译好的“ex61.hex”文件载入 AT89C51。启动仿真，当用鼠标输入正确的 4 位密码之后按 OK 键，绿色灯亮，输入错误的 4 位密码之后按 OK 键，红色灯亮。此外，在按下 OK 键 2s 内输入数字没有响应。

产生上述现象的原因是，在按下 OK 键的 2s 内，CPU 正忙于执行其他工作（如软件延时），而没有执行按键扫描程序，所以不能执行预期的控制任务。

4．用实验板进行实验

程序仿真无误后，将“ex61”文件夹中的“ex61.hex”文件烧录到 AT89C51 芯片中。再将烧录好的单片机插入实验板，通电运行即可看到和仿真类似的实验结果。

上述实验结果表明，CPU 控制的键盘扫描不能很好地达到按键的控制目的。若要很好地实现按键的控制功能，需由定时器中断控制进行键盘扫描。

8.2.5 实例 62：定时器中断控制的键盘扫描实验

本实例用定时器中断控制进行键盘扫描，采用的接口电路原理图参见图 8-15。本实例要求按下按键 S1 时，P3 口的 8 位 LED 正向流水点亮；按下按键 S2 时，P3 口的 8 位 LED 反向流水点亮；按下按键 S3 时，P3 口的 8 位 LED 熄灭；按下按键 S4 时，P3 口的 8 位 LED 闪烁。

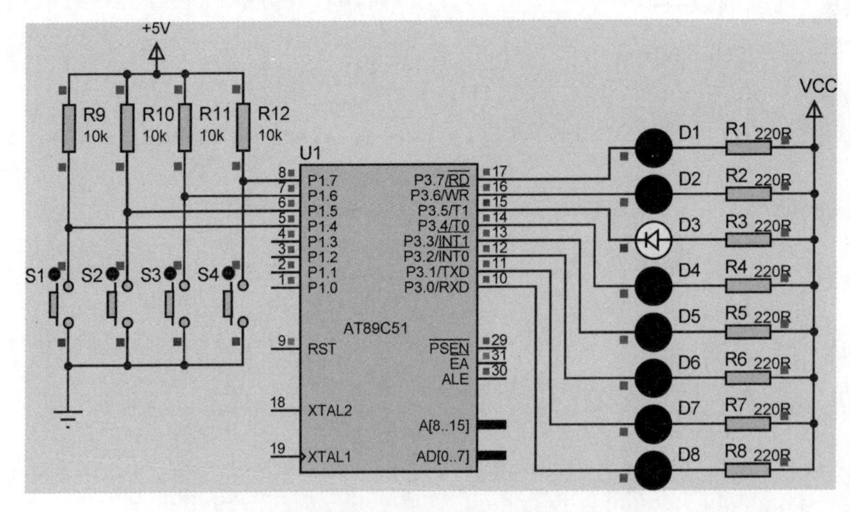

图 8-15　定时器中断控制的键盘扫描实验接口电路原理图

1．实现方法

若要保证按键的“灵敏度”，就必须在足够短的时间内对键盘进行定期扫描。实例 61 中的按键在输入密码 2s 内“不响应”就是由于 CPU 忙于处理别的程序，从而在较长时间内不能扫描键盘造成的。实践表明，每 1 ms 扫描一次键盘，可以很好地实现按键的控制功能。

由定时器中断控制的键盘扫描程序流程如图 8-16 所示。

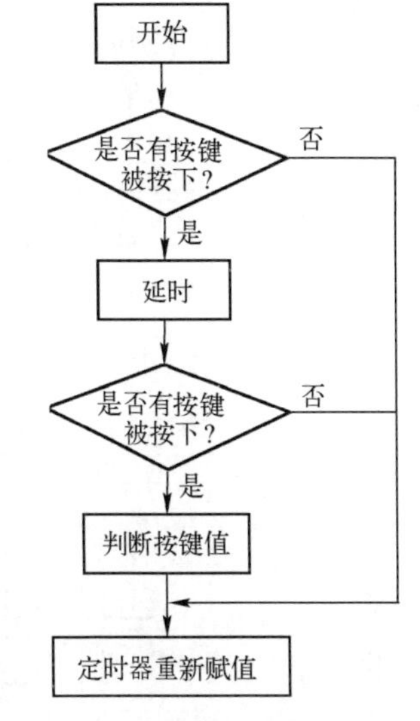

图 8-16　由定时器中断控制的键盘扫描程序流程

2．程序设计

首先建立文件夹“ex62”，然后建立其工程项目，最后建立源程序文件“ex62.c”。本实例源程序请参考随书附件。

3．用 Proteus 软件仿真

经 Keil 软件编译通过后，可使用 Proteus 软件进行仿真。在 Proteus ISIS 工作环境中绘制如图 8-15 所示仿真原理图，或者打开随书附件“第 8 章\仿真实例\ex62”文件夹内的“ex62.pdsprj”仿真原理图文件，将编译好的“ex62. hex”文件载入 AT89C51。启动仿真，用鼠标按下按键 S1，P3 口的 8 位 LED 开始正向流水点亮，用鼠标按下按键 S2，LED 马上反向流水点亮。结果表明按键的“灵敏度”明显提高。

4．用实验板进行实验

程序仿真无误后，将“ex62”文件夹中的“ex62.hex”文件烧录到 AT89C51 芯片中，再将烧录好的单片机插入实验板，通电运行即可看到和仿真类似的实验结果。

上述实验结果表明，用定时器 T0 的中断控制键盘扫描，可以很好地实现按键的预期控制功能。

8.2.6　实例 63：“一键多能”实验

本实例用一个按键实现 4 种控制功能，即“一键多能”，采用的接口电路原理图参见图 8-17。本实例要求系统上电（默认）时，P3.0 引脚上的发光二极管 D8 被点亮。当第一次按下按键 S1 时，D7 被点亮；当第二次按下按键 S1 时，D6 被点亮；当第三次按下按键 S1 时，D5 被点亮；当第四次按下按键 S1 时，D8 又被点亮。如此循环，即可用一个按键（S1）实现 4 种功能。

1．实现方法

当需要找一个人的时候，必须说清楚那个人的名字。那么，要实现某种功能，也可以给该功能模块起一个名字，即用 ID 标识各功能模块。每按下一次按键，就让 ID 发生有规律的改变，单片机就能根据 ID 来执行相应的功能。

本实例 4 种功能的 ID 规定如下：

- 功能 1：ID=0，D8 点亮；
- 功能 2：ID=1，D7 点亮；

➢ 功能 3：ID=2，D6 点亮；
➢ 功能 4：ID=3，D5 点亮。

本实例程序流程如图 8-18 所示。

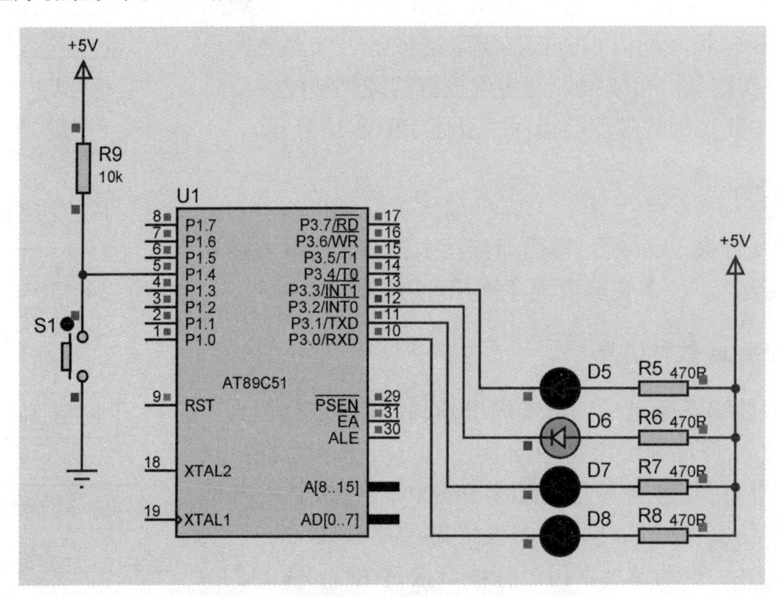

图 8-17 “一键多能”实验的接口电路原理图

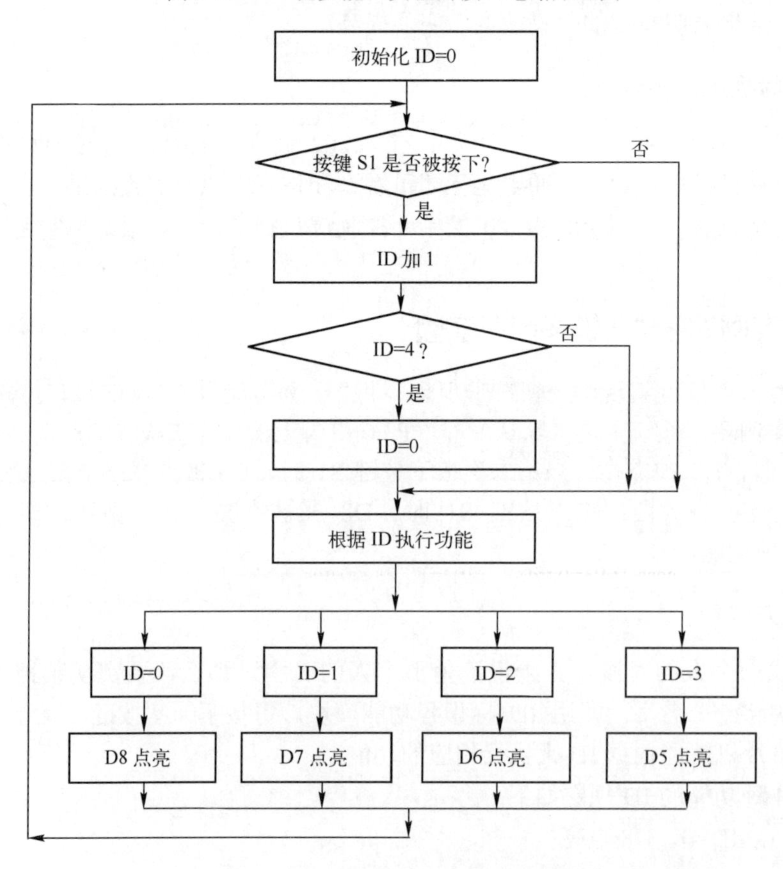

图 8-18 “一键多能”实验程序流程

2. 程序设计

首先建立文件夹“ex63”，然后建立其工程项目，最后建立源程序文件“ex63.c”。输入以下源程序：

```
//实例 63："一键多能"实验
#include<reg51.h>                    //包含 51 单片机寄存器定义的头文件
unsigned char ID;                    //存储流水灯的流动速度
sbit S1=P1^4;                        //将 S1 位定义为 P1.4
/************************************************************
函数功能：延时子程序（约 60 ms）
************************************************************/
void delay(void)                     //因为仅对一个按键扫描，所以延迟时间较长，约 200 ms
 {
   unsigned char i,j;
   for(i=0;i<200;i++)
    for(j=0;j<100;j++)
         ;
}
/************************************************************
函数功能：主函数
************************************************************/
void main(void)
{
    TMOD=0x02;                       //定时器 T0 工作于方式 2
       EA=1;                         //开启总中断
       ET0=1;                        //定时器 T0 中断允许
       TR0=1;                        //定时器 T0 开始运行
       TH0=0xFF;                     //定时器 T0 赋初值，每 200 μs 发送 1 次中断请求
       TL0=0xFF-200;
       ID=0;                         //默认执行功能 1（ID=0）
    while(1)
      {
         switch(ID)                  //根据 ID 的值来选择待执行的功能
             {
               case 0: P3=0xfe;      //ID=0，执行功能 1
                       break;        //跳出 switch 语句
               case 1: P3=0xfd;   //ID=1，执行功能 2
                       break;
               case 2: P3=0xfb;   //ID=2，执行功能 3
                       break;
               case 3: P3=0xf7;   //ID=3，执行功能 4
                       break;
             }
      }
   }
```

```
/*******************************************************
函数功能：定时器 T0 的中断服务子程序，进行键盘扫描
*******************************************************/
void intersev(void) interrupt 1 using 1
{
   TR0=0;                    //关闭定时器防止一直产生中断
   TH0=0xFF;                 //定时器 T0 赋初值，每 200 μs 发送 1 次中断请求
   TL0=0xFF-200;
   P1=0xff;
   if(S1==0)                 //如果是按键 S1 按下
      {
               while(S1==0);
            ID=ID+1;
      }
  if(ID==4)
      ID=0;
   TR0=1;                    //重新打开定时器
}
```

3．用 Proteus 软件仿真

经 Keil 软件编译通过后，可使用 Proteus 软件进行仿真。在 Proteus ISIS 工作环境中绘制好如图 8-17 所示仿真原理图，或者打开随书附件“第 8 章\仿真实例\ex63”文件夹内的“ex63.pdsprj”仿真原理图文件，将编译好的“ex63.hex”文件载入 AT89C51。启动仿真，用鼠标按下按键 S1，P3 口的发光二极管 D8～D5 被循环点亮。

4．用实验板进行实验

程序仿真无误后，将“ex63”文件夹中的“ex63.hex”文件烧录到 AT89C51 芯片中，再将烧录好的单片机插入实验板，通电运行即可看到和仿真类似的实验结果。

8.2.7　实例 64：独立式键盘控制步进电动机实验

本实例使用独立式键盘控制步进电动机，采用的接口电路原理图参见图 8-19。该电路实现的效果如下：按下按键 S1，步进电动机正转；按下按键 S2，步进电动机反转；按下按键 S3，步进电动机停转。

注：在绘制仿真原理图时，步进电动机选用“MOTOR-STEPPER”，功率放大集成电路选用“ULN2003A”，逻辑部件选用“74LS04”。

1．实现方法

1）步进电动机的基本原理

步进电动机是一种将电脉冲信号转换成相应角位移或线位移的电磁机械装置，在没有超出负载的情况下，它能在瞬间实现启动和停止。步进电动机的转动速度只取决于外加脉冲信号的频率和脉冲数，而不受负载变化的影响。例如，给步进电动机加一个脉冲信号，步进电动机就会转移一个步距角。步进电动机的使用与常规交流电动机或直流电动机不同。常规电动机都是加上相应的电压后，电动机开始转动，断电后电动机则停止转动；而步进电动机

既能控制转动方向也能控制它的转动速度。例如，在应用时，步进电动机可以控制先正转 6 圈再反转 5 圈。所以，步进电动机的动作方式比常规电动机显得更为灵活、方便，在打印机、绘图仪、机器人等设备上应用广泛。

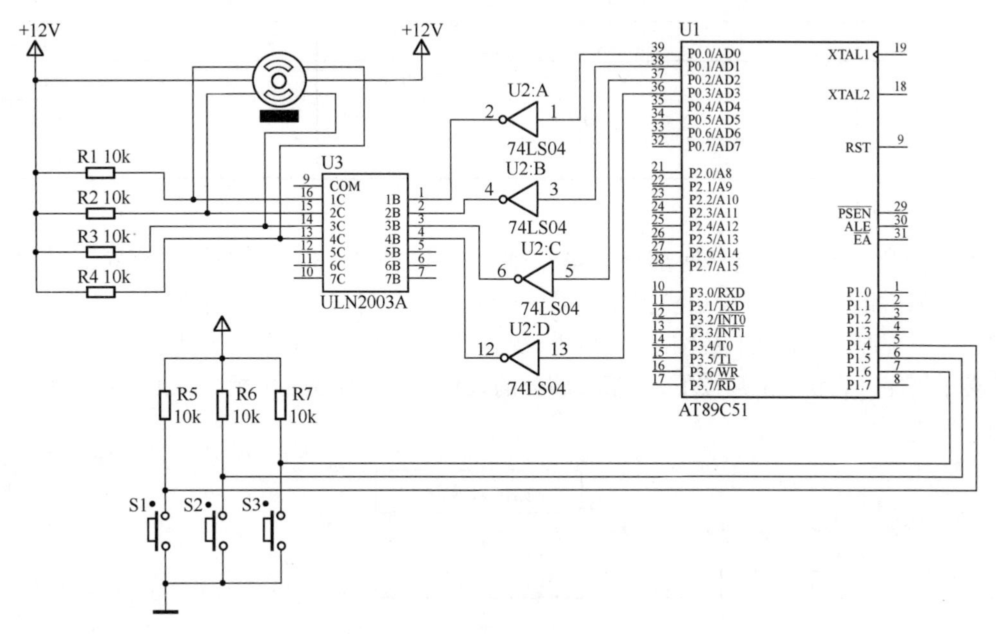

图 8-19　步进电动机接口电路原理图

由于步进电动机的工作电流比较大，因此在使用单片机控制时需要驱动电路。常用的小型步进电动机的驱动电路有 ULN2003A、ULN2803、74LS244 等集成电路。本实例采用的是 ULN2003A 大功率高速集成电路，其原理图如图 8-19 所示，该芯片将来自 P0 口低 4 位的脉冲信号放大后送给步进电动机，再给步进电动机接一根电源线即可正常工作。所以，本实例使用的步进电动机的连线共 5 根：4 条信号线和 1 根电源线。

2）步进电动机的驱动脉冲

步进电动机的最基本原理是通过控制输入电流，形成一个旋转磁场而工作，旋转磁场可以由 1 相励磁、2 相励磁、3 相励磁和 5 相励磁等方式产生。本实例采用的是一台小型 2 相励磁步进电动机，有两组励磁线圈 $\overline{AA}$ 和 $\overline{BB}$。应用时，只需要在两组线圈的 4 个端口分别输入规定的环形脉冲信号。也就是通过控制单片机的 P0.0、P0.1、P0.2 和 P0.3 的高/低电平，就可以指定步进电动机的转动方向。根据表 8-4 和表 8-5 给出的 2 相励磁步进电动机正/反转的环形脉冲分配表，让步进电动机正转或反转时，只需将正/反转的环形脉冲信号送给步进电动机即可；要让电动机停转，不给步进电动机输送脉冲信号即可。

表 8-4　2 相励磁步进电动机正转的环形脉冲分配表

步　　数	P0.0	P0.1	P0.2	P0.3	P0
	A	$\overline{A}$	B	$\overline{B}$	
1	1	1	0	0	0xfc
2	0	1	1	0	0xf6
3	0	0	1	1	0xf3
4	1	0	0	1	0xf9

表 8-5　2 相励磁步进电动机反转的环形脉冲分配表

步　　数	P0.0	P0.1	P0.2	P0.3	P0
	A	$\bar{A}$	B	$\bar{B}$	
1	1	1	0	0	0xfc
2	1	0	0	1	0xf9
3	0	0	1	1	0xf3
4	0	1	1	0	0xf6

3）程序设计

本实例的软件设计包括两部分：第一部分是步进电动机转动的驱动程序；第二部分是由定时器中断控制的键盘扫描程序。第一部分应包含对应 3 个按键值的子程序：步进电动机正转子程序（按键 S1 被按下）、步进电动机反转子程序（按键 S2 被按下）和步进电动机停转子程序（按键 S3 被按下）。第二部分的设计方法与实例 60 相同。本实例的程序流程如图 8-20 所示。

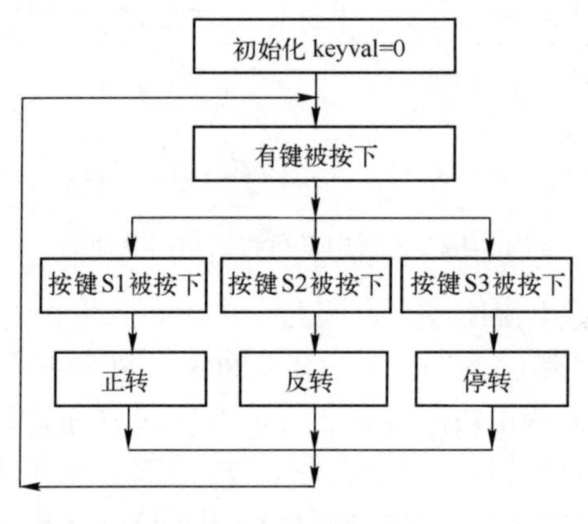

图 8-20　程序流程

2．程序设计

首先建立文件夹“ex64”，然后建立其工程项目，最后建立源程序文件“ex64.c”。输入以下源程序：

```
//实例 64：独立式键盘控制步进电动机实验
#include<reg51.h>           //包含 51 单片机寄存器定义的头文件
sbit S1=P1^4;               //将 S1 位定义为 P1.4 引脚
sbit S2=P1^5;               //将 S2 位定义为 P1.5 引脚
sbit S3=P1^6;               //将 S3 位定义为 P1.6 引脚
unsigned char keyval;       //存储按键值
unsigned char ID;           //存储功能标号
/****************************************************
函数功能：软件消抖延时（约 50 ms）
****************************************************/
void delay(void)
  {
```

```
    unsigned char i,j;
        for(i=0;i<150;i++)
          for(j=0;j<100;j++)
             ;
  }
/***************************************************
函数功能：步进电动机转动延时，延时越长，则转速越慢
***************************************************/
void motor_delay(void)
{
    unsigned int i;
      for(i=0;i<2000;i++)
             ;
}
/***************************************************
函数功能：步进电动机正转
***************************************************/
void forward( )
  {
        P0=0xfc;                     //P0 口低 4 位输出环形脉冲：1100
        motor_delay();
        P0=0xf6;                     //P0 口低 4 位输出环形脉冲：0110
        motor_delay();
        P0=0xf3;                     //P0 口低 4 位输出环形脉冲：0011
        motor_delay();
        P0=0xf9;                     // P0 口低 4 位输出环形脉冲：1001
        motor_delay();
  }
/***************************************************
函数功能：步进电动机反转
***************************************************/
void backward()
  {
            P0=0xfc;                 //P0 口低 4 位输出环形脉冲：1100
              motor_delay();
              P0=0xf9;               //P0 口低 4 位输出环形脉冲：1001
              motor_delay();
              P0=0xf3;               //P0 口低 4 位输出环形脉冲：0011
              motor_delay();
              P0=0xf6;               //P0 口低 4 位输出环形脉冲：0110
              motor_delay();
  }
/***************************************************
函数功能：步进电动机停转
***************************************************/
void stop(void)
```

```
{
        P0=0xff;                        //停止输出脉冲
}
/***************************************************
函数功能：主函数
***************************************************/
void main(void)
{
  TMOD=0x01;                            //定时器 T0 工作于方式 1
  EA=1;                                 //开启总中断
  ET0=1;                                //定时器 T0 中断允许
  TR0=1;                                //启动定时器 T0
 TH0=(65536-200)/256;                   //定时器 T0 的高 8 位赋初值，每计数 200 次产生一次中断
 TL0=(65536-200)%256;                   //定时器 T0 的低 8 位赋初值
  keyval=0;                             //按键值初始化为 0，什么也不做
  ID=0;                                 //将功能标号初始化为 0
    while(1)
        {
           switch(keyval)               //根据按键值 keyval 选择待执行的功能
              {
                 case 1:forward();      //按下按键 S1，正转
                        break;
                 case 2:backward();     //按下按键 S2，反转
                        break;
                 case 3:stop();         //按下按键 S3，停转
                        break;
              }
        }
}
/***************************************************
函数功能：定时器 T0 的中断服务子程序
***************************************************/
void Time0_serve(void) interrupt 1 using 1
{
   TR0=0;                               //关闭定时器 T0
   if((P1&0xf0)!=0xf0)                  //第一次检测到有按键被按下
        {
                 delay();               //延迟一段时间再去检测
                   if((P1&0xf0)!=0xf0)  //确实有按键被按下
                      {
                          if(S1= =0)    //按键 S1 被按下
                          keyval=1;
                          if(S2= =0)    //按键 S2 被按下
                          keyval=2;
                          if(S3= =0)    //按键 S3 被按下
                          keyval=3;
                      }
             }
```

```
        TH0=(65536-200)/256;                    //定时器 T0 的高 8 位赋初值
        TL0=(65536-200)%256;                    //定时器 T0 的低 8 位赋初值
        TR0=1;                                  //启动定时器 T0
    }
```

3．用 Proteus 软件仿真

经 Keil 软件编译通过后，可使用 Proteus 软件进行仿真。在 Proteus ISIS 工作环境中绘制如图 8-19 所示仿真原理图，或者打开随书附件“第 8 章\仿真实例\ex64”文件夹内的“ex64.pdsprj”仿真原理图文件，将编译好的“ex64.hex”文件载入 AT89C51。启动仿真，用鼠标按下按键 S1，步进电动机正转；按下按键 S2，步进电动机反转；按下按键 S3，步进电动机停转。

4．用实验板进行实验

程序仿真无误后，将“ex64”文件夹中的“ex64.hex”文件烧录到 AT89C51 芯片中，再将烧录好的单片机插入实验板，通电运行即可看到和仿真类似的实验结果。

为了实现更强大的控制功能，还需要学习矩阵键盘。

8.2.8 矩阵键盘的工作原理

1．接口电路

当键盘中按键数量较多时，为了减少 I/O 口的占用，通常将按键排列成矩阵形式。例如，对于 16 个按键的键盘，可将其按如图 8-21 所示的 4×4 矩阵方式连接，即 4 根行线和 4 根列线，每根行线和列线交叉点处为一个键位。4 根行线接 P1 口的低 4 位 I/O 口线，4 根列线接 P1 口的高 4 位 I/O 口线，共需 8 根 I/O 口线，可以接 4×4=16 个按键，比直接将 I/O 口连接于独立式键盘多出了一倍。

2．工作原理

使用矩阵键盘的关键是如何判断按键值。根据图 8-21，如果已知 P1.0 引脚被置为低电平“0”，那么当按键 S1 被按下时，可以肯定 P1.4 引脚必定被下拉成低电平“0”；反过来，如果已知 P1.0 引脚被置为低电平“0”，P1.1、P1.2 和 P1.3 引脚被置为高电平，而单片机扫描到 P1.4 引脚为低电平“0”，就可以肯定是按键 S1 被按下。

下面介绍识别按键的基本过程。

（1）判断是否有按键被按下。将全部行线（P1.0、P1.1、P1.2 和 P1.3）置为低电平“0”，全部列线置为高电平“1”。接下来检测列线的状态，只要有一列的电平为低，则表示键盘中有按键被按下。若检测到所有列线均为高电平，则键盘中无按键被按下。

（2）按键消抖。当判别到有按键被按下后，调用延时子程序，执行后再次进行判别。若确认有按键被按下，则开始第（3）步的按键识别；否则，重新开始。

（3）按键识别。当有按键被按下时，通过逐行扫描的方法来确定是哪一个按键被按下。首先扫描第一行，即将第一行输出低电平“0”，读入列值，哪一列出现低电平“0”，则说明该列与第一行跨接的按键被按下。若读入的列值全为“1”，则说明与第一行跨接的按键（S1～S4）均没有被按下。接着开始扫描第二行，以此类推，逐行扫描，直到找到被按下的按键。

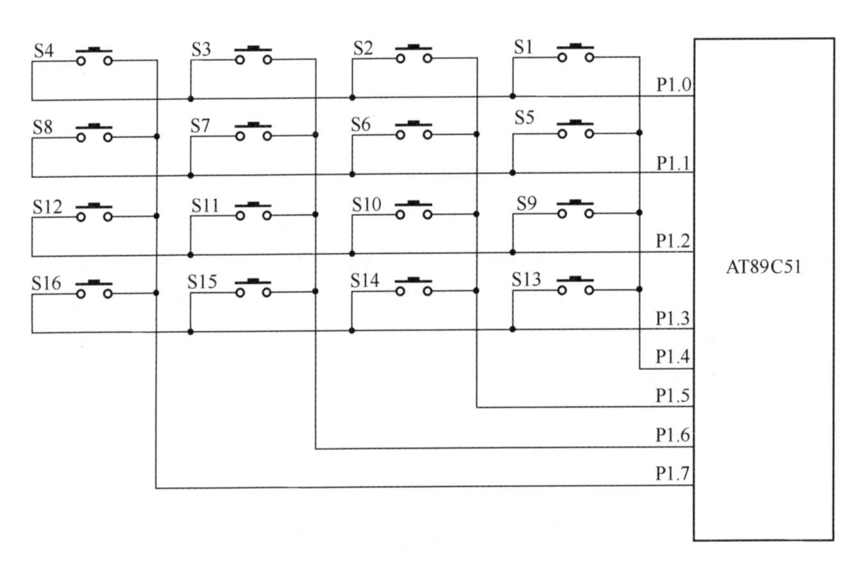

图 8-21　矩阵键盘的接口电路

8.2.9　实例 65：简易计算器设计

本实例利用矩阵键盘和 LCD 设计一个简易的计算器，这里主要介绍矩阵键盘的使用，LCD 在 8.3 节再详细介绍。本实例采用的接口电路原理图及仿真效果参见图 8-22。

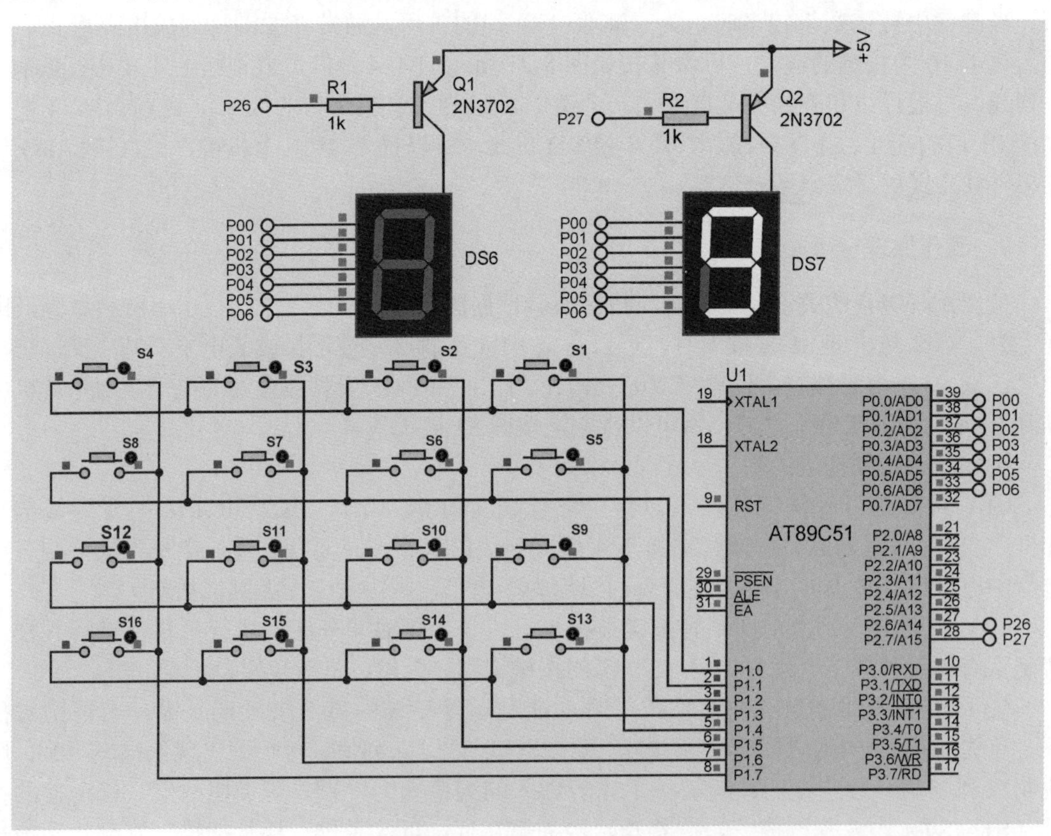

图 8-22　简易计算器设计的接口电路原理图及仿真效果

1．实现方法

用 CPU 轮询的方式进行键盘扫描，扫描到有按键被按下后，再将其值传递给主程序，并用快速动态扫描方法显示。

2．程序设计

首先建立文件夹“ex65”，然后建立其工程项目，最后建立源程序文件“ex65.c”。部分源程序如下：

```
//实例 65：简易计算器的设计
#include <reg51.h>                          //包含 51 单片机寄存器定义的头文件
#include <intrins.h>                        //包含_nop_()函数定义的头文件
#include <stdio.h>                          //包含 scanf()函数定义的头文件
#define KeyPort P1                          //定义键盘接口
#define LCD1602_pin P0                      //定义 1602 液晶数据接口
typedef unsigned char u8;
typedef unsigned int u16;
sbit LCD1602_E=P2^6;                        //定义 1602 相关引脚
sbit LCD1602_RW=P2^5;
sbit LCD1602_RS=P2^4;
u8 temp[8];
/***************************************************************
函数功能：主函数
***************************************************************/
 int main()
{
   unsigned char num,i,sign;
   unsigned char temp[16];                  //定义输入的临时变量，最多输入 16 个
   bit firstflag;
   float a=0,b=0;
   unsigned char s;
  char c[]={" LCD calculator"};
   LCD_Init();                              //初始化液晶屏
   LCD_Write_String(0,0," LCD calculator"); //写入第一行信息，主循环中不再更改此信息，
                                            //所以在 while 之前写入
   LCD_Write_String(0,1," Fun: + - x / ");  //写入第二行信息
  while (1)                                 //主循环
  {
       num=KeyPro();                        //扫描键盘
       if(num!=0xff)                        //如果扫描到的是按键有效值则进行处理
       {
            if(i==0)                        //输入第一个字符的时候需要把该行清空
            LCD_Clear();
            if(('+'==num)|| (i==16) || ('-'==num) || ('x'==num)|| ('/'==num) || ('='==num))
                                            //输入数字最大值 16，输入符号时表示输入结束
            {
                 i=0;                       //计数器复位
                 if(firstflag==0)           //如果输入的是第一个数据，则赋值给 a，并把标志
```

```
                                            //位置 1，到下一个数据输入时可以跳转赋值给 b
            {
                sscanf(temp,"%f",&a);
                firstflag=1;
            }
            else
                sscanf(temp,"%f",&b);
            for(s=0;s<16;s++)                   //赋值完成后把缓冲区清零
            temp[s]=0;
            LCD_Write_Char(0,1,num);
            if(num!='=')                        //判断当前符号位并做相应处理
                sign=num;                       //如果不是等号则记下标志位
            else
            {
                firstflag=0;                    //检测到输入等号，判断上次的输入是否符合
                switch(sign)
                {
                    case '+':a=a+b;             //加法运算
                    break;
                    case '-':a=a-b;             //减法运算
                    break;
                    case 'x':a=a*b;             //乘法运算
                    break;
                    case '/':a=a/b;             //除法运算
                    break;
                    default:break;
                }
              sprintf(temp,"%g",a);             //输出浮点型数据，无用的 0 不输出
              LCD_Write_String(1,1,temp);       //显示到液晶屏
              sign=0;a=b=0;                     //用完后所有数据清零
              for(s=0;s<16;s++)
                temp[s]=0;
            }
        }
    else if(i<16)
    {
        if((1==i)&& (temp[0]=='0') )            //如果第一个字符是 0，则判断第二个字符
        {
            if(num=='.')                        //如果是小数点则正常输入，光标位置加 1
            {
                temp[1]='.';
                LCD_Write_Char(1,0,num);        //输出数据
                i++;
            }
        else
        {
          temp[0]=num;                          //如果是 1~9 的数字，说明 0 没有用，
                                                //则直接替换第一位 0
```

```
                LCD_Write_Char(0,0,num);            //输出数据
            }
            }
        else
        {
                temp[i]=num;
                LCD_Write_Char(i,0,num);            //输出数据
                i++;                                //输入数值累加
        }
      }
     }
    }
}
/**********************************************************
函数功能：进行键盘扫描，判断键位
**********************************************************/
unsigned char KeyScan(void)                 //键盘扫描函数，使用行列反转扫描法
{
 unsigned char cord_h,cord_l;               //行列值中间变量
 KeyPort=0x0f;                              //行线输出全为 0
 cord_h=KeyPort&0x0f;                       //读入列线值
 if(cord_h!=0x0f)                           //先检测有无按键被按下
 {
  DelayMs(10);                              //消抖
  if((KeyPort&0x0f)!=0x0f)
  {
    cord_h=KeyPort&0x0f;                    //读入列线值
    KeyPort=cord_h|0xf0;                    //输出当前列线值
    cord_l=KeyPort&0xf0;                    //读入行线值
    while((KeyPort&0xf0)!=0xf0);            //等待按键松开并输出
    return(cord_h+cord_l);                  //键盘最后组合码值
  }
 }return(0xff);                             //返回该值
}
unsigned char KeyPro(void)
{
 switch(KeyScan())                          //矩阵键盘的键值判断
 {
  case 0x7e:return '1';break;               //0x7e 对应数值 1
  case 0x7d:return '2';break;               //0x7d 对应数值 2
  case 0x7b:return '3';break;               //0x7b 对应数值 3
  case 0x77:return '+';break;               //0x77 对应加法按钮
  case 0xbe:return '4';break;               //0xbe 对应数值 4
  case 0xbd:return '5';break;               //0xbd 对应数值 5
  case 0xbb:return '6';break;               //0xbb 对应数值 6
  case 0xb7:return '-';break;               //0xb7 对应减法按钮
  case 0xde:return '7';break;               //0xde 对应数值 7
  case 0xdd:return '8';break;               //0xdd 对应数值 8
```

```
        case 0xdb:return '9';break;                    //0xdb 对应数值 9
        case 0xd7:return 'x';break;                    //0xd7 对应乘法按钮
        case 0xee:return '0';break;                    //0xee 对应数值 0
        case 0xed:return '.';break;                    //0xed 对应小数点
        case 0xeb:return '=';break;                    //0xeb 对应等号
        case 0xe7:return '/';break;                    //0xe7 对应除法按钮
        default:return 0xff;break;
      }
    }
```

3. 用 Proteus 软件仿真

经 Keil 软件编译通过后，可使用 Proteus 软件进行仿真。在 Proteus ISIS 工作环境中绘制如图 8-22 所示仿真原理图，或者打开随书附件“第 8 章\仿真实例\ex65”文件夹内的“ex65.pdsprj”仿真原理图文件，将编译好的“ex65.hex”文件载入 AT89C51。启动仿真，即可用鼠标操作简易计算器进行简单的加减乘除运算。

4. 用实验板进行实验

程序仿真无误后，将“ex65”文件夹中的“ex65.hex”文件烧录到 AT89C51 芯片中，再将烧录好的单片机插入实验板，通电运行即可看到和仿真类似的实验结果。

8.2.10 实例 66：简易电子琴设计

本实例使用矩阵键盘设计一个简易电子琴，采用的接口电路原理图参见图 8-23。要求用下面一段简谱（“新年好”）演奏，以验证设计效果。

1=C　1 1 1 5 | 3 3 3 1 | 1 3 5 5 | 4 3 2 -- |

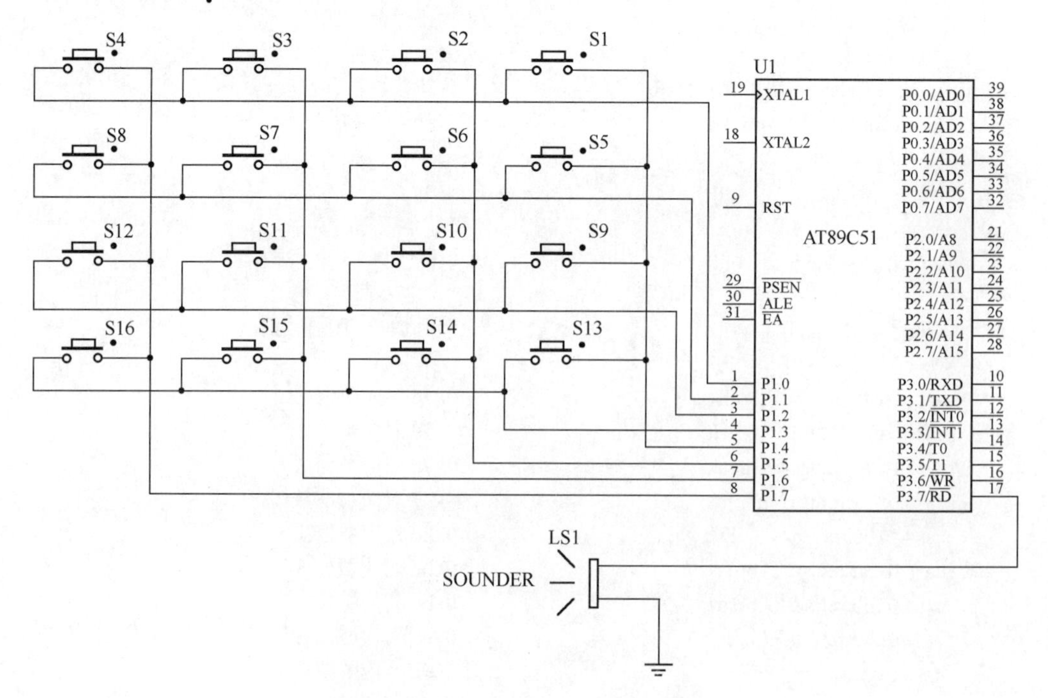

图 8-23　简易电子琴接口电路原理图

1．实现方法

本实例的设计关键是让每个按键对应一个特定音调。例如，按下按键 S4 时，蜂鸣器能发出低音“sao”的音调。因此，本实例需要给矩阵键盘的每一个按键设定键值，并事先规定好每个键值对应的音调。

1）键盘的人工编码

给每个按键指定一个按键值，从而在键盘扫描程序扫描到有按键被按下时，使单片机能根据按键值控制蜂鸣器发出事先规定的音调。本实例将按键 S1～S16 的按键值分别规定为“1”～“16”。

2）按键值对应的音调

本实例矩阵键盘中音调的排列如图 8-24 所示。由于每个按键只对应一种音调，所以当单片机检测到某一按键被按下时，就可以控制蜂鸣器发出相应的音调。例如，当键盘扫描程序扫描到按键 S7 被按下时，将其按键值“3”通知主程序。主程序接到按键值“3”后，就开始发出对应的中音“mi”。

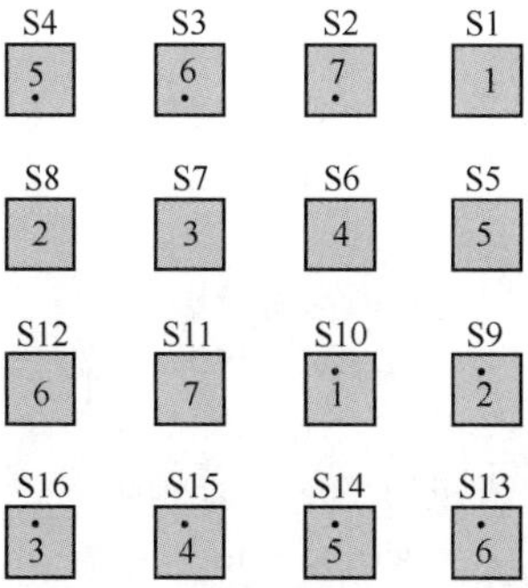

S4	S3	S2	S1
5	6	7	1
S8	**S7**	**S6**	**S5**
2	3	4	5
S12	**S11**	**S10**	**S9**
6	7	1	2
S16	**S15**	**S14**	**S13**
3	4	5	6

图 8-24　矩阵键盘的音调排列

3）音调频率的控制

音调频率的控制方法可参见实例 47。

4）音调发声时间的控制

本实例将音调的发声时间单位设定为 200 ms，即每按一次按键，对应音调的发声时间为 200 ms。

5）键盘扫描控制

本实例的键盘扫描由定时器 T1 的中断控制。

6）音频方波的产生

本实例的音频方波由定时器 T0 的中断控制产生，方法可参见实例 46。

2．程序设计

首先建立文件夹“ex66”，然后建立其工程项目，最后建立源程序文件“ex66.c”。输入以下源程序：

```
//实例 66：简易电子琴
#include<reg51.h>                //包含 51 单片机寄存器定义的头文件
sbit P14=P1^4;                   //将 P14 位定义为 P1.4
sbit P15=P1^5;                   //将 P15 位定义为 P1.5
sbit P16=P1^6;                   //将 P16 位定义为 P1.6
sbit P17=P1^7;                   //将 P17 位定义为 P1.7
unsigned char keyval;            //定义变量存储按键值
sbit sound=P3^7;                 //将 sounder 位定义为 P3.7
unsigned int C;                  //全局变量，存储定时器的定时常数
unsigned int f;                  //全局变量，存储音阶的频率
//以下是 C 调低音的音频宏定义
```

```
#define l_dao 262                    //将“l_dao”宏定义为低音“1”的频率 262 Hz
#define l_re 286                     //将“l_re”宏定义为低音“2”的频率 286 Hz
#define l_mi 311                     //将“l_mi”宏定义为低音“3”的频率 311 Hz
#define l_fa 349                     //将“l_fa”宏定义为低音“4”的频率 349 Hz
#define l_sao 392                    //将“l_sao”宏定义为低音“5”的频率 392 Hz
#define l_la 440                     //将“l_a”宏定义为低音“6”的频率 440 Hz
#define l_xi 494                     //将“l_xi”宏定义为低音“7”的频率 494 Hz
//以下是 C 调中音的音频宏定义
#define dao 523                      //将“dao”宏定义为中音“1”的频率 523 Hz
#define re 587                       //将“re”宏定义为中音“2”的频率 587 Hz
#define mi 659                       //将“mi”宏定义为中音“3”的频率 659 Hz
#define fa 698                       //将“fa”宏定义为中音“4”的频率 698 Hz
#define sao 784                      //将“sao”宏定义为中音“5”的频率 784 Hz
#define la 880                       //将“la”宏定义为中音“6”的频率 880 Hz
#define xi 987                       //将“xi”宏定义为中音“7”的频率 987 Hz
//以下是 C 调高音的音频宏定义
#define h_dao 1046                   //将“h_dao”宏定义为高音“1”的频率 1046 Hz
#define h_re 1174                    //将“h_re”宏定义为高音“2”的频率 1174 Hz
#define h_mi 1318                    //将“h_mi”宏定义为高音“3”的频率 1318 Hz
#define h_fa 1396                    //将“h_fa”宏定义为高音“4”的频率 1396 Hz
#define h_sao 1567                   //将“h_sao”宏定义为高音“5”的频率 1567 Hz
#define h_la 1760                    //将“h_la”宏定义为高音“6”的频率 1760 Hz
#define h_xi 1975                    //将“h_xi”宏定义为高音“7”的频率 1975 Hz
/*************************************************************
函数功能：软件消抖延时
*************************************************************/
 void delay20ms(void)
{
    unsigned char i,j;
      for(i=0;i<100;i++)
      for(j=0;j<60;j++)
              ;
 }
/******************************************
函数功能：延迟 200 ms
******************************************/
void delay()
    {
       unsigned char i,j;
           for(i=0;i<250;i++)
              for(j=0;j<250;j++)
                        ;
    }
/******************************************
函数功能：输出音频
******************************************/
```

```
void Output_Sound(void)
{
  C=(46083/f)*10;                           //计算定时常数
  TH0=(8192-C)/32;                          //这是 13 位计数器 TH0 高 8 位的赋初值方法
  TL0=(8192-C)%32;                          //这是 13 位计数器 TL0 低 5 位的赋初值方法
  TR0=1;                                    //开定时 T0
  delay();                                  //延迟 200 ms，播放音频
  TR0=0;                                    //关闭定时器
  sound=1;                                  //关闭蜂鸣器
  keyval=0xff;                              //播放按键音频后，将按键值更改，停止播放
}
/*******************************************
函数功能：主函数
*******************************************/
void main(void)
  {
       EA=1;                                //开启总中断
       ET0=1;                               //定时器 T0 中断允许
       ET1=1;                               //定时器 T1 中断允许
       TR1=1;                               //定时器 T1 启动，开始键盘扫描
     TMOD=0x10;                             //分别选择定时器 T1 的方式 1、T0 的方式 0
     TH1=(65536-500)/256;                   //定时器 T1 的高 8 位赋初值
       TL1=(65536-500)%256;                 //定时器 T1 的低 8 位赋初值
      while(1)                              //无限循环
     {
          switch(keyval)
           {
               case 1:f=dao;                //如果第 1 个按键被按下，将中音 1 的频率赋给 f
                    Output_Sound();         //转去计算定时常数
                    break;
               case 2:f=l_xi;               //如果第 2 个按键被按下，将低音 7 的频率赋给 f
                    Output_Sound();         //转去计算定时常数
                    break;
               case 3:f=l_la;               //如果第 3 个按键被按下，将低音 6 的频率赋给 f
                    Output_Sound();         //转去计算定时常数
                    break;
               case 4:f=l_sao;              //如果第 4 个按键被按下，将低音 5 的频率赋给 f
                    Output_Sound();         //转去计算定时常数
                    break;
               case 5:f=sao;                //如果第 5 个按键被按下，将中音 5 的频率赋给 f
                    Output_Sound();         //转去计算定时常数
                    break;
               case 6:f=fa;                 //如果第 6 个按键被按下，将中音 4 的频率赋给 f
                    Output_Sound();         //转去计算定时常数
                    break;
               case 7:f=mi;                 //如果第 7 个按键被按下，将中音 3 的频率赋给 f
                    Output_Sound();         //转去计算定时常数
```

```
                    break;
              case 8:f=re;                  //如果第 8 个按键被按下，将中音 2 的频率赋给 f
                    Output_Sound();         //转去计算定时常数
                    break;
              case 9:f=h_re;                //如果第 9 个按键被按下，将高音 2 的频率赋给 f
                    Output_Sound();         //转去计算定时常数
                    break;
              case 10:f=h_dao;              //如果第 10 个按键被按下，将高音 1 的频率赋给 f
                    Output_Sound();         //转去计算定时常数
                    break;
               case 11:f=xi;                //如果第 11 个按键被按下，将中音 7 的频率赋给 f
                    Output_Sound();         //转去计算定时常数
                    break;
              case 12:f=la;                 //如果第 12 个按键被按下，将中音 6 的频率赋给 f
                    Output_Sound();         //转去计算定时常数
                    break;
              case 13:f=h_la;               //如果第 13 个按键被按下，将高音 6 的频率赋给 f
                    Output_Sound();         //转去计算定时常数
                    break;
              case 14:f=h_sao;              //如果第 14 个按键被按下，将高音 5 的频率赋给 f
                    Output_Sound();         //转去计算定时常数
                    break;
               case 15:f=h_fa;              //如果第 15 个按键被按下，将高音 4 的频率赋给 f
                    Output_Sound();         //转去计算定时常数
                    break;
              case 16:f=h_mi;               //如果第 16 个按键被按下，将高音 3 的频率赋给 f
                    Output_Sound();         //转去计算定时常数
                    break;
          }
      }
  }
/************************************************************
函数功能：定时器 T0 的中断服务子程序，使 P3.7 引脚输出音频方波
************************************************************/
  void Time0_serve(void ) interrupt 1 using 1
  {
      TH0=(8192-C)/32;                      //这是 13 位计数器 TH0 高 8 位的赋初值方法
      TL0=(8192-C)%32;                      //这是 13 位计数器 TL0 低 5 位的赋初值方法
        sound=!sound;                       //将 P3.7 引脚取反，输出音频方波
  }
/************************************************************
函数功能：定时器 T1 的中断服务子程序，进行键盘扫描，判断按键值
************************************************************/
 void time1_serve(void) interrupt 3 using 2
                                            //定时器 T1 的中断编号为 3，使用第 2 组寄存器
  {
     TR1=0;                                 //关闭定时器 T0
```

```
        P1=0xf0;                    //所有行线置为低电平“0”，所有列线置为高电平“1”
         if((P1&0xf0)!=0xf0)        //列线中有一位为低电平“0”，说明有按键被按下
          {
           delay20ms();             //延迟一段时间、软件消抖
           if((P1&0xf0)!=0xf0)      //确实有键被按下
            {
             P1=0xfe;               //第一行置为低电平“0”（P1.0 输出低电平“0”）
              if(P14= =0)           //如果检测到接 P1.4 引脚的列线为低电平“0”
                keyval=1;           //可判断是按键 S1 被按下
               if(P15= =0)          //如果检测到接 P1.5 引脚的列线为低电平“0”
                 keyval=2;          //可判断是按键 S2 被按下
               if(P16= =0)          //如果检测到接 P1.6 引脚的列线为低电平“0”
                 keyval=3;          //可判断是按键 S3 被按下
               if(P17= =0)          //如果检测到接 P1.7 引脚的列线为低电平“0”
                 keyval=4;          //可判断是按键 S4 被按下
             P1=0xfd;               //第二行置为低电平“0”（P1.1 输出低电平“0”）
               if(P14= =0)          //如果检测到接 P1.4 引脚的列线为低电平“0”
                  keyval=5;         //可判断是按键 S5 被按下
               if(P15= =0)          //如果检测到接 P1.5 引脚的列线为低电平“0”
                  keyval=6;         //可判断是按键 S6 被按下
               if(P16= =0)          //如果检测到接 P1.6 引脚的列线为低电平“0”
                  keyval=7;         //可判断是按键 S7 被按下
               if(P17= =0)          //如果检测到接 P1.7 引脚的列线为低电平“0”
                  keyval=8;         //可判断是按键 S8 被按下
            P1=0xfb;                //第三行置为低电平“0”（P1.2 输出低电平“0”）
               if(P14= =0)          //如果检测到接 P1.4 引脚的列线为低电平“0”
                  keyval=9;         //可判断是按键 S9 被按下
               if(P15= =0)          //如果检测到接 P1.5 引脚的列线为低电平“0”
                 keyval=10;         //可判断是按键 S10 被按下
               if(P16= =0)          //如果检测到接 P1.6 引脚的列线为低电平“0”
                 keyval=11;         //可判断是按键 S11 被按下
               if(P17= =0)          //如果检测到接 P1.7 引脚的列线为低电平“0”
                 keyval=12;         //可判断是按键 S12 被按下
            P1=0xf7;                //第四行置为低电平“0”（P1.3 输出低电平“0”）
               if(P14= =0)          //如果检测到接 P1.4 引脚的列线为低电平“0”
                keyval=13;          //可判断是按键 S13 被按下
               if(P15= =0)          //如果检测到接 P1.5 引脚的列线为低电平“0”
                 keyval=14;         //可判断是按键 S14 被按下
               if(P16= =0)          //如果检测到接 P1.6 引脚的列线为低电平“0”
                 keyval=15;         //可判断是按键 S15 被按下
               if(P17= =0)          //如果检测到接 P1.7 引脚的列线为低电平“0”
                keyval=16;          //可判断是按键 S16 被按下
            }
         }
       TR1=1;                       //开启定时器 T1
       TH1=(65536-500)/256;         //定时器 T1 的高 8 位赋初值
       TL1=(65536-500)%256;         //定时器 T1 的低 8 位赋初值
   }
```

3．用 Proteus 软件仿真

经 Keil 软件编译通过后，可使用 Proteus 软件进行仿真。在 Proteus ISIS 工作环境中绘制如图 8-23 所示仿真原理图，或者打开随书附件“第 8 章\仿真实例\ex66”文件夹内的“ex66.pdsprj”仿真原理图文件，将编译好的“ex66.hex”文件载入 AT89C51。启动仿真，用鼠标按键“演奏”，即可演奏音乐。

4．用实验板进行实验

程序仿真无误后，将“ex66”文件夹中的“ex66.hex”文件烧录到 AT89C51 芯片中，再将烧录好的单片机插入实验板，通电运行即可看到和仿真类似的实验结果。

8.3 字符型 LCD 接口技术

普通的 LED 数码管只能用来显示数字，若要显示英文或汉字甚至图像，则必须使用液晶显示器。液晶显示器的英文名称是 Liquid Crystal Display，简称 LCD。在单片机系统中应用 LCD 作为显示器件具有体积小、重量轻、功耗低等优点，所以 LCD 日渐成为各种便携式电子产品的理想显示器，如电子表或计算器上的显示器等。

从显示内容来区分，LCD 可分为段型、字符型和点阵型 3 种。其中，字符型 LCD 以其价廉、显示内容丰富、美观、使用方便等特点，成为 LED 数码管的理想替代品。某 1602 字符型 LCD 的外形图如图 8-25 所示。

图 8-25　某 1602 字符型 LCD 的外形图

8.3.1　1602 字符型 LCD 简介

字符型 LCD 专门用于显示数字、字母、图形符号和少量自定义符号。这类显示器均把 LCD 控制器、点阵驱动器、字符存储器等制作在一块板上，再与 LCD 一起组成一个显示模块。因此，这类显示器的安装与使用都非常简单。

目前字符型 LCD 常用的有 16 个字符×1 行、16 个字符×2 行、20 个字符×2 行和 20 个字符×4 行等模块，其型号通常为 XXX1602、XXX1604、XXX2002、XXX2004 等。以 XXX1602 为例，XXX 为商标名称；16 代表 LCD 每行可显示 16 个字符；02 表示共有 2 行，即这种显示器一共可显示 32 个字符。

1．显示原理

液晶显示原理是利用液晶的物理特性，通过电压对其显示区域进行控制，只要输入所

需的控制电压，就可以显示出字符。LCD 能够显示字符的关键在于其控制器，目前大部分点阵型 LCD 的控制器都使用日立公司的 HD44780 集成电路作为控制器。HD44780 是集驱动器与控制器于一体，专用于字符显示的液晶显示控制驱动集成电路。

HD44780 的特点如下：

（1）显示缓冲区和用户定义区的字符发生器 CG RAM 全部内藏在芯片内。

（2）接口数据传输有 8 位和 4 位两种传输模式。

（3）具有简单而功能很强的指令集，可以实现字符的移动、闪烁等显示功能。

HD44780 的工作原理较为复杂，但它的应用却非常简单。只要将待显字符的标准 ASCII 码放入其内部数据显示用存储器（DD RAM），内部控制线路就会自动将字符传送到显示器上。例如，要 LCD 显示字符“A”，则只需将字符“A”的 ASCII 码（41H）存入 DD RAM，控制线路就会通过 HD44780 的另一个部件字符产生器（CG ROM）将字符“A”的字型点阵数据找出来显示在 LCD 上。

2．1602 字符型 LCD 的主要技术参数

1602 字符型 LCD 的主要技术参数如下：

- 显示容量：16 个字符×2 行。
- 芯片工作电压：4.5～5.5 V。
- 工作电流：2.0 mA（5.0 V）。
- 模块最佳工作电压：5.0 V。
- 字符尺寸：2.95 mm×4.35 mm（W×H）。

3．1602 字符型 LCD 的引脚说明

1602 字符型 LCD 采用标准的 14 引脚（无背光）或 16 引脚（带背光）接口，其引脚和单片机的接口电路如图 8-26 所示。

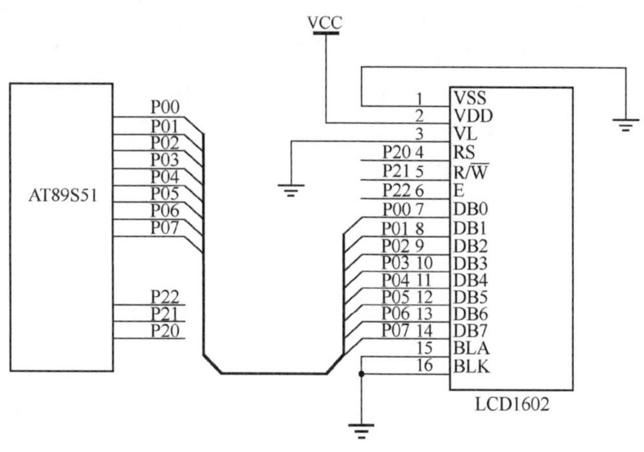

图 8-26　1602 字符型 LCD 的引脚和单片机的接口电路

各引脚说明如下：

- 引脚 1（VSS）：地或电源负极。
- 引脚 2（VDD）：电源正极。
- 引脚 3（VL）：反射度调整，使用可变电阻调整，通常接地。

➢ 引脚 4（RS）：寄存器选择，RS=1，选择数据寄存器；RS=0，选择指令寄存器。
➢ 引脚 5（R/$\overline{W}$）：读/写选择。R/W=1，读；R/W=0，写。
➢ 引脚 6（E）：模块使能端，当 E 由高电平跳变成低电平时，液晶模块开始执行命令。E=1，可读/写操作；E=0，不能读/写操作。
➢ 引脚 7（DB0）：双向数据总线的第 0 位。
➢ 引脚 8（DB1）：双向数据总线的第 1 位。
➢ 引脚 9（DB2）：双向数据总线的第 2 位。
➢ 引脚 10（DB3）：双向数据总线的第 3 位。
➢ 引脚 11（DB4）：双向数据总线的第 4 位。
➢ 引脚 12（DB5）：双向数据总线的第 5 位。
➢ 引脚 13（DB6）：双向数据总线的第 6 位。
➢ 引脚 14（DB7）：双向数据总线的第 7 位。
➢ 引脚 15（BLA）：背光显示器接电源+5V（也可接地，此时无背光但不易发热）。
➢ 引脚 16（BLK）：背光显示器接地。

4．1602 字符型 LCD 显示字符的过程

若要用 1602 字符型 LCD 显示字符则必须解决以下 3 个问题。

1）字符 ASCII 标准码的产生

常用字符的 ASCII 标准码无须人工产生，在程序中定义字符常量或字符串常量时，C 语言在编译后会自动产生其 ASCII 标准码。只要将生成的 ASCII 标准码通过单片机的 I/O 口送入数据显示用存储器，内部控制线路就会自动将字符传送到显示器上。

2）LCD 显示模式的设置

若要让 LCD 显示字符，则必须对有无光标、光标的移动方向、光标是否闪烁及字符的移动方向等进行设置，才能获得所需的显示效果。1602 字符型 LCD 显示模式的设置是通过控制指令对内部的控制器进行控制而实现的，常用的控制指令见表 8-6。例如，要将显示模式设置为“16×2 显示，5×7 点阵，8 位数据接口”，只要向液晶模块写二进制指令代码 00111000B，即十六进制代码 38H 就可以了。而这很容易实现，假定 1602 字符型 LCD 的 8 位双向数据线（引脚 7～引脚 14）接在图 8-26 中单片机的 P0 口，那么编程时可使用如下命令：

```
P0=0x38;                //二进制数 00111000B
```

即通过 P0 口向液晶模块发出控制指令“38H”，即可获得所需的显示模式。

表 8-6　1602 字符型 LCD 显示模式控制指令表

指令名称	指 令 功 能	指令的二进制代码							
		D7	D6	D5	D4	D3	D2	D1	D0
显示模式设置	设置为 16×2 显示，5×7 点阵，8 位数据接口	0	0	1	1	1	0	0	0
显示开/关及光标设置	D=1，开显示；D=0，关显示 C=1，显示光标；C=0，不显示光标 B=1，光标闪烁；B=0，光标不闪烁	0	0	0	0	1	D	C	B
输入模式设置	N=1，光标右移；N=0，光标左移 S=1，文字移动有效；S=0，文字移动无效	0	0	0	0	0	1	N	S

如果要求 LCD 开显示、有光标且光标闪烁，那么根据显示开/关及光标设置指令，只要

令 D=1，C=1 和 B=1 即可，也就是向液晶模块写入二进制指令代码 00001111B（十六进制代码 0FH）。

3）字符显示位置的指定

若要显示字符，还必须告诉液晶模块在哪里显示字符，也就是要先输入待显字符的地址。1602 字符型 LCD 内部显示地址如图 8-27 所示。1602 字符型 LCD 字符显示位置的确定方法规定为“80H+地址码（00～0FH，40～4FH）”。例如，要将某字符显示在第 2 行第 6 列，则确定地址的指令代码应为 80H+45H=C5H。

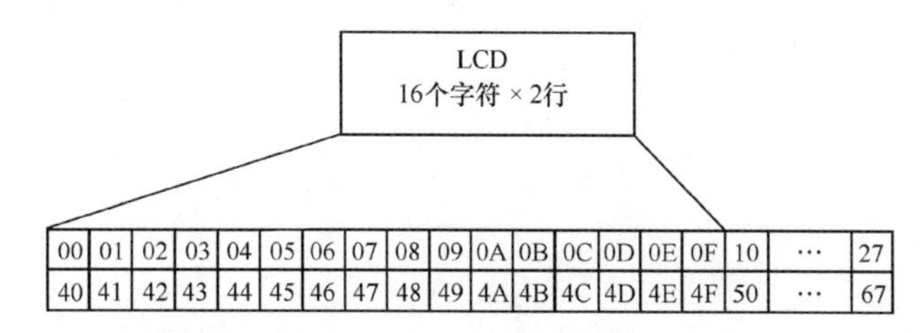

图 8-27　1602 字符型 LCD 内部显示地址

5．1602 字符型 LCD 的读/写操作

液晶显示模块是一个慢显示器件，所以在写每条指令之前一定要先读 LCD 的忙碌状态。如果液晶正忙于处理其他指令，就等待；如果不忙，则执行写指令。为此，1602 字符型 LCD 专门设置了一个忙碌标志位 BF，该位连接在 8 位双向数据线的 D7 位上，如果 BF 为低电平“0”，表示 LCD 不忙；如果 BF 为高电平“1”，则表示 LCD 处于忙碌状态，需要等待。假定 1602 字符型 LCD 的 8 位双向数据线（D0～D7）是通过单片机的 P0 口进行数据传递的，那么只要检测 P0 口的 P0.7 引脚电平（D7 连 P0.7）就可以知道忙碌标志位 BF 的状态。1602 字符型 LCD 的读/写操作规定见表 8-7。

表 8-7　1602 字符型 LCD 的读/写操作规定

操　作	输入/输出	规　定	输入/输出	规　定
读状态	输入	RS=0，$R/\overline{W}$ =1，E=1	输出	D0～D7=状态字
写指令	输入	RS=0，$R/\overline{W}$ =0，D0～D7=指令码，E=高脉冲	输出	无
读数据	输入	RS=1，$R/\overline{W}$ =1，E=1	输出	D0～D7=数据
写数据	输入	RS=1，$R/\overline{W}$ =0，D0～D7=指令码，E=高脉冲	输出	无

根据表 8-7，如何实现对 1602 字符型 LCD 的读/写操作呢？参考图 8-26 中的接口电路，可以注意到 LCD 的 RS、$R/\overline{W}$ 和 E 3 个接口分别接在 P2.0 引脚、P2.1 引脚和 P2.2 引脚上，只要通过编程对这 3 个引脚置“0”或“1”，就可以实现对 1602 字符型 LCD 的读/写操作。具体来说，显示一个字符的操作过程为读状态→写指令→写数据→自动显示。下面介绍如何实现这 4 种操作。

1）读状态（忙碌检测）

若要将待显的字符（实际上是其 ASCII 标准码）写入液晶模块，首先要检测其是否忙碌。这要通过读 1602 字符型 LCD 状态来实现，即“欲写先读”，可通过如下命令实施：

```
RS=0;            //RS 为低电平，当 R/W̄ 为高电平时，可以读状态
RW=1;
E=1;             //E=1，才允许读/写
```

```
    _nop_();        //空操作
    _nop_();
    _nop_();
    _nop_();        //空操作4个机器周期，给硬件反应时间
```

然后即可检测忙碌标志位 BF 的电平（P0.7 引脚电平）。BF=1，忙碌，不能执行写命令；BF=0，不忙，可以执行写命令。

2）写指令

写指令包括写显示模式控制指令和写入地址。例如，如果要将指令或地址“dictate”（某2位16进制代码）写入液晶模块，则可通过如下命令实施：

```
    while (LcdBusy()==1);          //如果忙就等待
        RS=0;                      //RS和RW同时为低电平时，可以写入指令
        RW=0;
        E=0;                       //E置低电平，根据表8-7，写指令时，E为高脉冲，
                                   //即让E从0到1发生正跳变，所以应先置“0”
        _nop_();
        _nop_();                   //空操作两个机器周期，给硬件反应时间
        P0=dictate;                //将数据送入P0口，即写入指令或地址
        _nop_();
        _nop_();
        _nop_();
        _nop_();                   //空操作4个机器周期，给硬件反应时间
        E=1;                       //E置高电平，产生正跳变
        _nop_();
        _nop_();
        _nop_();
        _nop_();                   //空操作4个机器周期，给硬件反应时间
        E=0;                       //当E由高电平跳变成低电平时，液晶模块开始执行命令
```

3）写数据

写数据实际是将待显字符的 ASCII 标准码写入液晶模块的数据显示用存储器。例如，要将数据“data”（某2位16进制代码）写入液晶模块，可以通过如下命令实施：

```
    while (LcdBusy()==1);
        RS=1;                      //RS为高电平、RW为低电平时，可以写入数据
        RW=0;
        E=0;                       //E置低电平，根据表8-7，写指令时，E为高脉冲，
                                   //即让E从0到1发生正跳变，所以应先置“0”
        P0=data;                   //将数据送入P0口，即将数据写入液晶模块
        _nop_();
        _nop_();
        _nop_();
        _nop_();                   //空操作4个机器周期，给硬件反应时间
        E=1;                       //E置高电平
        _nop_();
        _nop_();
        _nop_();
```

```
        _nop_();                    //空操作 4 个机器周期，给硬件反应时间
        E=0;                        //当 E 由高电平跳变成低电平时，液晶模块开始执行命令
```

4）自动显示

数据写入液晶模块后，字符产生器将自动读出字符的字型点阵数据，并将字符显示在LCD 屏上。这个过程由液晶模块自动完成，无须人工干预。

6. 1602 字符型 LCD 的初始化过程

若要使用 1602 字符型 LCD，则需要对其显示模式进行初始化设置：

（1）延迟 15 ms（给 1602 字符型 LCD 一段反应时间）。

（2）写指令 38H（尚未开始工作，所以不需要检测忙信号，将 LCD 的显示模式设置为“16×2 显示，5×7 点阵，8 位数据接口”）。

（3）延迟 5 ms。

（4）写指令 38H（无须检测忙信号）。

（5）延迟 5 ms。

（6）写指令 38H（无须检测忙信号）。

（7）延迟 5 ms（连续三次设置，确保初始化成功）。以后每次写指令、读/写数据操作均需要检测忙信号。常用的 LCD 显示控制指令及其功能如下：

- 写指令 38H：16×2 显示，5×7 点阵，8 位数据接口；
- 写指令 01H：清除当前屏幕显示内容；
- 写指令 06H：光标右移，字符不移；
- 写指令 0CH：显示开，无光标，光标不闪烁；
- 写指令 0FH：显示开，有光标，光标闪烁。

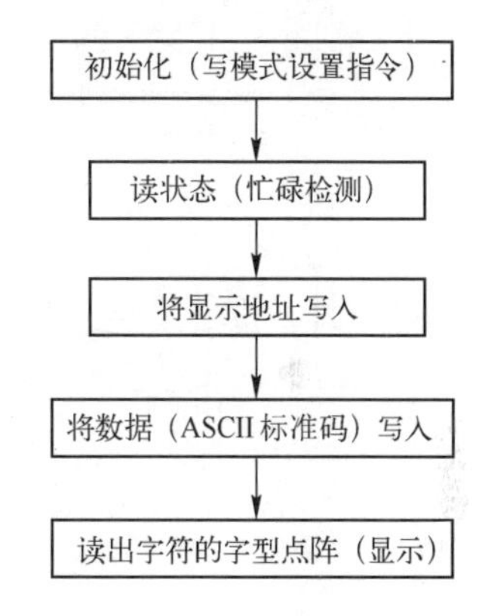

图 8-28　1602 字符型 LCD 的驱动程序流程

7. 1602 字符型 LCD 的驱动程序流程

根据上面分析，可画出 1602 字符型 LCD 的驱动程序流程，如图 8-28 所示。

8.3.2　实例 67：用 LCD 显示字符“A”

本实例使用 1602 字符型 LCD 显示字符“A”，采用的接口电路原理图参见图 8-29。本实例要求在 1602 字符型 LCD 的第一行第 8 列显示大写英文字母“A”。显示模式设置：（1）16×2 显示，5×7 点阵，8 位数据接口；（2）显示开，有光标且光标闪烁；（3）光标右移，字符不移。

注：绘制仿真原理图时用 LM016L 型 LCD。

1. 实现方法

根据图 8-28 给出的流程，字符“A”的显示可分 5 个步骤来完成：（1）LCD 初始化；（2）检测忙碌状态；（3）写地址；（4）写数据；（5）自动显示。其中，前 4 步需要编写程序完成，第 5 步由液晶模块自动完成。为使程序清晰，本实例采用 4 个子函数来分别完成前 4

步操作：“LcdInitiate( )”函数完成 LCD 初始化；“BusyTest( )”函数完成忙碌状态检测；“WriteAddress( )”函数完成写地址；“WriteData( )”函数完成写数据。

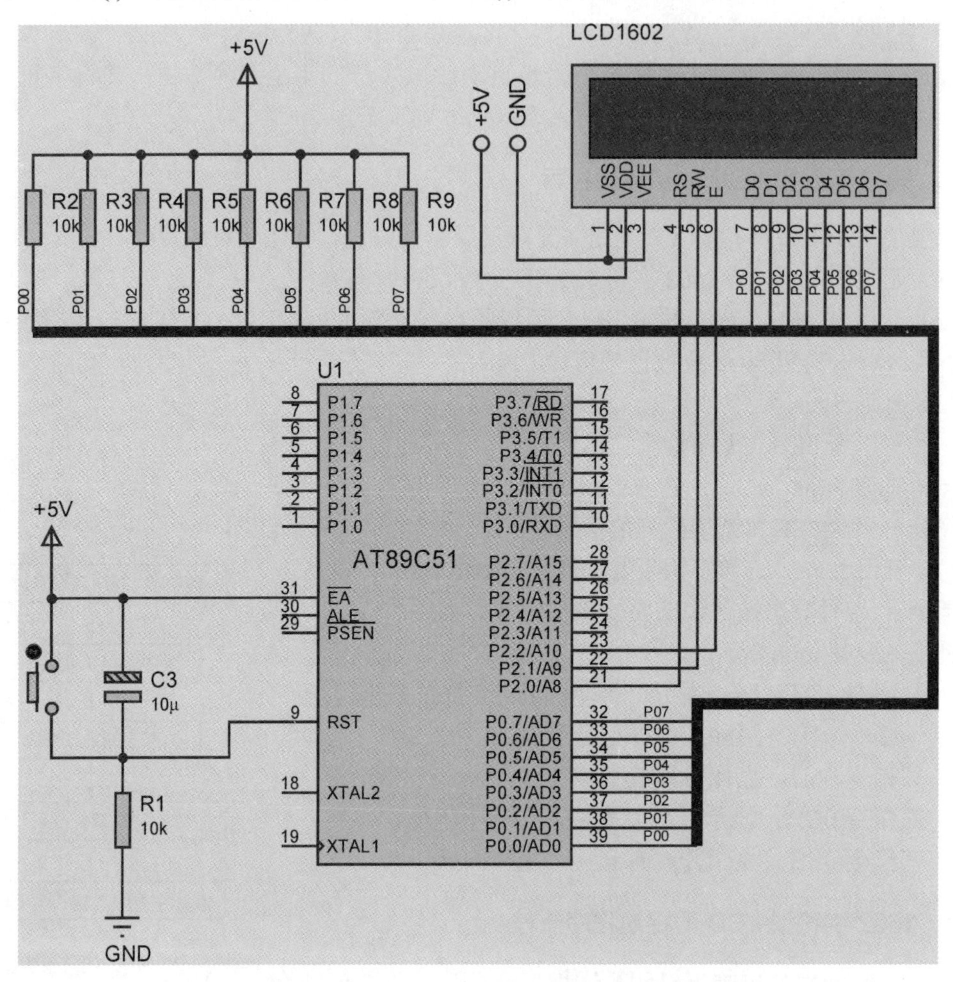

图 8-29　1602 字符型 LCD 和单片机的接口电路原理图

2．程序设计

首先建立文件夹“ex67”，然后建立其工程项目，最后建立源程序文件“ex67.c”。输入以下源程序：

```
//实例 67：用 LCD 显示字符“A”
#include<reg51.h>            //包含 51 单片机寄存器定义的头文件
#include<intrins.h>          //包含_nop_()函数定义的头文件
sbit RS=P2^0;                //寄存器选择位，将 RS 位定义为 P2.0
sbit RW=P2^1;                //读写选择位，将 RW 位定义为 P2.1
sbit E=P2^2;                 //使能信号位，将 E 位定义为 P2.2
sbit BF=P0^7;                //忙碌标志位，将 BF 位定义为 P0.7
/*****************************************************
函数功能：延迟 1 ms
(3j+2)*i=(3×33+2) ×10=1010(μs)，可以认为是 1ms
```

```
***************************************************/
void delay1ms()
{
   unsigned char i,j;
        for(i=0;i<10;i++)
         for(j=0;j<33;j++)
              ;
}
/***************************************************
函数功能：延迟若干毫秒
入口参数：n
***************************************************/
 void delay(unsigned char n)
 {
   unsigned char i;
       for(i=0;i<n;i++)
           delay1ms();
 }
/***************************************************
函数功能：检测液晶模块的忙碌状态
返回值：result（result=1，忙碌;result=0，不忙）
***************************************************/
 unsigned char BusyTest(void)
  {
    bit result;
      RS=0;                        // RS为低电平、RW为高电平时，可以读状态
    RW=1;
    E=1;                           //E=1，允许读写
    _nop_();                       //空操作一个机器周期
    _nop_();
    _nop_();
    _nop_();                       //空操作4个机器周期，给硬件反应时间
    result=BF;                     //将忙碌标志电平赋给result
      E=0;
    return result;                 //返回检测结果
  }
/***************************************************
函数功能：将模式设置指令或显示地址写入液晶模块
入口参数：dictate
***************************************************/
void WriteInstruction (unsigned char dictate)
{
    while(BusyTest()= =1);         //如果忙就等待
       RS=0;                       //RS和RW同时为低电平时，可以写入指令
       RW=0;
       E=0;                        //E置低电平，根据表8-6，写指令时，E为高脉冲，
```

```
                                    //即让 E 从 0 到 1 发生正跳变，所以应先置“0”
        _nop_();
        _nop_();                    //空操作 2 个机器周期，给硬件反应时间
        P0=dictate;                 //将数据送入 P0 口，即写入指令或地址
        _nop_();
        _nop_();
        _nop_();
        _nop_();                    //空操作 4 个机器周期，给硬件反应时间
        E=1;                        //E 置高电平，产生正跳变
        _nop_();
        _nop_();
        _nop_();
        _nop_();                    //空操作 4 个机器周期，给硬件反应时间
         E=0;                       //当 E 由高电平跳变成低电平时，液晶模块开始执行命令
 }
/*****************************************************
函数功能：指定字符显示的实际地址
入口参数：x
***************************************************/
 void WriteAddress(unsigned char x)
 {
     WriteInstruction(x|0x80);      //显示位置的确定方法规定为“80H+地址码 x”
 }
/*****************************************************
函数功能：将数据(字符的 ASCII 标准码)写入液晶模块
入口参数：y(字符常量)
***************************************************/
 void WriteData(unsigned char y)
 {
    while(BusyTest()= =1);
         RS=1;                      //RS 为高电平、RW 为低电平时，可以写入数据
         RW=0;
         E=0;                       //E 置低电平，根据表 8-7，写指令时，E 为高脉冲，
                                    //即让 E 从 0 到 1 发生正跳变，所以应先置“0”
         P0=y;                      //将数据送入 P0 口，即将数据写入液晶模块
         _nop_();
         _nop_();
         _nop_();
       _nop_();                     //空操作 4 个机器周期，给硬件反应时间
         E=1;                       //E 置高电平
         _nop_();
         _nop_();
         _nop_();
        _nop_();                    //空操作 4 个机器周期，给硬件反应时间
        E=0;                        //当 E 由高电平跳变成低电平时，液晶模块开始执行命令
 }
```

```
/****************************************************
函数功能：对 LCD 的显示模式进行初始化设置
***************************************************/
void LcdInitiate(void)
{
    delay(15);                          //延迟 15 ms，首次写指令时应给 LCD 一段较长的反应时间
    WriteInstruction(0x38);             //显示模式设置：16×2 显示，5×7 点阵，8 位数据接口
        delay(5);                       //延迟 5 ms
        WriteInstruction(0x38);         //显示模式设置
        delay(5);
        WriteInstruction(0x38);         //显示模式设置
        delay(5);                       //连续三次设置，确保成功
        WriteInstruction(0x0f);         //显示模式设置：显示开，有光标，光标闪烁
        delay(5);
        WriteInstruction(0x06);         //显示模式设置：光标右移，字符不移
        delay(5);
        WriteInstruction(0x01);         //清除屏幕指令，将以前的显示内容清除
        delay(5);
  }
void main(void)                         //主函数
 {
   LcdInitiate();                       //调用 LCD 初始化函数
   WriteAddress(0x07);                  //将显示地址指定为第 1 行第 8 列
   WriteData('A');                      //将字符“A”写入液晶模块，显示由液晶模块自动完成
 }
```

3. 用 Proteus 软件仿真

经 Keil 软件编译通过后，可使用 Proteus 软件进行仿真。在 Proteus ISIS 工作环境中绘制好如图 8-29 所示仿真原理图，或者打开随书附件“第 8 章\仿真实例\ex67”文件夹内的“ex67.pdsprj”仿真原理图文件，将编译好的“ex67.hex”文件载入 AT89C51。启动仿真，即可看到 LCD 上显示出字符“A”，其仿真效果如图 8-30 所示。

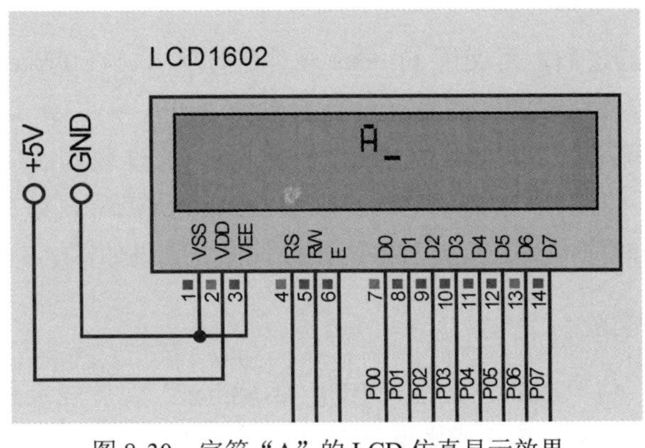

图 8-30　字符“A”的 LCD 仿真显示效果

4．用实验板进行实验

程序仿真无误后，将“ex67”文件夹中的“ex67.hex”文件烧录到 AT89C51 芯片中。再将烧录好的单片机和 1602 字符型 LCD 插入实验板，通电运行即可看到和仿真类似的实验结果。

8.3.3 实例 68：数字秒表设计

本实例设计一个数字秒表，采用的接口电路原理图参见图 8-31。显示方式：第 1 行开始显示提示信息“LCD Design of Tm”；第 2 行第 5 列开始显示形如“18:25:34”格式的时间。显示模式设置：（1）16×2 显示，5×7 点阵，8 位数据接口；（2）显示开，无光标，不闪烁；（3）光标右移，字符不移。

1．实现方法

1）计时方法

本实例用定时器 T0 来实现计时。

2）显示位置控制

由于要求从第 2 行第 7 列开始显示时间，则依照次序，小时的十位数字占据第 7 列，个位数字占据第 8 列；小时与分钟之间的分号“：”占据第 9 列；分钟的十位数字占据第 10 列，个位数字占据第 11 列；分钟与秒之间的分号“：”占据第 12 列；秒的十位数字占据第 13 列，个位数字占据第 14 列。

3）时间显示子函数

时间经过分解处理后交给显示函数处理显示。

2．程序设计

先建立文件夹“ex68”，然后建立其工程项目，最后建立源程序文件“ex68.c”。本实例源程序请参考随书附件。

3．用 Proteus 软件仿真

经 Keil 软件编译通过后，可使用 Proteus 软件进行仿真。在 Proteus ISIS 工作环境中绘制好如图 8-29 所示仿真原理图，或者打开随书附件“第 8 章\仿真实例\ex68”文件夹内的“ex68.pdsprj”仿真原理图文件，将编译好的“ex68.hex”文件载入 AT89C51。启动仿真，即可看到 LCD 屏幕从第 1 行显示出提示信息“LCD Design of Tm”，第 2 行第 5 列起显示出形如“00:00:35”格式的时间，按下按键后停止计时。仿真效果如图 8-31 所示。

4．用实验板进行实验

程序仿真无误后，将“ex68”文件夹中的“ex68.hex”文件烧录到 AT89C51 芯片中。再将烧录好的单片机插入实验板，通电运行即可看到和仿真类似的实验结果。

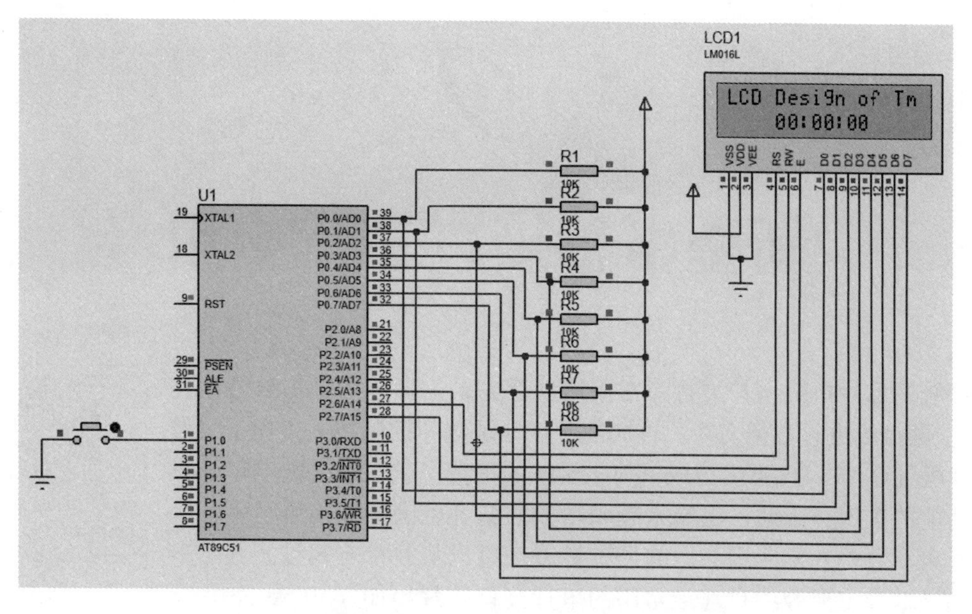

图 8-31　数字秒表设计的接口电路原理图及仿真效果

习题与实验

1．已知 LED 数码管显示电路如图 8-5 所示，编程显示字母“H”。结果分别由 Proteus 软件仿真和实验板验证。

2．已知 LED 数码管显示电路如图 8-6 所示，用快速扫描方式显示数字“2008”。结果分别由 Proteus 软件仿真和实验板验证。

3．已知独立式键盘的接口电路如图 8-12 所示。要求编写由定时器 T0 中断方式控制的键盘扫描程序，实现如下功能：

（1）按下按键 S1，P3 口 8 位 LED 低 4 位点亮，高 4 位熄灭；

（2）按下按键 S2，P3 口 8 位 LED 低 4 位熄灭，高 4 位点亮；

（3）按下按键 S3，P3 口 8 位 LED 正向流水点亮；

（4）按下按键 S4，P3 口 8 位 LED 反向流水点亮。

4．矩阵式键盘如何实现中断方式？矩阵式键盘的按键值是如何确定的？

5．现有字符串：“Now,Temperautre is:”，请结合图 8-29 中电路，编写程序将该字符串送 1602 字符型 LCD 显示。要求显示字符串的子函数用指针作参数。

6．设计一个含 4×4 的矩阵键盘、1602 字符型 LCD 和 AT89C51 的接口电路，并编写由 1602 字符型 LCD 显示矩阵键盘按键值的程序，结果由 Proteus 软件仿真验证。

第 9 章 新型串行接口芯片应用

传统的单片机外围扩展接口常采用并行方式，即单片机与外围器件用 8 根数据线进行数据交换，再加上一些地址线和控制线，占用了大量的单片机 I/O 口。这不仅造成单片机资源的浪费，甚至还会影响单片机其他功能的实现。因此，近年来越来越多的新型外围器件采用了串行接口，绝大多数单片机应用系统的外围扩展接口也从并行方式过渡到了串行方式。本章主要介绍目前最常用的串行接口芯片，如 Philips 公司的 I^2C 总线芯片、原 Motorola 公司的 SPI 总线芯片和 DALLAS 公司的单总线芯片。

9.1 I^2C 总线器件及其应用实例

I^2C 总线是 Inter Integrated Circuit Bus（内部集成电路总线）的缩写，该总线是 Philips 公司研发的一种双向二线制总线，用于连接单片机及其外围设备，是近年来应用较多的串行总线之一。其优点是简单、有效，并且占用的空间非常小，减少了电路板的空间和芯片引脚的数量，降低了互联成本。I^2C 总线的长度可高达 8 m，最多支持 40 个器件。目前具备 I^2C 接口的芯片已有很多，如 AT24C 系列 E^2PROM、PCF8563 日历时钟芯片、PCF8576LCD 驱动器及 PCF8591 A/D 转换器等。

9.1.1 I^2C 总线接口

作为一种新型的串行总线，I^2C 总线只有两根信号线：一根是双向的数据/地址线 SDA（Serial Data Line）；另一根是串行时钟总线 SCL（Serial Clock Line）。所有连接到 I^2C 总线上的设备，其串行数据线都接到总线的 SDA 上，而设备的串行时钟线都接到总线的 SCL 上。典型的 I^2C 总线外围扩展系统如图 9-1 所示。

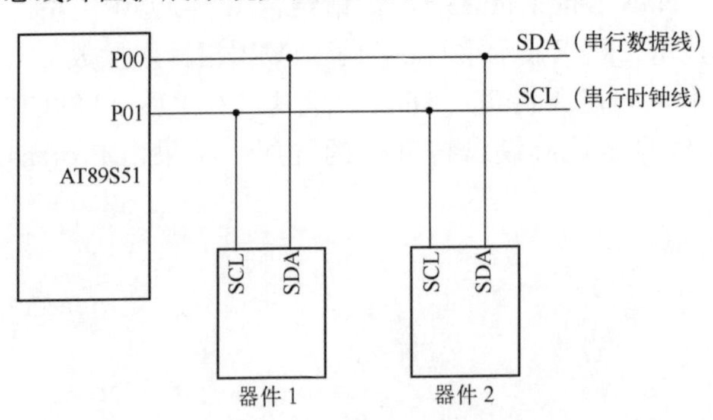

图 9-1 典型的 I^2C 总线外围扩展系统

由图 9-1 可见，一个单片机外围系统可以扩展多个 I^2C 总线器件，每个器件需要设定不同的地址。这样单片机可以根据多个器件的不同地址进行识别并与之进行相互间的数据传递。挂接到总线上的所有外围器件接口都是总线上的节点。在任何时刻，总线上只有一个主控器件实现总线的控制操作，并对其他节点寻址和实现点对点的数据传送。

在标准工作方式下，I^2C 总线的数据传输速率为 100 kbit/s；在快速运行方式下，最高传送速率可达 400 kbit/s。需说明的是，应用时两根总线必须接有 5～10 kΩ上拉电阻（图 9-1 中未画出）。

传统的单片机串行接口的发送和接收一般都各用一条线，如 MCS-51 系列的 TXD 和 RXD，而 I^2C 总线则根据器件的功能通过软件程序可使其发送或接收仅用一根线完成。当某个器件向总线上发送信息时，它就是发送器（也叫主器件）；而当其从总线上接收信息时，又称为接收器（也叫从器件）。主器件是用于启动总线上传送数据并产生时钟信号以开放传送的器件。此时，任何被寻址的器件均被认为是从器件。I^2C 总线器件完全由挂接在总线上的主器件送出的地址和数据控制。

1. I^2C 总线器件的地址

I^2C 总线是由数据线 SDA 和时钟 SCL 构成的串行总线，可发送和接收数据。在单片机与被控器件之间、器件与器件之间均可进行双向信息传送。各外围器件均并联在总线上，但就像电话机一样只有拨通各自的号码才能工作，所以每个器件都有唯一的地址。由于 I^2C 总线上所有的外围器件都必须有规范的器件地址，因此需要对其地址的设定作出规范。器件地址由 7 位组成，它与 1 位方向位构成了 I^2C 总线器件的寻址字节 SLA。寻址字节 SLA 的格式见表 9-1。

表 9-1　寻址字节 SLA 的格式

位	D7	D6	D5	D4	D3	D2	D1	D0
含义	DA3	DA2	DA1	DA0	A2	A1	A0	R/W

各位含义说明如下：

- DA3、DA2、DA1 和 DA0：器件地址位，是 I^2C 总线外围接口器件固有的地址编码，器件出厂时就已经给定了（使用者不能改变）。例如，I^2C 总线器件 AT24CXX 系列器件的地址为 1010。
- A2、A1 和 A0：引脚地址位，是由 I^2C 总线外围器件的地址端口根据接地或接电源的不同而形成的地址数据（由使用者控制）。
- R/W：数据方向位，该位规定了总线上主节点对从节点的数据方向。当 $R/\overline{W}=1$ 时，接收；当 $R/\overline{W}=0$ 时，发送。

2. I^2C 总线上的时钟信号

在 I^2C 总线上传送信息时的时钟同步信号是由挂接在 SCL 时钟线上的所有器件的逻辑“与”完成的。SCL 线上由高电平到低电平的跳变将影响到这些器件。一旦某个器件的时钟信号下跳为低电平，将使 SCL 线一直保持低电平，使 SCL 线上的所有器件开始低电平期。此时，低电平周期短的器件的时钟由低至高的跳变并不能影响 SCL 线的状态。于是，这些器件将进入高电平等待的状态。

当所有器件的时钟信号都上跳为高电平时，低电平期结束，SCL 线被释放返回高电平，即所有的器件都同时开始它们的高电平期。其后，第一个结束高电平期的器件又将 SCL 线拉至低电平。这样就在 SCL 线上产生一个同步时钟。可见，时钟低电平时间由时钟低电平期最长的器件确定，而时钟高电平时间由时钟高电平期最短的器件确定。

3. I²C 总线的传输协议与数据传送

1）起始和停止条件

在数据传送过程中，必须确认数据传送的开始和结束状态。在 I²C 总线技术规范中，开始和结束信号（也称启动和停止信号）的定义如图 9-2 所示。

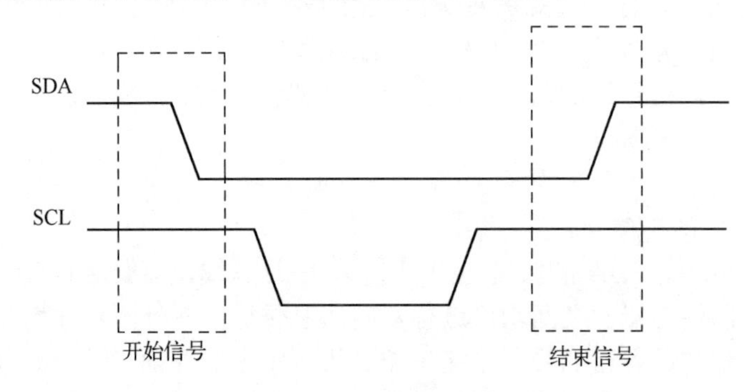

图 9-2　开始和结束信号

- 开始信号：当 SCL 为高电平时，SDA 由高电平向低电平跳变，开始传送数据。
- 结束信号：当 SCL 为高电平时，SDA 由低电平向高电平跳变，结束传送数据。

开始信号和结束信号都由主器件产生。在开始信号以后，总线即被认为处于忙状态，其他器件不能再产生开始信号。主器件在结束信号以后退出主器件角色，经过一段时间，总线才被认为是空闲的。

2）数据格式

在 I²C 总线开始信号后，送出的第一个字节用于选择从器件地址。其中，前 7 位为地址码，第 8 位为方向位（R/W）。方向位为“0”表示发送，即主器件把信息写到所选择的从器件上；方向位为“1”表示主器件将从器件读取信息。开始信号后，系统中的各个器件将自己的地址和主器件送到总线上的地址进行比较，如果与主器件发送到总线上的地址一致，则该器件为被主器件寻址的器件，接收信息或发送信息则由第 8 位（R/W）确定。

I²C 总线数据传送采用时钟脉冲逐位串行传送方式，其时序如图 9-3 所示。在 SCL 的低电平期间，SDA 线上高、低电平能变化，即数据允许变化。在 SCL 高电平期间，SDA 上数据必须保持稳定，不允许变化。因为此时 SDA 状态的改变已被用来表示起始和停止条件，以便接收器件的采样。

3）响应

I²C 总线协议规定，每传送 1 字节数据（含地址及命令字），都要有一个应答信号（也叫应答位，用 ACK 表示），以确定数据传送是否正确。应答位的时钟脉冲由主机产生，发送器件需在应答时钟脉冲的高电平期间释放（送高电平）数据/地址线 SDA，转由接收器件控制。通常接收器件在这个时钟内必须向 SDA 送低电平，以产生有效的应答信号，表示接收正常。若接收器件不能接收或不能产生应答信号，则保持 SDA 为高电平。此时，主机产生一个停止信号，表示接收异常，使传送异常结束。

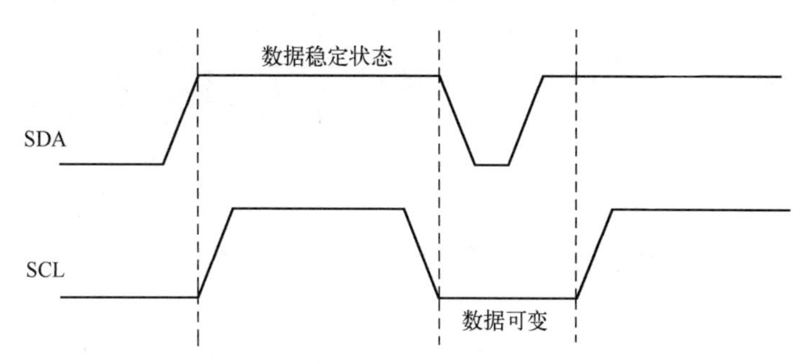

图 9-3　I^2C 总线的数据传输时序

当主机为接收器件时，主机对最后一个字节不应答，以向发送器件表示数据传送结束。此时，发送器件应释放 SDA，以便主机产生一个停止信号。

4．I^2C 总线接口器件的使用

下面以目前在单片机系统中较为常用的 I^2C 接口芯片 AT24C02 为例，介绍 I^2C 器件的使用方法。

AT24C02 是美国 Atmel 公司生产的低功耗 CMOS 串行 E^2PROM（电可擦除只读存储器），它内含 256×8 位存储空间，具有工作电压宽（2.5～5.5 V）、擦写次数多（大于 10000 次）、写入速度快（小于 10 ms）的优点，并且掉电后数据可保存 40 年以上。AT24C02 的封装图如图 9-4 所示，各引脚功能如下：

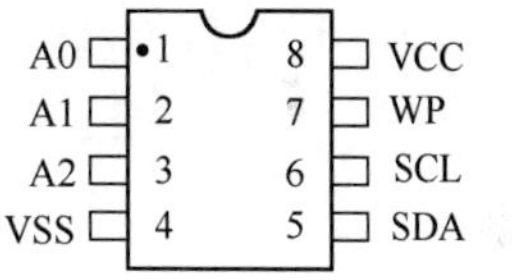

- A0、A1、A2：器件地址输入端。
- SCL：串行时钟。在该引脚的上升沿，系统将数据输入到器件内；在下降沿，数据从器件内向外输出。
- SDA：串行数据。可双向输入或输出数据。
- WP：硬件写保护。当该引脚为高电平时，禁止写入；为低电平时，可正常读写数据。
- VCC：电源，通常接+5V。
- VSS：接地。

A0 1　8 VCC
A1 2　7 WP
A2 3　6 SCL
VSS 4　5 SDA

图 9-4　AT24C02 的封装图

9.1.2　实例 69：将按键次数写入 AT24C02 并读出后送 LCD 显示

本实例为一综合实例，将按键次数写入 AT24C02，再读出送 LCD 显示。本实例采用的电路原理图及仿真效果参见图 9-5。

1．实现方法

先对按键进行软件消抖，再通过编程，在按下按键 S 时，将计数变量加 1，然后将计数变量的值写入 AT24C02 芯片并读出送 LCD 显示。本实例的软件流程如图 9-6 所示。

2．程序设计

先建立文件夹“ex69”，然后建立其工程项目，最后建立源程序文件“ex69.c”。本实例源程序请参考随书附件。

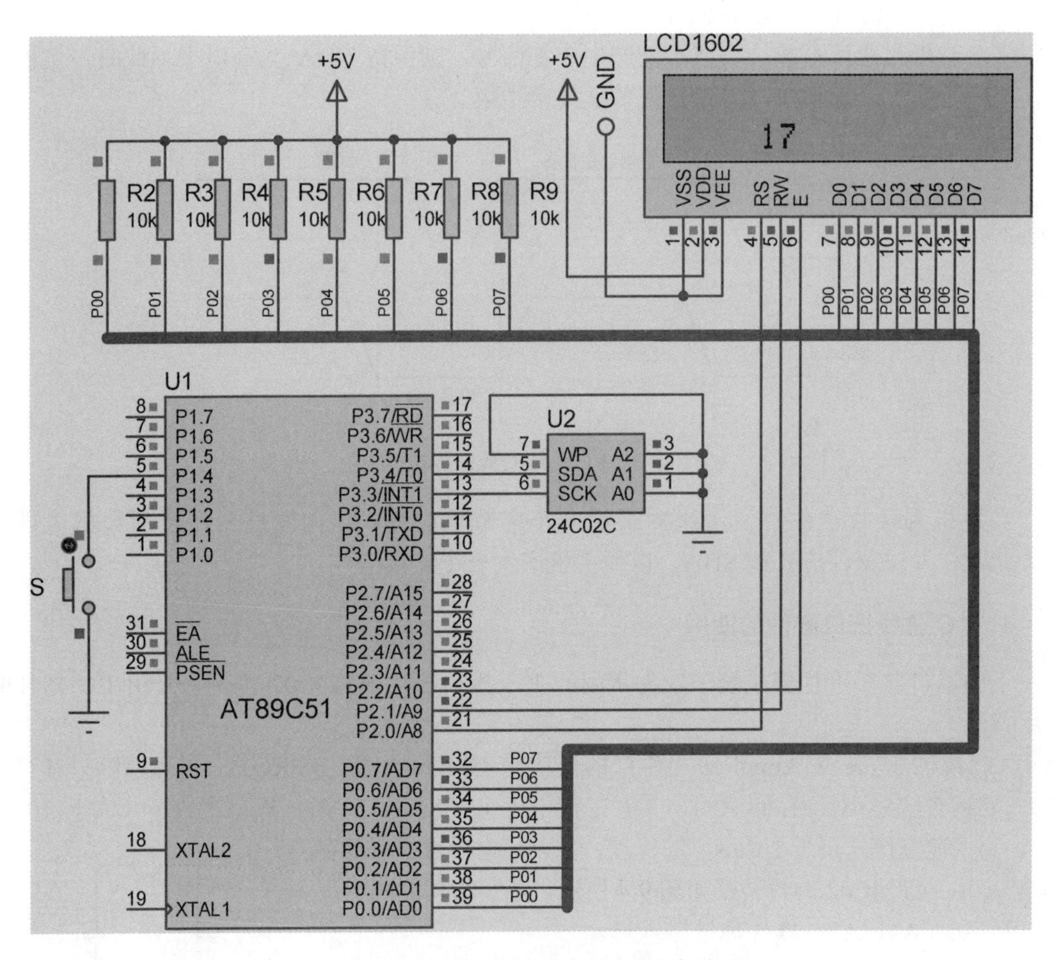

图 9-5　实例 69 的电路原理图及仿真效果

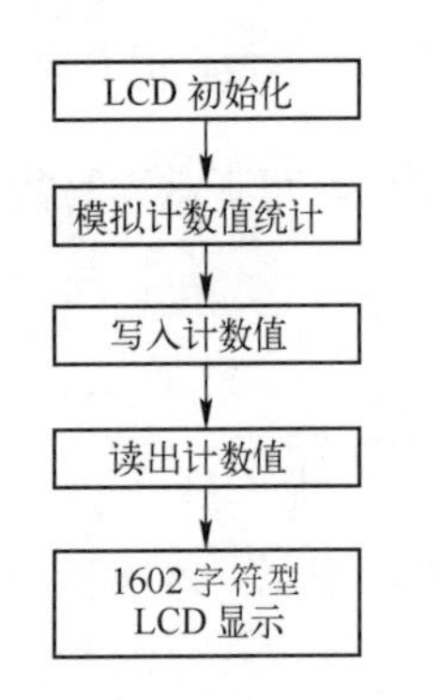

图 9-6　实例 69 的软件流程

3．用 Proteus 软件仿真

经 Keil 软件编译通过后，可使用 Proteus 软件进行仿真。在 Proteus ISIS 工作环境中绘制好如图 9-5 所示仿真原理图，或者打开随书附件“第 9 章\仿真实例\ ex69”文件夹内的“ex69.pdsprj”仿真原理图文件，将编译好的“ex69.hex”文件载入 AT89C51。启动仿真，即可看到用鼠标按下按键 S 时，LCD 显示的数字就随之加 1，与预期结果相同。

4．用实验板进行实验

程序仿真无误后，将“ex69”文件夹中的“ex69.hex”文件烧录到 AT89C51 芯片中。再将烧录好的单片机插入实验板，通电运行即可看到和仿真类似的实验结果。

9.1.3　实例 70：对 I^2C 总线上挂接两个 AT24C02 进行读/写操作

本实例对 I^2C 总线上挂接两个 AT24C02 进行读/写操作，采用的接口电路原理图参见图 9-7。要求先将数据“0xaa”（二进制数 10101010B）写入第一个 AT24C02（图中的 U2）

的指定地址“0x36”，再将该数据读出后存入第二个 AT24C02（图中的 U3）的指定地址“0x48”，最后读出该数据并送 P1 口用 8 位 LED 显示验证。

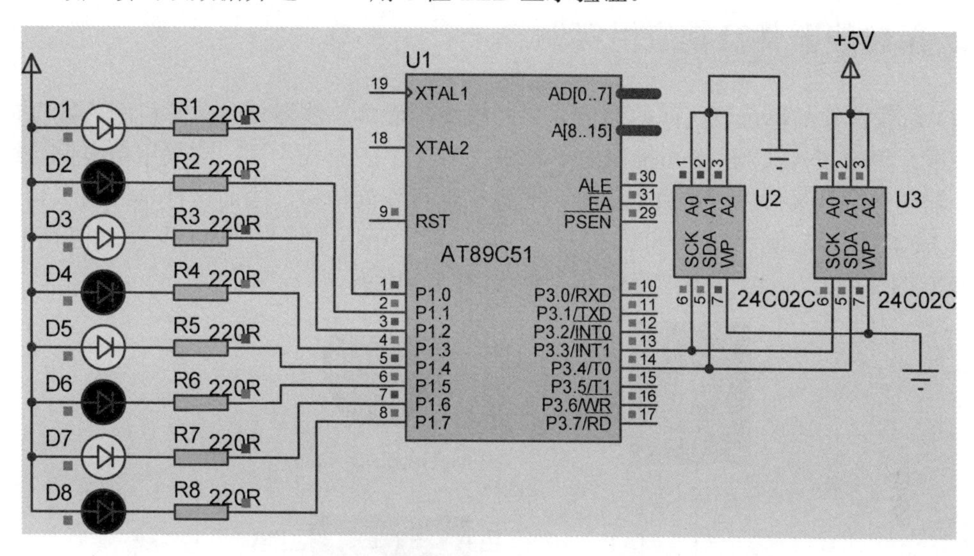

图 9-7　对 I^2C 总线上挂接两个 AT24C02 进行读/写操作的电路原理图

1．实现方法

1）两个器件地址的确定

由于第一个 AT24C02（U2）的 3 个地址位（A0、A1、A2）均接地（低电平），第二个 AT24C02（U3）的 3 个地址位均接电源（高电平），因此，第一个 AT24C02 的地址为“000”，第二个 AT24C02 的地址为“111”。在写命令时，指明要操作的器件地址，即可对不同的 AT24C02 进行操作。

2）软件流程

本实例的软件流程如图 9-8 所示。

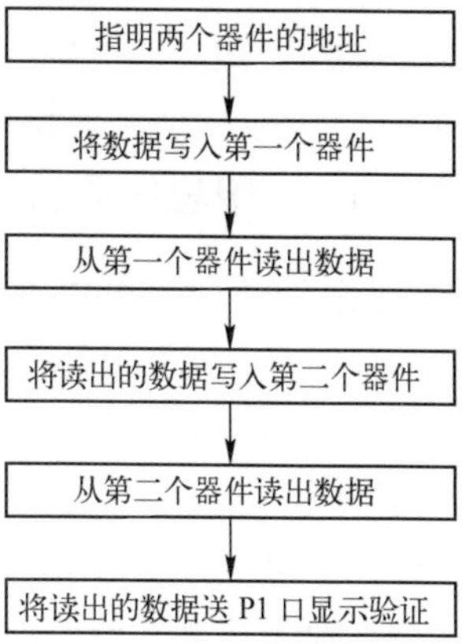

指明两个器件的地址
↓
将数据写入第一个器件
↓
从第一个器件读出数据
↓
将读出的数据写入第二个器件
↓
从第二个器件读出数据
↓
将读出的数据送 P1 口显示验证

图 9-8　实例 70 的软件流程

2．程序设计

先建立文件夹“ex70”，然后建立其工程项目，最后建立源程序文件“ex70.c”。本实例源程序请参考随书附件。

3．用 Proteus 软件仿真

经 Keil 软件编译通过后，可使用 Proteus 软件进行仿真。在 Proteus ISIS 工作环境中绘制好如图 9-7 所示仿真原理图，或者打开随书附件“第 9 章\仿真实例\ ex70”文件夹内的“ex70.pdsprj”仿真原理图文件，将编译好的“ex70.hex”文件载入 AT89C51。启动仿真，即可看到 P1 口的输出为 10101010（0xaa），与预期结果相同。

4．用实验板进行实验

程序仿真无误后，将“ex70”文件夹中的“ex70.hex”文件烧录到 AT89C51 芯片中。再

将烧录好的单片机插入实验板，通电运行即可看到和仿真类似的实验结果。

9.2 单总线器件及其应用实例

I^2C 总线器件与单片机之间的通信需要两根线，而单总线器件与单片机间的数据通信只要一根线。美国 DALLAS 公司推出的单总线技术与 I^2C 总线不同，它采用单根信号线，既可以传输时钟信号又可以传送数据信号，而数据又可双向传送，因而这种总线技术具有线路简单、成本低廉、便于扩展和维护等优点。本节介绍常见的单总线数字温度传感器 DS18B20 的使用方法及其应用实例，其外形如图 9-9 所示。

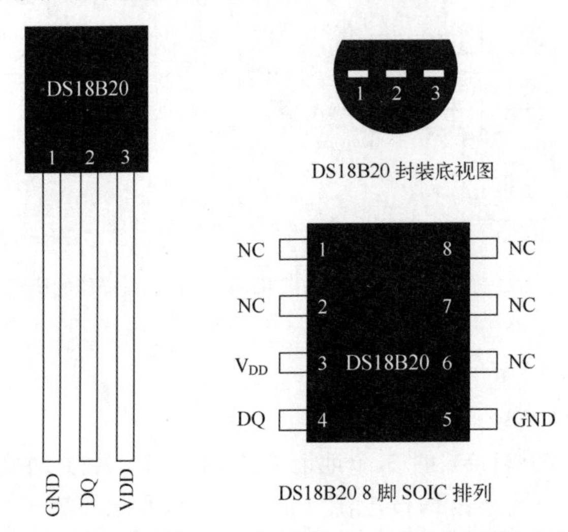

DQ 为数字信号输入/输出端；GND 为电源地；VDD 为外接电源端；NC 为空脚

图 9-9 单总线器件 DS18B20 的外形及引脚排列

9.2.1 单总线简介

单总线适用于单主机系统，能够控制一个或多个从机设备。主机通常是单片机，从机可以是单总线器件，它们之间通过一条信号线进行数据交换。单总线上同样允许挂接多个单总线器件。因此，每个单总线器件必须有各自固有的地址。单总线通常需接一个约 4.7 kΩ 的上拉电阻。这样，当总线空闲时，其状态为高电平。单片机与单总线器件 DS18B20 的接口电路原理图如图 9-10 所示。单片机和单总线器件之间的通信通过以下 3 个步骤完成。

1）初始化单总线器件

单总线上的所有处理均从初始化开始，其基本过程是单片机先发出一个复位脉冲，当单总线器件接收到该复位脉冲后向单片机发出存在脉冲，以“告知”单片机该器件在总线上且已准备好等待操作。

2）识别单总线器件

总线上允许挂接多个单总线器件，为便于单片机识别，每个单总线器件在出厂前都光刻好了 64 位序列号以作为地址序列码。因此，单片机能够根据该地址来识别，并判断对哪一个单总线器件进行操作。

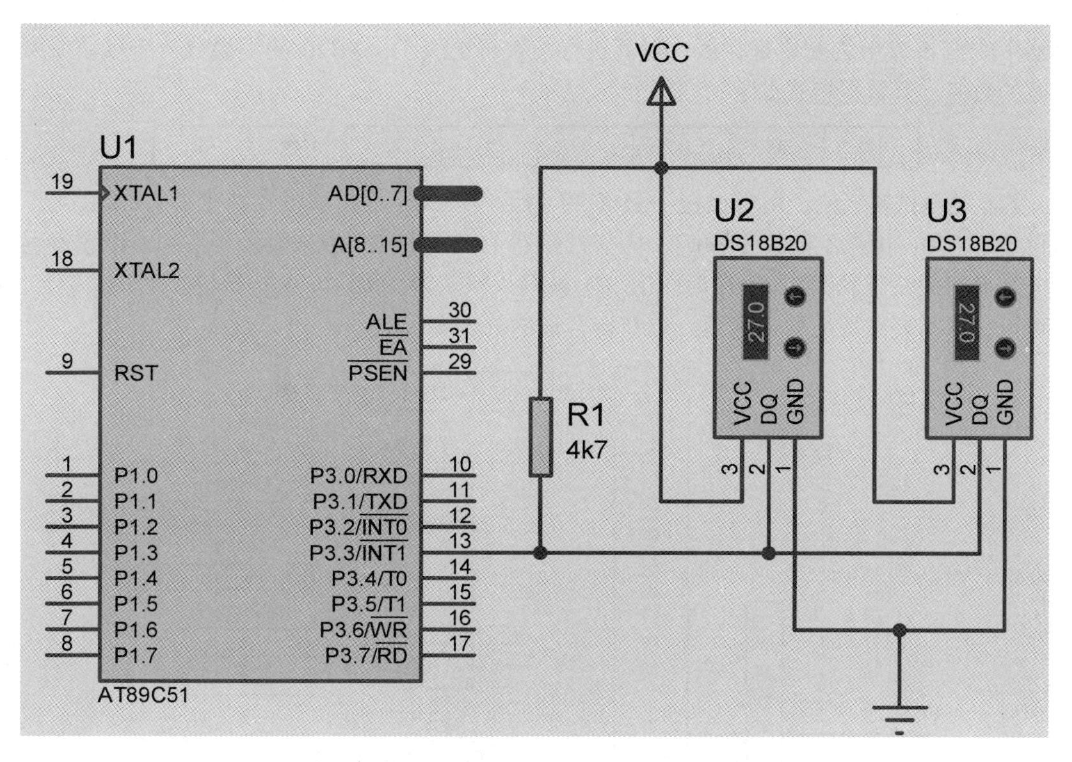

图 9-10 单片机与单总线器件 DS18B20 的接口电路原理图

3）数据交换

单片机与单总线器件之间的数据交换必须遵循严格的通信协议。单总线协议定义了复位信号、应答信号、写“0”、读“0”，写“1”、读“1”等信号类型。所有的单总线命令序列都是由这些基本的信号类型组成的。在这些信号中，除了应答信号外，其他均由单片机发出同步信号，并且发送的所有命令和数据都是字节的低位在前。

1. 单总线温度传感器 DS18B20 性能简介

DS18B20 是 DALLAS 公司生产的单总线数字温度传感器，具有微型化、低功耗、高性能、抗干扰能力强等优点，特别适合于构成多点温度测控系统，可直接将温度转换成串行数字信号给单片机处理，因而可省去传统的信号放大、A/D 转换等外围电路。测量温度范围为−55℃～+125℃，在−10℃～+85℃范围内，精度为±0.5℃。适用于恶劣环境的现场温度测量，例如环境控制、过程监测、测温类消费电子产品等。工作电压范围为 3～5.5 V，使系统设计更灵活、方便。DS18B20 开辟了温度传感器技术的新概念。

2. DS18B20 的内部结构

DS18B20 的内部结构如图 9-11 所示，主要由 4 部分组成：64 位 ROM、温度敏感元件、非易失性温度报警触发器 TH 和 TL、配置寄存器。图中，DQ 为数字信号输入/输出端；VDD 为外接供电电源输入端。

ROM 中的 64 位序列号是出厂前就被光刻好的，可看作 DS18B20 的地址序列码，其作用是使每一个 DS18B20 的地址都不相同。这样就可以实现在一根总线上挂接多个 DS18B20 的目的。非易失性温度报警触发器 TH 和 TL 可通过软件写入用户报警上、下限值。高速缓存器中的第 5 字节为配置寄存器，对其进行设置可更改 DS18B20 的测温分辨率以获得所需精度的数值，其数据格式如下：

TM	R1	R0	1	1	1	1	1

TM 是测试模式位，用于设置 DS18B20 为工作模式还是测试模式。在 DS18B20 出厂时该位被写入 0，用户不能改变。低 5 位一直都是 1。R1 和 R0 用来设置分辨率，配置寄存器与分辨率的关系见表 9-2。出厂时 R0、R1 被写入默认值：R0=1，R1=1（12 位分辨率），用户可以根据需要改写配置寄存器，以获得合适的分辨率。

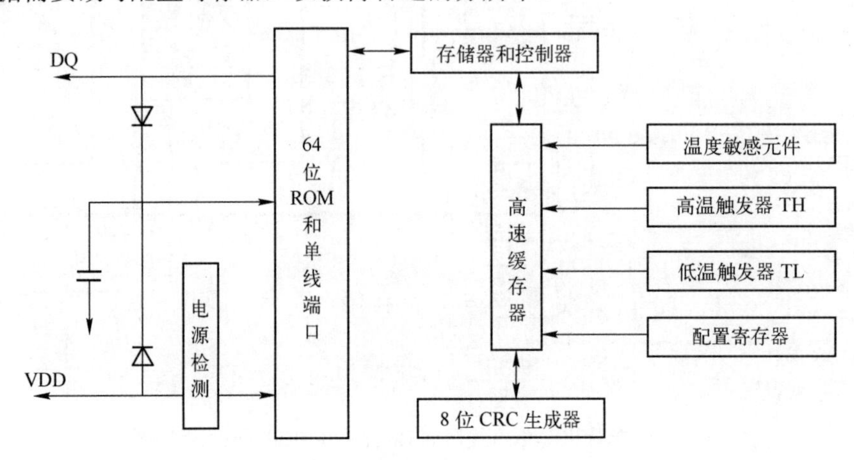

图 9-11　DS18B20 的内部结构

表 9-2　配置寄存器与分辨率的关系表

R0	R1	分辨率/bit	最大转换时间/ms
0	0	9	93.75
0	1	10	187.5
1	0	11	375
1	1	12	750

高、低温报警触发器，配置寄存器均由 1 字节的 E^2PROM 组成。使用一个存储器功能命令就可以对其进行内容改写操作。

高速缓存器是一个 9 字节的存储器，其数据位分配如下：

温度低位	温度高位	TH	TL	配置	保留	保留	保留	8 位 CRC
LSB								MSB

当温度转换命令发布后，经转换所得的温度值以 2 字节补码形式存放在高速暂存寄存器的第 0 和第 1 字节。单片机通过单总线接口读到该数据，读取时低位在前，高位在后。第 3、4、5 字节分别是 TH、TL、配置寄存器的临时副本，每一次上电复位时被刷新；第 6、7、8 字节未用，表现为全逻辑 1；第 9 字节读出的是前面所有 8 字节的 CRC 码，用来保证通信的正确性。在一般情况下，用户只使用第 0 和第 1 字节。

DS18B20 采集温度转换后所得到 16 位数据，其数据表见表 9-3。这 16 位数据存储在 DS18B20 的两个 8 位 RAM 中，二进制中的前面 5 位是符号位，如果测得的温度大于或等于

0，这5位为0，只要将测到的数值除以16即可得到实际温度；如果测得的温度小于0，这5位为1，测到的数值需要取反加1除以16才能得到实际温度。

表9-3　DS18B20采集温度数据表

温度/℃	二进制表示																十六进制表示
	符号位（5位）					数据位（11位）											
+125	0	0	0	0	0	1	1	1	1	1	0	1	0	0	0	0	07D0H
+25.0625	0	0	0	0	0	0	0	1	1	0	0	1	0	0	0	1	0191H
−25.0625	1	1	1	1	1	1	1	0	0	1	1	0	1	1	1	1	FE6FH
−55	1	1	1	1	1	1	0	0	1	0	0	1	0	0	0	0	FC90H

当DS18B20采集到+125℃时，输出为07D0H，则

$$实际温度=\frac{07D0H}{16}=\frac{0\times16^3+7\times16^2+13\times16^1+0\times16^0}{16}=125℃$$

当DS18B20采集到−55℃时，输出为FC90H，则应先将11位数据取反加1得0370H（符号位不变，也不用作计算），则

$$实际温度=\frac{0370H}{16}=\frac{0\times16^3+3\times16^2+7\times16^1+0\times16^0}{16}=55℃$$

负号需要对检测结果进行逻辑判断后再予以显示。

3．DS18B20的工作时序

DS18B20的工作协议流程是：初始化→ROM操作指令→存储器操作指令→数据交换。对ROM的操作主要是读取DS18B20的序列号，以确定其地址以使待操作的DS18B20能对后续的存储器操作指令作出响应。对存储器的操作主要是对DS18B20进行读/写及完成温度转换等。

DS18B20的工作时序包括初始化时序、写时序和读时序，如图9-12所示。

（1）初始化时序：单片机将数据线拉低480～960 μs后释放，等待15～60 μs，单总线器件即可输出持续60～240 μs的低电平（存在脉冲），单片机收到此应答后即可对其进行操作。

（2）写时序：当主机将数据线从高拉到低时，形成写时序，有写“0”和写“1”两种。写时序开始后，DS18B20在15～60 μs期间从数据线上采样，采样到低电平，则向DS18B20写“0”；采样到高电平，则向DS18B20写“1”。两个独立的时序间至少需要1 μs的恢复时间（拉高总线电平）。

（3）读时序：当主机从DS18B20读取数据时，产生读时序。此时，主机将数据线从高拉到低，使读时序被初始化。如果此后15 μs内，主机在总线上采样到低电平，则从DS18B20读“0”；而如果此后15 μs内，主机在总线上采样到高电平，则从DS18B20读“1”。

注意：DS18B20的对工作时序要求十分严格，延迟时间必须十分精确；否则，极易出错。

4．DS18B20的功能命令

DS18B20的功能是通过向ROM和存储器写命令实现的，所有的功能命令均为8位，常用功能命令代码见表9-4。

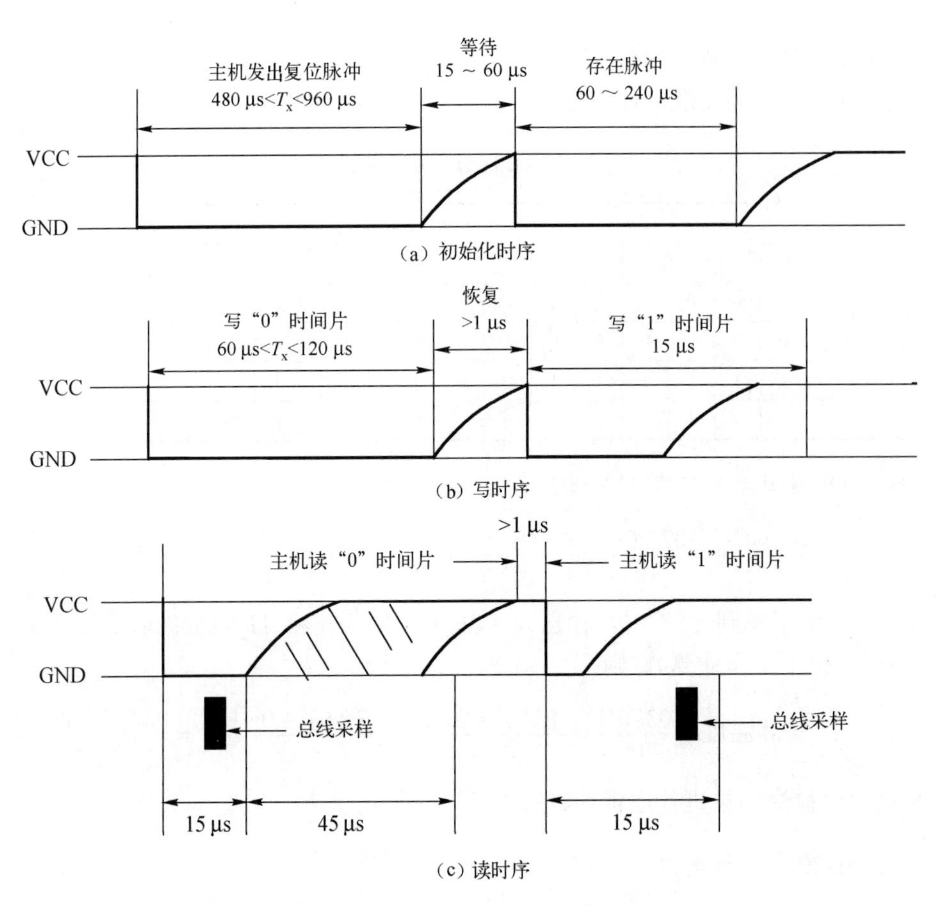

图 9-12　DS18B20 的基本工作时序

表 9-4　DS18B20 常用功能命令代码

功 能 描 述	代　码
启动温度转换	44H
读取暂存器内容	BEH
读 DS18B20 的序列号 （总线上仅有一个 DS18B20 时使用）	33H
将数据写入暂存器的第 2、3 字节中	4EH
匹配 ROM （总线上有多个 DS18B20 时使用）	55H
搜索 ROM （使单片机识别所有 DS18B20 的 64 位编码）	F0H
报警搜索 （仅在温度测量告警时使用）	ECH
跳过读序列号的操作 （总线上仅有一个 DS18B20 时使用）	CCH
读电源供给方式，0 为寄生电源，1 为外部电源	B4H

9.2.2　实例 71：DS18B20 温度检测及其结果的 LCD 显示

本实例使用数字温度传感器 DS18B20 检测温度，并将检测结果用 1602 字符型 LCD 显示。本实例采用的接口电路原理图及仿真效果参见图 9-13。

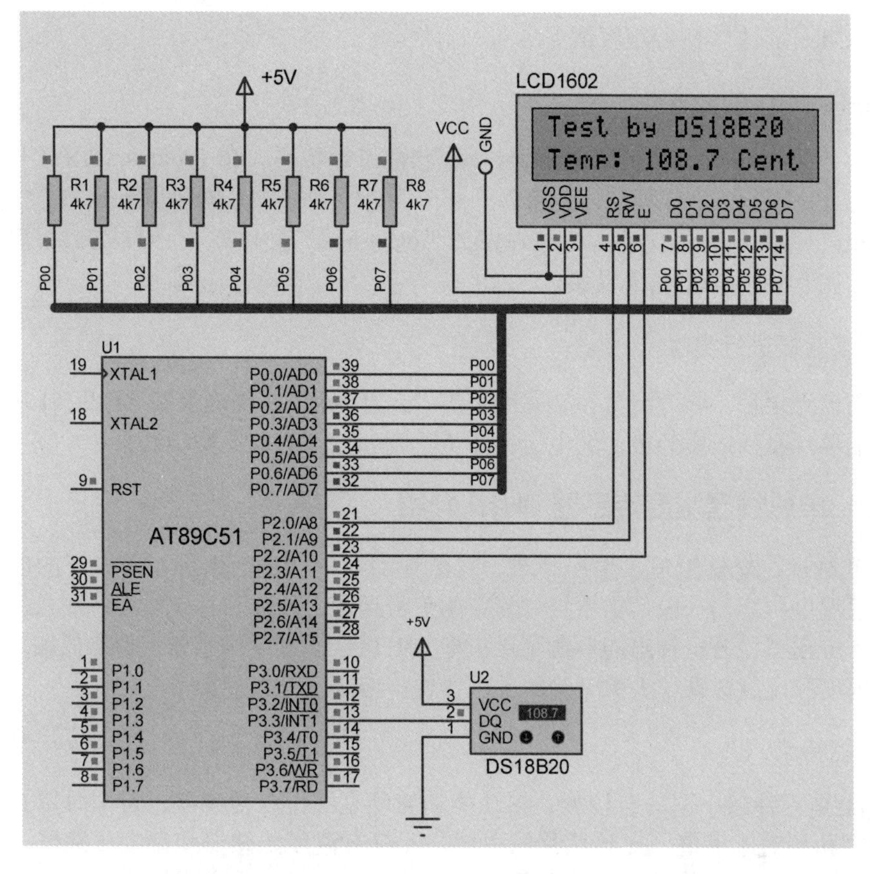

图 9-13　DS18B20 和 1602 字符型 LCD 与单片机的接口电路原理图及仿真效果

1．实现方法

1）DS18B20 的操作

根据单总线协议，使用 DS18B20 的步骤是：初始化→识别→数据交换。由于本实例的单总线上仅挂接 1 个 DS18B20，允许单片机不必读取 64 位序列码而直接对 DS18B20 操作，因而可以使用跳过读序列号的操作命令（CCH），对 DS18B20 发出启动温度转换的操作命令（44H），等待转换完成以后，再次将 DS18B20 初始化并跳过读序列号操作，接着向 DS18B20 发出读暂存器的操作命令（BEH），就可以读出温度值。

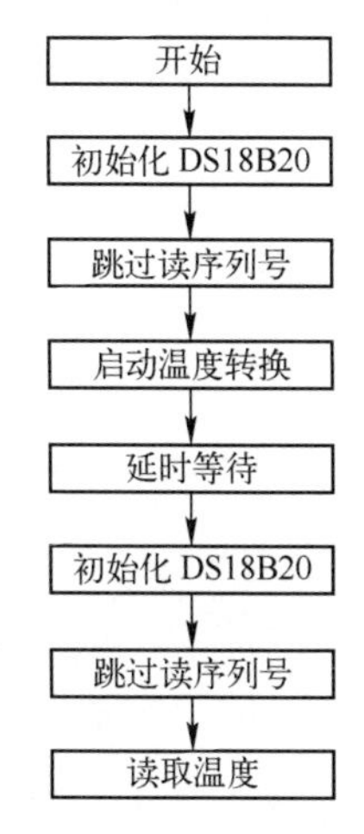

图 9-14　对 DS18B20 操作的软件流程

2）温度值的 LCD 显示

温度值的 LCD 显示方法可参见实例 67～68。

3）软件流程

本实例的软件流程如图 9-14 所示。

2．程序设计

先建立文件夹“ex71”，然后建立其工程项目，最后建立源程序文件“ex71.c”。本实例源程序请参考随书附件。

3. 用 Proteus 软件仿真

经 Keil 软件编译通过后，可使用 Proteus 软件进行仿真。在 Proteus ISIS 工作环境中绘制好如图 9-13 所示仿真原理图，或者打开随书附件“第 9 章\仿真实例\ex71”文件夹内的“ex71.pdsprj”仿真原理图文件，将编译好的“ex71.hex”文件载入 AT89C51。启动仿真，即可看到如图 9-13 所示的仿真效果。

4. 用实验板进行实验

程序仿真无误后，将“ex71”文件夹中的“ex71.hex”文件烧录到 AT89C51 芯片中。再将烧录好的单片机插入实验板，通电运行即可看到和仿真类似的实验结果。

9.2.3 单总线温湿度传感器 DHT11 介绍

温湿度测量在仓储管理、生产制造、气象观测及日常生活中都有着广泛的应用。传统的模拟式温湿度传感器一般都需要经过复杂的信号调理、校准和标定过程，而且测量精度也难以保证。广州奥松公司推出的单线制接口型 DHT11 温湿度传感器，价格低廉，可输出经过校准的温度和湿度数据，大大节约了外围器件，应用十分方便。

1. 性能特点

DHT11 是一种超小型、自校准、多功能的智能型温湿度传感器，可同时用来测量同一地点的温度和相对湿度值。在该芯片的内部，不仅有温度传感器和湿度传感器，还有一个 8 位高性能单片机，因此具有品质卓越、超快响应、抗干扰能力强等优点。该芯片的实物如图 9-15 所示。由图可见，DHT11 体积小巧且不需要外围电路，具有很高的集成度。

2. 外部引脚

DHT11 传感器的引脚图如图 9-16 所示。图中，1、4 脚分别接电源（VDD）和地（GND）；2 脚接单总线数据线（DATA），用于和单片机等控制器相连；3 脚为 NC 脚，表示不连接（Not Connected）。DHT11 传感器的工作电压（VDD）范围为 3.3～5.5 V。

图 9-15 DHT11 传感器实物

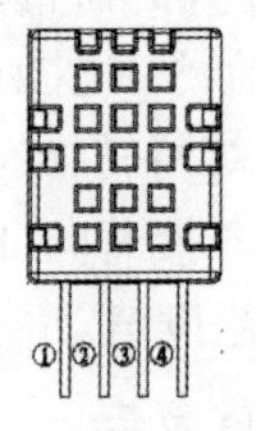

图 9-16 DHT11 传感器的引脚图

3. 使用方法

传感器 DHT11 与 51 单片机的连接非常简单，只需将 VDD 与 GND 分别与电源、地相连，然后 DATA 与单片机的通用 I/O 口相连即可。其中，DATA 与 VDD 之间接 4.7 kΩ 的上拉电阻。如果单片机的 I/O 口内部已经集成了上拉电阻，也可省略上拉电阻。VDD 可使用独立电源，也可使用单片机电源。

硬件连接后，单片机和 DHT11 之间就可以根据通信协议进行单线串行通信了。DATA 用于微处理器与 DHT11 之间的通信和同步,采用单总线数据格式，一次传送 40 位数据，高位先出。数据格式为：8 bit 湿度整数数据 + 8 bit 湿度小数数据 + 8 bit 温度整数数据 + 8 bit 温度小数数据 + 8 bit 校验位。

单片机与 DHT11 传感器的通信时序如图 9-17 所示。

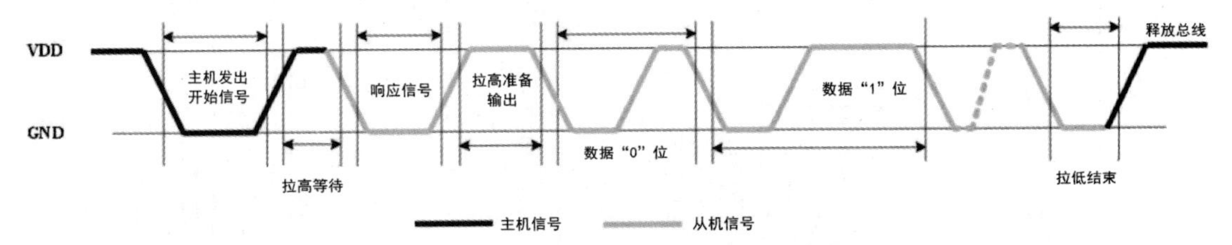

图 9-17　单片机与 DHT11 传感器的通信时序

1）起始信号

单片机把数据总线拉低一段时间（至少 18 ms，最大不超过 30 ms），通知传感器准备数据。

2）响应信号

传感器把数据总线拉低 83 μs，再拉高 87 μs 以响应主机的起始信号。

3）读出测量结果

收到主机起始信号后，传感器一次性从数据总线串出 40 位数据，高位先出。

例如，若接收到的 40 位数据为

0011 0101	0000 0000	0001 1000	0000 0100	0101 0001
湿度高 8 位	湿度低 8 位	温度高 8 位	温度低 8 位	校验位

则对应的数据为

湿度：0011 0101（整数）=35H=53%RH　0000 0000（小数）=00H=0.00%RH

温度：0001 1000（整数）=18H=24℃　　0000 0100（小数）=04H=0.4℃

综上所述，湿度为 53.0%RH，温度为 24.4℃。

9.2.4　实例 72：DHT11 温度检测及其结果的 LCD 显示

本实例使用数字温湿度传感器 DHT11 检测温度，并将检测结果用 1602 字符型 LCD 显示。本实例采用的接口电路原理图及仿真效果参见图 9-18。

1. 实现方法

主程序首先对 LCD 进行初始化，并指定测量结果的显示位置，然后以无限循环的方式使用 DHT11 传感器进行相对湿度和温度的测量。

2. 程序设计

先建立文件夹“ex72”，然后建立其工程项目，最后建立源程序文件“ex72.c”。部分源程序如下：

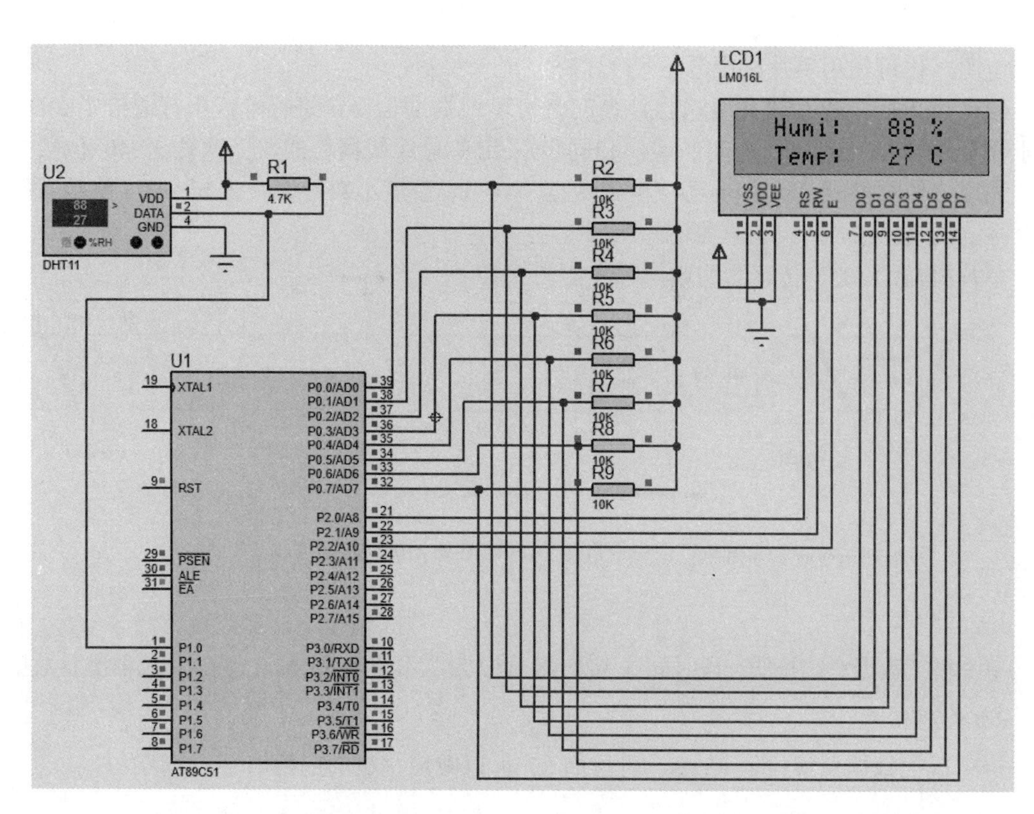

图 9-18　DHT11 温度检测及其 LCD 显示的接口电路原理图及仿真效果

```
//实例 72：DHT11 温度检测及其 LCD 显示
/*****************************************************
函数功能：微秒级延时函数
*****************************************************/
void DHT11_delay_us(uchar n)
{
    while(--n);                     //变量 n 值自减为零，跳出循环
}
/*****************************************************
函数功能：毫秒级延时函数
*****************************************************/
void DHT11_delay_ms(uint z)
{
    uint i,j;                       //定义无符号整型变量 i、j
    for(i=z;i>0;i--)                //for 的外层循环
        for(j=110;j>0;j--);         //for 的内层循环
}
/*****************************************************
函数功能：DHT11 温度起始信号
*****************************************************/
void DHT11_start()
{
    Data=1;                         //将定义为 Date 的 I/O 拉高
```

```
    DHT11_delay_us(2);                          //调用微秒级延时函数，延迟 2 μs
    Data=0;                                     //将定义为 Date 的 I/O 拉低
    DHT11_delay_ms(30);                         //调用毫秒级延时函数，延迟 30 μs
    Data=1;                                     //将定义为 Date 的 I/O 拉高
    DHT11_delay_us(30);                         //调用微秒级延时函数，延迟 20 μs
}
/***************************************************
函数功能：DHT11 温度读取数据
***************************************************/
uchar DHT11_rec_byte()
{
    uchar i,dat=0;                              //定义无符号字符型变量 i、dat 并且 dat 赋初值 0
    for(i=0;i<8;i++)                            //for 循环
    {
        while(!Data);                           //等待 Data 的 I/O 状态翻转
        DHT11_delay_us(8);                      //调用微秒级延时函数，延迟 8 μs
        dat<<=1;                                //变量 dat 左移 1 位并赋值给 dat
        if(Data==1)                             //变量 dat 如果满足 1
            dat+=1;                             //变量 dat 自加 1
        while(Data);                            //等待 Data 的 I/O 状态
    }
    return dat;                                 //返回变量 dat 的值
}
/***************************************************
函数功能：操控 DHT11 完成一次测量
***************************************************/
void DHT11_receive()
{
    uchar R_H,R_L,T_H,T_L,RH,RL,TH,TL,revise;          //定义无符号字符型变量
    DHT11_start();                                      //调用起始信号函数
    if(Data==0)                                         //如果条件满足
    {
        while(Data==0);                         //等待 Data 的 I/O 口为下降沿
        DHT11_delay_us(40);                     //调用微秒级延时函数，延迟 40 μs
        R_H=DHT11_rec_byte();                   //函数 DHT11_rec_byte()得到的返回值赋给变量 R_H
        R_L=DHT11_rec_byte();                   //函数 DHT11_rec_byte()得到的返回值赋给变量 R_L
        T_H=DHT11_rec_byte();                   //函数 DHT11_rec_byte()得到的返回值赋给变量 T_H
        T_L=DHT11_rec_byte();                   //函数 DHT11_rec_byte()得到的返回值赋给变量 T_L
        revise=DHT11_rec_byte();                //函数 DHT11_rec_byte()得到的返回值赋给变量 revise
        DHT11_delay_us(25);                     //调用微秒级延时函数，延迟 25 μs
        if((R_H+R_L+T_H+T_L)==revise)           //如果条件满足
        {
            RH=R_H;                             //将 R_H 值赋给 RH
            RL=R_L;                             //将 R_L 值赋给 RL
            TH=T_H;                             //将 T_H 值赋给 TH
            TL=T_L;                             //将 T_L 值赋给 TL
        }
        rec_dat[0]='0'+(RH/10);                 //RH 值取整加上字符型 0 赋值数组
```

```
            rec_dat[1]='0'+(RH%10);                //RH 值取余加上字符型 0 赋值数组
            rec_dat[2]=' ';                         //数组赋值
            rec_dat[3]=' ';                         //数组赋值
            rec_dat[4]='0'+(TH/10);                 //TH 值取整加上字符型 0 赋值数组
            rec_dat[5]='0'+(TH%10);                 //TH 值取余加上字符型 0 赋值数组
            rec_dat[6]=' ';                         //数组赋值
        }
    }
```

3．用 Proteus 软件仿真

经 Keil 软件编译通过后，可使用 Proteus 软件进行仿真。在 Proteus ISIS 工作环境中绘制好如图 9-18 所示仿真原理图，或者打开随书附件“第 9 章\仿真实例\ex72”文件夹内的“ex72.pdsprj”仿真原理图文件，将编译好的“ex72.hex”文件载入 AT89C51。启动仿真，即可看到如图 9-18 所示仿真效果图。

4．用实验板进行实验

程序仿真无误后，将“ex72”文件夹中的“ex72.hex”文件烧录到 AT89C51 芯片中。再将烧录好的单片机插入实验板，通电运行即可看到和仿真类似的实验结果。

9.3 SPI 总线接口芯片及其应用实例

SPI（Seiral Peripheral Interface）是原 Motorola 公司提出的总线标准。SPI 总线属于同步串行接口，用于与各外围器件进行通信，近年来在单片机应用系统中被广泛采用。配置 SPI 接口的器件有很多。其中，X5045 是目前应用较为广泛的芯片。本节以 X5045 芯片为例，介绍 SPI 接口芯片与单片机的连接方法及其应用实例。

9.3.1 SPI 串行总线简介

与 I^2C 总线和单总线器件不同，SPI 总线器件与单片机的连接需要 3 根线：时钟线 SCK、数据线 MOSI（主机发送、从机接收）和 MISO（主机接收、从机发送）。

由于外围扩展多个 SPI 器件时，SPI 器件无法通过数据线译码选择，因此带有 SPI 接口的外围器件都必须有片选端口 $\overline{CS}$。在扩展单个外围器件时，外围器件的片选端口 $\overline{CS}$ 可以接地，也可以通过 I/O 口来控制；在扩展多个 SPI 外围器件时，单片机应分别通过 I/O 口来分时选通外围器件（每个时刻只能选通一个 SPI 器件进行读/写操作）。无论是对 SPI 器件读还是写，数据的传输都需在同步脉冲作用下，按照“高位在前，低位在后”的顺序进行。

SPI 总线具有较高的数据传送速度，最高传输速率可达 1.05 Mbit/s。在单个器件的外围扩展中，片选线由外部硬件端口选择，用软件实现非常方便。

1．X5045 的结构特性

X5045 的结构特性如下：

- 可选时间的看门狗定时器。
- VCC 的电压跌落检测和复位控制。

- 5 种标准的开始复位电压。
- 使用特定的编程顺序即可对跌落电压检测和复位的开始电压进行编程。
- 当 VCC 为 1V 时，复位信号仍保持有效。
- 具有省电特性：
  ——在看门狗打开时，电流小于 50 μA；
  ——在看门狗关闭时，电流小于 10 μA；
  ——在读操作时，电流小于 2 mA。
- 不同型号的器件，其供电电压可以是 1.8～3.6 V、2.7～5.5 V、4.5～5.5 V。
- 具有 4 kbit 的 E^2PROM。
- 具有数据保护功能。
- 内嵌的防误写措施：
  ——用指令允许写操作；
  ——有写保护引脚。
- 时钟可达 3.3 MHz。
- 比较短的编程时间：
  ——16 字节的页写模式；
  ——写时由器件内部自动完成；
  ——典型器件的写周期为 5 ms。

2. 功能描述

X5045 将 4 种功能集于一体：上电复位控制、看门狗定时器、降压管理及具有块保护功能的串行 E^2PROM，有助于简化应用系统的设计，减少印制电路板的占用面积，提高可靠性。

（1）上电复位功能：在通电时产生一个时间足够长的复位信号，以保证单片机正常工作以前，其振荡电路已工作于稳定状态。

（2）看门狗功能：该功能被激活后，如果在规定的时间内单片机没有在 $\overline{CS}$ 引脚上产生规定的电平变化（喂狗信号），芯片内的看门狗电路将产生复位信号。利用该功能，可让单片机死机后自动重新复位并开始工作（千万不要以为只要程序对了，单片机就可以永远正确运行，实际工作环境的各种干扰常会导致单片机“死机”）。

（3）降压管理：当电源电压下降到一定值以后，虽然单片机仍能工作，但是工作可能已经不正常，或者极易受到干扰。此时，让单片机复位是比其工作更好的选择。

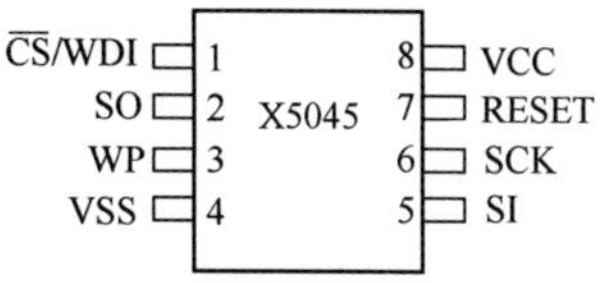

（4）串行 E^2PROM：该芯片内的串行 E^2PROM 具有块锁保护功能，其擦写次数大于 1 000 000 次，写好的数据能够保存 100 年。

X5045 的引脚图如图 9-19 所示，表 9-5 列出了各引脚的功能说明。

图 9-19　X5045 的引脚图

表 9-5　X5045 的引脚功能说明

引　脚	名　称	功 能 描 述
1	$\overline{CS}$	片选输入端：当 $\overline{CS}$ 为高电平时，芯片未被选中；当 $\overline{CS}$ 为低电平时，芯片被选中
2	SO	串行输出：数据在 SCK 的下降沿输出

（续表）

引　脚	名　称	功能描述
3	WP	写保护：该引脚接地，写操作被禁止；该引脚为高电平时，所有功能正常
4	VSS	接地
5	SI	串行输入：数据在 SCK 的上升沿写入（高位在前）
6	SCK	串行时钟：控制数据的输入与输出
7	RESET	复位输出：用于电源检测和看门狗超时输出
8	VCC	电源

3．使用方法

1）上电复位

当器件通电并超过规定值时，X5045 内部的复位电路将会产生一个约 200 ms 的复位脉冲，让单片机能够正常复位。

2）电压跌落检测

在工作过程中，X5045 能不断检测 VCC 端的电压下降情况，并且在电压跌落到一定值以后，将产生一个复位脉冲，使单片机停止工作。这个复位脉冲一直有效，直到 VCC 下降到 1 V 以下。如果 VCC 在降落后又升高，则当其超过规定值后约 200 ms，复位信号消失，使得单片机可以继续工作。

3）看门狗定时器

看门狗定时器电路通过监测 WDI 的输入来判断单片机工作是否正常。在规定的时间内，单片机必须在 WDI 引脚产生一个由高到低的电平变化；否则，X5045 将产生一个复位信号。在 X5045 内部的一个控制寄存器中有两位可编程位决定了定时周期的长短，单片机可以通过指令来改变这两位，从而可以改变看门狗的定时周期。

4）SPI 串行编程 E^2PROM

X5045 片内的 4 kbit E^2PROM 除可以由 WP 引脚置高电平保护以外，还可以被软件保护，通过指令可以设置保护这块 4 kbit 存储器中的某一部分或全部。X5045 中有一个状态寄存器，对其设置可以改变看门狗定时器的定时周期和被保护块的大小。状态寄存器的位定义见表 9-6，定时器溢出时间设定和 E^2PROM 数据保护设置分别见表 9-7 和表 9-8。

表 9-6　状态寄存器的位定义（默认值是 00H）

位	7	6	5	4	3	2	1	0
含义	0	0	WD1	WD0	BL1	BL0	WEL	WIP

表 9-7　看门狗定时器溢出时间设定

状态寄存器		看门狗定时器
WD1	WD0	溢出时间/ms
0	0	1400
0	1	600
1	0	200
1	1	禁止

表 9-8　E^2PROM 数据保护设置

状态寄存器		保护的地址空间
BL1	BL0	
0	0	不保护
0	1	180H～1FFH
1	0	100H～1FFH
1	1	000H～1FFH

WIP 位为忙碌标志位，WIP=1 表示 X5045 正忙于向其 E^2PROM 写数据，此时不能向其

写数据；WIP=0 表示可以向其写数据。WEL 为写使能锁存器的状态位，WEL=1 表示允许写；WEL=0 表示禁止写。

5）芯片操作

X5045 与单片机之间的数据传送必须在严格的指令控制下才能进行。对 X5045 的控制是通过芯片内的一个 8 位指令寄存器进行的。它可以通过 SI 引脚来访问，数据在 SCK 的上升沿由同步时钟脉冲控制输入。在整个工作期间，片选端$\overline{CS}$必须是低电平，而写保护端 WP 必须是高电平。

X5045 共有 6 条操作指令，见表 9-9。所有的指令、地址和数据都是以高位在前的方式传送的。输入的数据在$\overline{CS}$变为低电平之后的 SCK 第一个上升沿被采样。

表 9-9　X5045 指令表

指　令　名	指 令 格 式	操　　作
WREN	0000 0110　（0x06）	设置写使能锁存器（允许写操作）
WRDI	0000 0100　（0x04）	设置写使能锁存器（禁止写操作）
RDSR	0000 0101　（0x05）	读状态寄存器
WRSR	0000 0001　（0x01）	写状态寄存器
READ	0000 $A_8$011	读出
WRITE	0000 $A_8$010	写入

向存储器写入数据的协议：首先$\overline{CS}$接地以选中芯片，然后写入 WREN（写允许）指令，接着将$\overline{CS}$拉至高电平，再次将$\overline{CS}$接地，写入 WRITE 指令并跟随欲写入的 8 位地址。WRITE 指令的第 3 位用于确定存储器的上半区和下半区。如果没有在 WREN 和 WRITE 两个指令之间将$\overline{CS}$变为高电平，WRITE 指令将被忽略。最后需要将$\overline{CS}$变为高电平。

从存储器读出数据的协议：首先$\overline{CS}$接地以选中芯片，然后写入 READ（读出）指令，接下来写入欲读的 8 位地址。READ 指令的第 3 位用于确定存储器的上半区和下半区。在读操作指令和地址码发送完毕后，所选中地址单元的数据将通过引脚 SO 送出。最后需要将$\overline{CS}$变为高电平。

9.3.2　实例 73：将数据“0xaa”写入 X5045 并读出后送 P1 口显示

本实例将数据“0xaa”写入 X5045 的指定地址“0x10”，并读出送 P1 口显示。本实例采用的接口电路原理图及仿真效果参见图 9-20（为观察 X5045 工作时序，仿真图中添加了虚拟示波器）。

1．实现方法

1）对 X5045 的“读”“写”操作

根据 X5045 的通信协议，只要在时钟数据线 SCK 的下降沿，让单片机对数据线 MISO（引脚 SO）采样，就可以读出数据，实现“读”操作。在 SCK 的上升沿，让单片机将要写的数据发送到数据线 MOSI（引脚 SI），即可将数据写入 X5045，实现“写”操作。“读”和“写”操作都必须要在向 X5045 发出相关指令后才能进行。

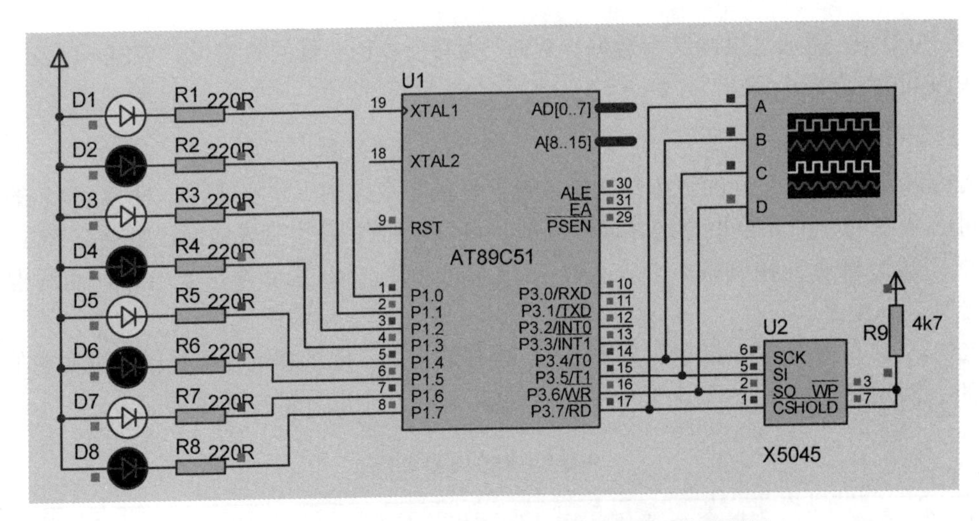

图 9-20　X5045 与单片机的接口电路原理图及仿真效果

2）软件流程

对 X5045 进行读/写操作的软件流程如图 9-21 所示。

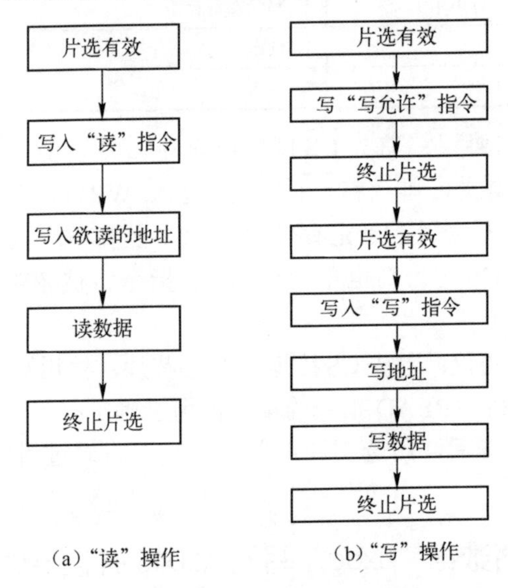

图 9-21　对 X5045 进行读/写操作的软件流程

2．程序设计

先建立文件夹“ex73”，然后建立其工程项目，最后建立源程序文件“ex73.c”。本实例源程序请参考随书附件。

3．用 Proteus 软件仿真

经 Keil 软件编译通过后，可使用 Proteus 软件进行仿真。在 Proteus ISIS 工作环境中绘制好如图 9-20 所示仿真原理图，或者打开随书附件“第 9 章\仿真实例\ex73”文件夹内的“ex73.pdsprj”仿真原理图文件，将编译好的“ex73.hex”文件载入 AT89C51。启动仿真，将虚拟示波器的各信道参数设置为①电压幅值：2 V/格；②分辨率：10 μs/格。即可看到如

图 9-20 所示的仿真效果及如图 9-22 所示的 X5045 工作时序输出波形。可以看出，P1.0、P1.2、P1.4 和 P1.6 引脚的 4 个 LED 被点亮，表明输出数据为 10101010B（0xaa）。通过分析虚拟示波器的输出波形，可以验证 X5045 的工作时序。

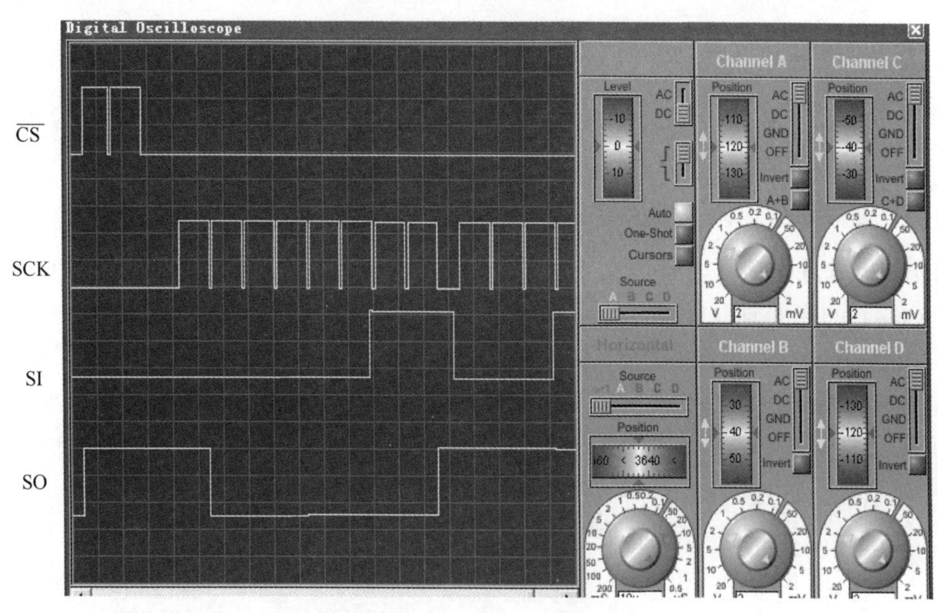

图 9-22　X5045 工作时序输出波形

4．用实验板进行实验

程序仿真无误后，将“ex73”文件夹中的“ex73.hex”文件烧录到 AT89C51 芯片中。再将烧录好的单片机插入实验板，通电运行即可看到和仿真类似的实验结果。

9.3.3　实例 74：将流水灯控制码写入 X5045 并读出后送 P1 口显示

本实例将一段流水灯控制码写入 X5045，再读出送 P1 口显示，采用的接口电路原理图参见图 9-20。

1．实现方法

单个数据的读/写方法同实例 73。因为本实例要写入一系列数据，所以在对 X5045 进行读/写操作时，需先指定第一个待写数据的地址，对于下一个数据，将上一个数据的操作地址加 1 即可。

2．程序设计

先建立文件夹“ex74”，然后建立其工程项目，最后建立源程序文件“ex74.c”。本实例源程序请参考随书附件。

3．用 Proteus 软件仿真

经 Keil 软件编译通过后，可使用 Proteus 软件进行仿真。在 Proteus ISIS 工作环境中绘制好如图 9-20 所示仿真原理图，或者打开随书附件“第 9 章\仿真实例\ex74”文件夹内的

“ex74.pdsprj”仿真原理图文件，将编译好的“ex74.hex”文件载入 AT89C51。启动仿真，首先看到虚拟示波器输出不断变化的波形（正在写入流水灯控制码），等待片刻后，P1 口的 8 位 LED 开始被流水点亮（从 X5045 中读出流水灯控制码）。

4. 用实验板进行实验

程序仿真无误后，将“ex74”文件夹中的“ex74.hex”文件烧录到 AT89C51 芯片中。再将烧录好的单片机插入实验板，通电运行即可看到和仿真类似的实验结果。

9.3.4 实例 75：对 SPI 总线上挂接的两个 X5045 进行读/写操作

本实例对 SPI 总线上挂接的两个 X5045 进行操作，要求先将数据“0xaa”写入第一个 X5045（U2）的指定地址“0x10”，再将其读出后写入第二个 X5045（U3）的指定地址“0x20”，最后读出该数据并送 P1 口显示验证。本实例采用的接口电路原理图参见图 9-23。

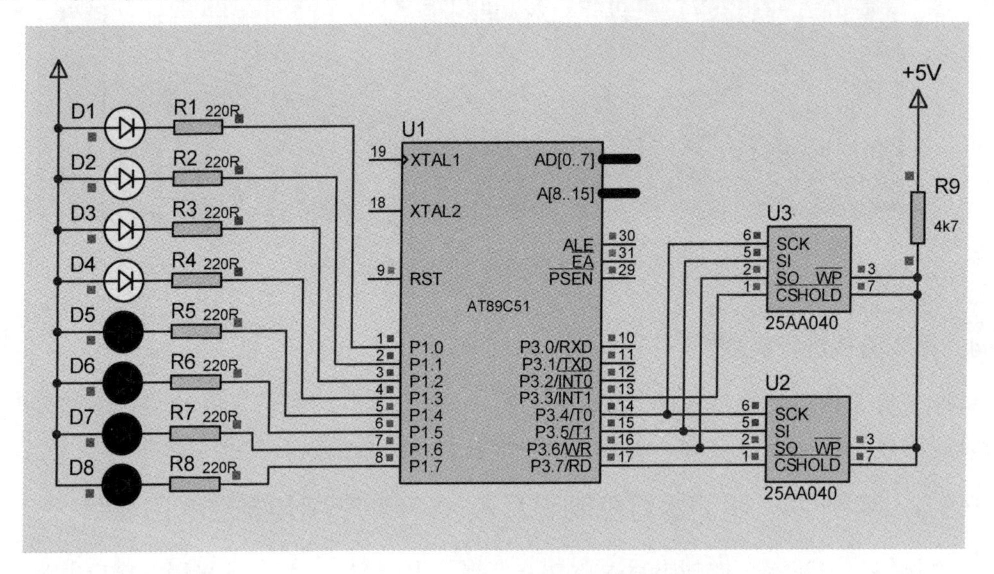

图 9-23　对两个 X5045 进行读/写操作的接口电路原理图

1. 实现方法

1）X5045 芯片的识别

当 SPI 总线上挂接多个 X5045 芯片或其他 SPI 总线器件时，在同一时刻，只能对其中之一进行操作。操作时，只要将其片选端 $\overline{\text{CS}}$ 下拉为低电平，而其他 X5045 芯片的片选端 $\overline{\text{CS}}$ 保持高电平即可。

2）对 X5045 芯片的读/写

对 X5045 芯片的读/写方法同实例 73。

2. 程序设计

先建立文件夹“ex75”，然后建立其工程项目，最后建立源程序文件“ex75.c”。本实例源程序请参考随书附件。

3．用 Proteus 软件仿真

经 Keil 软件编译通过后，可使用 Proteus 软件进行仿真。在 Proteus ISIS 工作环境中绘制好如图 9-23 所示仿真原理图，或者打开随书附件“第 9 章\仿真实例\ex75”文件夹内的“ex75.pdsprj”仿真原理图文件，将编译好的“ex75.hex”文件载入 AT89C51。启动仿真，即可看到 P1 口的低 4 位 LED 被点亮，而高 4 位熄灭（如图 9-23 所示）。结果表明，P1 口的输出为 1111 0000B（0xf0），可见对两个 X5045 的读/写操作是正确的。

4．用实验板进行实验

程序仿真无误后，将“ex75”文件夹中的“ex75.hex”文件烧录到 AT89C51 芯片中。再将烧录好的单片机插入实验板，通电运行即可看到和仿真类似的实验结果。

习题与实验

1．I^2C 总线有何特点？简述 I^2C 通信原理并画出 I^2C 器件与 AT89C51 单片机的接口电电路原理图。

2．已知 AT24C02 与 AT89C51 单片机的接口电路如图 9-5 所示，编写程序将字符串“The date is 2008-10-2.”写入 AT24C0 芯片，再读出该字符串并送 1602 字符型 LCD 显示。结果由 Proteus 软件仿真和实验板验证。

3．DS18B20 的初始化协议是怎样规定的？画出其初始化的时序图。

4．绘制如图 9-24 所示的仿真电路原理图，并编写程序使 DS18B20 所测温度由数码管显示出来。结果用 Proteus 仿真验证（只显示温度的整数部分）。

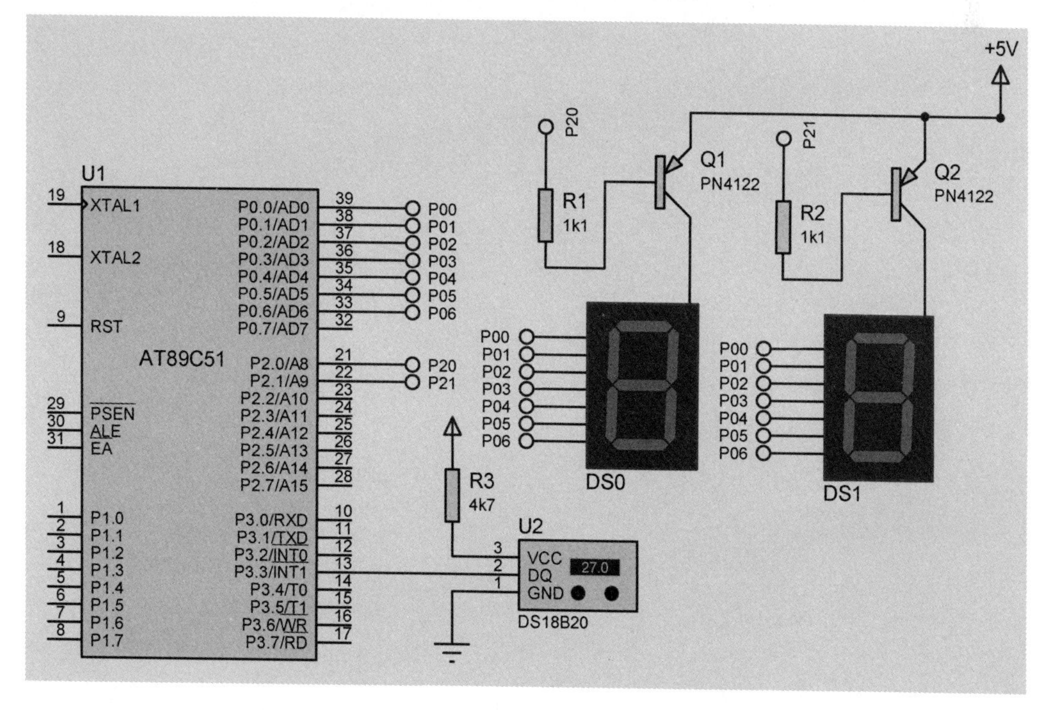

图 9-24　DS18B20 及数码管与单片机的接口电路原理图

5．SPI 总线有何特点？简述 SPI 通信原理并画出 X5045 与 AT89C51 单片机的接口电路。

6．X5045 的读、写协议是如何规定的？编写 X5045 的读、写程序。

7．根据如图 9-17 所示电路，编写程序将数组

```
a[ ]={0x23, 0xf8,0xd3,0x89,0x3c,0x8b};
```

写入 X5045，并读出送 P1 口 8 位 LED 显示。结果由 Proteus 软件仿真和实验板验证。

第10章 常用功能器件应用举例

要让单片机实现各种控制和检测功能，必须借助各种功能器件，如常用的模/数（A/D）转换器件、数/模（D/A）转换器件、红外线信号接收器件和时钟信号控制器件等。本章将介绍这些功能器件的使用方法和应用实例。

10.1 模/数（A/D）转换器

在工业控制和智能化仪表中，常用单片机进行实时控制及实时数据处理。由于单片机所能处理的信息必须是数字量，而控制或测量对象的有关参量往往是连续变化的模拟量，如温度、电压、速度和压力等，与此对应的电信号却是模拟信号。解决这个问题的方法就是将模拟量转换成数字量，这一转换过程就是模/数（A/D）转换。能实现模/数（A/D）转换的设备称为A/D转换器或ADC。

10.1.1 A/D转换基础

A/D转换过程如图10-1所示。模拟信号经采样、保持、量化和编码后就可以转换为数字信号。这个转换过程在应用上可以由专用的集成芯片完成，使用非常方便。A/D转换的常用技术有逐次逼近式、双积分式、并行式和跟踪比较式等。目前用得较多的是前3种。并行式A/D转换器速度快，价格也很高，通常用于视频信号处理等需要高速转换的场合；逐次逼近式A/D转换器在精度、价格和速度上都适中，是目前最常用的A/D转换器；双积分式A/D转换器具有精度高、抗干扰性好、价格低廉等优点，但速度较慢，经常用在对速度要求不高的仪器仪表中。下面介绍A/D转换的主要技术指标，供选择A/D转换器时参考。

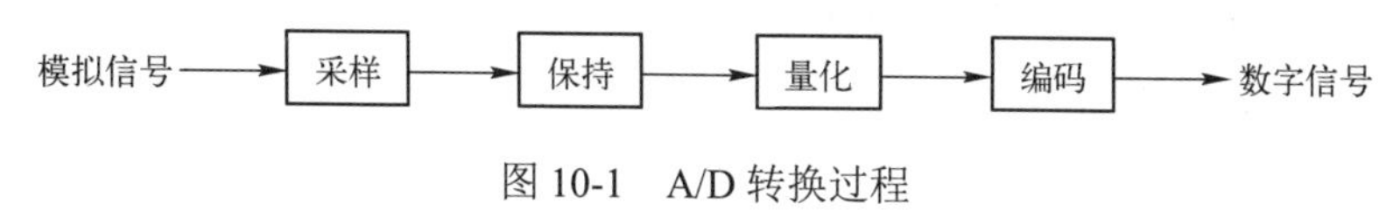

图10-1 A/D转换过程

1. A/D转换器的主要技术指标

1）转换时间

从发出启动转换命令到转换结束获得整个数字信号为止所需要的时间。

2）分辨率

分辨率表示转换器对微小输入量变化的敏感程度，通常用转换器输出数字量的位数来表示。例如，8位A/D转换器的数字输出量的变化范围为0～255，当输入电压的满刻度为

5 V 时，数字量每变化一个数字所对应输入模拟电压的值为 5 V/255=19.6 mV，其分辨能力为 19.6 mV。当检测信号要求较高时，需采用分辨率较高的 A/D 转换器。目前常用的 A/D 转换集成芯片的转换位数有 8 位、10 位、12 位和 14 位等。

3）转换精度

转换精度指的是转换后所得的结果相对于实际值的准确度，可以用满量程的百分比这一相对误差来表示，如±0.05%。

2. A/D 转换器的使用

A/D 转换器的种类非常多，这里以具有串行接口的 ADC0832 为例来说明其使用方法。该芯片是由美国国家半导体公司生产的一种 8 位分辨率、双通道 A/D 转换芯片，具有体积小、兼容性强、性价比高等优点，因此应用非常广泛。

ADC0832 是 8 引脚双列直插式双通道 A/D 转换器，其引脚排列如图 10-2 所示。该芯片能分别对两路模拟信号实现 A/D 转换，可以在单端输入方式和差分输入方式下工作。ADC0832 采用串行通信方式，通过 DI 数据输入端进行通道选择、数据采集和数据传送等操作。

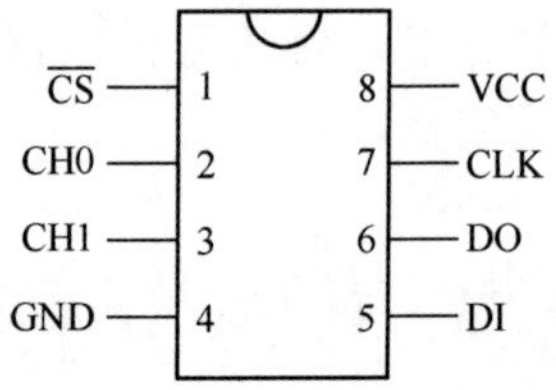

图 10-2　ADC0832 的引脚排列

ADC0832 具有以下特点。

（1）8 位分辨率。

（2）双通道 A/D 转换。

（3）输入输出电平与 TTL/CMOS 相兼容。

（4）采用 5 V 电源供电时，输入电压在 0～5 V 之间。

（5）一般功耗仅为 15 mW。

（6）工作温度范围为-40℃～+85℃。

（7）工作频率为 250 kHz，转换时间为 32 μs。

ADC0832 的引脚说明如下：

（1）$\overline{CS}$：片选端，低电平时选中芯片。

（2）CH0：模拟输入通道 0。

（3）CH1：模拟输入通道 1。

（4）GND：芯片接地端。

（5）DI：数据信号输入，选择通道控制。

（6）DO：数据信号输出，转换数据输出。

（7）CLK：芯片时钟输入。

（8）VCC：电源输入端。

3. ADC0832 的控制原理

ADC0832 的工作时序如图 10-3 所示。根据协议，当 ADC0832 未工作时，必须将片选端 $\overline{CS}$ 置于高电平，此时，芯片禁用。当要进行 A/D 转换时，应将片选端 $\overline{CS}$ 置于低电平并保持到转换结束。在芯片开始工作后，还需让单片机向芯片的时钟信号输入端 CLK 输入时钟脉冲，在第一个时钟脉冲下沉之前 DI 端必须是高电平，表示起始信号。在第 2、3 个脉冲下沉之前 DI 端则应输入两位数据，用于选择通道功能。通道受控情况如下：

➢ 当 DI 依次输入 1、0 时，只对 CH0 通道进行单通道转换；

- 当 DI 依次输入 1、1 时，只对 CH1 通道进行单通道转换；
- 当 DI 依次输入 0、0 时，将 CH0 作为正输入端“IN+”，CH1 作为负输入端“IN−”；
- 当 DI 依次输入 0、1 时，将 CH0 作为负输入端“IN−”，CH1 作为正输入端“IN+”。

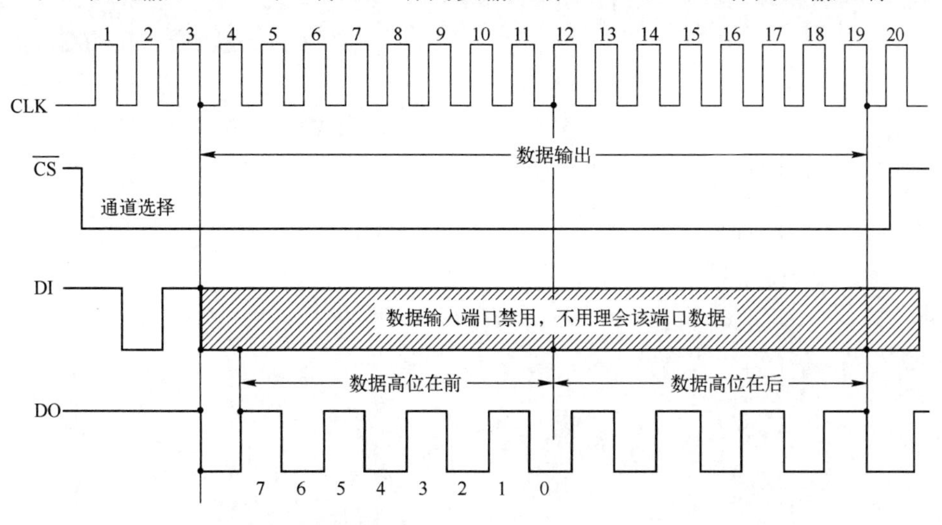

图 10-3　ADC0832 的工作时序

在第 3 个脉冲下沉之后，DI 端的输入电平就失去了输入作用。此后数据输出端 DO 开始输出转换后的数据。在第 4 个脉冲的下降沿输出转换后数据的最高位，直到第 11 个脉冲下降沿输出数据的最低位。至此，1 字节的数据输出完成。接下来，从此位开始输出下一个相反字节的数据，即从第 11 个脉冲的下降沿输出数据的最低位，直到第 19 个脉冲数据输出完成，这也标志着一次 A/D 转换完成。后一相反字节的 8 个数据位是作为校验位使用的，一般只读出第一个字节的前 8 个数据位就能满足要求。对于后 8 位数据，可以让片选端 $\overline{CS}$ 置于高电平而将其丢弃。

在正常情况下，ADC0832 与单片机的接口应为 4 条数据线，分别是 $\overline{CS}$、CLK、DO、DI。但是由于 DO 和 DI 两个端口在通信时并未同时使用，而是先由 DI 端口输入两位数据（0 或 1）来选择通道控制，再由 DO 端输出数据，因此在 I/O 口资源紧张时，可以将 DO 和 DI 并联在一根数据线上使用。

作为单通道模拟信号输入时，ADC0832 的输入电压 U_i 的范围为 0～5V。当输入电压 U_i=0 时，转换后的值 VAL=0x00；而当 U_i=5 时，转换后的值 VAL=0xFF，即十进制数 255。所以转换后的输出值：

$$D = \frac{255}{5} \times U = 51U$$

式中，D 为转换后的数字量，U 为输入的模拟电压。

10.1.2　实例 76：基于 ADC0832 的 5 V 直流数字电压表

本实例利用 ADC0832 设计一个 5 V 直流数字电压表。要求将输入的直流电压转换成数字信号后，由 1602 字符型 LCD 显示出来。本实例采用的接口电路原理图及仿真效果参见图 10-4。

注：本实例仿真图中的电源电压为 7.2 V，经串联分压后的输入电压为 3.6 V。

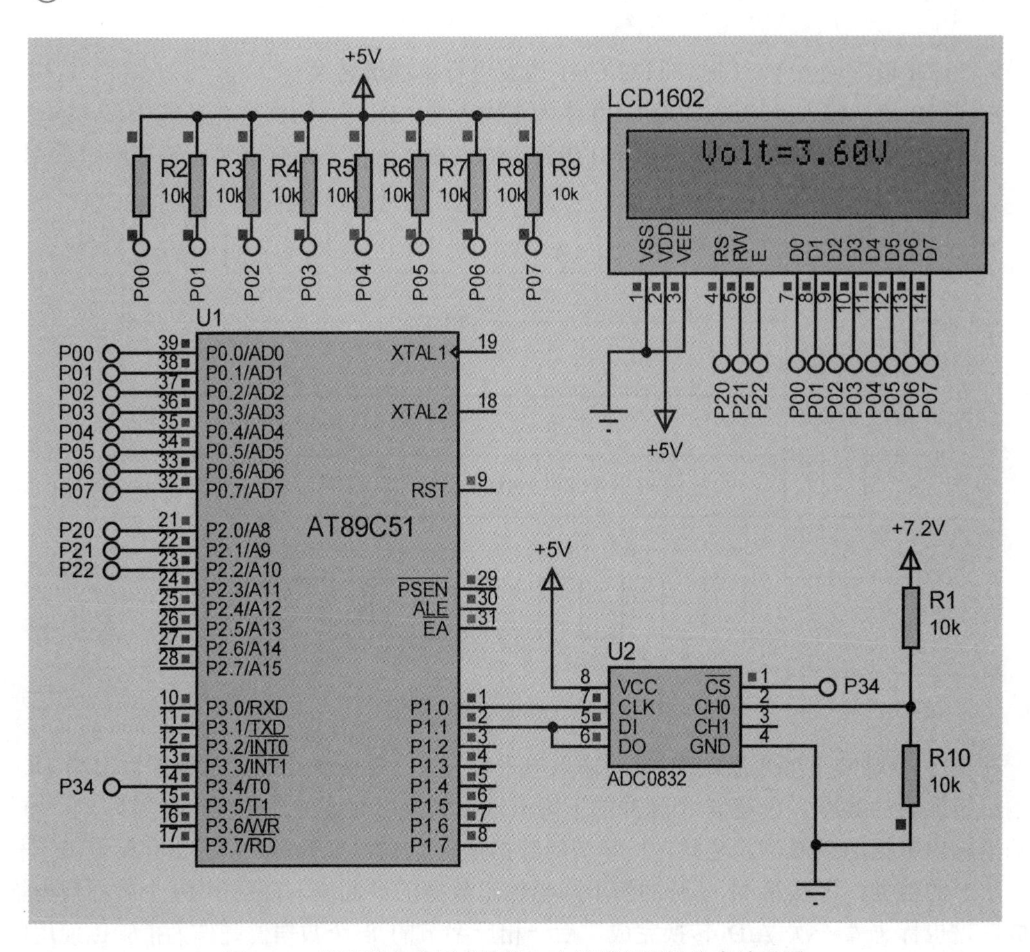

图 10-4　直流数字电压表的接口电路原理图及仿真效果图

1．实现方法

1）ADC0832 的启动

首先使 ADC0832 的片选端口 $\overline{\text{CS}}$ 接地（置低电平“0”），然后将输入端 DI 在第一个时钟脉冲下沉之前置于高电平即可启动 ADC0832。

2）通道选择的实现

本实例选择 CH0 作为模拟信号输入的通道。根据协议，DI 在第 2、3 个脉冲下沉之前应分别输入 1、0。因为数据输入端 DI 与输出端 DO 并不同时使用，所以将它们并联在一根数据线（P1.1）使用。

3）软件流程

本实例的软件流程如图 10-5 所示。

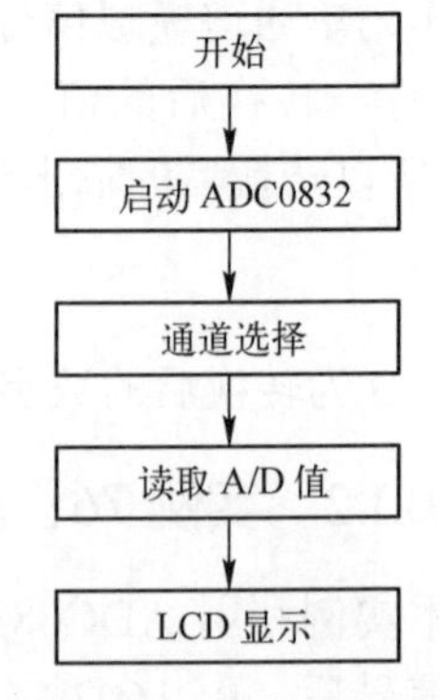

图 10-5　基于 ADC0832 的数字电压表的软件流程

2．程序设计

先建立文件夹“ex76”，然后建立其工程项目，最后建立源程序文件“ex76.c”。本实例源程序请参考随书附件。

3. 用 Proteus 软件仿真

经 Keil 软件编译通过后，可使用 Proteus 软件进行仿真。在 Proteus ISIS 工作环境中绘制好如图 10-4 所示的仿真原理图，或者打开随书附件“第 10 章\仿真实例\ ex76”文件夹内的“ex76.pdsprj”仿真原理图文件，将编译好的“ex76.hex”文件载入 AT89C51。启动仿真，即可看到 LCD 上显示出“Volt=3.60V”，这与输入电压（7.2 V）经串联分压的输入电压（3.6 V）一致，表明软硬件的设计正确。

4. 用实验板进行实验

程序仿真无误后，将“ex76”文件夹中的“ex76.hex”文件烧录到 AT89C51 芯片中。再将烧录好的单片机插入实验板，通电运行即可看到和仿真类似的实验结果。

10.2 数/模（D/A）转换器

单片机在执行内部程序后，往往要向外部受控部件输出控制信号，但它输出的信号是数字量信号，而大多数受控部件只能接收模拟量信号，这就需要在单片机的输出端加上 D/A 转换器，将数字量转换成模拟量。

10.2.1 D/A 转换基础

1. D / A 转换器的主要技术指标

1）转换时间

一般在几十纳秒至几微秒。

2）分辨率

D/A 能够转换的二进制位数越多，分辨率也越高。一般为 8 位、10 位、12 位等。以分辨率是 8 位为例，若转换后电压的满量程为 5 V，则它能输出的分辨率最小电压为 5 V/255=19.6 mV。

3）线性度

D/A 转换模拟量输出偏离理想输出的最大值。

4）输出电平

有电流型和电压型两种。电流型的输出电流在几毫安到几十毫安；电压型的输出电压一般在 5～10 V 之间，有的高电压型可达 24～30 V。

2. D/A 转换器的使用

D/A 转换器的种类非常多，这里以应用较多的 DAC0832 为例来说明其使用方法。该芯片是一个 8 位分辨率的双列直插式 D/A 转换器，其引脚排列如图 10-6 所示。

DAC0832 的引脚功能说明如下：

- DI0～DI7：8 位数据输入端，TTL 电平，有效时间大于 90 ns。
- ILE：数据锁存允许信号输入端，高电平有效。

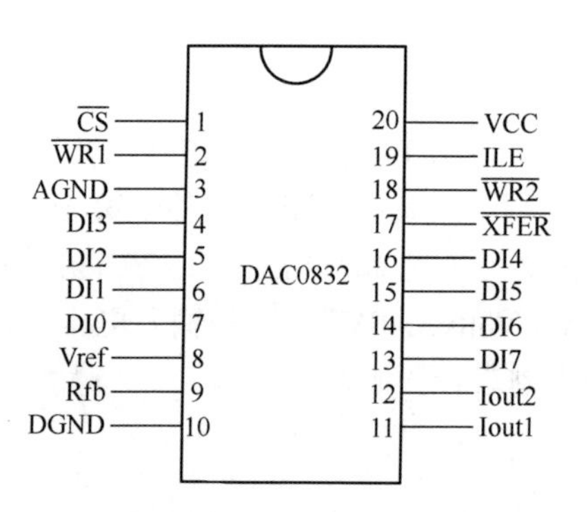

图 10-6　DAC0832 的引脚排列

- $\overline{\mathrm{CS}}$：片选信号输入端，低电平有效。
- $\overline{\mathrm{WR1}}$：输入锁存器写选通信号输入端。
- $\overline{\mathrm{XFER}}$：数据传送控制信号输入端，低电平有效。
- $\overline{\mathrm{WR2}}$：DAC 寄存器写选通信号输入端。
- Iout1：模拟电流输出端 1，当 DI0～DI7 端都为“1”时，Iout1 最大。
- Iout2：模拟电流输出端 2，该端的电流值与 Iout1 之和为一常数，即 Iout1 最大时它的值最小，一般在单极性输出时，Iout2 接地；在双极性输出时，Iout2 接运算放大器。
- Rfb：反馈信号输入端，芯片内已有反馈电阻。
- VCC：电源输入端，可接+5 V～+10 V 电压。
- Vref：基准电压输入端，可接−5 V～−10 V 电压，此电压决定 D/A 转换器输出电压的范围。
- AGND：模拟信号地，为工作电源和基准电源的参考地。
- DGND：数字信号地，为工作电源地和数字电路地。

3．DAC0832 的使用

在只要求有一路模拟量输出或几路模拟量不需要同时输出的场合，DAC0832 与 80C51 系列单片机的接口电路原理图如图 10-7 所示。此时，VCC、ILE 并接于+5 V，$\overline{\mathrm{WR1}}$、$\overline{\mathrm{WR2}}$ 并接于单片机的 P3.6 引脚；$\overline{\mathrm{CS}}$、$\overline{\mathrm{XFER}}$ 并接于 P2.7（片选端）。这种接法使 DAC0832 相当于一个单片机外部扩展的存储器，其地址为 7FFFH（知道这个结果即可编程，无须理解其工作原理）。只要采用对片外存储器寻址的方法将数据写入该地址，DAC0832 就会自动开始 D/A 转换，具体步骤如下：

（1）选中 DAC0832。单片机通过 P2.7 引脚送出一个低电平到 DAC0832 的 $\overline{\mathrm{CS}}$ 和 $\overline{\mathrm{XFER}}$ 引脚，由 P3.6 引脚送低电平到 $\overline{\mathrm{WR1}}$ 和 $\overline{\mathrm{WR2}}$，DAC0832 就被选中。

（2）向 DAC0832 送入数据。单片机通过 P0 口向 DAC0832 送入 8 位数据。

（3）DAC0832 对送来的数据进行 D/A 转换，并从 Iout1 端输出信号电流。

DAC0832 的输出是电流型的，但在实际应用中往往需要的是电压输出信号，所以电路中往往采用运算放大器 UA741 来实现电流—电压转换。输出电压值

$$U_0 = -D \times \frac{U_{\mathrm{ref}}}{255}$$

式中，D 为输出的数据字节，取值范围为 0～255；U_{ref} 为基准电压。因此，只要改变输入 DAC0832 的数字量，输出电压就会发生变化。

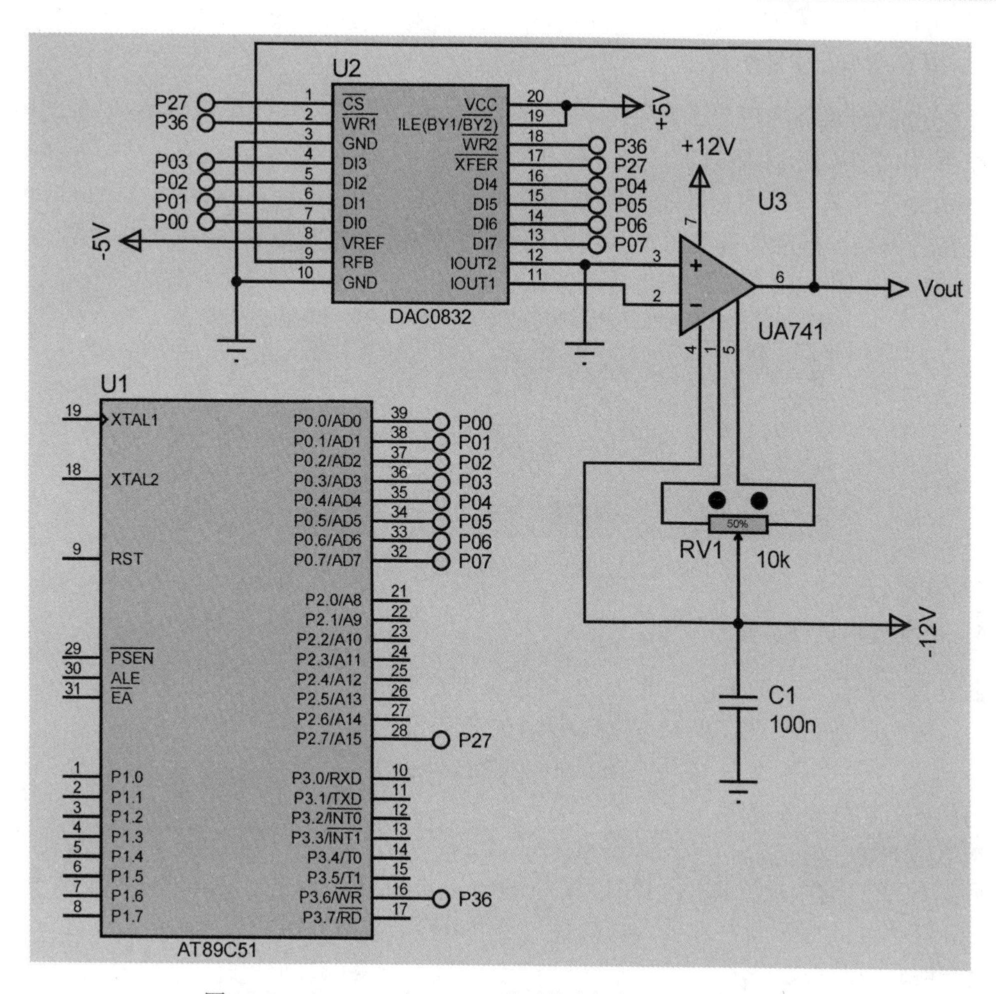

图 10-7　DAC0832 与 80C51 系列单片机的接口电路原理图

10.2.2　实例 77：用 DAC0832 产生锯齿波电压

本实例用 DAC0832 将数字信号转换为 0～5 V 的锯齿波电压，采用的接口电路原理图参见图 10-7。

1．实现方法

要使 DAC0832 输出电压是逐渐上升的锯齿波，只要让单片机从 P0.0～P0.7 端输出不断增大的数据即可。要将数据送到 DAC0832（相当于片外存储器），可以采用由“ABSACC.H”头文件所定义的指令“XBYTE[unsigned int]”来实现对片外存储器的寻址。例如，下列指令可在外部存储器区域访问地址 0x000F。

```
xval=XBYTE[0x000F];    //将地址“0x000F”中的数据取出送给 xval
XBYTE[0x000F]=0xA8;    //将数据“0xA8”送入地址“0x000F”
```

2．程序设计

先建立文件夹“ex77”，然后建立其工程项目，最后建立源程序文件“ex77.c”。本实例源程序请参考随书附件。

3．用 Proteus 软件仿真

经 Keil 软件编译通过后，可使用 Proteus 软件进行仿真。在 Proteus ISIS 工作环境中绘制好如图 10-7 所示仿真原理图，或者打开随书附件“第 10 章\仿真实例\ex77”文件夹内的“ex77.pdsprj”仿真原理图文件，将编译好的“ex77.hex”文件载入 AT89C51。最后将示波器连接在输出端，启动仿真后再将示波器的参数设置为电压幅值 1 V/格；分辨率 0.5 ms/格，即可看到如图 10-8 所示的锯齿波电压输出。

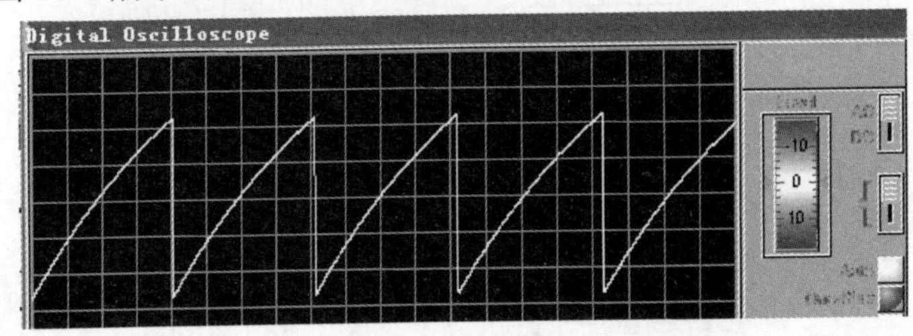

图 10-8　DAC0832 转换锯齿波电压的仿真效果

4．用实验板进行实验

在没有示波器的情况下，分析 D/A 转换结果是否正确，可采用万用表检测电压的方法来验证。例如，当输入 DAC0832 的值 D 为 100 时，输出电压 U_0 应为

$$-100\times(-5\ \text{V})/255=1.96\ \text{V}$$

用如下语句修改源程序：

```
XBYTE[0x7fff]=100;        //将数据 100 送入片外地址 07FFFH
```

将源程序的输入值修改为 100，重新编译，再将修改后的“ex77.hex”文件烧录到 AT89C51 芯片中，最后将芯片插入实验板。通电运行，如果万用表测得的电压在 1.96 V 左右，则表明转换结果正确。

10.3　红外线遥控信号接收器件

红外线遥控是目前使用最广泛的一种遥控手段。由于红外线遥控装置具有体积小、功耗低、功能强、成本低等特点，在彩色电视机、录像机、录音机、音响设备、空调机及玩具等装置上得到广泛使用。本节以常用的红外线接收器件 HS0038 为例，介绍红外线遥控信号的解码方法及应用实例。

10.3.1　红外线信号接收基础

1．红外线遥控系统

通用的红外线遥控系统由发射和接收两大部分组成，应用编/解码专用集成电路芯片来进行控制操作，如图 10-9 所示。发射部分包括键盘矩阵、编码调制、LED 红外线发送器；接收部分包括光/电转换放大器、解调和解码电路。

2．遥控发射器及其编码

红外线遥控信号的发射可由专用芯片来完成。要对遥控信号进行接收和解码操作，还

需要了解红外线信号的发射制式。红外线遥控发射器是一种脉冲编码调制器，它在发射遥控指令时，把二进制数调制成一系列的脉冲信号后再发射出去。常用的调制方法有脉冲宽度调制（PWM）和脉冲相位调制（PPM）两种。应用比较广泛的日本 NEC 的红外线遥控信号发射芯片 UPD6121 采用的就是脉冲宽度调制方式。下面介绍 PWM 的编码原理。

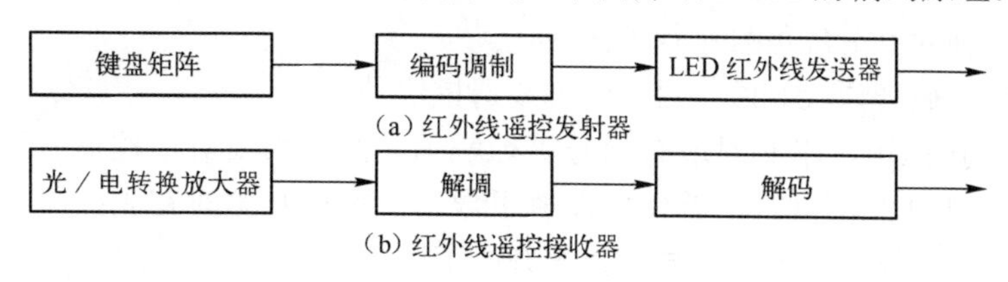

图 10-9 红外线遥控系统框图

由图 10-10 可见，PWM 编码方式把一个宽度为 0.565 ms 的高电平与一个宽度为 0.565 ms 的低电平的组合定义为二进制数字“0”，而把一个宽度为 0.565 ms 的高电平与一个宽度为 1.695 ms（0.565×3）的低电平的组合定义为二进制数字“1”。

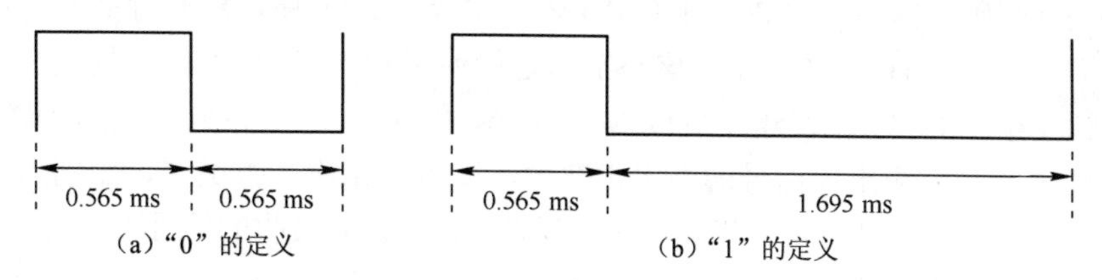

图 10-10 UPD6121 编码中“0”和“1”的定义

根据低电平宽度的区别即可识别出 0 和 1，然后把遥控信号组成一个串行序列。一帧完整的 UPD6121 的发射码由引导码、用户编码和键数据码三部分组成。引导码由 1 个 9 ms 的高电平脉冲和 4.5 ms 的低电平脉冲组成；8 位用户码被连续发射两次；8 位按键的数据码也被连续发射两次，第一次发送的是原码，第二次发送的是反码，这样便于接收端对数据进行校验。发射时高位在前，低位在后，其发射格式如图 10-11 所示。

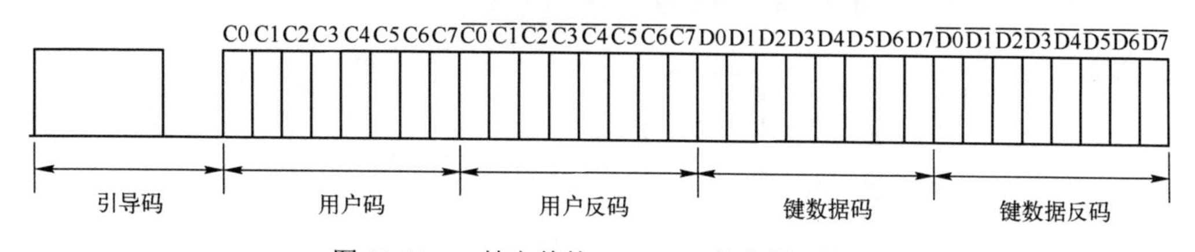

图 10-11 一帧完整的 UPD6121 的发射码构成

前 16 位用户码和用户反码，是为了区别不同的电气设备，以及防止不同机种遥控码互相干扰。UPD6121 芯片的用户识别码固定为十六进制数 01H；后 16 位为 8 位键数据码（功能码）及其反码。

若一个键被按下超过 36 ms，振荡器使芯片激活，将发射一组约 108 ms 的编码脉冲。108 ms 发射代码由一个 9 ms 高电平与 4.5 ms 低电平构成的引导码、8 位用户码（9～18 ms）、8 位用户反码（9～18 ms）、8 位键数据码（9～18 ms）和 8 位键数据反码（9～18 ms）组成。

3．红外线遥控信号的接收及解码方法

市场上常用的红外线信号接收器件为一体化红外线接收头。其封装形式有两种：一种

采用金属屏蔽；另一种是塑料封装。两种封装形式均只有 3 只引脚，即电源正端（VDD）、电源负端（GND）和数据输出端（VOUT）。使用方法与晶体管类似，非常方便。需要说明的是，由于内置放大电路的反相作用，红外线接收头输出的信号是发射码的反码。例如，接收头输出的引导码由 9 ms 的低电平和 4.5 ms 的高电平组成，与发射端的输出恰好相反。

下面介绍如何对红外线信号进行解码。

第一步：引导码解码（判断是否为红外线遥控信号）。

由于各种干扰作用，不必对所有信号进行解码，而仅需要对遥控信号进行解码。根据协议，每次发射红外线信号时，首先要发射引导码，所以必须对首先接收到的信号进行识别，查看其是否为引导码。若是引导码，再开始下一步的解码；否则不予理会。识别引导码的关键是判断接收到的低电平时间是否为 9 ms 左右，然后判断接收到的高电平时间是否为 4.5 ms 左右，如果两个条件均满足，说明是引导码。这个工作可由定时器来完成。

第二步：用户码解码（判断是否为本用户发射的信号）。

为了避免其他遥控器的控制，所以必须让设备只对本用户发出的信号作出反应。其关键是对用户码进行解码。例如，UPD6121 的用户码固定为 01H，所以就要对接收到的 8 位用户码解码，看其是否为 01H。这里面的核心工作是如何识别“0”和“1”。从位的定义可以发现，发射码经反相后，“0”的高电平宽度为 0.56 ms 左右，“1”的高电平宽度为 1.695 ms 左右。只要利用定时器检测出各信号的高电平宽度，即可识别出各位数字，识别后再和规定的用户码进行对照就可以作出判断。若是，继续解码；否则，对接收的信号不作反应。

第三步：按键数据解码（功能键解码）。

因为不同的按键发出的数据码是不同的，用上述识别“0”和“1”的方法识别出按键数据码后，让单片机对不同的按键数据码作出判断并执行相应的任务。

10.3.2 实例 78：用 P1 口显示红外线遥控器的按键值

本实例采用单片机控制 HS0038 对红外线遥控信号进行解码，并把解码的值（按键值）送 P1 口显示。本实例采用的接口电路原理图参见图 10-12。

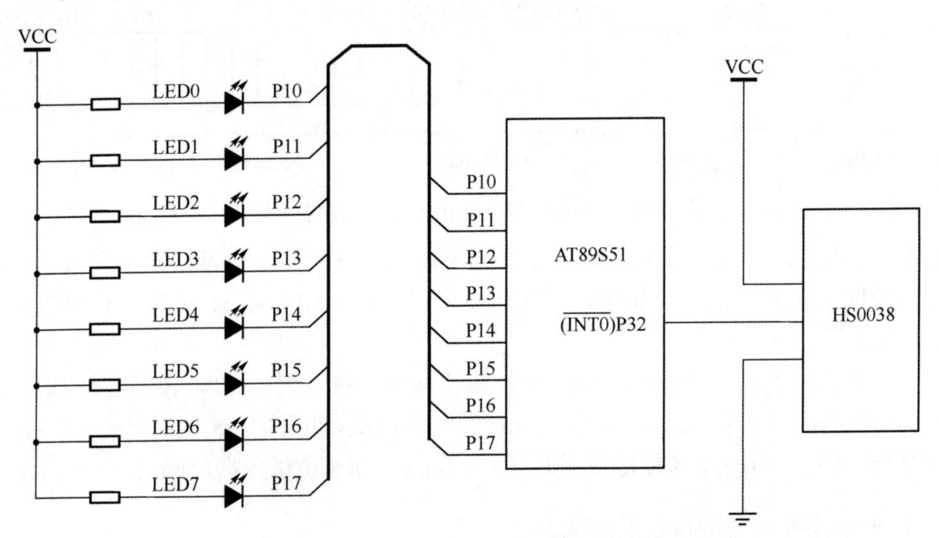

图 10-12　红外线接收头和单片机的接口电路原理图

1．实现方法

1）引导码的解码实现

红外线接收头在没有接收遥控信号时，输出为高电平，而在接收红外线信号时，最先输出的是低电平（反相后引导码中有 9 ms 的低电平）。也就是说，首先输出一个脉冲的下降沿。这让人自然联想到单片机的外中断，所以可利用外中断来启动红外线信号的解码过程。

根据图 10-11，引导码反相输出后，所得波形如图 10-13 所示。只要测得的低电平信号宽度为 9 ms 左右，高电平宽度为 4.5 ms 左右，就可以断定接收到的是引导码。测电平宽度最好的方法是利用定时器：

```
……
TH0=0;                      //对定时器 T0 的高 8 位赋初值
TL0=0;                      //对定时器 T0 的低 8 位赋初值
TR0=1;                      //开启定时器 T0
while（IR= =0）              //如果是低电平信号就等待，给引导码低电平计时
      ;
TR0=0;                      //关闭定时器 T0
LowTime=TH0*256+TL0;        //保存低电平时间
……
```

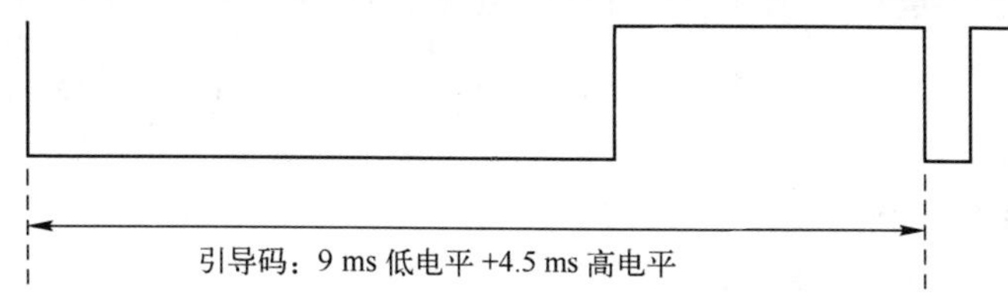

图 10-13　红外线遥控信号的引导码脉冲波形

用上述方法很容易测出低电平宽度，那么如何判断其是否为 9 ms 左右呢？因为单片机的工作频率是 11.0592 MHz，即单片机的一个机器周期是 12×(1/11.0591) μs＝1.085 μs，那么要计时 9000 μs，需要的机器周期是 9000/1.085=8294≈8300，也就是大约要让定时器 T0 计数 8300 次。实际上，只要定时器的计时次数“LowTime”在“7800”（8300−500）和“8800”（8300+500）之间，即可确定接收到的就是引导码的低电平部分。利用同样方法，还可测出高电平宽度并判断其是否为引导码的高电平部分。如果两个判断都满足，就可以确定接收到的是引导码，并开始下一步解码工作。如果不满足，就将该信号视为干扰信号，而不予理会。

2）用户码和键数据码的解码实现

用户码和键数据码都是由一系列二进制代码 0 和 1 组成的。而这些 0 和 1 的区别也是通过测量其高、低电平信号的宽度来实现的。例如，接收到的“0”经反相后其高电平宽度为 0.56 ms 左右，“1”的高电平宽度为 1.965 ms 左右。显然，利用上述方法很容易测出各信号位的高电平宽度，因而也就能解码出各个二进位数据。

3）软件流程

本实例的软件流程如图 10-14 所示。

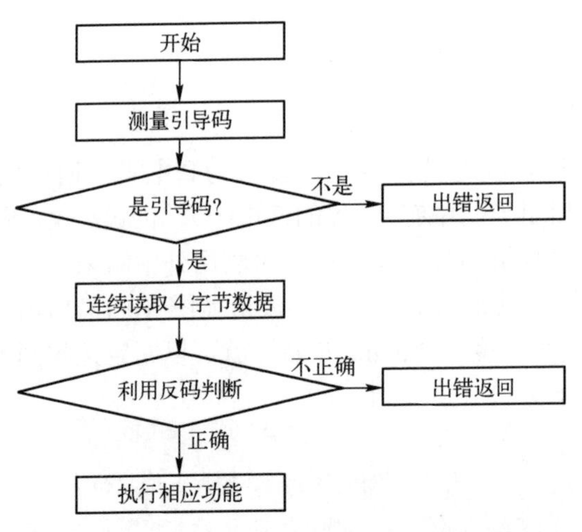

图 10-14　UPD6121 红外线遥控信号的软件流程

2．程序设计

先建立文件夹“ex78”，然后建立其工程项目，最后建立源程序文件“ex78.c”。本实例源程序请参考随书附件。

3．用实验板进行实验

程序编译无误后（本实例无法用 Proteus 仿真），将“ex78”文件夹中的“ex78.hex”文件烧录到 AT89C51 芯片中。再将烧录好的单片机插入实验板。通电运行后，即可看到，用遥控器对着接收头 HS0038 发出信号，P1 口的 8 位 LED 点亮状态随之改变，表明不同按键的键数据码不同，同时也表明解码正确。

10.3.3　实例 79：用红外线遥控器控制继电器

本实例使用红外线遥控器控制继电器的闭合与断开，采用的接口电路原理图参见图 10-15。控制方式规定：按下遥控器的任意一个键，继电器闭合，发光二极管 D 点亮；再按下遥控器的任意一个键，继电器断开，发光二极管 D 熄灭。

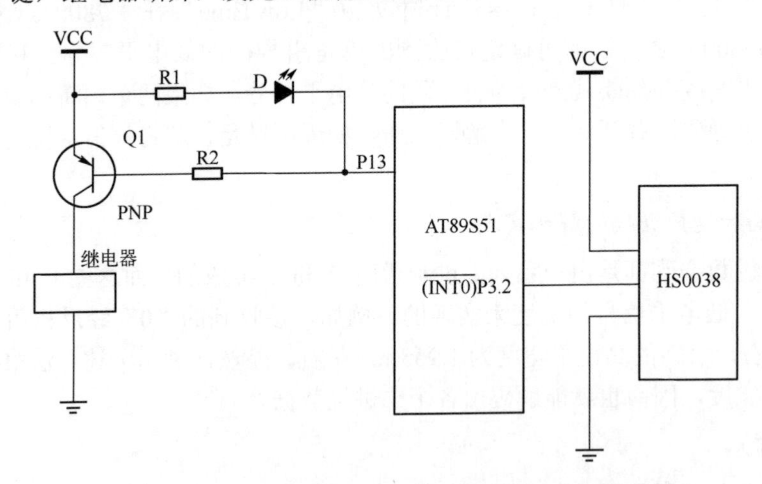

图 10-15　红外线接收头和单片机的接口电路原理图

1．实现方法

1）继电器闭合

让 P1.3 引脚输出低电平“0”即可。

2）继电器断开

让 P1.3 引脚输出高电平“1”即可。

电平的转换只需在每按一次按键（红外线信号正确解码一次）时，让 P1.3 引脚取反一次即可。

2．程序设计

先建立文件夹“ex79”，然后建立其工程项目，最后建立源程序文件“ex79.c”。本实例源程序请参考随书附件。

3．用实验板进行实验

程序编译无误后，将“ex79”文件夹中的“ex79.hex”文件烧录到 AT89C51 芯片中。再将烧录好的单片机插入实验板，通电运行。用遥控器对着接收头 HS0038 发出信号，即可看见 P1.3 引脚的 LED 亮暗状态随之改变，同时还可听见继电器由于闭合与导通而产生的“咔咔”声音。

10.4 适时时钟芯片

适时时钟芯片（RTC）的主要功能是完成年、月、周、日、时、分、秒的计时，通过外部接口为单片机系统提供日历和时钟。所以，一个最基本的适时时钟芯片一般包括电源电路、时钟信号产生电路、适时时钟、数据存储器、通信接口电路、控制逻辑电路等，如图 10-16 所示。

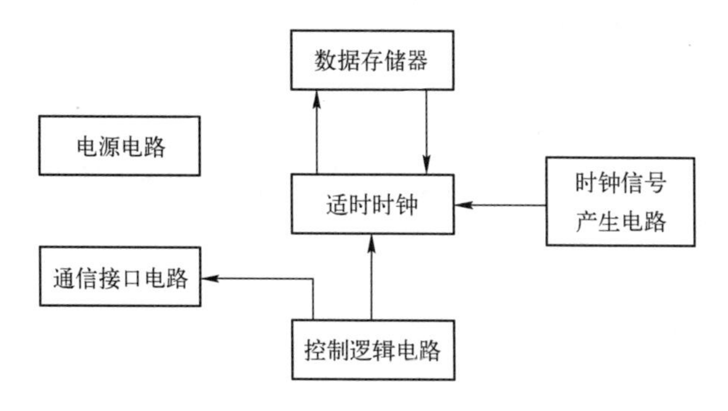

图 10-16　适时时钟的基本组成

如果直接利用单片机的定时器，在要求不十分精确的条件下，也可以用软件来写时钟、日历等程序。但在应用中会产生一些问题，首先为了使时钟不至于停走，必须不断地给单片机供电，其功耗要远远大于适时时钟芯片，采用电池不可能长时间使单片机工作，而适时时钟芯片则可采用电池长期供电，并且有些芯片（如 DS1302）还增加了电池充电电路。

其次，单片机的计时精度也远远小于适时时钟芯片。因此，适时时钟芯片在应用中有着不可替代的作用。

10.4.1 常用适时时钟芯片介绍

目前，在国内市场用得最多的适时时钟芯片就是 DS1302，它广泛应用于电话、传真、便携式仪器，以及电池供电的仪器仪表等产品领域。该芯片是美国 DALLAS 公司推出的一种高性能、低功耗、带 RAM 的适时时钟芯片，其时钟电路提供秒、分、时、日、周、月和年的信息。每月的天数和闰年的天数可自动调整，时钟操作可通过指令设定为 24 h 或 12 h 格式。DS1302 与单片机之间能简单地采用同步串行的方式进行通信，仅需用到 3 个口线：（1）$\overline{\text{RST}}$复位端；（2）I/O 数据线；（3）串行时钟线（SCLK）。DS1302 工作时功耗很低，通常小于 1 mW。相比于早期产品 DS1202 ，该芯片具有主电源/后备电源双电源引脚，并具有对后备电源进行涓流充电的能力。DS1302 的引脚排列如图 10-17 所示。

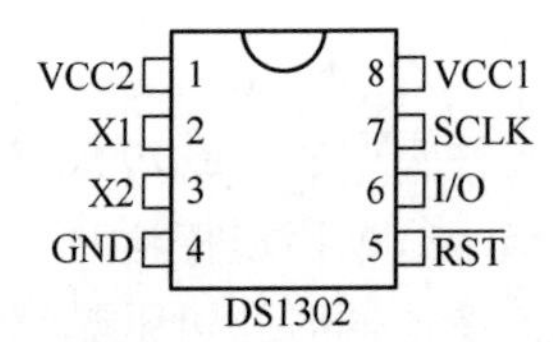

X1、X2：32.768 kHz 晶振引脚；GND：地；$\overline{\text{RST}}$ ：复位；

I/O：数据输入/输出；SCLK：串行时钟；VCC1：后备电源引脚；VCC2：主电源引脚

图 10-17　DS1302 的引脚排列

1．DS1302 的性能特点

（1）能计算 2100 年之前的秒、分、时、日、周、月和年的信息，并有闰年调整的功能。

（2）具有 31×8 位暂存数据存储 RAM。

（3）串行 I/O 口方式使引脚数量最少。

（4）工作电压范围：2.0～5.5 V。

（5）在 2.0 V 电压下的工作电流小于 300 nA。

（6）可采用单字节和多字节两种传送方式读/写时钟或 RAM 数据。

（7）通常为简单的 8 脚 DIP 封装。

（8）简单的 3 线接口。

（9）工作温度范围：-40℃～+85℃。

（10）具有可选的涓流充电能力。

2．DS1302 的操作方法

对 DS1302 的操作有两种：一种是从中读取数据，另一种是向其中写入数据。这两种操作都需要通过向特定的寄存器写入命令字才能实现，常见的命令字见表 10-1。例如，要设置某时刻秒的初始值，需要先写入命令字 80H，然后才能向秒寄存器写入初始值。再例如，要读出某时刻秒的值，需要先写入命令字 81H，然后才能从秒寄存器读取数据。

3．控制寄存器的使用

表 10-1 中各寄存器存放的数据位均为 BCD 码（8421 码），所用符号的意义如下：

- CH 为时钟停止位，CH=0，振荡器开始工作；CH=1，振荡器停止工作。
- 10SEC 为秒的十位数字，SEC 为秒的个位数字。
- 10MIN 为分的十位数字，SEC 为分的个位数字。
- AP 为小时格式设置位，AP=0，上午模式（AP），AP=1，下午模式（PM）。
- 10DATE 为日期的十位数字，DATE 为日期的个位数字。
- 10M 为月的十位数字，MONTH 为月的个位数字。
- DAY 为周的个位数字。
- 10YEAR 为年的十位数字，YEAR 为年的个位数字。

表 10-1　DS1302 内部与时钟相关的寄存器分布

寄存器名称	命令字		取值范围	各位名称							
	写	读		7	6	5	4	3	2	1	0
秒寄存器	80H	81H	00～59	CH	10SEC			SEC			
分寄存器	82H	83H	00～59	0	10MIN			MIN			
小时寄存器	84H	85H	01～12，00～23	12/24	0	AP	HR	HR			
日寄存器	86H	87H	01～28，29，30，31	0	0	10DATE		DATE			
月寄存器	88H	89H	01～12	0	0	0	10M	MONTH			
周寄存器	8AH	8BH	01～07	0	0	0	0	0	DAY		
年寄存器	8CH	8DH	09～99	10YEAR				10YEAR			

DS1302 内部的 RAM 分为两类：一类是单个 RAM 单元，共 31 个，每个单元组态为一个 8 位的字节，其命令控制字为 C0～FDH，其中奇数为读操作，偶数为写操作；另一类为突发方式下的 RAM，此方式下可一次性读写所有的 RAM 的 31 字节，命令控制字为 FEH（写）、FFH（读）。在一般情况下，不需要对 RAM 进行操作。

1）将命令字写入 DS1302

单片机是通过简单的同步串行通信方式与 DS1302 通信的。每次通信都必须由单片机发起，无论是读还是写操作，单片机都必须先向 DS1302 写入一个命令字，其格式如图 10-18 所示。当最高位 bit7 为 1 时，允许写入；若为 0，则禁止写入。bit6 决定是对 RAM 还是对时钟寄存器进行操作，该位为 1，对 RAM 操作；为 0，对时钟寄存器操作。接下来 5 个位是 RAM 或时钟寄存器的内部地址。最后一位表示这次操作是读还是写，为 0，表示写；为 1，表示读。

1	RAM/CK	A4	A3	A2	A1	A0	R/W

图 10-18　DS1302 的命令字格式

需要说明的是，DS1302 还有两个写状态寄存器命令字“0x8E”和“0x8F”较为常用，前一个命令字“0x8E”允许将数据写入 DS1302，后一个命令字“0x8F”禁止将数据写入 DS1302。如果将数据“0x00”写入状态寄存器，其意义是不需要对 DS1302 写保护；而写入“0x80”则表示对 DS1302 写保护，此时不能将数据写入其他时钟寄存器和数据寄存器。

2）对 DS1302 进行数据的读/写

单片机和 DS1302 之间的通信协议规定：无数据传递时，SCLK 保持低电平，此时如果 $\overline{\text{RST}}$ 从低电平变成高电平，则启动数据传输，而 $\overline{\text{RST}}$ 为低电平时禁止数据传输。在时钟脉冲的上升沿将数据写入 DS1302，而在时钟脉冲的下降沿从 DS1302 中读出数据。传递数据时，低位（bit0）在前，高位（bit7）在后。DS1302 的工作时序如图 10-19 所示。按照这些规则，即可对 DS1302 进行读/写操作。

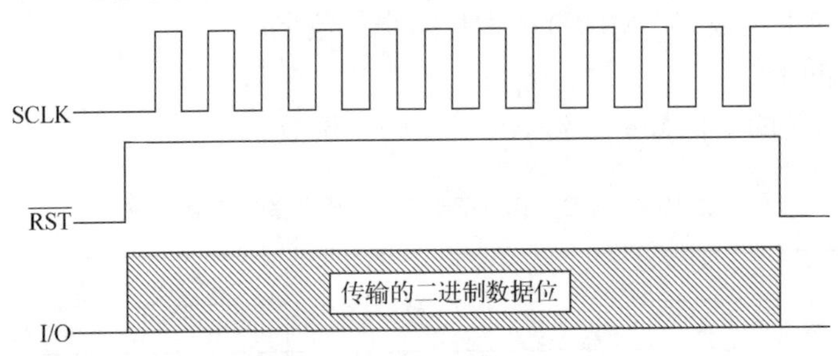

图 10-19　DS1302 的工作时序

10.4.2　实例 80：基于 DS1302 的日历时钟

本实例基于 DS1302 设计一个日历时钟，采用的接口电路原理图及仿真效果参见图 10-20。要求 LCD 的第一行显示日期，第二行显示时间。

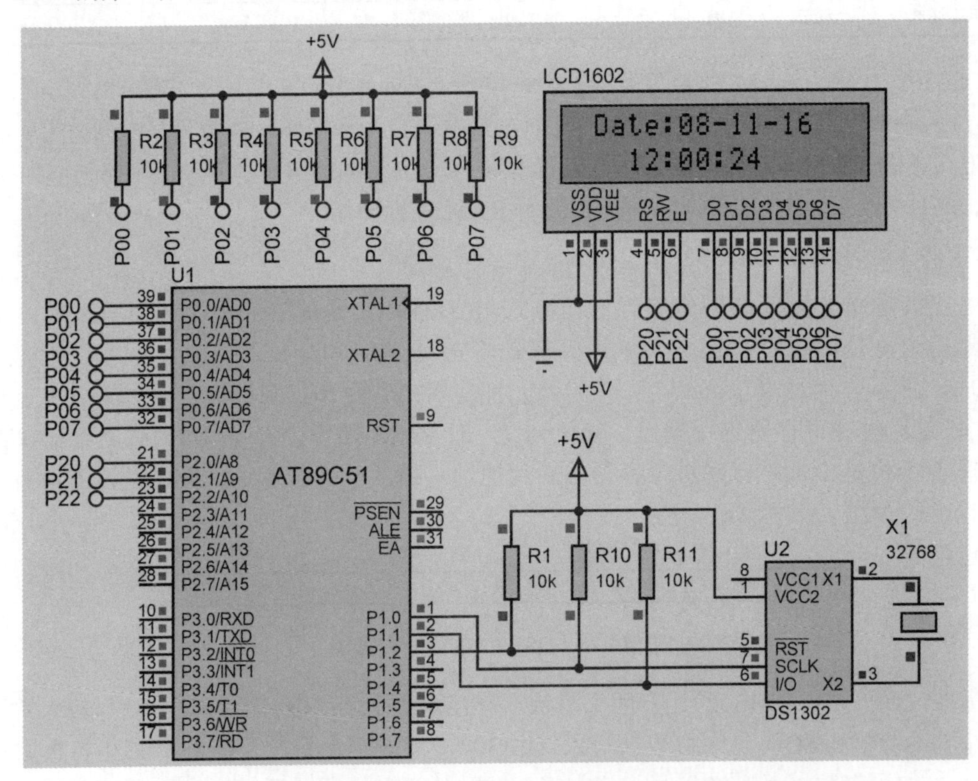

图 10-20　基于 DS1302 设计一个日历时钟的接口电路原理图及仿真效果

1. 实现方法

1）对 DS1302 的“读”操作流程

对 DS1302 的“读”操作流程为“允许写命令字”→写“读寄存器命令字”→从指定寄存器中读出 1 字节数据。例如，要读秒寄存器中秒的值，需按如下步骤进行：

```
……
Write1302（0x8E）；      //写“允许写命令字”，该功能由“Writer302()”函数实现
Write1302（0x81）；      //写“读秒寄存器命令字”
X=Read1302();           //从秒寄存器中读取数据
……
```

2）对 DS1302 的“写”操作流程

对 DS1302 的“写”操作流程为写“允许写命令字”→写“写寄存器命令字”→向指定寄存器写入 1 字节数据。例如，要设置某时刻秒的初值，需按如下步骤进行：

```
……
Write1302（0x8E）；      //写“允许写命令字”
Write1302（0x80）；      //写“写秒寄存器命令字”
Write1302（data）；      //将数据写入 DS1302
……
```

3）数据写入时寄存器位的设置

需要说明的是，由于秒寄存器采用第 4～6 位来表示秒数值的十位数字，第 0～3 位表示秒的个位数字，因此在写入时还需做一些变换。例如，要将秒“56”写入秒寄存器，十位数字“5”的 8 位二进制表示形式为 0000 0101，要将 3 个数据位“101”都写在秒寄存器的第 4～6 位，需要把“0000 0101”这个二进制数的各数据位向右移 4 位，用 C 语言表示：

```
x=5;
x=x<<4;                 //此时 x=0101 0000
```

秒“56”的个位数字“6”用 8 位二进制形式表示为 0000 0110，因为它的有效数字位“0110”本身就在第 0～3 位，无须右移。

综上所述，要将数据“56”写入秒寄存器，方法如下：

```
y=56;
z=56/10;                //取十位数字
w=56%10;                //取个位数字
z=z<<4;                 //十位数字的各位右移 4 位
u=z|w;                  //将十位数字和个位数字按位进行或运算后，即得到要写入秒寄存器的数据
```

其他时钟寄存器的初始化方法与此类似。

2. 程序设计

先建立文件夹“ex80”，然后建立其工程项目，最后建立源程序文件“ex80.c”。本实例源程序请参考随书附件。

3. 用 Proteus 软件仿真

经 Keil 软件编译通过后，可使用 Proteus 软件进行仿真。在 Proteus ISIS 工作环境中绘

制好如图 10-20 所示仿真原理图，或者打开随书附件“第 10 章\仿真实例\ ex80”文件夹内的“ex80.pdsprj”仿真原理图文件，将编译好的“ex80.hex”文件载入 AT89C51。启动仿真，即可看到如图 10-20 所示的仿真效果。

4. 用实验板进行实验

程序仿真无误后，将“ex80”文件夹中的“ex80.hex”文件烧录到 AT89C51 芯片中。再将烧录好的单片机插入实验板，通电运行即可看到和仿真类似的实验结果。

习题与实验

1. 如何启动 ADC0832 工作？该芯片刚刚开始工作时的前 3 个脉冲分别起什么作用？

2. 已知由 ADC832、LCD1602 和 AT89C51 单片机组成的简易数字电压表接口电路如图 10-4 所示。如果要将其量程扩大到直流 24 V，两个串联电阻应如何选择？原来的程序应如何修改？请修改原来的程序，并用 Proteus 软件仿真验证。

3. 利用 DAC0832 设计一个矩形脉冲发生器，其高电平（+12 V）的脉宽为 500 μs，低电平（0V）的脉宽为 250 μs。画出电路原理图并编写程序，结果用 Proteus 软件仿真验证。

4. UPD6121 型红外线遥控器的编码 0 和 1 是如何规定的？画出其引导码的波形图。

5. 根据图 10-20 中的接口电路原理图，编写 DS1302 的驱动程序，使 LCD 的第一行显示星期、月和日（格式为“Thu,10-2”）；第二行显示时间（格式为“21:08:25”）。结果分别由 Proteus 软件仿真和实验板验证。

- 实例 81：中文字符的液晶显示
- 实例 82：12 位 A/D 转换器 TLC2543 的使用
- 实例 83：ACS712 电流传感器的使用
- 实例 84：电压传感器的使用
- 实例 85：RS-232 型数字传感器的使用
- 实例 86：电流传感器应用举例
- 实例 87：基于化学传感器的氧浓度检测仪设计
- 实例 88：单片机向 RS-485 型传感器发送读取命令

- 实例 89：单片机从 RS-485 型传感器接收数据
- 实例 90：用 VB 实现单片机和计算机的串行通信
- 实例 91：LabVIEW 环境下的串行通信编程
- 实例 92：手部握力评估仪设计
- 实例 93：心率测量仪设计
- 实例 94：基于铂热电阻的防火系统设计
- 实例 95：基于 LabVIEW 和 Proteus 的温度控制仿真
- 实例 96：K 型热电偶的冷端自动补偿设计
- 实例 97：电动机测速表设计
- 实例 98：基于 PWM 的直流电动机调速系统设计
- 实例 99：基于 L298N 的可调速四驱小车设计
- 实例 100：航空发动机热电偶信号模拟电压源设计

第11章 综合应用实例

要掌握单片机应用技术，不仅要熟悉其时钟振荡器、I/O 接口、中断控制器、定时器、串行通信接口等基本模块的功能和使用，更重要的是，能够综合应用单片机各个模块功能，实现各种外围器件（如传感器、液晶显示器和打印机等）的信息交换与处理。本章给出 20 个较为典型的单片机综合应用实例，以使读者加深对单片机的理解，更好地掌握单片机的应用方法。

扫码获取本章学习素材
（仅限本书读者专享）

11.1 实例 81：中文字符的液晶显示

本实例使用 128×64 图形点阵 LCD 显示中文字符“中国”。

11.1.1 图形点阵显示器简介

许多单片机应用系统常需要显示中文字符。此时，前面介绍的 LED 数码管、1602 字符型 LCD 就不能满足要求了。而图形点阵液晶模块则是较好的选择。点阵式显示模块既可以显示 ASCII 字符，又可以显示汉字和图形。本实例介绍一种市面上常见的 128×64 图形点阵显示器的使用，如图 11-1 所示。

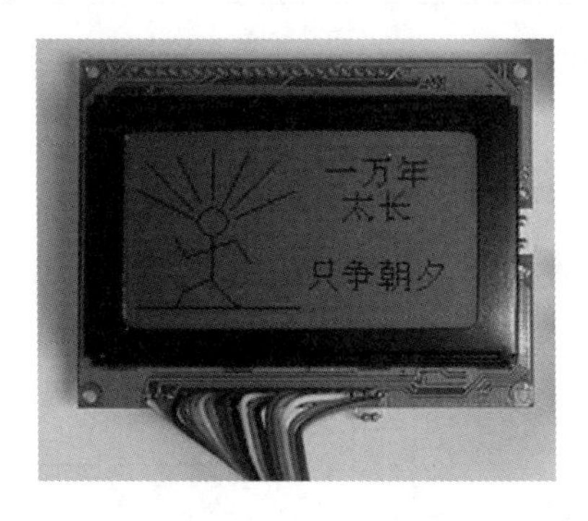

图 11-1 常见 128×64 图形点阵显示器

图形点阵显示器分为带汉字库和不带汉字库两种类型。带汉字库的使用起来简单方便，可以工作在汉字字符方式和图形点阵方式下。如果需要显示的汉字较多，可以使用这一类型的显示器；其缺点是价格较贵，而且使用字库只能显示几种规定的字体。在显示汉字数量较少的场合，使用不带汉字库的点阵显示器，不但可降低硬件成本，而且使用更加灵活，因而本实例介绍不带汉字库的 128×64 图形点阵 LCD 的基本结构和使用方法。

1．无字库型液晶点阵显示器结构

无字库型液晶显示模块是由128×64个液晶显示点组成的128列×64行的阵列。每个显示点对应一位二进制数，1表示亮，0表示灭。存储这些点阵信息的RAM称为显示数据存储器。当要显示某个图形或汉字时，必须将点阵信息写入相应的RAM存储单元中。

无字库型液晶显示模块的驱动电路是由一片行驱动器KS0107B和两片列驱动器KS0108B构成的，所以该LCD实际上是由左、右两块独立的64×64 LCD拼接而成的。左、右两个LCD的显示需要由片选信号CS1和CS2来确定。当CS1=0且CS2=1时，选中第1片列驱动器KS0108B（选中LCD1）；当CS1=1且CS2=0时，选中第2片列驱动器KS0108B（选中LCD2）。每个LCD从上至下被等分为8个显示页（page），每页包括8行，如图11-2所示。而在纵向上，每个LCD均有64列，用列地址Y来表示。因此，在CS1、CS2选屏信号给出后，如果已知显示屏的页面page值与列地址Y值，就可以确定显示信息所在的具体位置。每个显示块正好是8位（DB0～DB7），组成一字节，存储在一个存储单元中。换句话说，就是每个显示字节的存储单元地址包括页地址（page，0～7）和列地址（Y，0～63）。

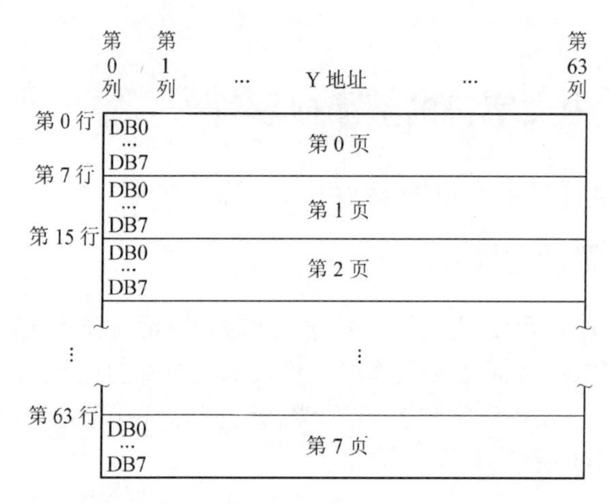

图11-2　单个LCD的分页和列地址示意图

2．引脚说明

128×64点阵显示器的外部引脚如图11-3所示。

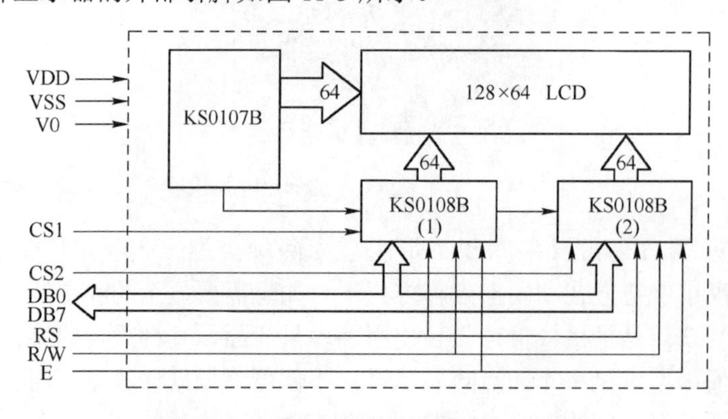

图11-3　128×64点阵显示器的外部引脚

各引脚功能说明如下：

- VDD、VSS、V0：电源输入脚，分别是逻辑电源、地和 LCD 驱动电压。具体供电情况可参考厂家数据资料。
- CS1、CS2：片选输入信号，分别用于选择左屏和右屏，低电平有效。
- DB0～DB7：双向数据总线，传输数据的通道。
- RS：寄存器选择控制线，RS=1 表示进行的是数据操作，RS=0 表示进行的是写指令或读状态操作。
- R/W：LCD 读写控制线，R/W=1 表示读，R/W=0 表示写。
- E：读/写使能信号，在 E 的下降沿，数据被锁存到列驱动器 KS0108B；在 E 高电平期间，数据被读出。

3. 控制指令

无字库型液晶显示模块的指令系统比较简单，只有下列 7 种。

1）显示开/关指令

在 R/W=0 且 RS=0 时，向数据总线上传送 0x3F 或 0x3E，分别表示打开或关闭 LCD 的显示。

2）显示起始行（ROW）设置指令

在 R/W=0 且 RS=0 时，向数据总线传送 11×× ××××，低 6 位表示所要设置的起始行号（0～63）。例如，传送数据为 0xC3（1100 0011），表示从第 3 行开始显示。

3）页（PAGE）设置指令

在 R/W=0 且 RS=0 时，向数据总线传送 1011 1×××，低 3 位表示所要设置的页地址（0～7）。显示 RAM 共 64 行，分 8 页，每页 8 行。因此可设置的页地址只需 3 位就可以表示出来。

4）列地址（Y Address）设置指令

在 R/W=0 且 RS=0 时，向数据总线传送 01×× ××××，低 6 位表示所要设置的列地址（0～63）。设置了页地址和列地址，就唯一确定了显示 RAM 中的一个单元。这样单片机就可以用读、写指令读出该单元中的内容或向该单元写入 1 字节数据。

5）读状态指令

在 R/W=1 且 RS=0 时，可读取数据总线的状态。各位表示状态如下：

- DB7 对应 BUSY，如果该位为 1，则表示液晶显示模块忙碌；为 0，表示空闲，可以读、写。
- DB5 对应 ON/OFF，如果该位为 1，则表示显示关闭；为 0，表示显示打开。
- DB4 对应 RESET，如果该位为 1，则表示处于复位状态；为 0，表示处于正常状态。

需要说明的是，在 BUSY=1 和 RESET=1 时，除读状态指令外，其他指令均不对液晶显示模块产生作用。在对液晶显示模块操作之前要查询 BUSY 状态，以确定是否可以对液晶显示模块进行操作。

6）写数据指令

在 R/W=0 且 RS=1 时，可以向数据总线写数据。

7）读数据指令

在R/W=1且RS=1时，可以读取显示的数据。

需要注意的是，读、写数据指令每执行完一次读、写操作，列地址会自动加1。而且，在进行读操作之前，必须有一次空读操作，紧接着再读才能读出所要读取的单元中的数据。

4．字模提取方法

在使用无字库型点阵显示器显示汉字时，需要为待显汉字产生字模。这个工作可由点阵液晶取模软件完成。下面以中文字符“中”为例，说明该软件的使用方法。

（1）双击“点阵液晶取模.EXE”图标，进入如图11-4所示的工作界面，默认为16×16点阵。

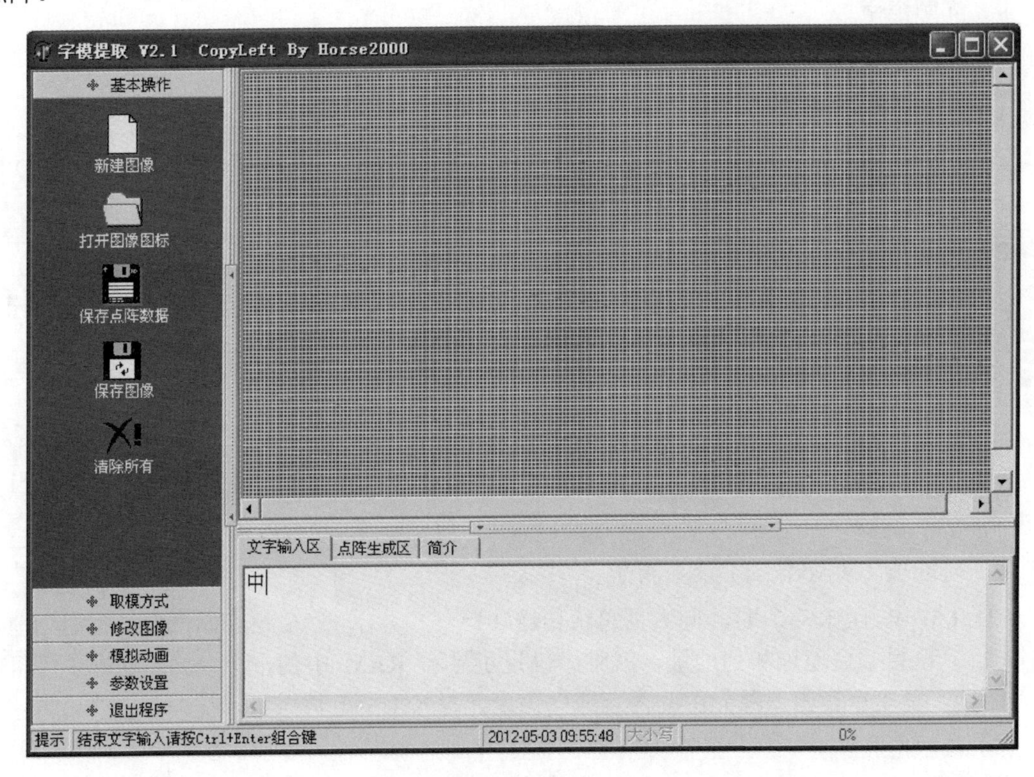

图11-4　点阵液晶取模软件的工作界面

（2）在文字输入区输入汉字“中”。

（3）按“Ctrl+Enter”组合键，结束输入。

（4）单击界面左侧“取模方式”按钮，进入如图11-5所示界面。

（5）单击界面左侧“C51格式”，即可在点阵生成区产生以下格式的点阵：

```
/*--  文字:  中  --*/
/*--  宋体 12;  此字体下对应的点阵为：宽 x 高=16x16   --*/
0x00,0x00,0xFC,0x08,0x08,0x08,0x08,0xFF,0x08,0x08,0x08,0x08,0xFC,0x08,0x00,0x00,
0x00,0x00,0x07,0x02,0x02,0x02,0x02,0xFF,0x02,0x02,0x02,0x02,0x07,0x00,0x00,0x00,
```

将这32个以0x开头的数据直接复制到C程序中即可控制输出中文字符的“中”。

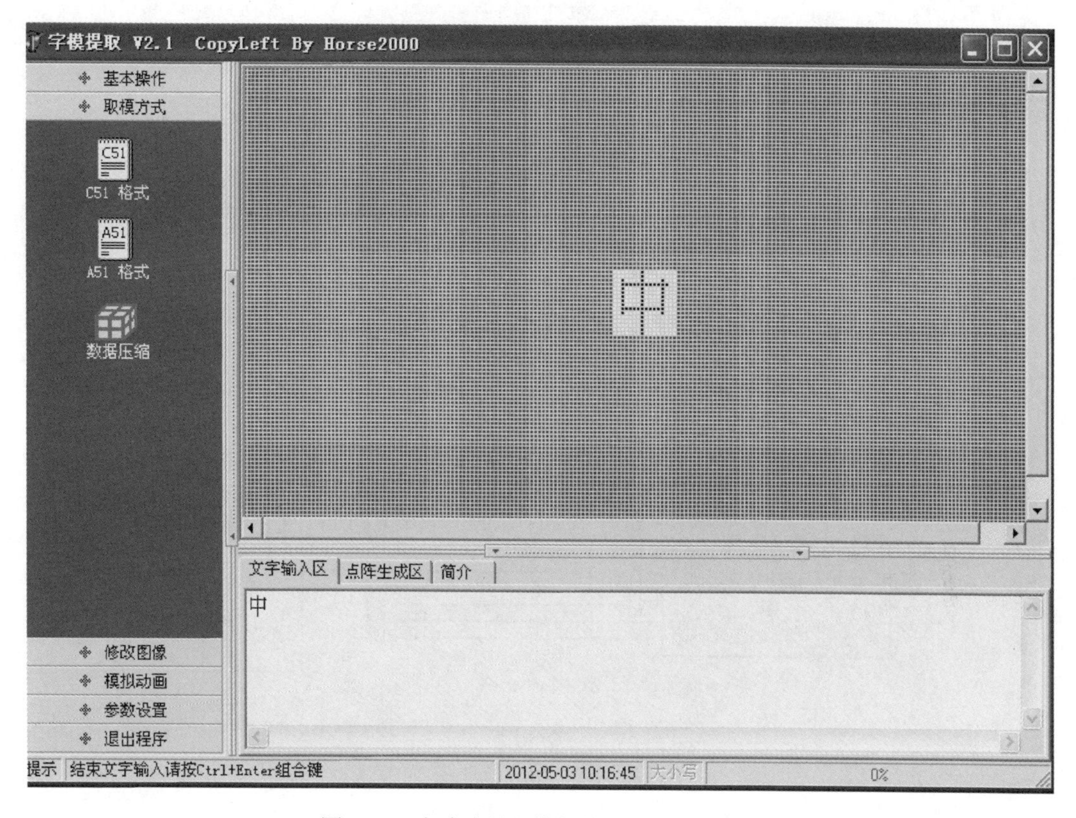

图 11-5　点阵液晶取模软件的取模方式界面

11.1.2　仿真原理图设计

本实例仿真原理图中所用的点阵显示器可以在“Pick Device”对话框中输入关键词“12864”查找到，如图 11-6 所示。双击“AMPIRE 128×64 … with KS0108…”即可完成该器件的添加。这一型号的点阵显示器需要两种电源供电，VCC 接+5V 逻辑电源（实际使用时最好接 100 Ω左右的限流电阻，用来减小 LCD 的发热量），-Volt 接地，V0 接可变电源，用以调节 LCD 的对比度。

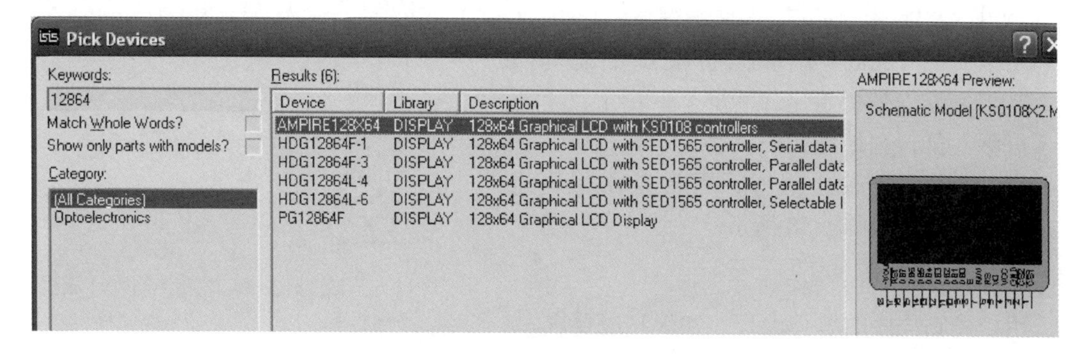

图 11-6　添加点阵显示器

本实例最终绘制完成的仿真电路原理图参见图 11-7，也可打开随书附件“第 11 章\仿真实例\ex81”文件夹内的“ex81.pdsprj”仿真原理图文件，直接使用该仿真原理图。

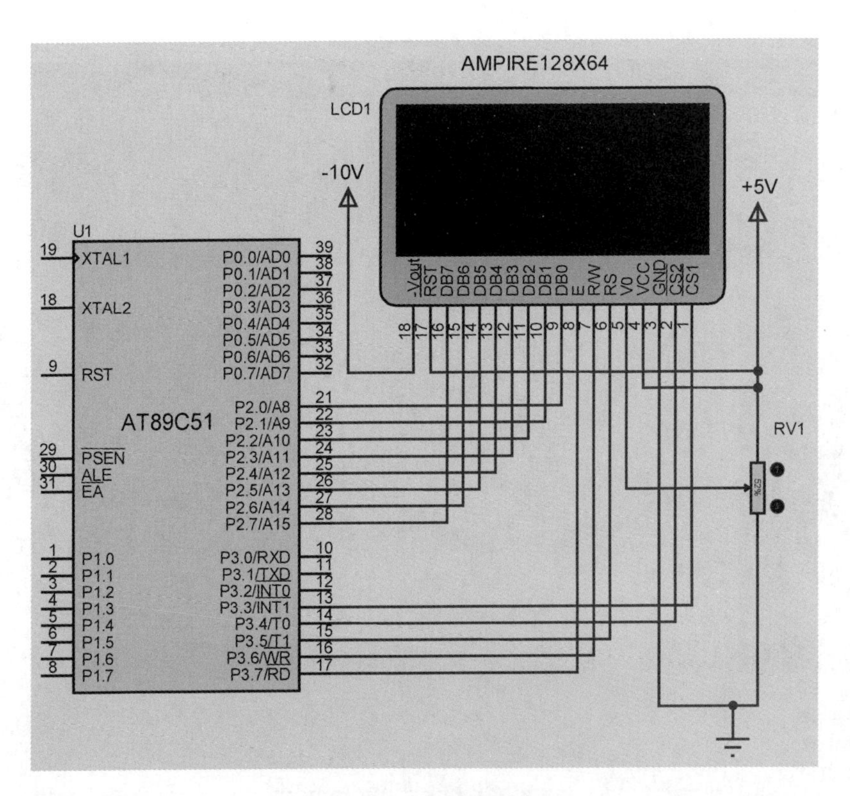

图 11-7　仿真原理图

在图 11-7 中，使用单片机 P3.3～P3.7 引脚来控制 LCD 的使能控制线 E、读/写控制线 R/W、寄存器选择控制线 RS，以及片选信号 CS1 和 CS2。单片机的 P2 口接数据总线 D0～D7。

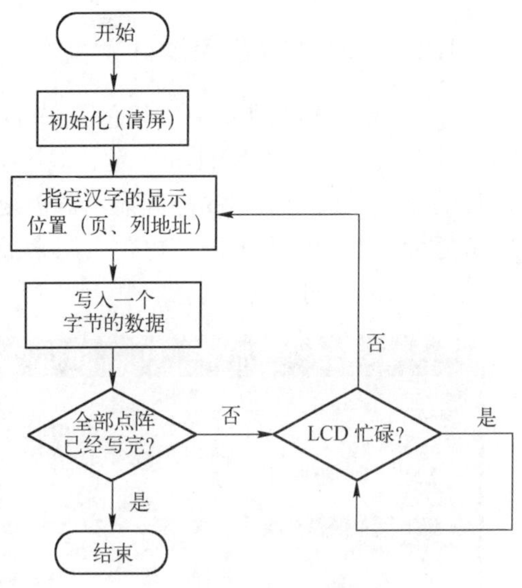

图 11-8　对点阵型 LCD 操作的软件流程

11.1.3　程序设计与仿真

1. 实现方法

本实例源程序分两个模块。

1）128 × 64 图形点阵 LCD 驱动模块

用以实现 128×64 图形点阵 LCD 的读/写操作，其工作流程是初始化（清屏）→指定汉字的显示位置（页、列地址）→汉字显示。其中，对 LCD 的操作主要有读状态、写指令和写数据等，其软件流程如图 11-8 所示。

2）主程序模块

用以控制程序的总体流程，实现功能要求。

2. 程序设计

建立文件夹“ex81”，在该文件夹下建立其工程项目，并分别建立“source”和“outfile”子文件夹，用以保存程序源代码和生成的十六进制（*.hex）文件。分别输入以下两个模块的源程序。

1）LCD 驱动模块

LCD 驱动模块命名为“12864.c”，保存在“第 11 章\源程序\ex81\source”文件夹中。

```
/****************************************************
模块名：12864.c
模块功能：驱动 12864LCD 显示
****************************************************/
/*AMPIRE 128×64  图形点阵 LCD 指令  */
#define   LCD_OFF                 0x3E        //显示器关闭
#define   LCD_ON                  0x3F        //显示器打开
#define   BEGIN                   0xC0        //设置起始行
#define   SET_PAGE                0xB8        //设置起始页地址（第 0 页）
#define   SET_Y                   0x40        //设置起始列地址（第 0 列）
/*LCD 引脚操作位定义  */
sbit       CS1=P3^3;
sbit       CS2=P3^4;
sbit       RS=P3^5;
sbit       RW=P3^6;
sbit       E=P3^7;
//汉字“中”的 16*16 字模
unsigned char code zhong[]=
{0x00,0xF8,0x08,0x08,0x08,0x08,0x08,0xFF,0x08,0x08,0x08,0x08,0x08,0xFC,0x08,0x00,
0x00,0x03,0x01,0x01,0x01,0x01,0x01,0xFF,0x01,0x01,0x01,0x01,0x01,0x03,0x00,0x00};
  //汉字“国”的 16*16 字模
unsigned char code guo[]=
{0x00,0xFE,0x02,0x0A,0x8A,0x8A,0x8A,0xFA,0x8A,0xCA,0x8E,0x0A,0x02,0xFF,0x02,0x00,
0x00,0xFF,0x40,0x50,0x50,0x50,0x50,0x5F,0x50,0x52,0x54,0x50,0x40,0xFF,0x00,0x00};
unsigned char Y_i;                                  //存储列地址
unsigned char Page_i;                               //存储页地址
/****************************************************
函数功能：检测 LCD 忙碌状态
****************************************************/
bit CheckBusy(void)
{
    bit flag;
     RW=1;                                   //RW=1，RS=0，在 E=1 时，状态送到数据总线
     RS=0;
     E=1;
   _nop_();
   _nop_();
   _nop_();
   _nop_();
   P2=0x00;                                  //先将 P2 写 0
   flag=(bit)P2&0x80;                        //读取数据位 DB7 的状态，若 DB7=1，则表示忙碌
                                               （不可读/写）
```

```
  E=0;                          //读完后，将E置低电平
  RS=1;                         //读完后，RS和RW需重新置1
  RW=1;
  return flag;
}
/***************************************************
函数功能：写指令到LCD
***************************************************/
void WriteInstruction(unsigned command)
{
  while(CheckBusy= =1)
      ;                         //若忙，等待
   RW = 0;                      //写指令时，RW需置低电平0
   RS = 0;                      //在RS=0时，于E的下降沿写入指令
  P2=command;                   //将指令通过P2口写入LCD
  _nop_();
  _nop_();
  E=1;
  _nop_();
  _nop_();
  E=0;                          //下降沿写入
  RS=1;                         //指令写完后，RS和RW需重新置1
  RW=1;
}
/***************************************************
函数功能：写数据到LCD
***************************************************/
void WriteData(unsigned dat)
{
  while(CheckBusy= =1)
      ;                         //若忙，等待
   RW=0;                        //写数据时，RW需置0
  RS=1;                         //写数据时，RS=1
  E=1;
_nop_();
  _nop_();
  P2=dat;                       //写入数据
_nop_();
  _nop_();
 E=0;                           //在E的下降沿写入数据
  _nop_();
  _nop_();
 RS=0;                          //写完数据后，RS需置0
 RW=1;                          //写完数据后，RW需置1
}
```

```
/************************************************************************
函数功能：清屏
************************************************************************/
void ClearLCD(void)
{
  unsigned char   i,j;
   CS1=1;
   CS2=1;
   WriteInstruction(LCD_ON);                    //写指令，显示器打开
   WriteInstruction(BEGIN);                     //写指令，设置开始坐标
  for(i=0;i<8;i++)
   {
     WriteInstruction(SET_PAGE+i);              //写指令，在第 i 页显示，每屏幕共 8 页
     WriteInstruction(SET_Y);                   //写指令，指定显示列
      for(j=0;j<64;j++)
        WriteData(0x80);                        //写数据，从 0 到 64 列均写 0（不显示）
   }

}
/************************************************************************
函数功能：显示图形
************************************************************************/
void Draw(unsigned char page,unsigned char yi,unsigned char *ps,unsigned char n)
{
        unsigned char i;
        WriteInstruction(SET_PAGE+page);        //设置页
        WriteInstruction(SET_Y+yi);             //设置列
        for(i=0;i<n;i++)                        //每次写 n 列
        {
           WriteData(*ps);                      //将指针 ps 所指的数据写入 LCD
           ps++;                                //指向下一个数据
        }
}
/************************************************************************
函数功能：显示一个汉字
入口参数：指向字符型数据的指针
************************************************************************/
void Display_Character(unsigned char *p)
{
    if (Y_i<64)                                 //屏幕 1 显示
     {
           CS1=0;                               //选中屏幕 1
           CS2=1;
           Draw(Page_i,Y_i,p,8);                //在 Page_i 页、Y_i 列显示，每次显示 8 个数据
           Draw(Page_i,Y_i+8,p+8,8);            //显示字符的右上部分
           Draw(Page_i+1,Y_i,p+16,8);           //显示字符的右下部分
```

```
                Draw(Page_i+1,Y_i+8,p+24,8);          //每个字 32 个点阵数据
        }
    else                                              //屏幕 2 显示
        {
                CS1=1;                                //选中屏幕 2
                CS2=0;
                Draw(Page_i,Y_i-64,p,8);
                Draw(Page_i,Y_i-56,p+8,8);
                Draw(Page_i+1,Y_i-64,p+16,8);
                Draw(Page_i+1,Y_i-56,p+24,8);
        }
    Y_i=Y_i+16;                                       //每个字占 16 列，第一个字显示完后，指向显示
                                                        第二个字的开始列
                                                      //每行最多可显示 8 个汉字
}
/*********************************************************************
函数功能：指定显示位置
入口参数：page_i：指定显示页
          y_i：指定显示列
*********************************************************************/
void gotoxy(unsigned page_i,unsigned y_i)
{
    Page_i=page_i;                                    //在第 Page_i 页显示
    Y_i=y_i;                                          //在第 Y_i 列显示
}
```

2）主程序模块

主程序模块命名为“main.c”，保存在“第 11 章\源程序\ex81\source”文件夹中。

```
#include<reg51.h>                                     //包含 51 单片机寄存器定义的头文件
#include<intrins.h>                                   //包含_nop_()函数定义的头文件
#include"12864.c"                                     //包含 12864LCD 模块的驱动
/*****************************************************
函数功能：主函数
*****************************************************/
void main(void)
{
    ClearLCD();                                       //清屏
    gotoxy(3,48);                                     //从第 3 页、48 列开始显示
    Display_Character(zhong);                         //显示汉字“中”
    Display_Character(guo);                           //显示汉字“国”
    while(1)
        ;
}
```

本实例程序源代码见随书附件“第 11 章\源程序\ex81\source”文件夹。

3. 用 Proteus 软件仿真

经 Keil 软件编译通过后，可使用 Proteus 软件进行仿真。将编译好的“ex81.hex”文件载入如图 11-7 所示的单片机 AT89C51。启动仿真，即可看到如图 11-9 所示的仿真效果。两个字符“中”和“国”分别占据第 3 页的第 48～63 列和第 64～79 列。

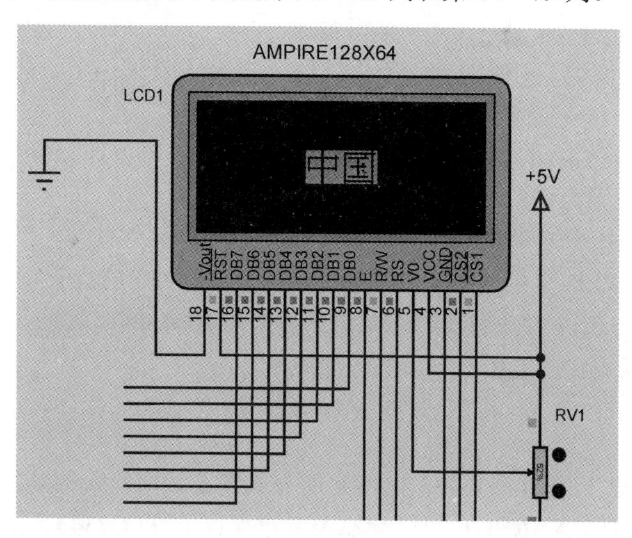

图 11-9　128×64 图形点阵液晶显示汉字的仿真效果

11.2 实例 82：12 位 A/D 转换器 TLC2543 的使用

本实例介绍 12 位 A/D 转换器 TLC2543 的使用。

11.2.1 TLC2543 介绍

1. 简介

TLC2543 是 TI 公司推出的一种 12 位串行 A/D 转换器，使用开关电容逐次逼近技术完成 A/D 转换过程。该芯片采用 SPI 串行口与外界通信，可节省 51 系列单片机的 I/O 口资源，价格适中。其主要特点如下：

（1）12 位的 A/D 转换分辨率。

（2）在工作温度范围内转换时间只有 10 μs。

（3）可同时采集 11 路模拟输入通道。

（4）3 路内置自测试方式。

（5）采样率为 66 kHz。

（6）线性误差+1LSB（最大）。

（7）有转换结束（EOC）输出。

（8）有单、双极性输出能力。

（9）MSB 在前或 LSB 在前可编程。

（10）数据长度可编程。

2．引脚说明

TLC2543 共有 20 个引脚，其 DIP 封装形式下的引脚排列如图 11-10 所示。其中，AIN0～AIN10 引脚分别对应 11 路模拟电压输入；VCC 为电源端，GND 为接地端；CS 为片选端，低电平有效；I/O CLOCK 为通信时钟端；DATA INPUT 和 DATA OUT 分别是数据输入端和数据输出端；EOC 为转换结束端。

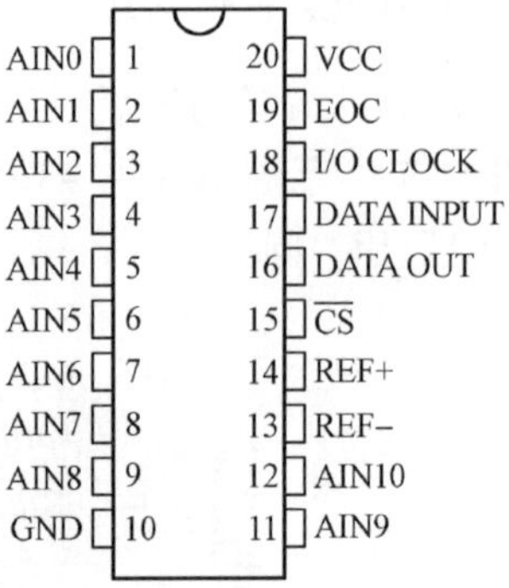

AIN0	1	20	VCC
AIN1	2	19	EOC
AIN2	3	18	I/O CLOCK
AIN3	4	17	DATA INPUT
AIN4	5	16	DATA OUT
AIN5	6	15	$\overline{CS}$
AIN6	7	14	REF+
AIN7	8	13	REF−
AIN8	9	12	AIN10
GND	10	11	AIN9

图 11-10　TLC2543（DIP 封装）的引脚排列

REF+和 REF−分别为正、负基准电压端。这两端接基准的直流电压，对于测量值的准确性非常重要。当 REF+和 REF−分别接+5V 和地时，可测 0～5 V 内的直流电压。此时，若输出数据为 1111 1111 1111（0xFFF），表示+5 V，输出数据为 0000 0000 0000（0x000），表示 0 V。输出数据的大小和模拟输入电压的大小呈线性关系。

3．使用方法

在使用 TLC2543 之前，需要先按照规定的方式向芯片内写入控制字。TLC2543 的控制字为 8 位数据，从 DATA INPUT 端串行输入，它规定了 TLC2543 要转换的模拟量的通道号、转换后的输出数据长度及输出数据的格式。

1）通道控制，即工作方式选择

控制字的高 4 位（D7～D4）决定了 A/D 采集的通道号。例如，高 4 位数据为 0010，表示转换的通道为第 2 通道。由于 TLC2543 共有 11 个通道（分别对应 0000～1010），因此当高 4 位数据为 1011～1101 时，就不再表示通道号，而是进行 TLC2543 的自检方式选择；当高 4 位数据为 1110 时，TLC2543 将进入休眠状态，可节省功耗。

2）转换结果输出格式选择

控制字的低 4 位决定了输出数据的长度及格式。其各位意义如下：

- D3、D2 决定输出数据长度，D3D2=01 表示输出数据长度为 8 位；D3D2=11 表示输出数据长度为 16 位；D3D2=10 或 00 均表示输出数据长度为 12 位。
- D1 决定输出数据是先输出高位还是先输出低位，D1=0 表示先输出高位（MSB）；D1=1 表示先输出低位（LSB）。
- D0 决定输出数据是单极性（无符号二进制）还是双极性（有符号二进制），D0=0 表示为单极性；D0=1 表示为双极性。

TLC2543 的串行总线为 SPI 总线。由于 51 单片机没有专用的 SPI 总线，因此要和 51 单片机通信，需要通过单片机的通用 I/O 口来模拟 SPI 通信。TLC2543 的 12 位 A/D 转换工作时序图如图 11-11 所示。

当 TLC2543 开始上电后，片选端 $\overline{CS}$ 必须先经历从高到低的变化，然后才能开始一次工作周期。此时 EOC 应为高电平，表示当前输出数据寄存器的内容是上一次采集量的转换数据。在 I/O CLOCK 的时钟控制下，依次向 DATA INPUT 脚写入控制字，控制字的每一位在时钟信号的上升沿被送入 TLC2543（高位先送入）。同时，DATA OUT 也在每个时钟信号的下降沿开始一位一位地输出数据。

在 TLC2543 收到第 4 个时钟信号后，通道号也已接收完，TLC2543 随即开始对该次选定通道的模拟量进行采样，并保持到第 12 个时钟的下降沿。在第 12 个时钟下降沿来临时，EOC 开始变为低电平，开始对本次采样的模拟量进行 A/D 转换，转换时间约需 10 μs，转换完成后 EOC 变为高电平，转换的数据保存在输出数据寄存器中，待下一个工作周期时输出。

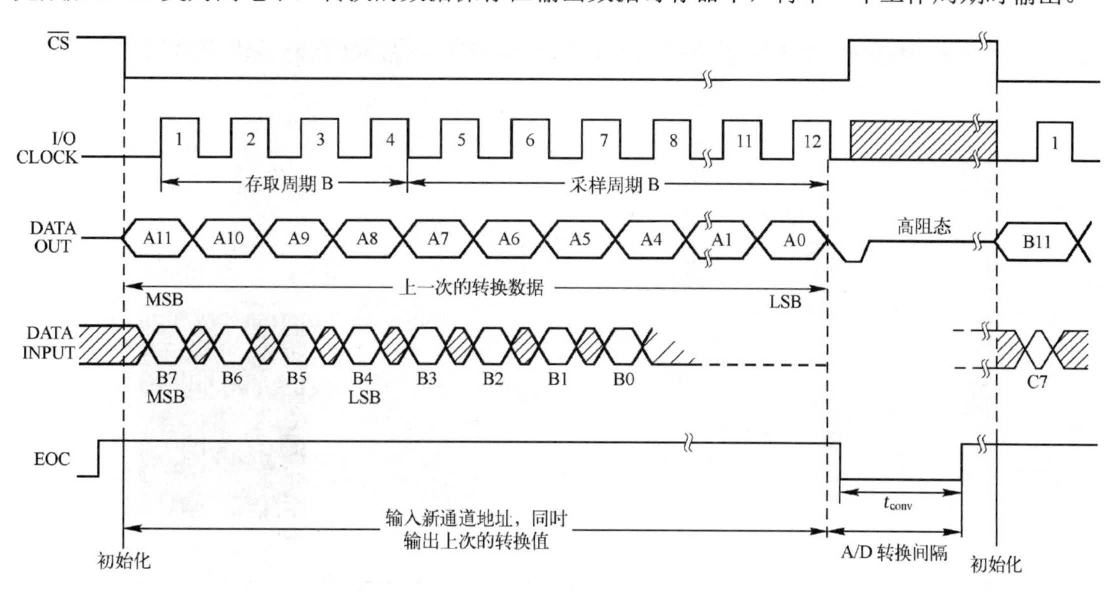

图 11-11　TLC2543 的 12 位 A/D 转换工作时序图

为了方便与 8 位及 16 位单片机通信，TLC2543 在提供 12 位采集精度输出数据的同时，还可提供 8 位和 16 位数据的输出。其中，8 位数据输出时取 12 位数据中的高 8 位；16 位数据输出时则在前 4 位补 0。因此，16 位精度和 12 位精度实际上是一样的。

TLC2543 输出的 12 位二进制数据 N 与模拟电压 U 之间呈线性关系，而且与基准电压 Vref+和 Vref−有关：

$$N=\frac{U-\text{Vref}-}{\text{Vref}+-\text{Vref}-}\times(2^{12}-1) \qquad (11\text{-}1)$$

当 Vref+接 5.0V 而 Vref−接地时，式（11-1）简化为

$$N=\frac{U}{5}\times 4095 \qquad (11\text{-}2)$$

即

$$U=\frac{N}{819} \qquad (11\text{-}3)$$

式（11-3）表明，只要得到 TLC2543 输出的转换结果（N），就可计算出所检测的模拟电压（U）。

11.2.2　仿真原理图设计

本实例仿真原理图采用的仿真器件可以在“Pick Device”对话框中输入关键词“TLC2543”查找到，如图 11-12 所示。双击“TLC2543 TEXAS…12-BIT…”，即可完成该仿真器件的添加。最终绘制完成的仿真原理图参见图 11-13。图中 TLC2543 芯片的 REF+接+5 V，REF−接

地，故该电路的模拟电压采集范围为 0～+5 V。转换结果满足式（11-2）或式（11-3）。本实例 A/D 转换所用的通道为 AIN4（通道 4）。理论上，该通道的输入电压为电阻 R9、R10 的串联分压值，即 5 V×1/2=2.5 V。而实际上，由于原 TLC2543 的 A/D 通道输入电阻的影响，该通道的输入电压将略小于 2.5 V。为观测该值，特别地添加了虚拟电压表来测量通道 4 的输入电压（仿真显示该值为 2.49875 V）。

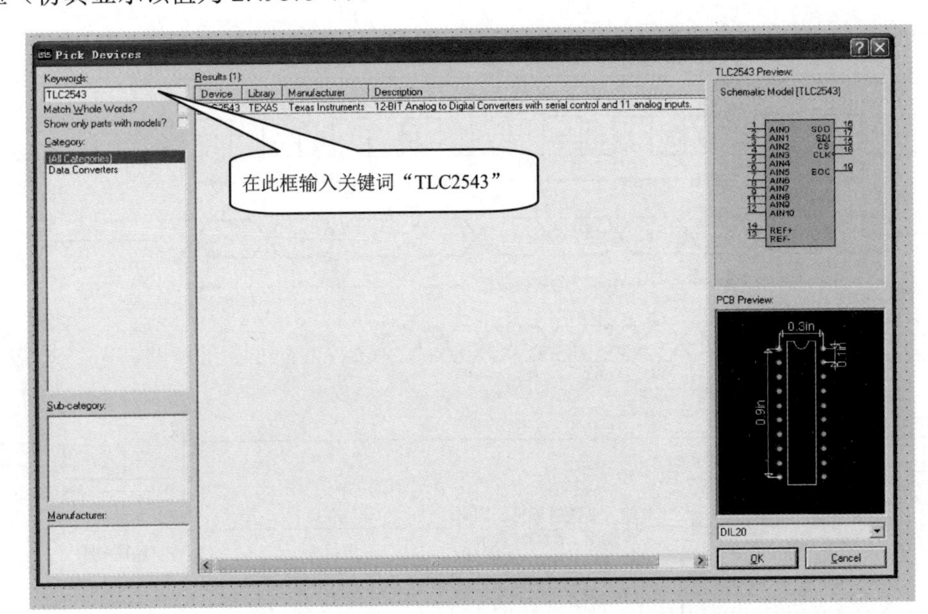

图 11-12　添加“TLC2543”

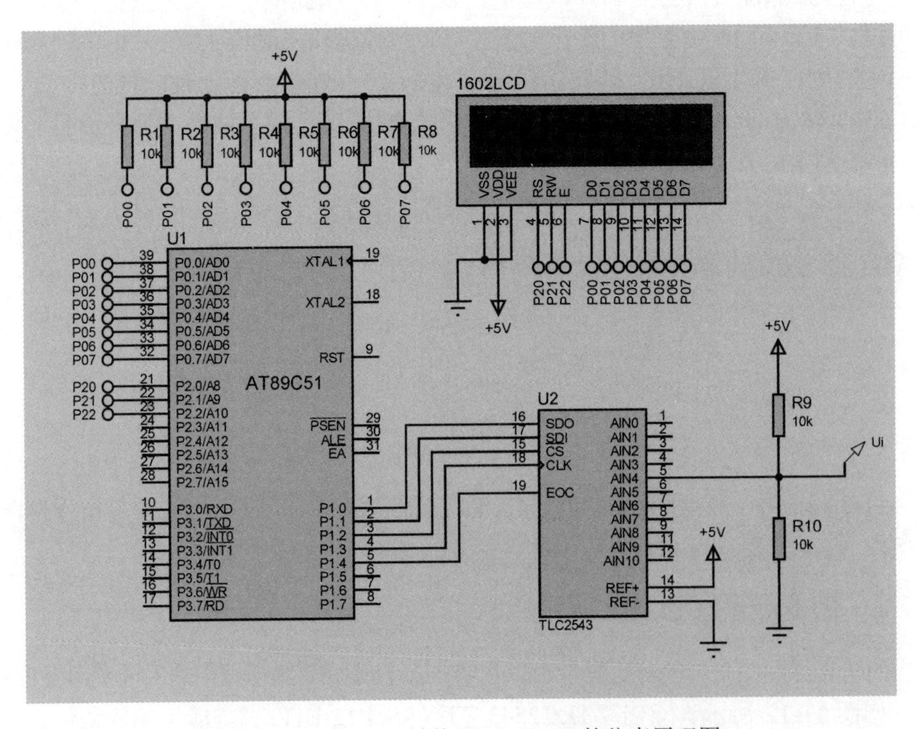

图 11-13　12 位 A/D 转换器 TLC2543 的仿真原理图

11.2.3 程序设计与仿真

1. 实现方法

本实例源程序分为 3 个模块。

1）1602LCD 驱动模块

显示电压转换后所得的数字结果，并显示所采集的输入电压。

2）TLC2543 驱动模块

TLC2543 的驱动流程如图 11-14 所示。因为数据的输入和输出是在一个 I/O 周期内进行的，所以当前周期内 TLC2543 的输出实际上要在下一个周期内才可读。当前读取的结果实际是上一个周期的转换结果。

3）主程序模块

系统主程序的软件流程如图 11-15 所示。系统上电后，首先对 1602LCD 进行初始化，再向 TLC2543 发送指令，设置工作方式并选择采集通道，然后读取采集结果，并将结果送 1602LCD 显示。采集结果分两行显示：第一行直接显示转换的 12 位数字；第二行显示由这 12 位转换结果换算所得的采集电压。

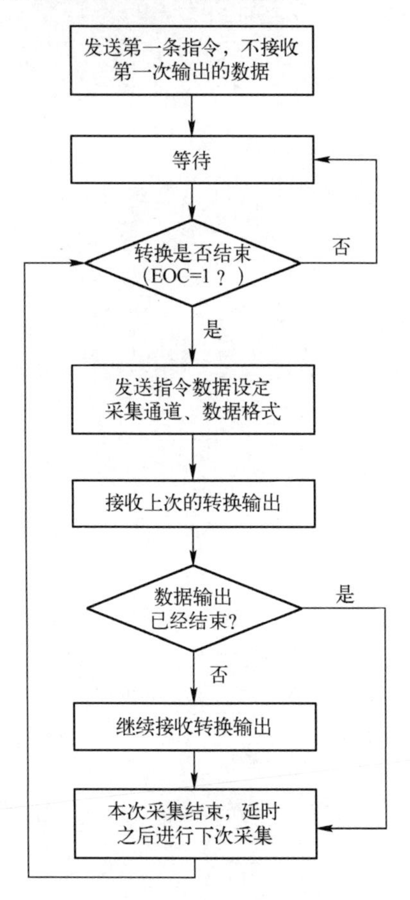

图 11-14 TLC2543 的驱动流程

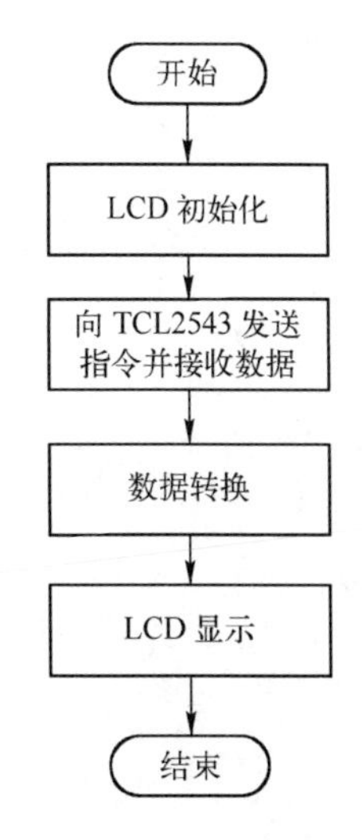

图 11-15 主程序的软件流程

2．程序设计

建立文件夹“ex82”，在该文件夹下建立其工程项目，分别建立“source”和“outfile”子文件夹，用以保存程序源代码和生成的十六进制（*.hex）文件。

分别输入以下 3 个模块的源程序。

1）1602LCD 驱动模块

1602LCD 的驱动源程序见实例 67。该模块源程序命名为“1602.c”，保存在“第 11 章\源程序\ex82\source”文件夹中。

2）TLC2543 驱动模块

TLC2543 驱动模块命名为“2543.c”，保存在“第 11 章\源程序\ex82\source”文件夹中。

```
/**************************************************
模块名：2543.c
模块功能：驱动 TLC 2543 进行 A/D 转换
**********************************************/
sbit CS=P1^2;                //片选引脚
sbit CLK=P1^3;               //时钟脉冲引脚
sbit SDO=P1^0;               //数据输出引脚
sbit SDI=P1^1;               //数据输入引脚
sbit EOC=P1^4;               //转换结束引脚
/****************************************************
函数功能：将模拟信号转换成数字信号
****************************************************/
unsigned int   A_D(unsigned char CH_i)
{
   unsigned int AD_Val;      //存储 12 位的 A/D 转换结果
    unsigned char i;
    AD_Val=0;
    CS=1;                    //一个转换周期开始
    EOC=0;
    CLK=0;                   //为第一个脉冲作准备
    _nop_();
    _nop_();
    CS=0;                    //CS 置 0，片选有效
    EOC=1;                   //EOC 开始应设为高电平
    CH_i<<=4;                //将通道值（D7，D6，D5，D4）移入高 4 位，转换通道设置
    CH_i|=0x02;              //D3,D2,D1,D0=0,0,1,0 输出数据为 12 位，先输出低位
  for(i=0;i<8;i++)           //将 A/D 转换方式控制字写入 TLC2543，并读取低 8 位转换结果
  {
   AD_Val>>=1;               //将读取结果逐位右移（先输出的是低位）
   CLK=0;
   _nop_();
       if((CH_i&0x80)= =0x80)
     SDI=1;
    else
```

```
      SDI=0;
    CH_i<<=1;                    //在脉冲上升沿，从高位至低位依次将控制字写入TLC2543
        CLK=1;
        _nop_();
  if(SDO= =1)                    //在脉冲下降沿，TLC2543输出数据，写入AD_Val的第12位
    {
       AD_Val|=0x800;
    }
  else
    {
      AD_Val|=0x000;
    }
}
    SDI=0;                       //8个数据流输入后，SDI端必须保持在一个固定的电平上，指
                                 //引EOC变高
    for(i=8;i<12;i++)            //读取转换值的第8至第11位
    {
       AD_Val>>=1;
       CLK=0;
      _nop_();
       CLK=1;
      _nop_();
     if(SDO= =1)                 //在脉冲下降沿，TLC2543输出数据，写入AD_Val的第12位
      {
       AD_Val|=0x800;
      }
     else
      {
       AD_Val|=0x000;            //第12位写“0”
      }
}
    CLK=0;                       //在第12个时钟下降沿来临时，EOC开始变低，开始对本次采
                                 //样的模拟量进行A/D转换
    _nop_();                     //给硬件一点转换时间
    _nop_();
    _nop_();
    _nop_();
    _nop_();
    _nop_();
    CS=1;                        //停止转换，高电平无效
    EOC=0;
    return AD_Val;
   }
```

3）主程序模块

主程序模块命名为“main.c”，保存在“第 11 章\源程序\ex82\source”文件夹中。

```
/************************************************
模块名：main.c
模块功能：控制主程序工作流程，实现程序功能
************************************************/
/************************************************
函数功能：显示转换结果
入口参数：ad_val，存储 A/D 转换结果
************************************************/
void Display_N(unsigned int ad_val)
{
 unsigned char i,j,k,l;
 i=ad_val/1000;                 //取千位数字
 j=(ad_val%1000)/100;           //取百位数字
 k=(ad_val%100)/10;             //取十位数字
 l=ad_val%10;                   //取个位数字
 WriteAddress(0x01);            //写显示地址，从第 1 行第 1 列开始显示
 WriteData('N');                //显示“N=”
 WriteData('=');
 WriteData(digit[i]);           //显示千位数字
 WriteData(digit[j]);           //显示百位数字
 WriteData(digit[k]);           //显示十位数字
 WriteData(digit[l]);           //显示个位数字
 }
/************************************************
函数功能：显示采集电压
入口参数：ad_val，存储 A/D 转换结果
************************************************/
void Display_Voltage(unsigned int ad_val)
{
 unsigned char i,j,k;
 unsigned char INT;             //存储电压整数部分数字
 unsigned int DEC;              //存储电压小数部分的前三位数字
 float u;                       //存储检测电压
 u=ad_val/819.0;
 INT=(unsigned char)u;
 DEC=(unsigned int)(u*1000-INT*1000);
 i=DEC/100;                     //取电压的小数点后第一位
 j=(DEC%100)/10;                //取电压的小数点后第二位
 k=DEC%10;                      //取电压的小数点后第三位
 WriteAddress(0x41);            //写显示地址，从第 2 行第 1 列开始显示
 WriteData('U');                //显示“U=”
 WriteData('=');
 WriteData(digit[INT]);         //显示电压整数值
```

```
 WriteData('.');                          //显示小数点
 WriteData(digit[i]);                     //显示小数点后第一位
 WriteData(digit[j]);                     //显示小数点后第二位
 WriteData(digit[k]);                     //显示小数点后第三位
 WriteData('V');                          //显示电压的单位“V”
 }
/***************************************************
函数功能：主函数
***************************************************/
main(void)
{
  unsigned int AD_Result;
  LcdInitiate();                          //将 LCD 初始化
 while(1)
       {
         AD_Result= A_D(4);               //选中通道 4 进行 A/D 转换
       Display_N(AD_Result);              //显示转换结果
       Display_Voltage(AD_Result);        //将转换结果显示为输入的检测电压
     }
}
```

3．用 Proteus 软件仿真

经 Keil 软件编译通过后，可使用 Proteus 软件进行仿真。将编译好的“ex82.hex”文件载入如图 11-13 所示的单片机 AT89C51。启动仿真，即可看到如图 11-16 所示的仿真效果。可见，转换的 12 位数字 N=2046，对应的采集电压 U=2.498 V，而虚拟电压表的测量值为 V=2.49875 V。该结果表明，TLC2543 具有较高的采集精度。

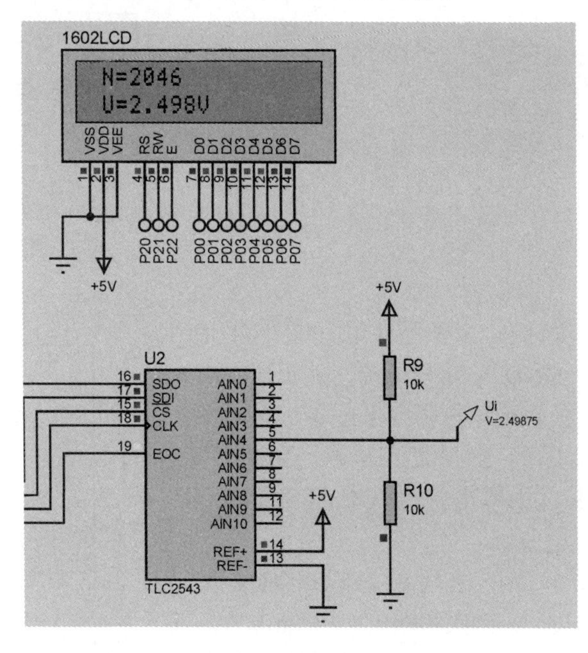

图 11-16　TLC2543 的 A/D 采集仿真效果

11.3 实例83：ACS712电流传感器的使用

本实例介绍Allegro公司的ACS712电流传感器的使用方法，并将检测结果用1602LCD显示。

11.3.1 ACS712电流传感器介绍

ACS712具有精确的低偏置线性霍尔传感器电路，可为工业、商业和通信系统中的交流或直流电流提供经济实惠且精确的解决方案。

1．性能特点

ACS712采用小型低厚度SOIC−8封装，如图11-17所示。其性能特点如下：

- 低噪声模拟信号路径；
- 总输出误差为1.5%（T=25℃）；
- 输出灵敏度为66~185 mV/A；
- 极稳定的输出偏置电压；
- 内部传导电阻为1.2 mΩ；
- 出厂时精准度校准。

2．外部引脚

图11-18是ACS712电流传感器的引脚图。其中，5、8脚分别接地（GND）和电源（VCC）；1、2、3、4脚连接被测电路；6脚连接外部电容；7脚输出模拟电压信号，用于和模/数转换模块或者单片机相连。ACS712电流传感器的工作电压（VCC）范围为4.5～5.5 V。

图11-17　ACS712电流传感器实物

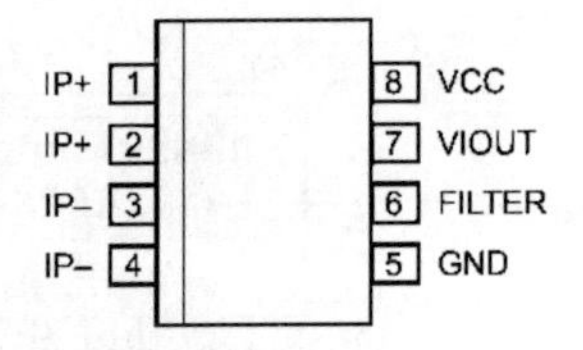

图11-18　ACS712电流传感器的引脚图

3．使用方法

ACS712的使用非常简单，其典型应用图如图11-19所示。只需将VCC与GND分别与电源、地相连，然后VIOUT和A/D转换模块或单片机（某些单片机内部集成了A/D转换功能，如STM32）相连。VCC与GND之间需接100 nF的去耦电容，VCC可使用独立电源，也可使用单片机电源。

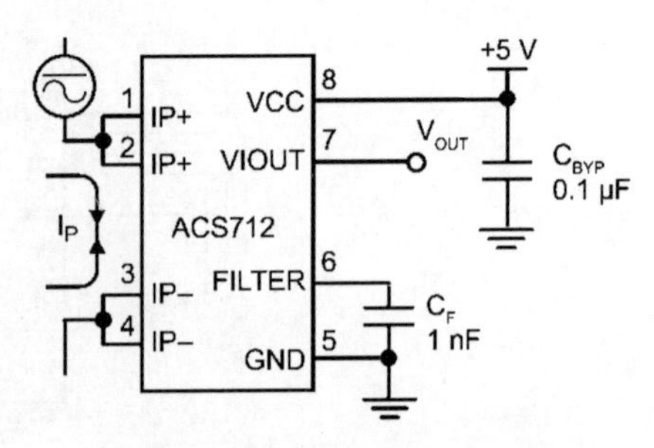

图11-19　ACS712的典型应用图

硬件连接后，A/D转换模块就可以开始采集ACS712输出的电压了。5 A量程的输出为185 mV/A，20 A量程的输出为100 mV/A，30 A量程的输出为

66 mV/A。从机的 SCK 时钟线用来保证与主机同步。通过公式 $V_{\text{out}} = 0.5 \times V_{\text{cc}} + I_{\text{p}} \times \text{Sensitivity}$ 就可以计算出 ACS712 检测的电流大小。以 5 A 量程的 ACS712ELCTR-05B-T 为例，若 VCC 电压为 5.0 V 且 VIOUT 电压为 3.0 V，那么有 $(3.0 - 5.0 \times 0.5) \div 0.185 = 2.70$，即所测得的电流为 2.70 A。

11.3.2 仿真原理图设计

本实例的仿真原理图参见图 11-20。ACS712 的电压信号由 ADC0808 模/数转换模块采集交给单片机处理，单片机处理完毕后通过四位数码管动态扫描显示。读者也可以尝试把 ADC0808 模块更换为实例 82 所用的 TLC2543 模块。

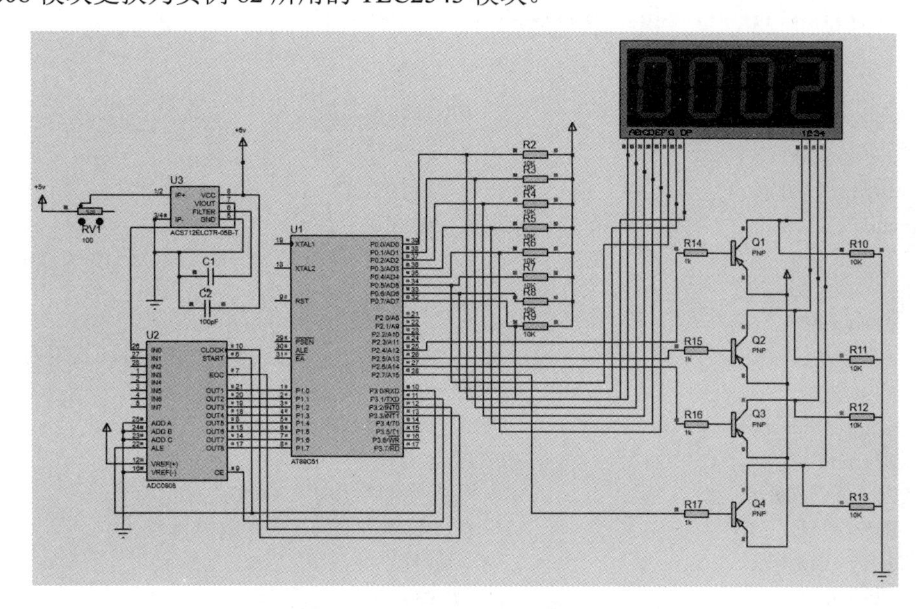

图 11-20 ACS712 电流传感器的仿真原理图

11.3.3 程序设计与仿真

1. 程序设计

先建立文件夹“ex83”，然后建立其工程项目，最后建立源程序文件“ex83.c”。输入以下源程序：

```
//实例 83：ACS712 电流传感器的使用
#include "reg51.h"                        //包含 51 单片机寄存器定义的头文件
#define uchar unsigned char               //用 uchar 定义数据类型，表示无符号字符型变量
#define uint unsigned int                 //用 uint 定义数据类型，表示无符号整型变量
uchar code seg7code[10]={0xC0,0xF9,0xA4,0xB0,0x99,0x92,0x82,0xF8,0x80,0x90};  //数码管段码
uchar wei[4]={0xEF,0xDF,0xBF,0x7F};                                           //数码管位码
sbit ST=P3^0;                             //将 P3^0 定义为 ST
sbit OE=P3^1;                             //将 P3^1 定义为 OE
sbit EOC=P3^2;                            //将 P3^2 定义为 EOC
sbit CLK=P3^3;                            //将 P3^3 定义为 CLK
uint AD0808,date;                         //存储信息的变量
```

```
/****************************************************
函数功能：延时函数
****************************************************/
void delay_display(uchar t)
{
  uint i=0,j=0;                         //定义无符号整型变量
  for(i=0;i<t;i++)                      //for 的外层循环
        for(j=5;j>0;j--);               //for 的内层循环
}
/****************************************************
函数功能：数码管显示函数
****************************************************/
void display(void)
{
  uint z,x,c,v;                         //定义无符号整型变量
  z=date/1000;                          //提取千位并赋值给 z
  x=date%1000/100;                      //提取百位并赋值给 x
  c=date%100/10;                        //提取十位并赋值给 c
  v=date%10;                            //提取个位并赋值给 v

  P2=0xFF;                              //将 P2 全部拉高
  P0=seg7code[z];                       //取 seg7code[]数组的第 z 个数据赋值给 P0，显示变量 z 的值
  P2=wei[0];                            //将 P2.4 拉低，控制第一个数码显示
  delay_display(2);                     //调用延时函数，延迟 2 ms
  P2=0xFF;                              //将 P2 全部拉高
  P0=seg7code[x];                       //取 seg7code[]数组的第 x 个数据赋值给 P0，显示变量 x 的值
  P2=wei[1];                            //将 P2.5 拉低，控制第二个数码显示
  delay_display(2);                     //调用延时函数，延迟 2 ms
  P2=0xFF;                              //将 P2 全部拉高
  P0=seg7code[c];                       //取 seg7code[]数组的第 c 个数据赋值给 P0，显示变量 c 的值
  P2=wei[2];                            //将 P2.6 拉低，控制第三个数码显示
  delay_display(2);                     //调用延时函数，延迟 2 ms
  P2=0xFF;                              //将 P2 全部拉高
  P0=seg7code[v];                       //取 seg7code[]数组的第 v 个数据赋值给 P0，显示变量 v 的值
  P2=wei[3];                            //将 P2.7 拉低，控制第四个数码显示
  delay_display(2);                     //调用延时函数，延迟 2 ms
  P2=0xFF;                              //将 P2 全部拉高
}
/****************************************************
函数功能： 定时器中断函数
****************************************************/
void time0(void) interrupt 1 using 1
{
  TH0=(65536-2)/256;                    //定时 2 μs，高 8 位赋值
  TL0=(65536-2)%256;                    //定时 2 μs，低 8 位赋值
  CLK=!CLK;                             //CLK 状态取反
}
/****************************************************
函数功能： 主函数
```

```
*****************************************************/
void main(void)
{
 TMOD=0x01;                          //定时器 T0 设置成方式 1
 CLK=0;                              //将 CLK 状态设置为低电平
 TH0=(65536-2)/256;                  //定时 2 μs，高 8 位赋值
 TL0=(65536-2)%256;                  //定时 2 μs，低 8 位赋值
 EA=1;                               //开启总中断
 ET0=1;                              //允许 T0 定时器中断
 TR0=1;                              //开启 T0 定时器
 while(1)                            //无限循环
 {
      ST=0;                          //A/D 转换开始
      ST=1;                          //ST 状态拉高
      ST=0;                          //ST 状态拉低
      while(!EOC);                   //等待 EOC 下降沿到来
      OE=1;                          //OE 状态拉高
      AD0808=P1;                     //将变量 AD0808 赋值给 P1
      OE=0;                          //A/D 转换结束
      if(AD0808>=255)                //如果满足条件
      {
           AD0808=255;               //AD0808 赋值为 255
      }
      date=(AD0808*5/256-2.5)/0.185;  //计算电流
      display();                     //数码管显示
 }
}
```

3．用 Proteus 软件仿真

经 Keil 软件编译通过后，可使用 Proteus 软件进行仿真。将编译好的“ex83.hex”文件载入如图 11-20 所示的单片机 AT89C51，用鼠标右键单击滑动变阻器 RV1，并在弹出的“Edit Component”对话框中输入电阻值（Resistance）为 100，单击“OK”按钮，如图 11-21 所示。启动仿真，即可看到如图 11-20 所示的仿真效果，用鼠标拖动滑动变阻器的滑块，可以看见数码管显示的数值随着滑动变阻器阻值的变化而变化。

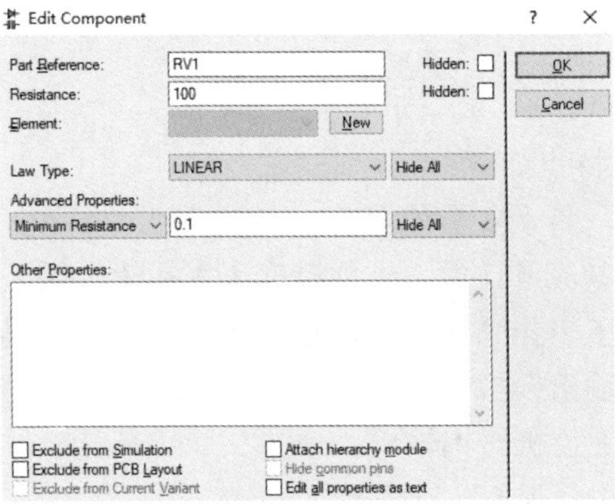

图 11-21　滑动变阻器的属性设置

11.4 实例84：电压传感器的使用

输出信号为模拟电压的传感器称为电压传感器。本实例以 Siargo（矽翔）公司的气体流量传感器 FS4003 为例，说明电压传感器的使用方法。

已知某管道的气体流量范围为 0～5 L/min。如果采用 FS4003 传感器来测量该流量，要求用 12 位 A/D 转换器 TLC2543 采集其输出的模拟电压信号，并将采集结果用 12864LCD 显示。

经标定，FS4003 传感器输出的模拟电压信号与气体流量的关系见表 11-1。

表 11-1　传感器输出的模拟电压信号与气体流量的关系

气体流量/L・min^{-1}	输出模拟电压/V
0	0.5
5	4.5

注：该传感器输出的模拟电压信号与气体流量呈线性关系。

11.4.1 FS4003 传感器介绍

1．性能特点

FS4003 传感器主要用于各类小流量气体的测量和过程控制，可替代传统的容积式或压差式流量传感器，适用于 3 mm 管径的气体管道，其实物如图 11-22 所示。

图 11-22　FS4003 传感器

FS4003 传感器的性能特点如下：

- 支持多种连接方式，易于安装使用。
- 传感芯片采用热质量流量计量，无须温度压力补偿，保证了高精度计量。
- 在单个芯片上实现了多传感器集成，量程比达到 100∶1 甚至更高。
- 输出方式灵活，可输出模拟电压信号，也可输出 RS–232 或 RS–485 信号。既可主动上传数据，也可由上位机查询输出。
- 零点稳定度高。
- 全量程稳定性高，精确度高，重复性优良。

➢ 低功耗、低压损。
➢ 响应速度快。

2. 原理框图及接口

FS4003传感器的内部原理框图如图11-23所示，其内部集成了MEMS流量传感芯片、信号调理电路、A/D转换器、8位微控制器、E²PROM存储器、D/A转换器、RS−232/485串行通信模块和电源模块。

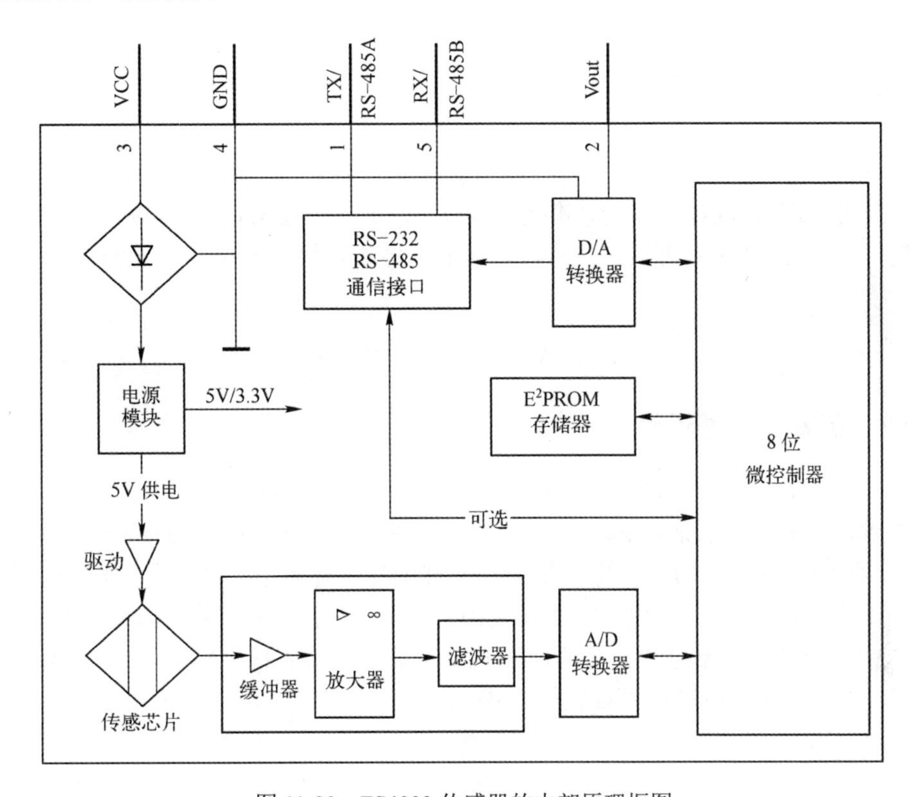

图11-23　FS4003传感器的内部原理框图

表11-2列出了FS4003系列传感器的外部接口。

表11-2　FS4003系列传感器的外部接口

引　脚	颜　色	定　义	说　明
1	蓝	TX	RS−232数字信号发送/RS−485A
2	绿	Vout	模拟电压输出（0.5～4.5 V）
3	红	VCC	直流电源输入（8～24 V）
4	黑	GND	电源地/信号地
5	黄	RX	RS−232数字信号接收/RS−485B

3. 流量的采集与计算

当FS4003流量传感器输出模拟电压信号时，其采集系统如图11-24所示。图中，FS4003传感器输出的模拟电压信号可直接送入A/D转换芯片（TLC2543）的输入通道，单片机读出转换结果后，再送入图形点阵 12864LCD。

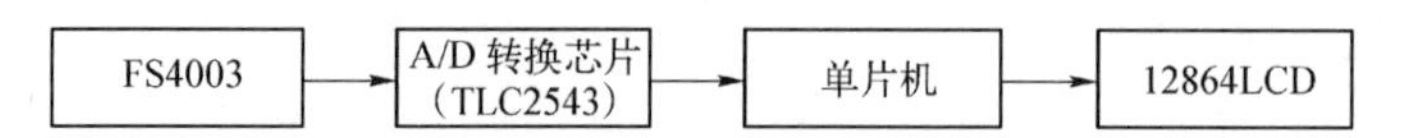

图 11-24　模拟电压信号的采集系统

由于 FS4003 传感器输出的模拟电压与流量呈线性关系，因此可根据表 11-2 得出输出电压 U_o 与流量 Q（单位为升/分，L/min）之间的关系式：

$$\frac{Q-0}{U_o-0.5}=\frac{5-0}{4.5-0.5}$$

上式可变换为

$$Q=\frac{5}{4}\times(U_o-0.5) \qquad (11\text{-}4)$$

当 A/D 转换芯片 TLC2543 的基准电压 Vref+为 5.0 V 且 Vref−接地时，其 12 位转换结果 N 与模拟电压 U_o 的关系可由式（11-3）确定，将该式代入式（11-4）可得下列流量计算公式：

$$Q=\frac{5}{3276}\times N-0.625 \qquad (11\text{-}5)$$

11.4.2　仿真原理图设计

由于本实例仅采集 FS4003 传感器的输出模拟电压，因此该传感器的输出信号可采用 Proteus 软件的信号发生器来仿真。单击图 11-25 中左侧工具栏的“Generator Mode”（信号发生方式）按钮，并将该信号发生器添加到原理图绘制环境中。添加后，双击该信号发生器，则弹出信号发生器属性设置对话框，如图 11-26 所示。在左侧的模拟类型（Analogue Types）选中“DC”（直流电源）选项，在其上方的文本输入框（Generator Name）中输入“FS4003”，并在右侧的电压信号设置框“Voltage（Volts）”中输入“2.0”，即可用该信号发生器产生 DC+2.0V 的输出电压。

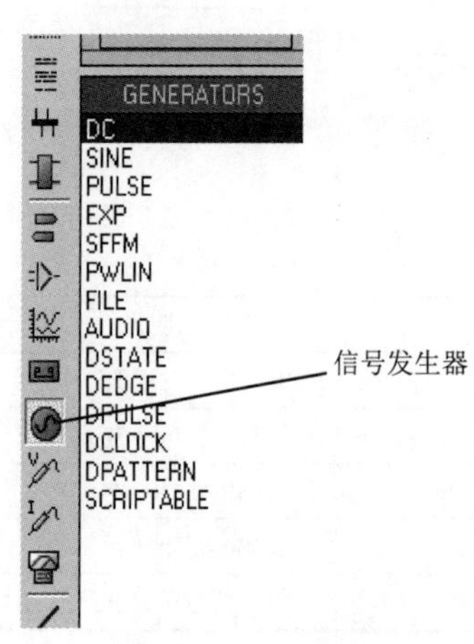

图 11-25　添加信号发生器

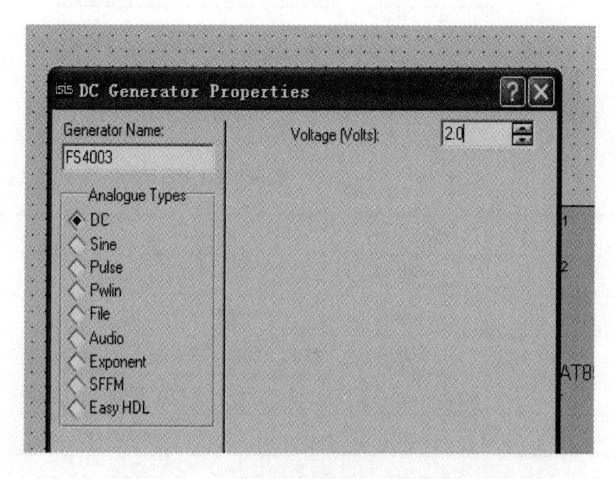

图 11-26　信号发生器的属性设置对话框

本实例最终绘制的仿真原理图参见图 11-27。FS4003 模拟电压信号输入 TLC2543 的通道 4，单片机读取转换结果后，将计算出的流量结果送到图形点阵 12864LCD 去显示。

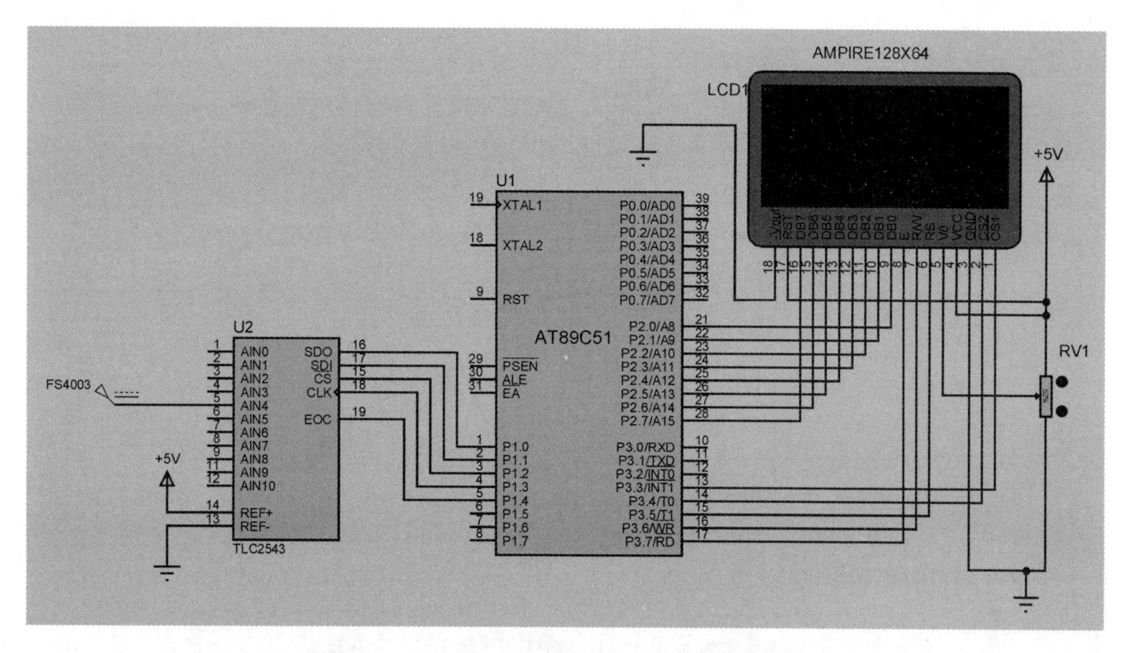

图 11-27　传感器模拟电压信号采集的仿真原理图

11.4.3　程序设计与仿真

1．实现方法

本实例源程序分为 3 个模块。

1）TLC2543 驱动模块

将传感器 FS4003 输出的模拟电压信号转换为数字信号，供单片机处理。

2）图形点阵 12864LCD 驱动模块

12864LCD 驱动模块用于显示流量的采集结果。

3）主程序模块

主程序流程如图 11-28 所示。系统上电后，先对 LCD 初始化，然后以无限循环的形式控制 TLC2543 进行 A/D 转换和采集结果显示。

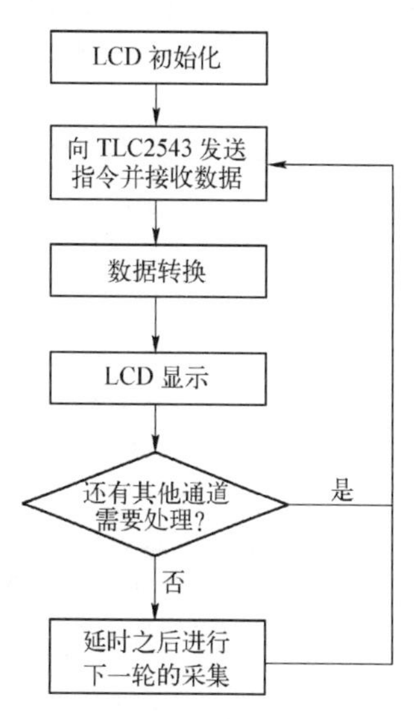

图 11-28　主程序流程

2．程序设计与仿真

建立文件夹“ex84”，在该文件夹下建立其工程项目，并分别建立“source”和“outfile”子文件夹，用以保存程序源代码和生成的十六进制（*.hex）文件。

分别输入以下 3 个模块的源程序。

1）TLC2543 驱动模块

TLC2543 的驱动程序与实例 82 完全相同。将该模块驱动程序命名为“2543.c”，保存在“第 11 章\源程序\ex84\source”文件夹中。

2）图形点阵 12864LCD 驱动模块

本实例 12864LCD 的驱动程序设计方法与实例 81 基本相同，只是显示格式为“流量=1.234L/min”。不仅显示中文字符，还显示数字（0～9）和英文字符（“=”和“L/min”），因此还需要对各数字和英文字符取模。

将该模块源程序命名为“12864.c”，保存在“第 11 章\源程序\ex84\source”文件夹中。

本实例与实例 81 相比，增加的字模和子函数如下：

```
/**************************************************
模块名：12864.c
模块功能：驱动 12864LCD 显示
*************************************************/
……
……（省略与实例 81 相同部分源代码）
//汉字“流”的 16*16 字模
unsigned char code liu[]=
{0x10,0x60,0x01,0x86,0x60,0x04,0x44,0x64,0x55,0x4E,0x44,0x64,0xC4,0x04,0x04,0x00,
0x04,0x04,0xFC,0x03,0x40,0x30,0x0F,0x00,0x00,0x7F,0x00,0x3F,0x40,0x40,0x70,0x00};
//汉字“量”的 16*16 字模
unsigned char code liang[]=
{0x40,0x40,0x40,0xDF,0x55,0x55,0x55,0xD5,0x55,0x55,0x55,0xDF,0x40,0x40,0x40,0x00,
0x40,0x40,0x40,0x57,0x55,0x55,0x55,0x7F,0x55,0x55,0x55,0x57,0x50,0x40,0x40,0x00};
 // “=”的 16*16 字模
unsigned char code Equ[]=
{0x40,0x40,0x40,0x40,0x40,0x40,0x40,0x00,0x04,0x04,0x04,0x04,0x04,0x04,0x04,0x00};
//数字“0”的 8×16 字模
unsigned char code d0[]=
{0x00,0xE0,0x10,0x08,0x08,0x10,0xE0,0x00,0x00,0x0F,0x10,0x20,0x20,0x10,0x0F,0x00};
//数字“1”的 8×16 字模
unsigned char code d1[]=
{0x00,0x10,0x10,0xF8,0x00,0x00,0x00,0x00,0x00,0x20,0x20,0x3F,0x20,0x20,0x00,0x00};
//数字“2”的 8×16 字模
unsigned char code d2[]=
{0x00,0x70,0x08,0x08,0x08,0x88,0x70,0x00,0x00,0x30,0x28,0x24,0x22,0x21,0x30,0x00};
//数字“3”的 8×16 字模
unsigned char code d3[]=
{0x00,0x30,0x08,0x88,0x88,0x48,0x30,0x00,0x00,0x18,0x20,0x20,0x20,0x11,0x0E,0x00};
//数字“4”的 8×16 字模
unsigned char code d4[]=
{0x00,0x00,0xC0,0x20,0x10,0xF8,0x00,0x00,0x00,0x07,0x04,0x24,0x24,0x3F,0x24,0x00};
//数字“5”的 8×16 字模
unsigned char code d5[]=
{0x00,0xF8,0x08,0x88,0x88,0x08,0x08,0x00,0x00,0x19,0x21,0x20,0x20,0x11,0x0E,0x00};
//数字“6”的 8×16 字模
unsigned char code d6[]=
```

```
{0x00,0xE0,0x10,0x88,0x88,0x18,0x00,0x00,0x00,0x0F,0x11,0x20,0x20,0x11,0x0E,0x00};
//数字“7”的 8×16 字模
unsigned char code d7[]=
{0x00,0x38,0x08,0x08,0xC8,0x38,0x08,0x00,0x00,0x00,0x00,0x3F,0x00,0x00,0x00,0x00};
//数字“8”的 8×16 字模
unsigned char code d8[]=
{0x00,0x70,0x88,0x08,0x08,0x88,0x70,0x00,0x00,0x1C,0x22,0x21,0x21,0x22,0x1C,0x00};
//数字“9”的 8×16 字模
unsigned char code d9[]=
{0x00,0xE0,0x10,0x08,0x08,0x10,0xE0,0x00,0x00,0x00,0x31,0x22,0x22,0x11,0x0F,0x00};
unsigned char code *pd[]={d0,d1,d2,d3,d4,d5,d6,d7,d8,d9};      //指向数组的指针数组
//小数点的 8×16 字模
unsigned char code dot[]=
{0x00,0x00,0x00,0x00,0x00,0x00,0x00,0x00,0x00,0x30,0x30,0x00,0x00,0x00,0x00,0x00};
//“L”的 8×16 字模
unsigned char code L[]=
{0x08,0xF8,0x08,0x00,0x00,0x00,0x00,0x00,0x20,0x3F,0x20,0x20,0x20,0x20,0x30,0x00};
//“/”的 8×16 字模
unsigned char code per[]=
{0x00,0x00,0x00,0x00,0x80,0x60,0x18,0x04,0x00,0x60,0x18,0x06,0x01,0x00,0x00,0x00};
//“m”的 8×16 字模
unsigned char code m[]=
{0x80,0x80,0x80,0x80,0x80,0x80,0x80,0x00,0x20,0x3F,0x20,0x00,0x3F,0x20,0x00,0x3F};
//“i”的 8×16 字模
unsigned char code i[]=
{0x00,0x80,0x98,0x98,0x00,0x00,0x00,0x00,0x00,0x20,0x20,0x3F,0x20,0x20,0x00,0x00F};
//“n”的 8×16 字模
unsigned char code n[]=
{0x80,0x80,0x00,0x80,0x80,0x80,0x00,0x00,0x20,0x3F,0x21,0x00,0x00,0x20,0x3F,0x20};

/*****************************************************************************
函数功能：显示一个英文字符或数字
*****************************************************************************/
void Display_English(unsigned char *p)          //参数*p 为指向数组的指针
{
        if (Y_i<64)
           {
                  CS1=0;                        //选中屏幕 1
                   CS2=1;
                   Draw(Page_i,Y_i,p,8);   //在 gy 页、gx 列显示，每次显示 8 个数据
                   Draw(Page_i+1,Y_i,p+8,8);
              }
       else
         {
                CS1=1;                          //选中屏幕 2
                CS2=0;
```

```
                Draw(Page_i,Y_i-64,p,8);
                Draw(Page_i+1,Y_i-64,p+8,8);
            }
        Y_i=Y_i+8;                          //每个字占16列，第一个字显示完后，指向显示第二
                                              个字的开始列
}
/***********************************************************************
函数功能：显示检测结果
入口参数：Q
***********************************************************************/
void DisplayResult(float Q)
{
    unsigned char i,j,k,l;
    unsigned int N;
    N=(unsigned int)(Q*1000);               //将流量转换为4位整数
    i=N/1000;                               //取流量的整数位数字
    j=(N%1000)/100;                         //取流量的小数点后第一位数字
    k=(N%100)/10;                           //取流量的小数点后第二位数字
    l=N%10;                                 //取流量的小数点后第三位数字
  gotoxy(3,40);                             //从第3页第40列开始显示点阵
  Display_English(pd[i]);                   //显示流量的整数位
  gotoxy(3,48);
  Display_English(dot);                     //显示小数点
  Display_English(pd[j]);                   //显示流量的小数点后第一位数字
  Display_English(pd[k]);                   //显示流量的小数点后第二位数字
  Display_English(pd[l]);                   //显示流量的小数点后第三位数字
}
/***********************************************************************
函数功能：初始化12864LCD
说明：清屏，指定流量的显示位置
***********************************************************************/
void LCD_Init(void)
{
      ClearLCD();                           //清屏
      gotoxy(3,0);                          //在第3页、0列显示
      Display_Character(liu);               //显示汉字“流”
      Display_Character(liang);             //显示汉字“量”
      Display_English(Equ);                 //显示“=”
      gotoxy(3,80);
     Display_English(L);                    //显示“L”
     Display_English(per);                  //显示“/”
     Display_English(m);                    //显示“m”
     Display_English(i);                    //显示“i”
     Display_English(n);                    //显示“n”
}
```

3）主程序模块

主程序模块命名为“main.c”，保存在“第11章\源程序\ex84\source”文件夹中。

```
/**************************************************
模块名：main.c
模块功能：初始化 12864LCD，实现数据采集与显示
**************************************************/
#include<reg51.h>              //包含 51 单片机寄存器定义的头文件
#include<intrins.h>            //包含_nop_()函数定义的头文件
#include"2543.c"               //包含 TLC2543 模块的驱动
#include"12864.c"              //包含 12864LCD 模块的驱动
/**************************************************
函数功能：主函数
**************************************************/
 void main(void)
 {
unsigned int N;                //12 位 A/D 转换结果
float Q;                       //存储流量
LCD_Ini t();                   //LCD 初始化设置
 while(1)
   {
      N=A_D(4);                //选择 TLC2543 的通道 4 进行 A/D 转换
      Q=5.0*N/3276-0.625;      //将转换结果依据式（11-5）换算为流量
      gotoxy(3,48);            //从第 3 页第 48 列开始显示点阵
      DisplayResult(Q);        //显示流量
   }
}
```

3．用 Proteus 软件仿真

经 Keil 软件编译通过后，可使用 Proteus 软件进行仿真。将编译好的“ex84.hex”文件载入如图 11-27 所示仿真原理图中的单片机 AT89C51。启动仿真，即可看到如图 11-29 所示的仿真效果。仿真结果表明，当 FS4003 传感器输出的模拟电压 U_o=2.0 V 时，对应的流量为 1.875 L/min。而根据式（11-4），流量的理论值：

$$Q = \frac{5}{4} \times (U_o - 0.5) = \frac{5}{4} \times (2.0 - 0.5) = 1.875\ \mathrm{L/min}$$

流量的理论值与仿真值相等，表明本实例的软/硬件设计正确。

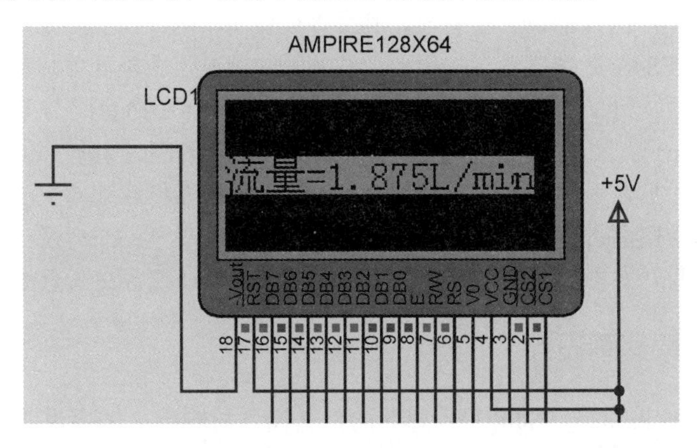

图 11-29　FS4003 流量传感器模拟电压信号采集的仿真效果

11.5 实例85：RS-232型数字传感器的使用

输出信号为 RS-232 型数字信号的传感器称为 RS-232 型数字传感器。本实例仍以 Siargo（矽翔）公司的气体流量传感器 FS4003 为例，说明 RS-232 型数字传感器的使用方法。

已知某管道的气体流量范围为 0～5 L/min。由实例 84 可知，FS4003 传感器具有 RS-232 串口，当检测系统无其他传感器时，AT89C51 单片机可以串口通信方式直接采集 FS4003 传感器的流量信号，而无须 A/D 转换芯片。

本实例通过单片机串口通信方式对 FS4003 传感器进行流量信号采集，结果用 12864LCD 显示。

11.5.1 FS4003传感器的串口通信协议介绍

1．数据格式

在用 FS4003 传感器输出 RS-232 型数字信号时，通信中的每个数据字长为 11 位，其格式如下：

起始位	D0	D1	D2	D3	D4	D5	D6	D7	D8	停止位

- 起始位：1 位，由 1 个低电平表示。
- D0～D7：8 位，要发送的数据，按先低后高的顺序发送。
- 帧头标志位：1 位，指示 8 位数据位代表的是数据还是帧头。对于主机发送数据，当 D8=1 时，表示主机发送的是帧头；当 D8=0 时，表示主机发送的是数据。对于从机（即 FS4003 传感器）发送数据，D8 始终等于 0。

2．波特率

FS4003 的波特率固定为 38400 bit/s。

3．命令码

对于不同批次生产的 FS4003 传感器，其命令码有所不同，在实际使用中，需查阅手册。对于本实例所用的 FS4003 传感器，如果要读取其瞬时流量，主机（单片机）需要通过串口连续向该传感器发送两个十六进制命令码：0x9D、0x55。第一个命令码与第二个命令码的发送时间间隔要等待 5 ms 以上。传感器在收到第一个命令码（0x9D）以后，返回 0x9D；在收到第二个命令码（0x55）后，返回 0x55。紧接着，FS4003 传感器将连续向主机返回 29 个 ASCII 码。前 8 个 ASCII 码为流量值。其中，前 5 个表示整数；后 3 个表示小数。后 21 个 ASCII 码表示数据校验等信息，对于简单应用场合，可不予采集，其详细含义请查阅相关手册。

11.5.2 仿真原理图设计

本实例可用单片机模拟 FS4003 传感器的信号输入与输出。需要说明的是，该传感器的输出为 RS-232 电平，在实际与单片机通信时，需要利用专门电路将其转换为单片机的 TTL

电平。

本实例采用的仿真原理图参见图 11-30。主机（单片机 U1）先向 FS4003 传感器（单片机 U2 模拟实现）通过 UART 串口连续发送两个读瞬时流量命令（0x9D、0x55），FS4003 传感器则先依次返回这两个数据，然后将向主机连续发送 29 个 ASCII 码。为简单起见，本实例传感器仿真程序仅模拟发送前 8 个 ASCII 码（模拟流量值“1.368L/min”，整数部分前四位是空格的 ASCII 码）。主机收到后，将其转换为流量显示到 12864LCD 上。

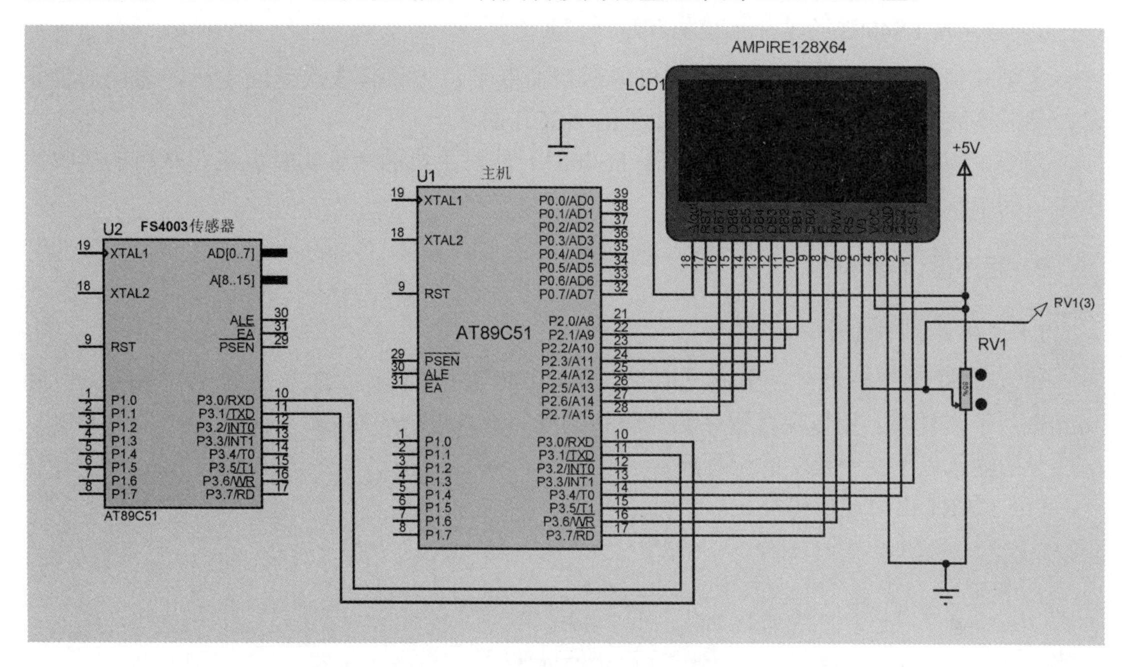

图 11-30　读取 FS4003 传感器瞬时流量值的仿真原理图

11.5.3　程序设计与仿真

1. 实现方法

由图 11-30 可见，仿真原理图的驱动程序包括两部分：（1）主机（单片机 U1）的驱动程序，主要完成传感器瞬时值的读取和流量的 LCD 显示；（2）传感器 FS4003（单片机 U2）的模拟程序，主要模拟主机命令的接收和流量瞬时值（8 个 ASCII 码）的发送。

1）主机驱动程序

主机驱动程序包括以下 3 个模块：

（1）UART 串口通信模块。用于实现与传感器 FS4003 的串口通信。由于 FS4003 的传输数据格式固定为 1 位，因此单片机的 UART 串口需设置为工作方式 3。

因为传感器的波特率固定为较高的值，即 38400 bit/s，所以单片机的工作频率需采用 22.1184 MHz（外围振荡电路的晶振频率选择为 22.1184 MHz）。定时器 T1 的计数初值可由式（11-6）计算：

$$\mathrm{TH1}=256-\frac{f_{\mathrm{osc}}\times(\mathrm{SMOD}+1)}{384\times\text{波特率}}\tag{11-6}$$

式中，f_{osc}为单片机工作频率，本实例选择 22.1184 MHz；SMOD 为电源控制寄存器的波特率选择位，本实例设置 SMOD=1。将波特率代入式（11-6），可得定时器 T1 的计数初值：

$$TH1 = 256 - \frac{22118400 \times (1+1)}{384 \times 38400} = 256 - 3 = 253 = 0xFD$$

（2）12864LCD 模块。本实例中 12864LCD 的驱动程序设计方法与实例 84 完全相同。

（3）主程序模块。实现串口和 LCD 的初始化并控制流量信息的读取和显示。

2）传感器 FS4003 的单片机模拟程序

主要模拟传感器 FS4003 接收主机的两个命令字，先将其依次返回主机，表明通信正常，然后连续向主机返回 8 个瞬时值流量的 ASCII 码。

需要说明的是，为使从机（传感器 FS4003）能对主机的命令实时反应，从机的接收应由串口的中断来控制。

2．程序设计与仿真

1）主机源程序设计

建立文件夹“ex85”，在该文件夹下建立其工程项目，并分别建立“source”和“outfile”子文件夹，用以保存程序源代码和生成的十六进制（*.hex）文件。

分别输入以下 3 个模块的源程序。

（1）UART 串口通信模块。

```
/**************************************************
模块名：uart.c
模块功能：实现与传感器 FS4003 的串口通信
************************************************/
sbit p=PSW^0;                //奇偶校验位
                             //流水灯控制码，该数组被定义为全局变量
/***************************************************
函数功能：向 PC 发送一字节数据
**************************************************/
void Send(unsigned char dat)
{
    ACC=dat;
    TB8=p;                   //将奇偶校验位的值写入 TB8，供接收方（RB8 位）校验用
    SBUF=dat;
    while(TI= =0)
        ;
    TI=0;
}
/***************************************************
函数功能：接收一字节数据
**************************************************/
unsigned char Receive(void)
{
```

```
    unsigned char dat;
    while(RI= =0)                          //只要接收中断标志位 RI 没有被置“1”
          ;                                //等待，直至接收完毕（RI=1）
    RI=0;                                  //为了接收下一帧数据，需将 RI 清零
      ACC=SBUF;                            //将接收缓冲器中的数据存于 dat
      if(RB8= =p)                          //只有奇偶校验成功才接收数据
       {
         dat=ACC;                          //将数据存入 dat
         return dat;                       //将接收的数据返回
       }
}
/*****************************************************
函数功能：串口初始化
说明：波特率为 38400bit/s，串口工作于方式 3，允许接收
*****************************************************/
void UART_Init(void)
{
    TMOD=0x20;                             //TMOD=0010 0000B，定时器 T1 工作于方式 2
    SCON=0xD0;                             //SCON=1101 0000B，串口工作于方式 3，允许接收
    PCON=0x80;                             //SDMOD=1，波特率加倍
    TH1=0xFD;
    TL1=0xFD;
    TR1=1;                                 //启动定时器 T1
}
```

将该模块驱动程序命名为“uart.c”，保存在“第 11 章\源程序\ex85\source”文件夹中。

（2）图形点阵 12864LCD 液晶驱动模块：与实例 84 完全相同。将该模块源程序命名为“12864.c”，保存在“第 11 章\源程序\ex85\source”文件夹中。

（3）主程序模块：命名为“main.c”，保存在“第 11 章\源程序\ex85\source”文件夹中。

```
/*************************************************
模块名：main.c
模块功能：实现串口和 LCD 的初始化并控制流量信息的读取和显示
*************************************************/
#include<reg51.h>                          //包含 51 单片机寄存器定义的头文件
#include<intrins.h>                        //包含_nop_()函数定义的头文件
#include"uart.c"                           //包含串口驱动
#include"12864.c"                          //包含 12864LCD 模块的驱动
/*****************************************************
函数功能：粗略延时
*****************************************************/
void delay_nus(unsigned int n)
{
```

```
    unsigned int i;
    for(i=0;i<n;i++)
          ;
}
/****************************************************
函数功能：粗略延迟 n 毫秒
****************************************************/
 void delay_nms(unsigned char n)
 {
     unsigned char i;
  for(i=0;i<n;i++)
   delay_nus(100);                              //约 1ms
     ;
 }
/****************************************************
函数功能：主函数
****************************************************/
void main(void)
{
    unsigned char j;
    unsigned char Rec1,Rec2;                    //存储 2 个传感器返回的读瞬时值命令
    unsigned char a[8];                         //存储 8 个流量瞬时值的 ASCII 码
    unsigned char d4,d5,d6,d7;                  //存储 8 个流量瞬时值的 ASCII 码中的后 4 个有效值
                                                //由于流量整数部分仅有 1 位数字，前 4 个 ASCII 码
                                                //为空格
     UART_Init();                               //串口通信初始化设置
     LCD_Init();                                //LCD 初始化设置
   while(1)
     {
       Send(0x9D);                              //发送读瞬时值命令的第 1 字节
       Rec1=Receive();                          //接收读瞬时值命令的第 1 字节
       delay_nms(5);
       Send(0x55);                              //发送读瞬时值命令的第 2 字节
       Rec2=Receive();                          //接收读瞬时值命令的第 2 字节
      if((Rec1= =0x9D)&&(Rec2= =0x55))          //通信正常，传感器正常
        {
           for(j=0;j<8;j++)                     //连续接收 8 个流量瞬时值的 ASCII 码
             {
                a[j]=Receive();
              }
            d4=a[4]%16;                         //将第 4 个 ASCII 码转换为对应的数字
                                                //例如，"1"的 ASCII 码为 0x31，对 16 求余数即得 1
            d5=a[5]%16;                         //将第 5 个 ASCII 码转换为对应的数字
```

```
            d6=a[6]%16;                     //将第 6 个 ASCII 码转换为对应的数字
            d7=a[7]%16;                     //将第 7 个 ASCII 码转换为对应的数字
        }
        else                                //通信异常或传感器异常
        {
            while(1);                       //系统进入死循环，不显示瞬时流量
        }
        gotoxy(3,40);                       //从第 3 页第 40 列开始显示点阵
        Display_English(pd[d4]);            //显示流量的整数位
        gotoxy(3,48);
        Display_English(dot);               //显示小数点
        Display_English(pd[d5]);            //显示流量的小数点后第一位数字
        Display_English(pd[d6]);            //显示流量的小数点后第二位数字
        Display_English(pd[d7]);            //显示流量的小数点后第三位数字
    }
}
```

2）FS4003 传感器模拟源程序设计

在文件夹“ex85”下建立“FS4003 模拟源程序”文件夹，并在该文件夹下建立其工程项目。

输入以下源程序：

```
/****************************************************
模块名：main.c
模块功能：模拟主机命令的接收和流量瞬时值（8 个 ASCII 码）的发送
************************************************/
#include<reg51.h>                           //包含 51 单片机寄存器定义的头文件
#include<intrins.h>
sbit p=PSW^0;                               //奇偶校验位
                                            //流水灯控制码，该数组被定义为全局变量
/****************************************************
函数功能：粗略延迟 n*8 微秒
****************************************************/
void delay_nus(unsigned int n)
{
    unsigned int i;
    for(i=0;i<n;i++)
        ;
}
/****************************************************
函数功能：延迟 n 毫秒
****************************************************/
void delay_nms(unsigned char n)
{
```

```
      unsigned char i;
       for(i=0;i<n;i++)
         delay_nus(100);                    //约 1 ms
    }
                                            //流水灯控制码，该数组被定义为全局变量
/*****************************************************
函数功能：向主机发送一字节数据
*****************************************************/
void Send(unsigned char dat)
{
    ACC=dat;
  TB8=p;
   SBUF=dat;
    while(TI= =0)
        ;
     TI=0;
}
/*****************************************************
函数功能：接收一字节数据
*****************************************************/
unsigned char Receive(void)
{
   unsigned char dat;
   while(RI= =0)                            //只要接收中断标志位 RI 没有被置“1”
         ;                                  //等待，直至接收完毕（RI=1）
    RI=0;                                   //为了接收下一帧数据，需将 RI 清零
      ACC=SBUF;                             //将接收缓冲器中的数据存入 dat
      if(RB8= =p)                           //只有奇偶校验成功才接收数据
       {
         dat=ACC;                           //将数据存入 dat
      return dat;                           //将接收的数据返回
       }
}
/*****************************************************
函数功能：主函数
*****************************************************/
void main(void)
{
    TMOD=0x20;                              //TMOD=0010 0000B，定时器 T1 工作于方式 2
    SCON=0xD0;                              //SCON=1101 0000B，串口工作于方式 3
                                            //允许接收
    PCON=0x80;                              //PCON=1000 0000B，波特率为 38400 bit/s
    TH1=0xFD;                               //根据规定给定时器 T1 赋初值
    TL1=0xFD;                               //根据规定给定时器 T1 赋初值
```

```
    TR1=1;                              //启动定时器T1
    EA=1;                               //开启总中断
    ES=1;                               //允许串口中断
   while(1)
       ;
}
/****************************************************
函数功能：串口中断服务函数
***************************************************/
void UART_Interrupt (void) interrupt 4 using 0
{
   unsigned char a[2];                  //存储两个主机发来的命令字
   if(RI= =1)                           //如果是接收中断
     {
         RI=0;
         a[0]=SBUF;                     //将第一个接收的命令字存入a[0]
      Send(a[0]);                       //返回主机，表示接收正常
      delay_nms(5);
     if(a[0]= =0x9D)                    //如果接收到触摸屏发出的起始信号标志
         {
              a[1]=Receive();
              Send(a[1]);
              if(a[1]= =0x55)           //仅模拟发送前8个ASCII码（模拟流量值"1.368L/min"）
               {
                  Send(' ');            //空格的ASCII码
                  Send(' ');            //空格的ASCII码
                  Send(' ');            //空格的ASCII码
                  Send(' ');            //空格的ASCII码
                  Send('1');            //1的ASCII码
                  Send('3');            //3的ASCII码
                  Send('6');            //6的ASCII码
                  Send('8');            //8的ASCII码
               }
         }
      }
}
```

3．用 Proteus 软件仿真

本实例源程序经 Keil 软件编译通过后，可使用 Proteus 软件进行仿真。将编译好的“master.hex”和“FS4003_RS232.hex”文件分别载入仿真原理图中的单片机 U1（主机）和 U2（FS4003 传感器）。启动仿真，即可看到如图 11-31 所示的仿真效果。

由于单片机 U2（FS4003）传感器收到命令字后，向主机返回的是模拟瞬时流量值“1.368”，其整数部分只有 1 位数字，因此发送的前 4 个 ASCII 码为空格（0x20）。上位机显

示与 U2 发送的相同，表明本实例的软/硬件设计正确。

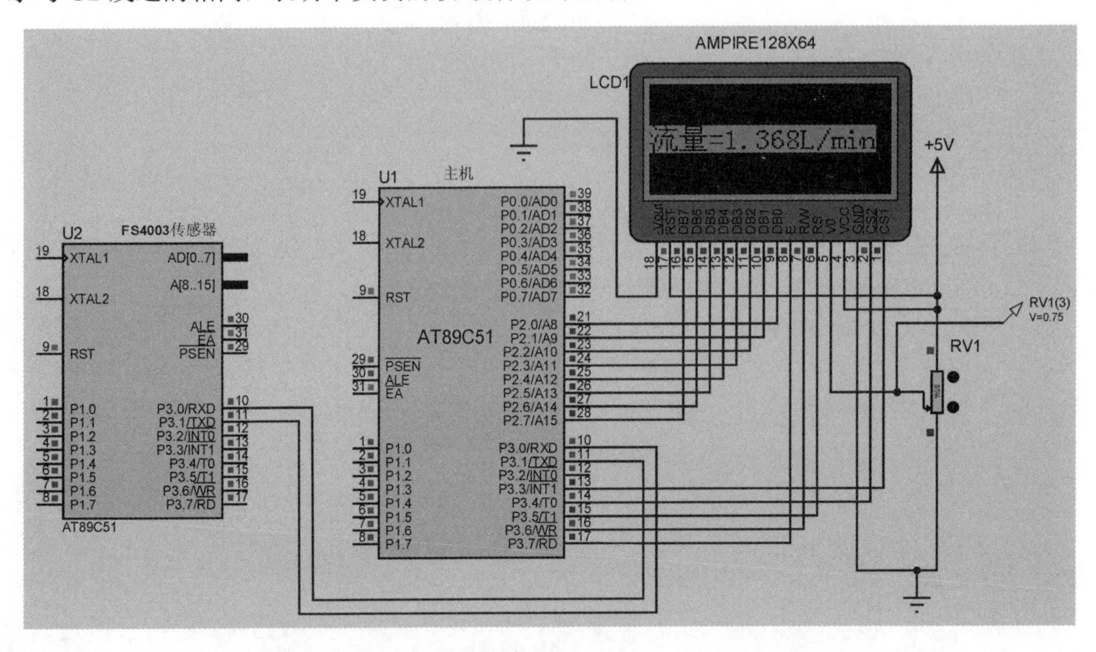

图 11-31　FS4003 流量传感器输出 RS-232 信号的仿真效果

11.6　实例 86：电流传感器应用举例

11.6.1　电流传感器的使用基础

电流传感器以电流输出来指示被测物理量的大小，常用的输出电流为 4～20 mA。这种传感器的使用非常方便，可认为是一种高阻电流源，在使用时没有电压传感器的长馈线电压损失和噪声干扰等问题，适合远距离测量或控制。通过在输出回路串入一个外加电阻，即可将电流信号转换为电压信号。

本实例介绍常用的二线制电流传感器的使用方法，其接口电路如图 11-32 所示。该类型传感器的引脚 1 为电源输入端，引脚 2 为电流输出端，输出与检测信号（压力、流量等）呈线性关系的 4～20 mA 电流信号在精密电阻 R（常用阻值为 100 Ω或 200 Ω）上可产生 0.4～2.0 V 的电压信号。随后，该电压信号经过后级的集成运放进行射极跟随，最终输出至 A/D 转换芯片进行采集。

下面以国产帅克传感仪器公司的 C23 型气体压力传感器为例，说明其使用方法。C23 型气体压力传感器供电电压为 18～30 V 直流电压，可测量气压范围为 0～20 MPa，对应输出电流为 4～20 mA，而且输出电流与气压之间呈线性关系。

某系统采用该传感器检测气体压力，量程定制为 0～30 kPa，传感器电源为+24 V DC。要求用 12 位 A/D 转换器 TLC2543 采集其输出电流转换后的模拟电压信号，并将采集结果用 12864LCD 显示。

若采用如图 11-32 所示的接口电路，则 C23 型气体压力传感器输出的模拟电流信号与气体压力的关系见表 11-3。

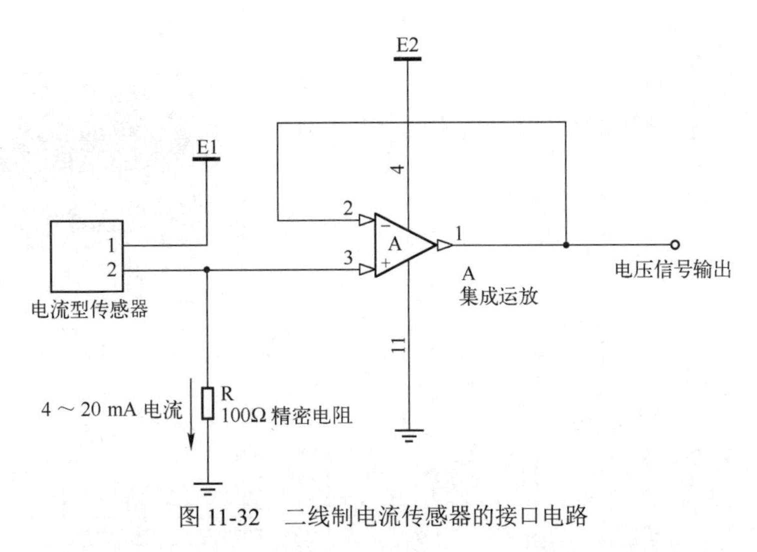

图 11-32　二线制电流传感器的接口电路

表 11-3　C23 型气体压力传感器输出的模拟电流信号与气体压力的关系

气体压力 p/kPa	输出模拟电流 I/mA	输出模拟电压 U/V
0	4	0.4
30	20	2.0

注：C23 型气体压力传感器输出的模拟电流信号与气体压力呈线性关系。

由表 11-3 可得转换后的输出模拟电压 U 与气体压力 p 的计算关系如下：

$$\frac{p-0}{U-0.4}=\frac{30-0}{2.0-0.4}$$

上式可变换为

$$p=18.75\times(U-0.4) \tag{11-7}$$

由于 TLC2543 为 12 位转换芯片，因此模拟电压 U 与对应的数字转换结果 D 的计算关系为

$$U=\frac{5\cdot D}{4095}$$

代入式（11-7），可得

$$p=18.75\times\left(\frac{D}{819}-0.4\right) \tag{11-8}$$

通过式（11-8）即可根据 TLC2543 的数字转换结果计算出压力 p。

11.6.2　仿真原理图设计

本实例采用的仿真电路原理图参见图 11-33。信号发生器 C23（模拟电流源）的设置如图 11-34 所示，输出模拟电流为 10 mA。该输出电流在 R1（阻值 100 Ω）的分压为 1.0 V，该电压信号经集成运放 LM2902 射极跟随后送入 TLC2543 的 AIN4 通道进行 A/D 转换。单片机读取转换结果后，由 12864LCD 显示出压力值。

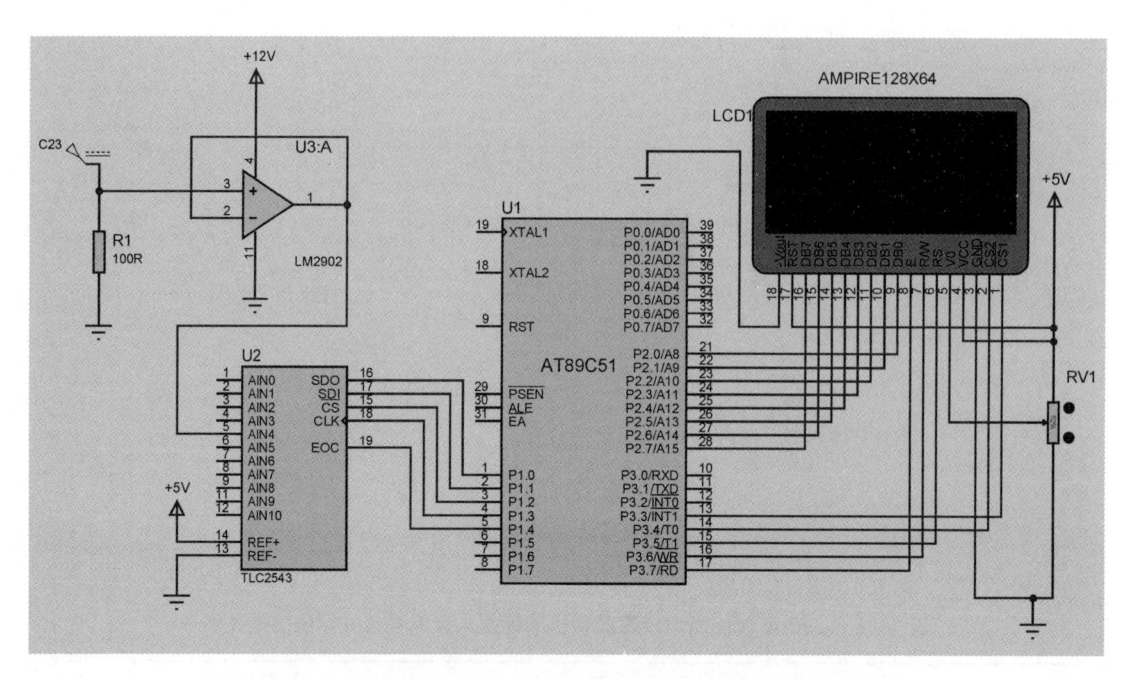

图 11-33　电流传感器的仿真电路原理图

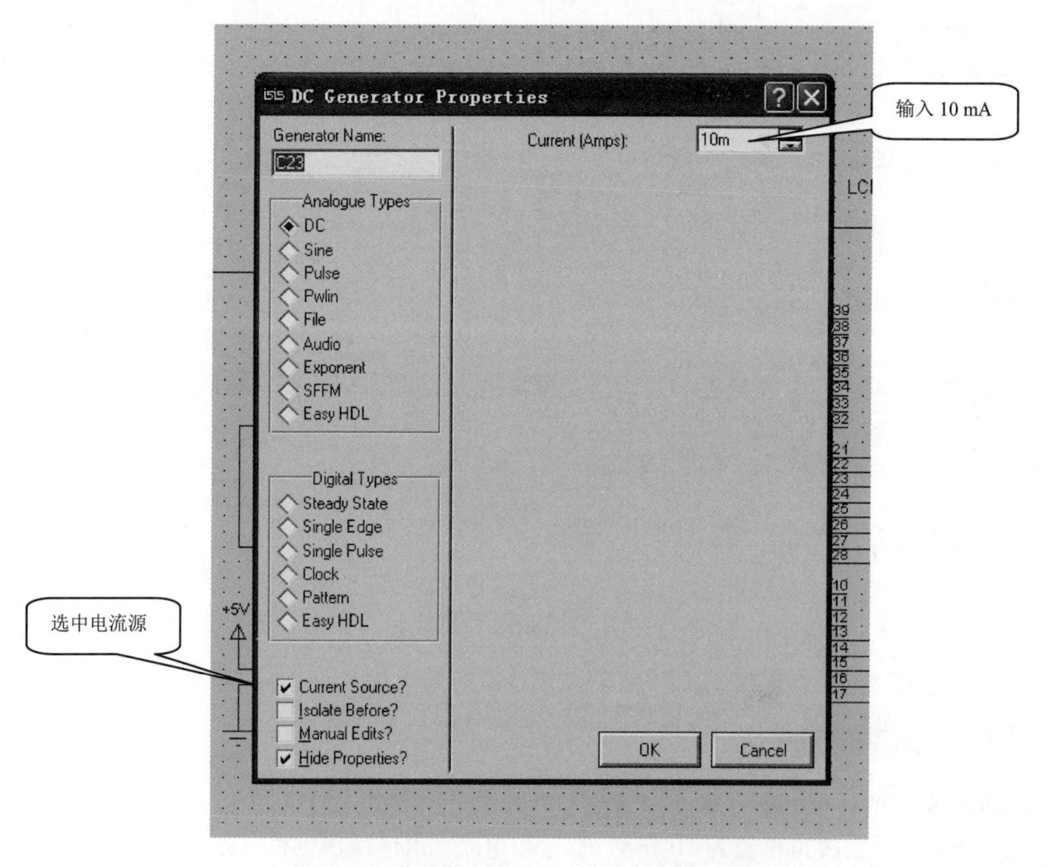

图 11-34　信号发生器 C23（模拟电流源）的设置

11.6.3 程序设计与仿真

1. 实现方法

本实例的程序实现方法与实例 84 基本相同，只需要修改一些字符的字模、显示位置及压力的计算公式等。

2. 程序设计

建立文件夹“ex86”，在该文件夹下建立其工程项目，并分别建立“source”和“outfile”子文件夹，用以保存程序源代码和生成的十六进制（*.hex）文件。

分别输入以下 3 个模块的源程序。

1）TLC2543 驱动模块

TLC2543 的驱动程序与实例 82 完全相同。将该模块驱动程序命名为“2543.c”，保存在“第 11 章\源程序\ex86\source”文件夹中。

2）图形点阵 12864LCD 驱动模块

本实例 12864LCD 的驱动程序设计方法与实例 84 基本相同，只是显示格式为“压力=11.25 kPa”。不仅显示中文字符，还显示英文字符（“=”和“kPa”），因此还需对各数字和英文字符取模：

```
/*以下是需显示字符的字模 */
unsigned char code ya[]=
{0x00,0x00,0xFE,0x02,0x42,0x42,0x42,0x42,0xFA,0x42,0x42,0x42,0x62,0x42,0x02,0x00,
0x20,0x18,0x27,0x20,0x20,0x20,0x20,0x20,0x3F,0x20,0x21,0x2E,0x24,0x20,0x20,0x00};
                                        //汉字“压”的 16*16 字模
unsigned char code li[]=
{0x00,0x10,0x10,0x10,0x10,0x10,0x10,0xFF,0x10,0x10,0x10,0x10,0x10,0xF0,0x00,0x00,
0x00,0x00,0x80,0x40,0x20,0x18,0x06,0x01,0x00,0x00,0x40,0x80,0x40,0x3F,0x00,0x00};
                                        //汉字“力”的 16*16 字模
unsigned char code k[]=
{0x08,0xF8,0x00,0x00,0x80,0x80,0x80,0x00,0x20,0x3F,0x24,0x02,0x2D,0x30,0x20,0x00};
                                        // “k”的 8×16 字模
unsigned char code p[]=
{0x08,0xF8,0x08,0x08,0x08,0x08,0xF0,0x00,0x20,0x3F,0x21,0x01,0x01,0x01,0x00,0x00};
                                        // “P”的 8×16 字模
unsigned char code a[]=
{0x00,0x00,0x80,0x80,0x80,0x80,0x00,0x00,0x00,0x19,0x24,0x22,0x22,0x22,0x3F,0x20};
                                        // “a”的 8×16 字模
```

由于压力的单位发生变化，需修改 LCD 初始化程序。

```
/***********************************************************************
函数功能：初始化 12864LCD
说明：清屏，指定流量的显示位置
***********************************************************************/
```

```
void LCD_Init(void)
{
    ClearLCD();                        //清屏
    gotoxy(3,0);                       //在第 3 页，0 列显示
    Display_Character(ya);             //显示汉字“压”
    Display_Character(li);             //显示汉字“力”
    Display_English(Equ);              //显示“=”
    gotoxy(3,80);
    Display_English(k);                //显示“k”
    Display_English(p);                //显示“P”
    Display_English(a);                //显示“a”
}
```

将该模块源程序命名为“12864.c”，保存在“第 11 章\源程序\ex86\source”文件夹中。

3）主程序模块

```
/*****************************************************
函数功能：主函数
*****************************************************/
void main(void)
{
    unsigned int N;                    //12 位 A/D 转换结果
    float P;                           //存储流压力
    LCD_Init();                        //LCD 初始化设置
    while(1)
    {
        N=A_D(4);                      //选择 TLC2543 的通道 4 进行 A/D 转换
        P=18.75*(N/819-0.4);           //计算压力
        gotoxy(3,48);                  //从第 3 页的第 48 列开始显示点阵
        DisplayResult(P);              //显示压力
    }
}
```

该模块命名为“main.c”，保存在“第 11 章\源程序\ex86\source”文件夹中。

3. 用 Proteus 软件仿真

经 Keil 软件编译通过后，可使用 Proteus 软件进行仿真。将编译好的“ex86.hex”文件载入仿真原理图中的单片机 AT89C51。启动仿真，即可看到如图 11-35 所示的仿真效果。仿真结果表明，当电流传感器输出的模拟电流为 10 mA 时，电压

$$U_o = 0.01 \times 100 = 1.0\ \text{V}$$

对应的压力

$$P = 18.75 \times (1.0 - 0.4) = 11.25\ \text{kPa}$$

压力的理论值与仿真值相等，表明本实例的软/硬件设计正确。

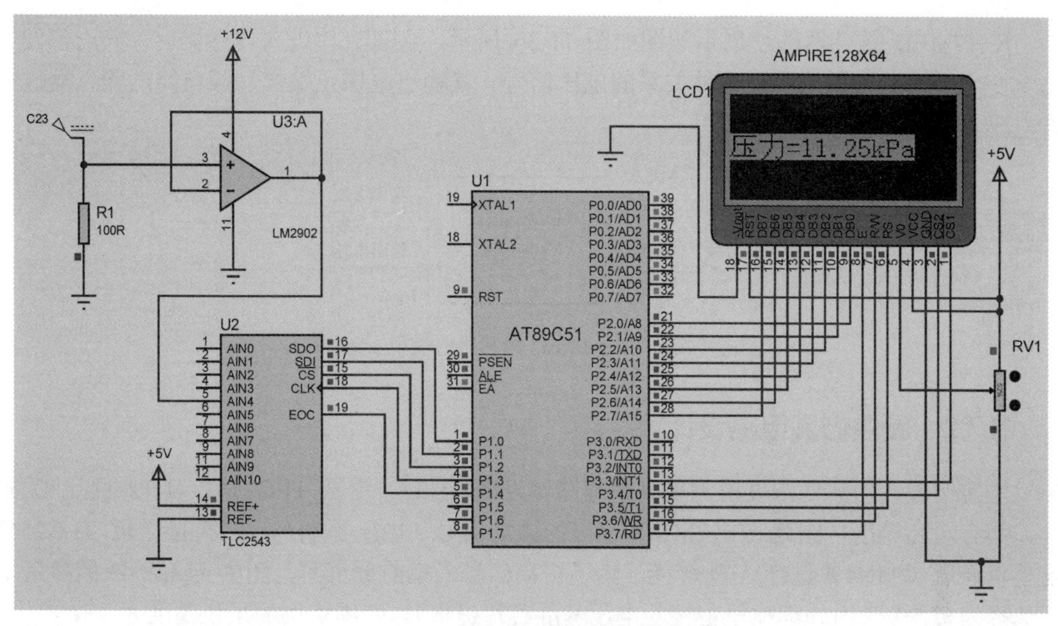

图 11-35　电流传感器信号采集的仿真效果

11.7　实例 87：基于化学传感器的氧浓度检测仪设计

在宇宙飞船、潜艇及工业环境的密闭空间中，氧气浓度的检测十分重要。氧气传感器可用于航天工程的宇航员生命保障系统中，监控飞船舱内的氧气含量，也可用于医疗、环境检测、煤矿、粮食储藏、冶金、制药、农药、化工等行业。本实例以美国 TELEDYNE 公司的 R−17MED 传感器为例，介绍氧浓度检测仪的设计方法。

11.7.1　R−17MED 传感器简介

R−17MED 传感器为化学传感器。所谓化学传感器，是指传感器在感知物理量的过程中会有化学反应发生。以液体电化学氧浓度传感器为例，该传感器包括扩散栅，由金或铂等贵金属制成的传感电极（阴极），由铅、锌等金属制成的工作电极（阳极），电解液（如糊状氢氧化钾或醋酸钾），另外还有外部湿度栅或过滤膜等。当氧气遇到传感器的阴极后，被还原为羟基，羟基离子在铅电极上被氧化后会出现电流，从而将氧浓度物理量转换为电信号。

R−17MED 传感器使用内置电池（出厂携带）供电，输出 7～54 mV 的微弱电压信号。该电压与环境中的氧气浓度呈线性关系。7 mV 和 54 mV 电压分别对应空气中氧气的浓度 21%和工业纯氧的浓度 99.8%，R−17MED 传感器输出信号与氧气浓度的关系见表 11-4。上述电压信号的量值可能由于不同的传感器而略有不同。

表 11-4　R−17MED 传感器输出信号与氧气浓度的关系

氧气浓度 w/（%）	输出电压 U_o/mV
21	7
99.8	54

注：该传感器的输出电压与氧气浓度呈线性关系。

R−17MED 传感器的使用示意图如图 11-36 所示。含氧气体进入传感器后，其内部发生化学变化，输出与氧浓度呈线性关系的电压信号。其输出电压正端接后级电路的输入端，输出电压负端与后级电路共地即可。

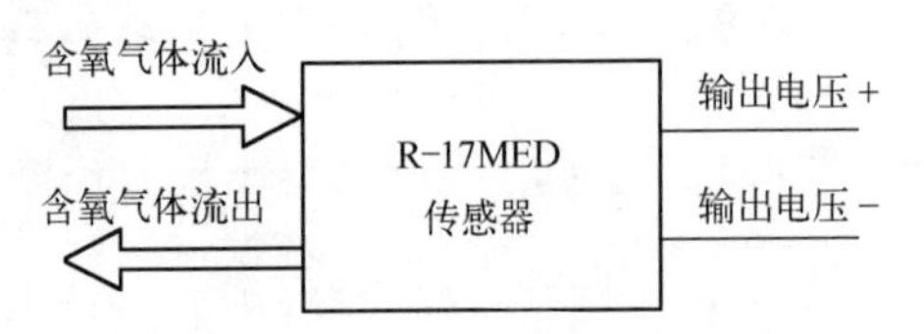

图 11-36　R−17MED 传感器的使用示意图

11.7.2　硬件仿真电路设计

本实例设计的氧气浓度检测仿真原理图参见图 11-37。由于 TLC2543 为 12 位 A/D 芯片，具有较高精度，因此 R−17MED 输出的微弱信号（电压正端）可以直接送至 TLC2543 的采集通道（AIN4）进行 A/D 转换。为了提高信号采集的分辨率，图中 TLC2543 的参考电压选择为+2.5 V（由外部高稳定性的电压基准芯片提供）。则本实例的采集精度为

$$\frac{2500\ \text{mV}}{2^{12}-1}=\frac{2500\ \text{mV}}{4095}\approx 0.61\ \text{mV}$$

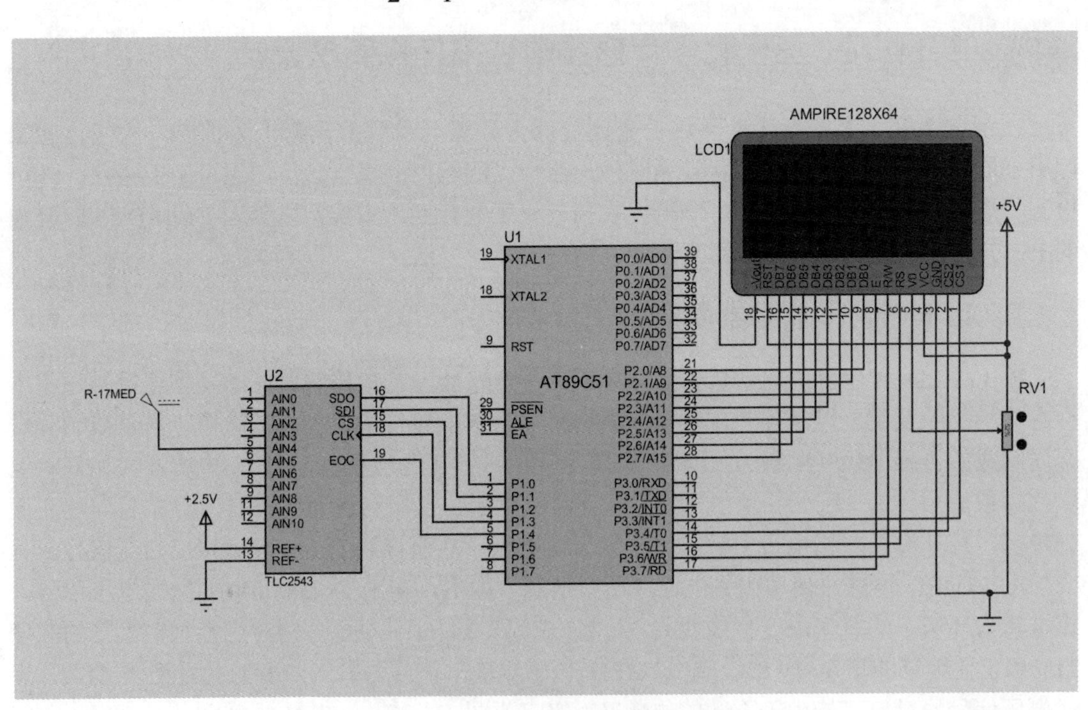

图 11-37　氧气浓度检测仿真原理图

根据表 11-4 给出的传感器标定条件可得出氧气浓度 w 与输出电压 U_o 之间的计算公式：

$$w=21.0+1.6766\times(U_o-7.0) \tag{11-9}$$

根据式（11-9），R−17MED 传感器输出信号每增加 0.61 mV，氧气浓度相应增加

$$\Delta w=1.6766\cdot\Delta U=1.6766\times 0.61=1.022\%$$

该检测精度可以满足多数场合的应用需要。输出电压U_o与 A/D 转换结果 D 存在如下关系：

$$\frac{U_o}{2500}=\frac{D}{4095} \tag{11-10}$$

将式（11-10）代入式（11-9）可得氧气浓度与 A/D 转换结果 D 的计算公式：

$$w=21.0+1.6766\times(0.6105\cdot D-7.0) \tag{11-11}$$

由此可根据 A/D 转换结果编程计算氧气浓度。

注意：如果将 R−17MED 传感器的输出信号采用集成运算放大器放大后再进行采集处理，会由于集成运放的非理想完全线性特性造成更大误差。

R−17MED 传感器输出电压信号的设置如图 11-38 所示。

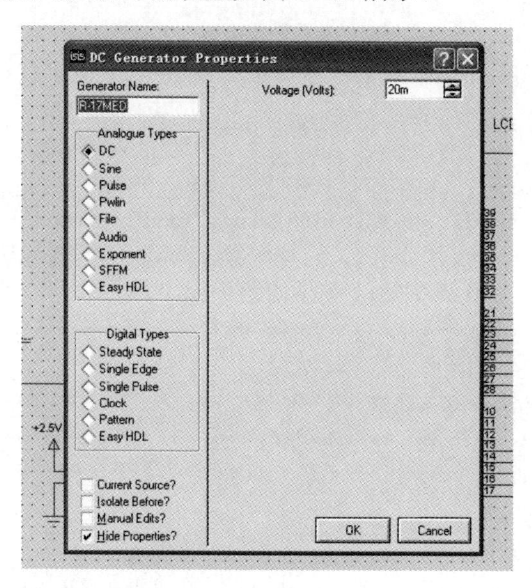

图 11-38　R−17MED 传感器输出电压信号的设置

11.7.3　程序设计与仿真

1．实现方法

本实例程序实现方法与实例 86 基本相同，仅需修改一些字符的字模、显示位置及压力的计算公式等。

2．程序设计

建立文件夹“ex87”，在该文件夹下建立其工程项目，并分别建立“source”和“outfile”子文件夹，用以保存程序源代码和生成的十六进制（*.hex）文件。

分别输入以下 3 个模块的源程序。

1）TLC2543 驱动模块

TLC2543 的驱动程序与实例 82 完全相同。将该模块驱动程序命名为“2543.c”，保存在

“第 11 章\源程序\ex87\source”文件夹中。

2）图形点阵 12864LCD 液晶驱动模块

本实例中 12864LCD 的驱动程序设计方法与实例 86 基本相同，只是显示格式为“浓度=43.04%”。不仅显示中文字符，还显示英文字符（“=”和“%”），因此还需对各数字和英文字符取模：

```
/*以下是需显示字符的字模 */
/*汉字的字模 */
unsigned char code nong[]=
{0x10,0x61,0x06,0xE0,0x00,0x38,0x88,0xE8,0x5C,0x8B,0x08,0x08,0x28,0x98,0x08,0x00,
0x04,0x04,0xFF,0x10,0x08,0x06,0x01,0xFF,0x40,0x21,0x06,0x19,0x21,0xC0,0x40,0x00};
                                                            //汉字“浓”的 16*16 字模
unsigned char code du[]=
{0x00,0x00,0xFC,0x04,0x24,0x24,0xFC,0xA5,0xA6,0xA4,0xFC,0x24,0x24,0x24,0x04,0x00,
0x80,0x60,0x1F,0x80,0x80,0x42,0x46,0x2A,0x12,0x12,0x2A,0x26,0x42,0xC0,0x40,0x00};
                                                            //汉字“度”的 16*16 字模
/*  % 的字模    */
unsigned char code per[]=
{0xF0,0x08,0xF0,0x00,0xE0,0x18,0x00,0x00,0x00,0x21,0x1C,0x03,0x1E,0x21,0x1E,0x00};
                                                            //“%”的 8×16 字模
```

由于浓度的单位发生变化，需修改液晶初始化程序。

```
/*****************************************************************************
函数功能：初始化 12864LCD
说明：清屏，指定浓度的显示位置
*****************************************************************************/
void LCD_Init(void)
{
    ClearLCD();                               //清屏
    gotoxy(3,0);                              //在第 3 页第 0 列显示
    Display_Character(nong);                  //显示汉字“浓”
    Display_Character(du);                    //显示汉字“度”
    Display_English(Equ);                     //显示“=”
    gotoxy(3,80);
    Display_English(per);                     //显示“%”
}
```

将该模块源程序命名为“12864.c”，保存在“第 11 章\源程序\ex87\source”文件夹中。

3）主程序模块

```
/*******************************************************
函数功能：主函数
*******************************************************/
 void main(void)
 {
    unsigned int N;                           //12 位 A/D 转换结果
    float W;                                  //存储浓度
    LCD_Init();                               //LCD 初始化设置
```

```
        while(1)
          {
            N=A_D(4);                          //选择 TLC2543 的通道 4 进行 A/D 转换
            W=21.0+1.6766*(N*0.6105-7.0);      //将转换结果依据式（11-11）换算为浓度
            gotoxy(3,48);                      //从第 3 页的第 48 列开始显示点阵
            DisplayResult(W);                  //显示浓度
          }
    }
```

主程序模块命名为“main.c”，保存在“第 11 章\源程序\ex87\source”文件夹中。

3．用 Proteus 软件仿真

经 Keil 软件编译通过后，可使用 Proteus 软件进行仿真。将编译好的“ex87.hex”文件载入仿真原理图中的单片机 AT89C51。启动仿真，即可看到如图 11-39 所示的仿真效果。仿真结果表明，当 R−17MED 传感器输出的电压为 20 mV 时，对应的氧气浓度由式（11-9）可得：

$$w = 21.0 + 1.6766 \times (20 - 7.0) = 42.80\%$$

实际仿真结果为 43.04%，仅存在少量误差，表明本实例的软/硬件设计正确。

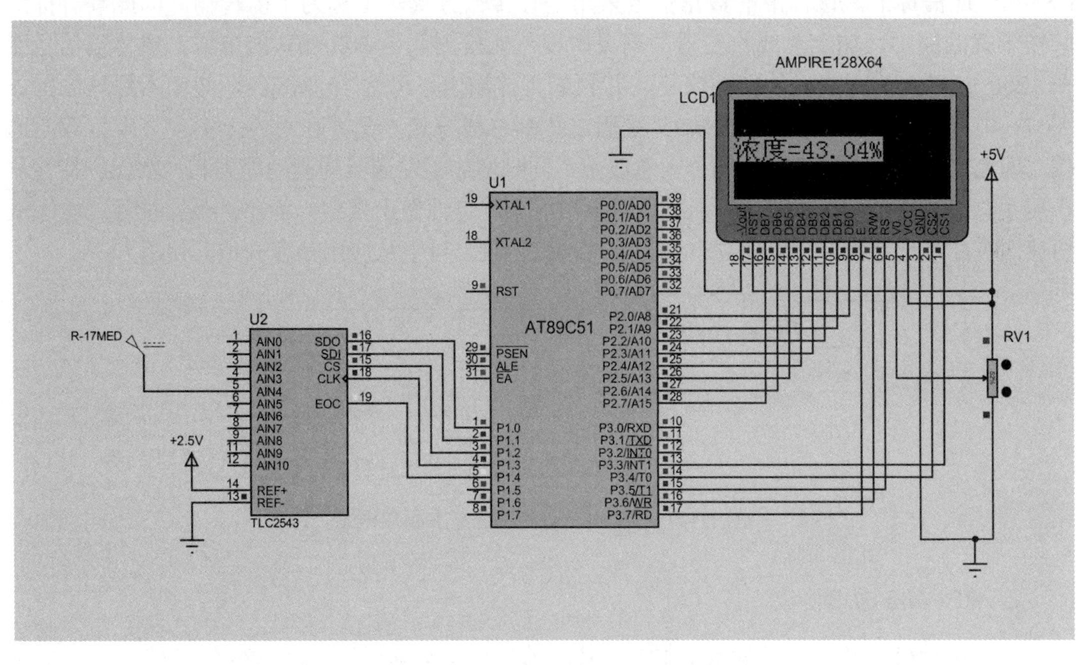

图 11-39　氧气浓度检测的仿真效果

11.8　实例 88：单片机向 RS−485 型传感器发送读取命令

单片机和传感器之间的近距离（一般为十几米以内）通信可采用传统的 RS−232 通信方式。若要进行远距离（1200 m 以上）通信，较好的方法之一就是采用 RS−485 通信方式。能够以 RS−485 通信方式进行通信的传感器称为 RS−485 型传感器。应用中，单片机在读

RS-485 传感器信号时，需先向其发出某种格式的读数据命令（如 0x23、0x31、0x32、0x0D）。本实例介绍单片机向 RS-485 型传感器发送数据的方法。

11.8.1 RS-485 通信简介

1. RS-485 通信的优点

尽管 RS-232 是计算机与通信工业中应用最广泛的一种串行接口，但由于其接口标准出现较早，应用中存在以下缺点。

（1）接口的信号电平值较高（逻辑“1”，-5～-15 V；逻辑“0”，+5～+15 V）。易损坏接口电路的芯片。又因与 TTL 电平（单片机电平）不兼容，故需使用电平转换电路方能与 TTL 电路连接。

（2）传输速率较低，在异步传输时，波特率为 20 kbit/s。

（3）接口使用一根信号线和一根信号返回线构成共地传输形式，这种共地传输容易产生共模干扰，所以抗噪声干扰性弱。

（4）采取不平衡传输方式，使得其传输距离只限于十几米以内。

为了针对 RS-232 通信距离短的缺点做出改进，电子工业协会（EIA）又制定并发布了 RS-485 通信标准，该标准的数据信号采用差分传输方式，也称为平衡传输。因此具有抑制共模干扰的能力。加上总线收发器的高灵敏度，能检测低至 200 mV 的电压，故传输信号能在 1200 m 以上的距离以外得到恢复，并且最大传输速率可达 10 Mbit/s，其基本原理框图如图 11-40 所示。由图可见，RS-485 采用二线制总线方式，允许在总线上实现多点、双向通信，即允许多个发送器连接到同一条总线上，同时增加了发送器的驱动能力和冲突保护特性，扩展了总线共模范围。RS-485 标准只对接口的电气特性做出规定，而不涉及接插件、电缆或协议。在此基础上用户可以建立自己的高层通信协议。以下从应用角度介绍其使用方法。

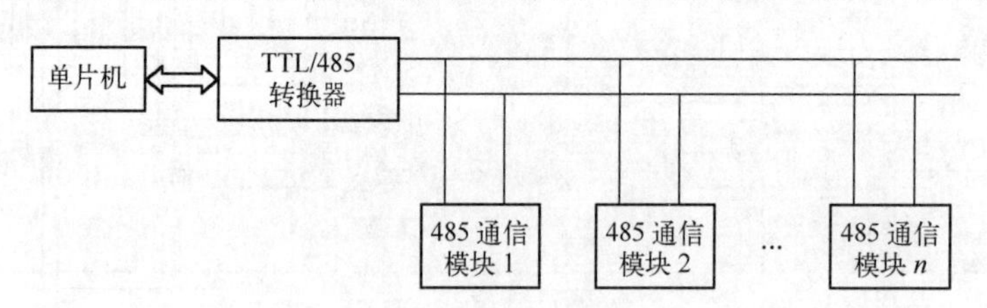

图 11-40　RS-485 通信系统基本原理框图

2. RS-485 通信协议

由于单片机不能直接发送 RS-485 信号，因此系统必须增设 TTL/485 转换模块，将 TTL 信号转换为 RS-485 信号，RS-485 传感器才能识别单片机的命令。使单片机与各个 RS-485 通信模块采用主从方式进行多机通信，每个从机（485 传感器）拥有自己确定的地址，由单片机控制 RS-485 总线上的每一次通信。开始时所有从机复位，处于监听状态，等待单片机的呼叫。当单片机向总线上发出某一从机的地址时，所有从机都接收到该地址并与自己的地址进行比较。如果不吻合，则不予应答，继续监听呼叫；如果吻合，表明单片机在呼叫自己，于是向单片机发回应答信号，表示已经准备好接收后面的命令和数据。所有未被呼叫的从机都暂时从总线上隔离，总线上只剩下单片机与被选中的那一台从机，按主从式双机的通信过程进行一次通信。通信完毕，从机继续处于监听状态，等待呼叫。

例如，当单片机欲读取地址为 AB（十进制数）的某 RS-485 传感器数据的主测量值时，需依次向总线发送如下 ASCII 码数据格式的命令：

```
#AB↲
```

其中，“#”为定界符，对应十六进制代码 0x23；“AB”（范围为 00～99）表示指定仪表或 RS-485 设备的二位十进制地址；“↲”（对应十六进制代码 0x0D）为结束符。每个命令必须以定界符开始，以结束符结束。

编程时采用十六进制数据发送命令比较方便，所以实际上常用表 11-5 中 ASCII 码对应的十六进制代码。例如，当单片机欲读取地址为 12 的某 RS-485 传感器数据的主测量值时，需依次向总线上发送的十六进制数据格式的命令为

```
0x23，0x31，0x32，0x0D
```

其中，0x23 和 0x0D 分别为定界符和结束符；0x31 和 0x32 分别为所读仪表十进制地址 12 对应 ASCII 码的十六进制代码。

表 11-5 RS-485 通信中使用的 ASCII 码表

十六进制数据	ASCII 码	十六进制数据	ASCII 码	十六进制数据	ASCII 码
20	空格	37	7	49	I
21	!	38	8	4A	J
22	"	39	9	4B	K
23	#	3A	:	4C	L
24	$	3B	;	4D	M
25	%	3C	<	4E	N
26	&	3D	=	4F	O
27	′	3E	>	50	P
2B	+	3F	?	51	Q
2D	-	40	@	52	R
2E	.	41	A	53	S
30	0	42	B	54	T
31	1	43	C	55	U
32	2	44	D	56	V
33	3	45	E	57	W
34	4	46	F	58	X
35	5	47	G	59	Y
36	6	48	H	5A	Z

11.8.2 TTL/RS-485 转换的仿真原理图设计

要进行单片机与 RS-485 传感器之间的通信，必须借助 TTL/RS-485 转换器，将单片机的 TTL 电平信号转换为 RS-485 信号。该功能可由专用芯片 MAX485 实现，该芯片是一款用于 RS-485 通信的低功耗总线收发器，具有±15 kV 静电放电；具有冲击保护和限摆率驱动特性，减小了电磁干扰和终端电缆反射，允许高达 250 kbit/s 速率的无差错数据传输，只需用+5 V 单电源电压供电即可正常工作。

TTL/RS−485 转换的仿真原理图参见图 11-41。图 11-41（a）是 TTL/RS−485 电平转换接口电路；图 11-41（b）是 RS−485 传感器模拟电路，主要模拟接收单片机发送来的数据并将其通过虚拟终端显示出来（需先将 RS−485 电平转换为 TTL 电平，再由虚拟终端显示）。

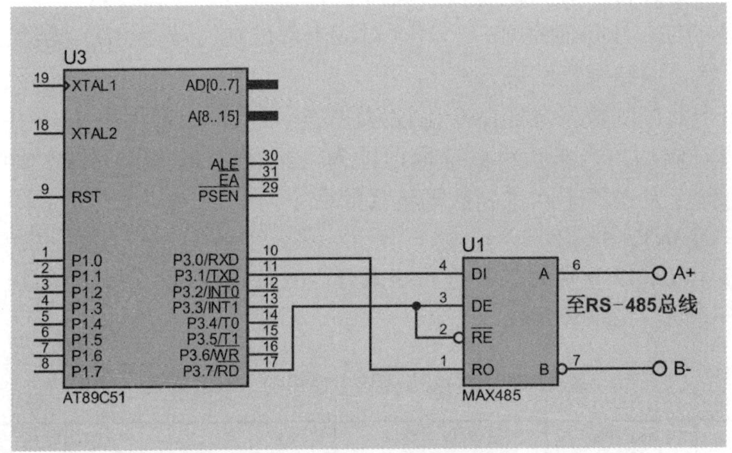

（a）TTL/RS−485 电平转换接口电路

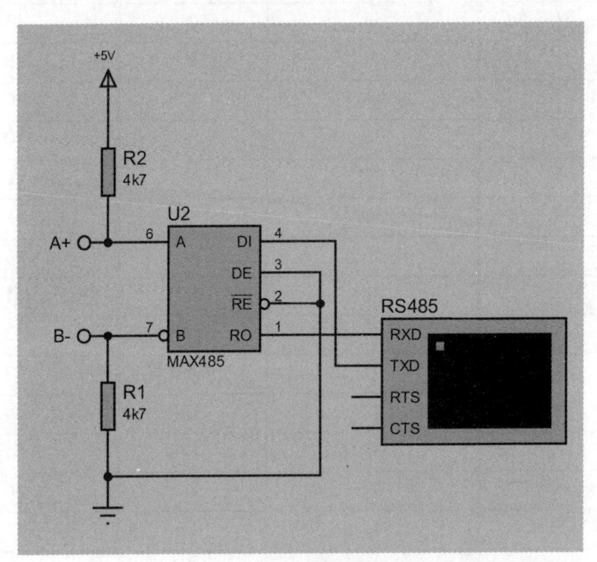

（b）RS−485 传感器模拟电路

图 11-41 TTL /RS−485 转换的仿真原理图

单片机（U3）在发送数据前先由引脚 P3.7 输出低电平，将 MAX485 的控制端 $\overline{RE}$、DE（引脚 2、3）下拉为低电平，则 MAX485 芯片的接收器输入使能。此时，数据输入端 DI 就可以接收单片机发来的数据，经内部转换后送至 RS−485 总线（发给 RS−485 型传感器）。

如果单片机要接收来自 RS−485 总线的数据，需由引脚 P3.7 输出高电平，将 MAX485 的控制端 $\overline{RE}$、DE（引脚 2、3）上拉为高电平，使 MAX485 的驱动器输出使能，数据输出端 RO（引脚 1）即可将来自 RS−485 总线的数据发送到单片机的串口接收端 RXD。

11.8.3 程序设计与仿真

1．实现方法

本实例的功能是由单片机串口向 RS-485 型传感器循环发送十六进制数据“0x23,0x31,0x32,0x0D”，因此程序设计应包括 3 个模块：（1）串口初始化；（2）MAX485 发送使能；（3）循环发送。其程序流程如图 11-42 所示。

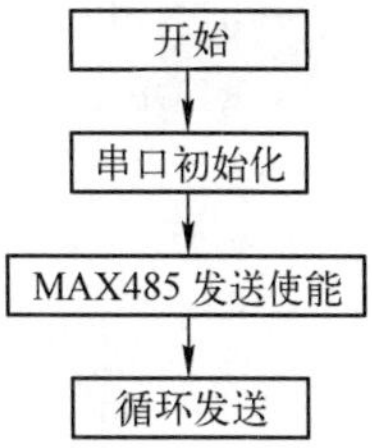

开始 → 串口初始化 → MAX485 发送使能 → 循环发送

图 11-42　程序流程

2．程序设计

首先建立文件夹“ex88”，在该文件夹下建立其工程项目，并分别建立“source”和“outfile”子文件夹，用以保存程序源代码和生成的十六进制（*.hex）文件。然后输入以下源程序：

```
//实例 88：单片机向 RS-485 传感器发送数据
#include<reg51.h>        //包含 51 单片机寄存器定义的头文件
sbit REDE=P3^7;          //位定义 MAX485 控制引脚
//延时
void delay(void)
{
  unsigned int i,j;
  for(i=0;i<200;i++)
    for(j=0;j<500;j++)
          ;
}
/*****************************************************
函数功能：串口发送一字节数据
*****************************************************/
void Send(unsigned char dat)
{
   SBUF=dat;
   while(TI==0)
       ;
   TI=0;
}
/*****************************************************
函数功能：主函数
*****************************************************/
void main(void)
{
   TMOD=0x20;        //定时器 T1 工作于方式 2
   SCON=0x50;        //SCON=0101 0000B，串口工作于方式 1，允许接收（REN=1）
   PCON=0x00;        //PCON=0000 0000B，波特率不加倍
```

```
        TH1=0xFD;           //波特率为 9600bit/s
        TR1=1;              //启动定时器 T1
        REN=1;              //允许接收
        REDE=1;             //使能发送
      while(1)
        {
          Send(0x23);
          Send(0x31);
          Send(0x32);
          Send(0x0D);
          delay();
        }
    }
```

该模块命名为“main.c”，保存在“第 11 章\源程序\ex88\source”文件夹中。

3. 用 Proteus 软件仿真

经 Keil 软件编译通过后，可使用 Proteus 软件进行仿真。将编译好的“ex88.hex”文件载入图 11-41（a）仿真原理图中的单片机 AT89C51。由于本实例程序将单片机的串口通信波特率设置为 9600bit/s，因此虚拟终端的串口通信波特率也需进行同样设置。在图 11-41（b）仿真原理图中的虚拟终端上单击鼠标右键，在弹出的菜单中选择“Edit Properties”（编辑属性）命令，接着在弹出的对话框中将波特率设置为 9600，如图 11-43 所示。

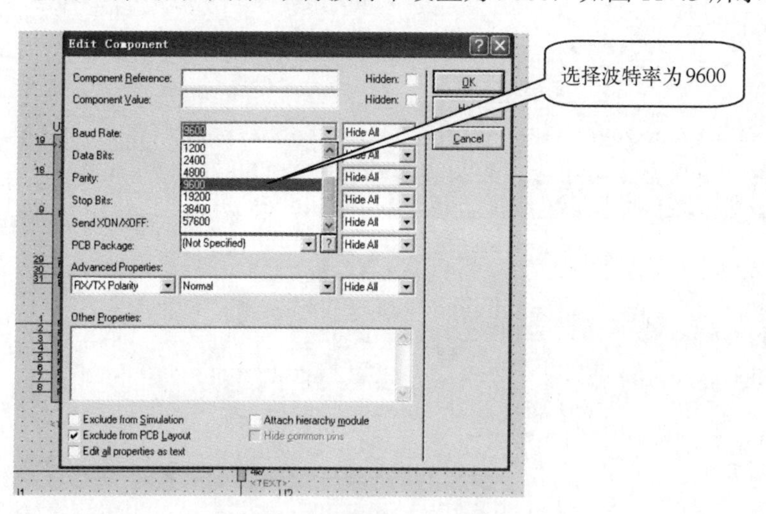

图 11-43　虚拟终端的波特率设置

启动仿真，单片机发送的数据经 MAX485 芯片 U1 转换后送到 RS-485 总线，芯片 U2 接收后（其控制端 $\overline{RE}$、DE 接地，使能接收），再转换 TTL 电平并送至虚拟终端显示。在系统弹出虚拟终端显示窗口后，在其屏幕上单击鼠标右键，选择“Hex Display Mode”命令，即出现如图 11-44 所示的仿真结果。如果不选择该项，屏幕显示的将是“0x23,0x31,0x32,0x2D”的 ASCII 码形式，即“#AB↵”，结果如图 11-45 所示。该命令格式是常用的读取 RS-485 型传感器命令。

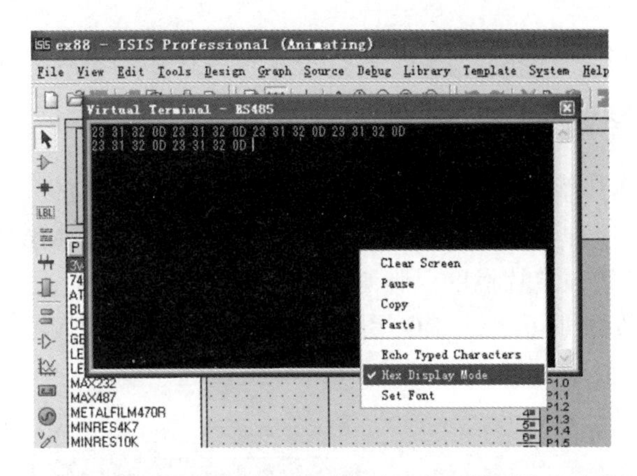

图 11-44　单片机向 RS-485 型传感器发送数据的仿真结果

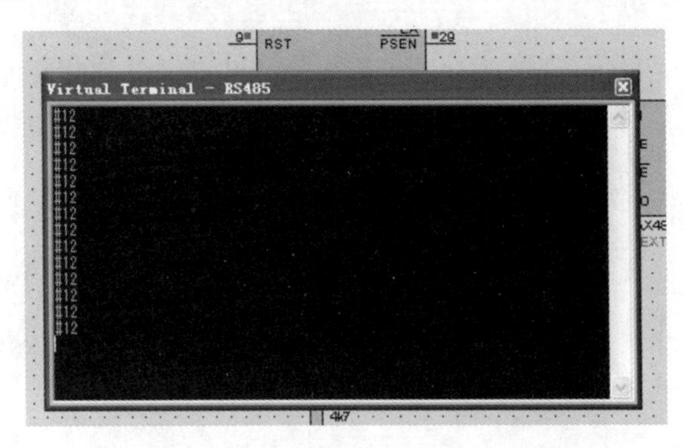

图 11-45　单片机发送数据的 ASCII 码显示

11.9　实例 89：单片机从 RS-485 型传感器接收数据

单片机向 RS-485 型传感器发出读取命令后，该传感器将向单片机返回某种格式的测量结果（如流量、压力等）。本实例介绍单片机接收 RS-485 型传感器数据的硬件电路及程序设计方法。

11.9.1　RS-485 型传感器返回数据的格式

当某地址的 RS-485 型传感器收到单片机发来的读取命令后，将通过总线向单片机返回一次主测量值，返回数据的格式如下：

```
=（data）↵
```

其中，“=”（对应十六进制代码 0x3D）为定界符；“data”为主测量值；“↵”为结束符。例如，某 RS-485 型传感器返回的主测量值如下（共 9 位 ASCII 码）：

```
=+123.4A↵
```

返回值“data”为“+123.4A”表明测量值为+123.4，“A”表示仪表的报警状态，一般采集时，可舍去不用。

但在采集时，RS-485 型传感器实际返回的是上述主测量值对应的一共 9 位十六进制代码：

```
0x3D，0x2B，0x31，0x32，0x33，0x2E，0x34，0x41，0x0D
```

将这9位十六进制代码采集进行相应处理后，即可在显示设备上显示为十进制数据。

11.9.2 仿真原理图设计

单片机接收 RS-485 型传感器数据的仿真原理图参见图 11-46。从虚拟终端输入的数据（模拟 RS-485 型传感器数据）送至芯片 U2 的驱动器输入端 DI（MAX485 芯片的引脚 4），转换后送至 RS-485 总线。单片机的引脚 P1.0 输出低电平，使能了 MAX485 芯片 U1 的接收功能，则其接收的数据即可通过 RO 引脚送至单片机的串口接收端 RXD。单片机接收后，再通过 12864LCD 显示出来。

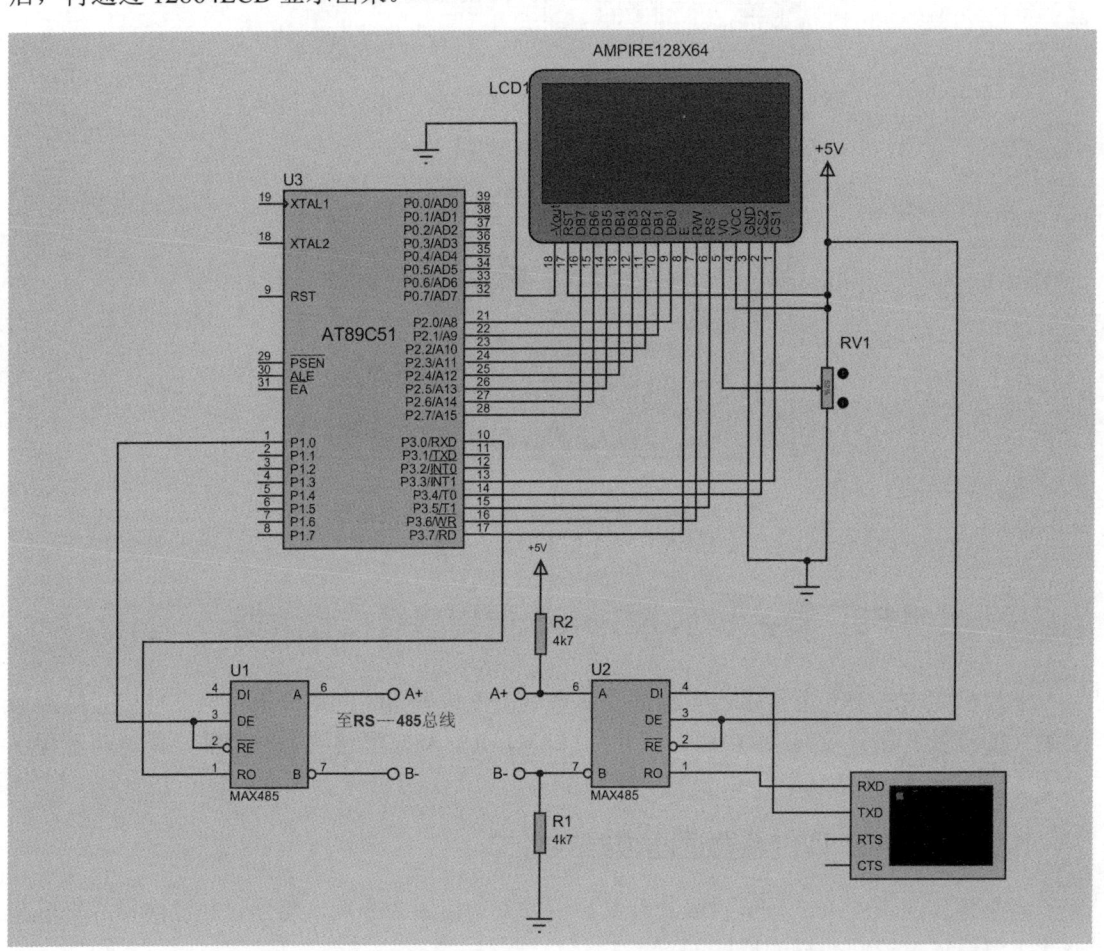

图 11-46　单片机接收 RS-485 型传感器数据的仿真原理图

11.9.3 程序设计与仿真

1．实现方法

本实例源程序分以下3个模块。

1）串口中断服务程序

为保证接收数据的实时性，以中断方式接收 RS-485 型传感器发来的数据。

2）图形点阵 12864LCD 驱动模块

显示数据。

3）主程序模块

系统上电后，先对串口和中断方式进行设置，再对LCD 进行初始化，然后进入无限循环并等待串口接收中断的到来。如果接收中断到来，则把接收的数据送入12864LCD 显示。主程序流程如图 11-47 所示。

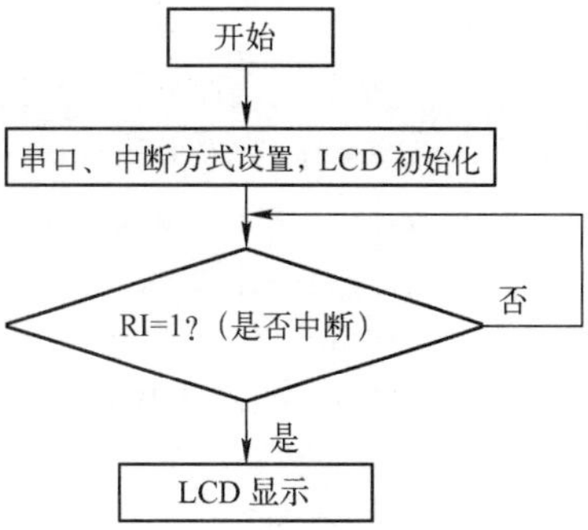

图 11-47　主程序流程

2．程序设计

建立文件夹“ex89”，在该文件夹下建立其工程项目，并分别建立“source”和“outfile”子文件夹，用以保存程序源代码和生成的十六进制（*.hex）文件。

分别输入以下两个模块的源程序。

1）图形点阵 12864LCD 驱动模块

本实例中 12864LCD 驱动程序的设计方法与实例 84 相同。将该模块源程序命名为“12864.c”，保存在“第 11 章\源程序\ex89\source”文件夹。

2）主程序及串口中断模块

本实例主程序及串口中断服务程序的源代码如下：

```
/*******************************************************
函数功能：主函数
*******************************************************/
//实例 89：单片机接收 RS-485 总线数据
#include<reg51.h>        //包含 51 单片机寄存器定义的头文件
#include<intrins.h>      //包含_nop_()函数定义的头文件
#include"12864.c"        //包含 12864LCD 模块的驱动
sbit REDE=P1^0;          //位定义 MAX485 接收、发送功能控制端
/*******************************************************
函数功能：主函数
*******************************************************/
 void main(void)
 {
  TMOD=0x20;             //定时器 T1 工作于方式 2
   SCON=0x50;            //SCON=0101 0000B，串口工作于方式 1，允许接收（REN=1）
   PCON=0x00;            //PCON=0000 0000B，波特率不加倍
   TH1=0xFD;             //波特率为 9600 bit/s
   TR1=1;                //启动定时器 T1
   REN=1;                //允许接收
   EA=1;                 //开启总中断
   ES=1;                 //串口中断允许
   LCD_Init();           //LCD 初始化设置
   REDE=0;               //使能接收
```

```
        while(1)
            ;
    }
    /*****************************************************
    函数功能：串口中断服务函数
    说明：接收主机发送来的读485数据命令，并将该命令送至485转换器
    ***************************************************/
    void Uart_Serve(void) interrupt 4 using 0
    {
        if(RI==1)
        {
        RI=0;                          //清零接收中断标志
        DisplayResult(SBUF)  ;  //将接收到的数据送至12864LCD显示
       }
    }
```

该模块命名为“main.c”，保存在“第11章\源程序\ex89\source”文件夹。

3．用Proteus软件仿真

经Keil软件编译通过后，可使用Proteus软件进行仿真。将编译好的“ex89.hex”文件载入仿真原理图中的单片机AT89C51。启动仿真，在弹出的虚拟中断屏幕单击鼠标右键，在弹出的菜单上先选择“Echo Typed Characters”（对输入的符号回应）命令，再选择“Hex Display Mode”（十六进制显示模式）命令，如图11-48所示。在屏幕上输入字符“1”（虚拟终端屏幕上显示的是其十六进制代码“0x31”），则虚拟中断将该字符发送到芯片U2的DI端，经转换后送至RS-485总线。芯片U1接收后，再经RO引脚送至单片机串口的RXD端。串口中断服务函数对其接收后送至12864LCD显示。显示结果为$3\times16+1=49$，仿真效果如图11-49所示。

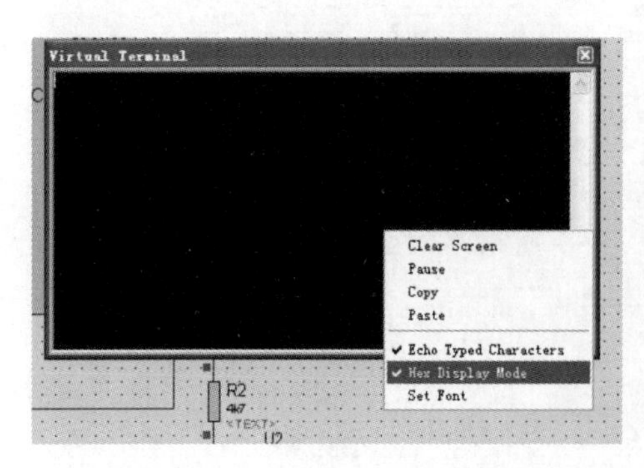

图11-48　虚拟中断显示设置

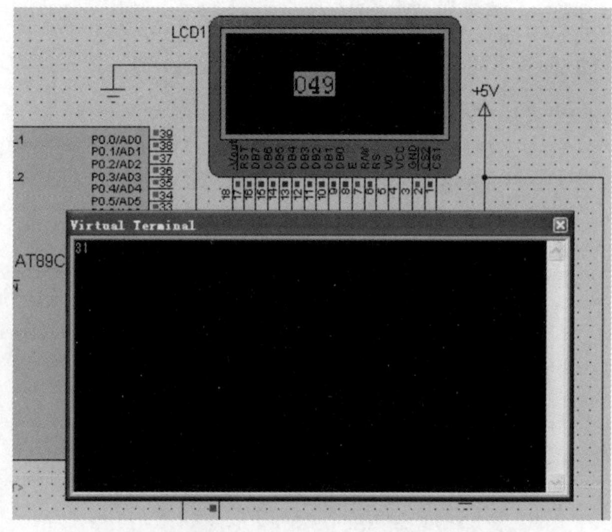

图11-49　单片机接收RS-485型传感器数据的仿真效果

11.10 实例 90：用 VB 实现单片机和计算机的串行通信

11.10.1 开发背景

在数据处理和过程控制领域，通常需要由一台计算机来监视一台或若干台以单片机为核心的智能测量仪表，从而掌握相关设备的运行情况。这就需要将单片机的实时检测参数通过一定的通信方式将数据发送到计算机上，并将检测结果用图形或数据的方式在友好的 Windows 环境下显示出来。因此，如何在 Windows 环境下开发单片机和计算机的通信技术，已成为当今工业控制软件的一大热点。

目前，市场上已经有各种功能齐全的 Windows 开发软件，如 Visual Basic、VisualC++和 Delphi 等。这为高质量应用软件的开发创造了良好基础，尤其是 Visual Basic 6.0，简单易学，初学者只要掌握几个关键词就可以在很短时间内开发出一个令人满意的应用程序。本节介绍如何利用 Visual Basic 6.0 软件实现单片机与计算机的串行通信。

11.10.2 开发要求

本实例设计了一个简单数据采集系统，其运行界面如图 11-50 所示。该系统的基本功能是采集单片机发送的数据，并分别用图形和文本框显示出来。

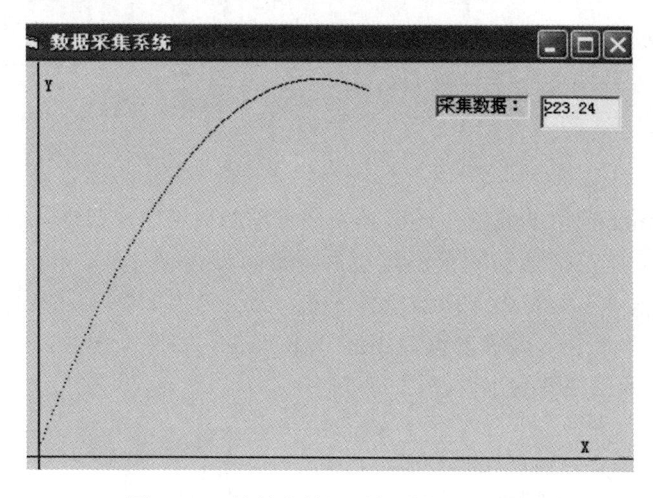

图 11-50 简单的数据采集系统运行界面

11.10.3 Visual Basic 6.0 简介

Visual Basic 6.0 不但保留了原先 Basic 语言的全部功能，而且还增加了面向对象进行程序设计的功能。它可以方便、快捷地编制适用于数据处理、多媒体等方面的程序，给用户提供了开发 Windows 应用程序最迅速、最简捷的方法，并且还提供了一整套工具，为在 Windows 环境下开发软件带来了极大方便。

在 Visual Basic 6.0 中有一个名为 Microsoft Communication Control（简称 MSComm）的通信控件。只要在应用程序中嵌入 MSComm 控件，并对其属性进行相应的设置，即可轻松实现单片机和计算机之间的串行通信。

11.10.4 添加 MSComm 控件与基本属性设置

1. 添加 MSComm 控件

安装并启动 Visual Basic 6.0，执行菜单命令“工程”→“部件”，打开“部件”对话框，如图 11-51 所示。该对话框列出了一些功能强大的控件。本实例要用的是“Microsoft Comm Control 6.0”（MSComm 控件），将其选中，单击“确定”按钮，即可将其添加到屏幕左侧的工具箱中，如图 11-52 所示。图中新出现的电话图标就是 MSComm 控件。

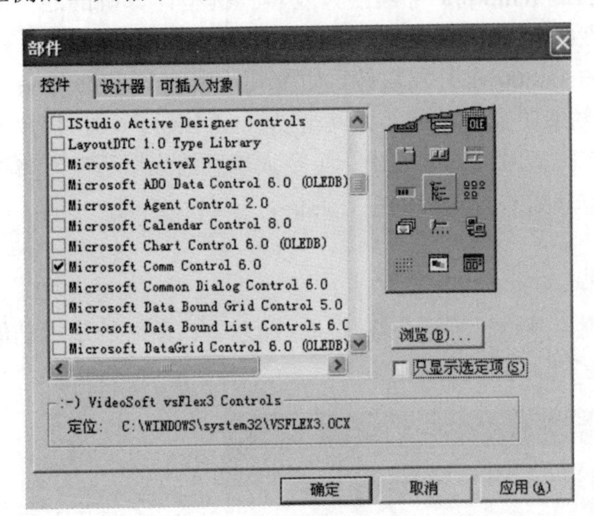

图 11-51 “部件”对话框

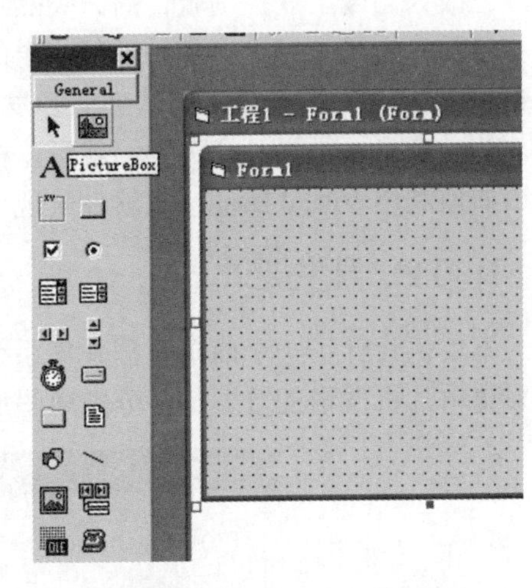

图 11-52 MSComm 控件的添加

要设置 MSComm 控件的属性，还必须先把它添加到当前窗口中。只要单击该控件，在窗口“Form1”中按住左键拖动一个小区域后释放，即可把 MSComm 控件添加到当前窗口。此时，只要用鼠标右键单击窗口的任意区域，就会弹出如图 11-53 所示的快捷菜单，从中选择“属性窗口”命令，再单击窗口中的 MSComm 控件（图 11-53 中的电话图标），MSComm 控件的全部属性就会出现在图 11-54 中。

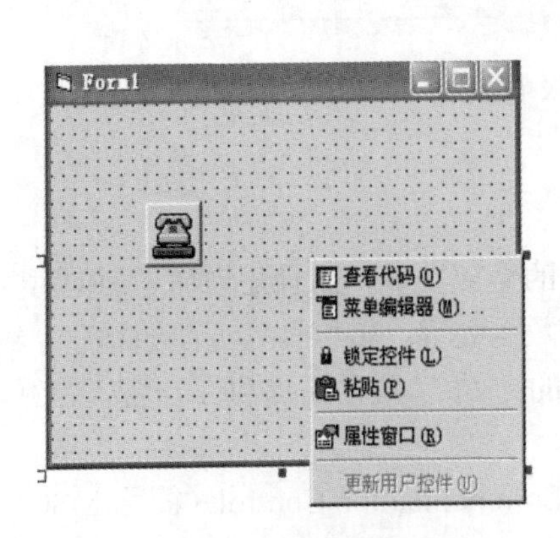

图 11-53 选择属性窗口的菜单

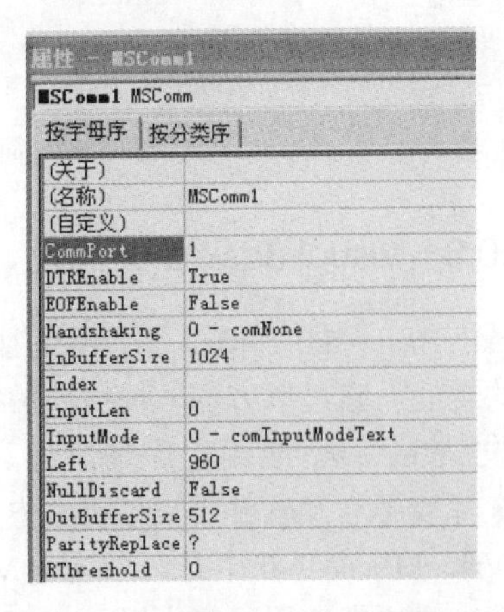

图 11-54 MSComm 控件的全部属性

2. MSComm 控件的属性及其设置

MSComm 控件有很多属性，要实现单片机和计算机间的通信就必须设置这些属性。例如，将 MSComm 控件的“CommPort”属性设置为 1，就是要通过 Com1 口进行串口通信。而通过查询 MSComm 控件的“CommEvent”属性值就可以确定通信的状态。例如，如果查询到的“CommEvent”属性值等于 2（comEvReceive），则表明计算机正在接收来自单片机的信息；如果该值等于 1（comEvSend），则表明计算机正在向单片机发送信息。以下仅介绍常用的 MSComm 控件属性。

- CommPort：设置通信所占用的串口号。如果设置成 1（默认值），表示对 Com1 进行操作。
- Setting：设置串口通信的相关参数，包括串口通信的波特率、奇偶校验、数据位长度、停止位等。其默认值 是“9600，n，8，1”，表示串口通信时的波特率是 9600 bit/s，不做奇偶校验，8 位数据位，1 个停止位。
- Portopen：设置串口状态，值为 True 时，打开串口；值为 False 时，关闭串口。
- Input：从输入寄存器读取数据，返回值为从串口读取的数据内容，同时输入寄存器将被清空。
- Ouput：发送数据到输出寄存器。
- InBufferCount：设置输入寄存器所存储的字符数，当其值设为 0 时，输入寄存器将被清空。
- InputMode：设置从输入寄存器中读取数据的形式。若值为 0，则表示以文本形式读取；若值为 1，则表示以二进制形式读取。
- OutBufferCount：设置输出寄存器所存储的字符数，当其值设为 0 时，输出寄存器将被清空。
- RThreshold：设置产生“OnComm”事件之前要接收的字符数。例如，设置“RThreshold”为“1”，表示接收缓冲区收到每一个字符都会使 MSComm 控件产生“OnComm”事件。
- CommEvent：返回最近的通信事件或错误。通过对具体属性值的查询，即可获得通信事件和通信错误的完整信息。例如，当属性值是 comEvReceive 时，表示接收到数据。

11.10.5 Visual Basic 6.0 实现串行通信的过程

下面介绍用 Visual Basic 6.0 在 Windows 下实现串行通信的具体过程。

1. 接口设计

RS-232 是使用最早、应用最多的一种串行异步通信总线标准，适用于通信距离不大于 15 m，传输速率最大为 20 kbit/s 的通信场合。该接口是在 TTL 电路之前研制的，它用-3～-25 V 表示逻辑 1，使用 3～25 V 表示逻辑 0，和单片机信号电平不一致。因此，在将单片机和计算机通过 RS-232 接口进行通信前，必须进行电平转换，这个转换可以采用专用集成电路 MAX232 完成。图 11-55 是单片机通过 MAX232 与计算机通信的接口电路原理图，这是最简单、实用的经济型连接。

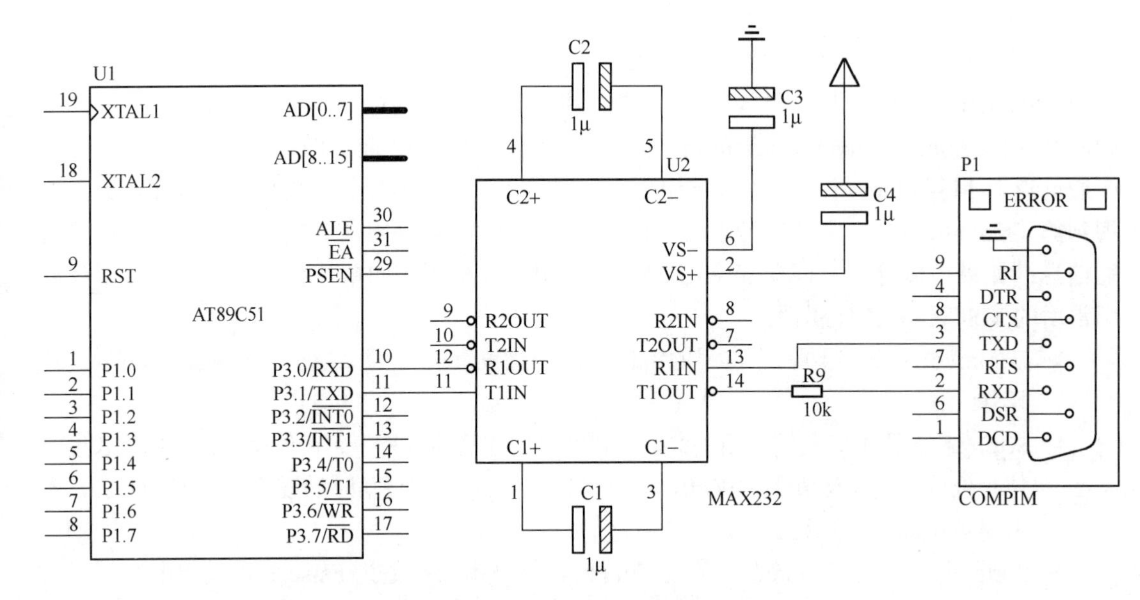

图 11-55　单片机与计算机通信的接口电路原理图

2．通信协议

本实例采用单片机的串行通信接口工作方式 1 向计算机发送一系列数据，每帧数据 10 位（1 个起始位、8 个数据位和 1 个停止位），无奇偶校验位，采用标准波特率 9600 bit/s，单片机晶振频率 11.0592 MHz。输入数据为二进制数。

3．单片机的数据发送程序

首先建立文件夹“ex90”，然后建立其工程项目，最后建立源程序文件“ex90.c”。输入以下源程序：

```
//实例 90：单片机数据发送程序
#include<reg51.h>              //包含 51 单片机寄存器定义的头文件
/*****************************************************
函数功能：向计算机发送一字节数据
*****************************************************/
void Send(unsigned char dat)
{
   SBUF=dat;                   //先将要发送的数据存入发送缓冲器
   while(TI= =0)               //如果数据没有发送结束（TI 没有置“1”），就等待
      ;
    TI=0;                      //用软件将 TI 清零
}
/*****************************************************
函数功能：延迟 1 ms
(3j+2)i=(3×33+2)×10=1010(μs)，近似为 1 ms
*****************************************************/
void delay1ms()
```

```
{
   unsigned char i, j;
  for(i=0; i<10; i++)
   for(j=0; j<33; j++)
      ;
 }
/*****************************************************
函数功能：延迟若干毫秒
*****************************************************/
void delaynms(unsigned char x)
{
 unsigned char i;
  for(i=0; i<x; i++)
     delay1ms();
}
/*****************************************************
函数功能：主函数
*****************************************************/
void main(void)
{
   unsigned char i;
   TMOD=0x20;                    //定时器 T1 工作于方式 2
   TH1=0xfd;                     //根据规定给定时器 T1 高 8 位赋初值
   TL1=0xfd;                     //根据规定给定时器 T1 低 8 位赋初值
   PCON=0x00;                    //波特率为 9600 bit/s
   TR1=1;                        //启动定时器 T1
   SCON=0x40;                    //串口工作于方式 1
  while(1)
   {
   for(i=0; i<200; i++)          //向计算机发送的数据范围为“0～199”
       {
           Send(i);              //发送数据
            delaynms(100);       //延迟 100 ms，即每 100 ms 发送一次数据
         }
   }
}
```

4．Visual Basic 6.0 的接收程序设计

1）启动与保存

启动 Visual Basic 6.0，当进入系统界面以后，单击工具栏中的“保存”按钮，先指定保存路径，再新建一个“SeriComm”文件夹，将当前文件保存为“SeriComm.frm”（后缀为默认），此时系统还会继续要求保存当前工程名，仍将其保存为“SeriComm.vbp”（后缀为默认）。系统还会提示是否设置密码，单击“No”按钮即可。

2）将窗口的标题名改为“数据采集系统”

在当前窗口“Form1”上的任意区域鼠标单击右键，从弹出的快捷菜单中选择“属性窗口”命令，则弹出窗口“Form1”的属性窗口。找到“Caption”属性，在其右侧方格内输入“数据采集系统”，如图 11-56 所示，在任意地方单击鼠标左键，则窗口名立即被改为“数据采集系统”。

3）添加控件并设置属性

本实例需要从如图 11-57 所示的工具箱中选择并添加的控件有一个标签（Label）控件、一个文本（Text）控件和一个通信（MSComm）控件。

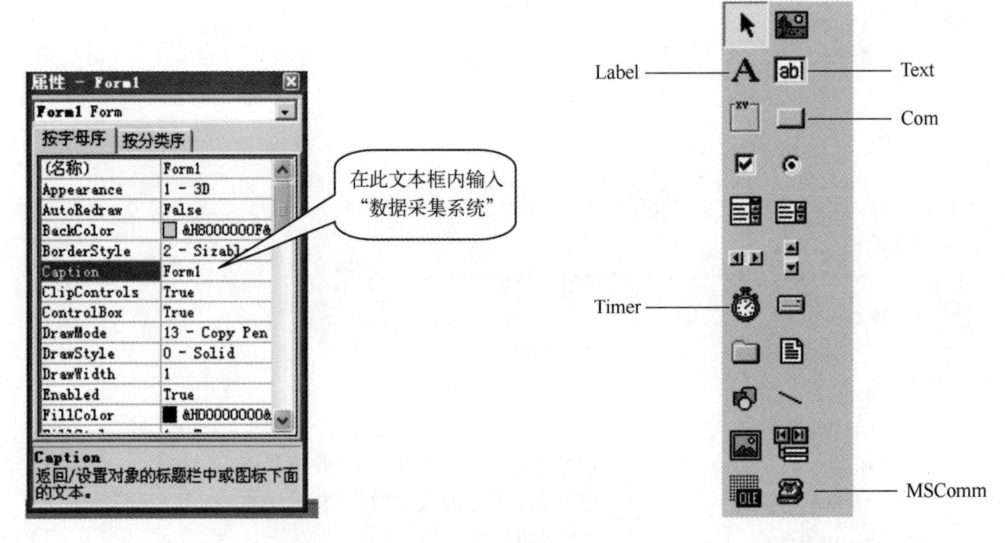

图 11-56　修改窗口标题　　　　图 11-57　工具箱中的常用控件

各控件在窗体中大致的添加位置如图 11-58 所示。各控件添加完毕后，即可设置各对象的属性。首先单击相应控件，再通过“属性”对话框按表 11-6 所示设置各对象的属性。

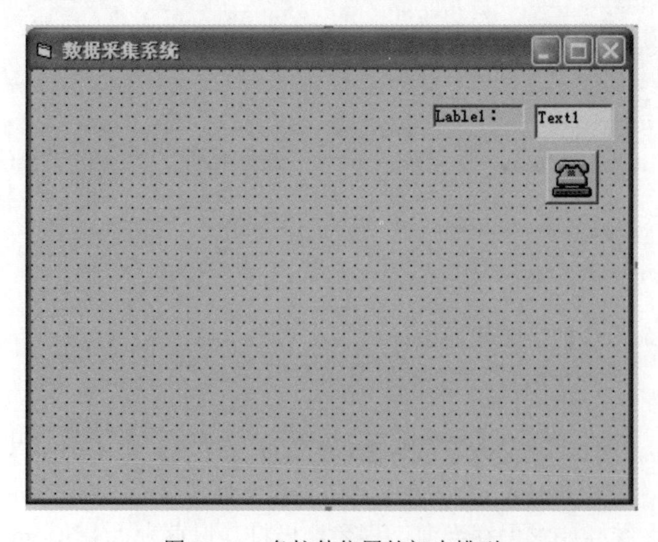

图 11-58　各控件位置的初步排列

表 11-6 各对象的主要属性设置

控　件	属 性 值	属 性 值	属 性 值
文本框 1	Name（Text1）	Text（“”）	Alignment（1）
标签 1	Name（Label1）	Caption（“采集数据：”）	Alignment（1）
MSComm	Name（MSComm1）	Comport（“1”）	InputMode（1）

4）编写相关事件源程序代码

（1）初始化设置。

双击窗口任意区域，进入如图 11-59 所示代码编辑窗口。单击左侧下拉箭头按钮并选中对象“Form”，再单击右侧下拉箭头按钮选中事件“Load”，在该事件中输入以下代码：

```
Private Sub Form_Load（）
    MSComm1.CommPort = 1                          '使用 Com1 口进行串口通信
    MSComm1.Settings = "9600，n，8，1"            '设置通信协议
    MSComm1.PortOpen = True                       '打开串口
    MSComm1.RThreshold = 1                        '每次接收一个字符
    MSComm1.InputLen = 1                          '每次从接收缓冲区取一个字节
End Sub
```

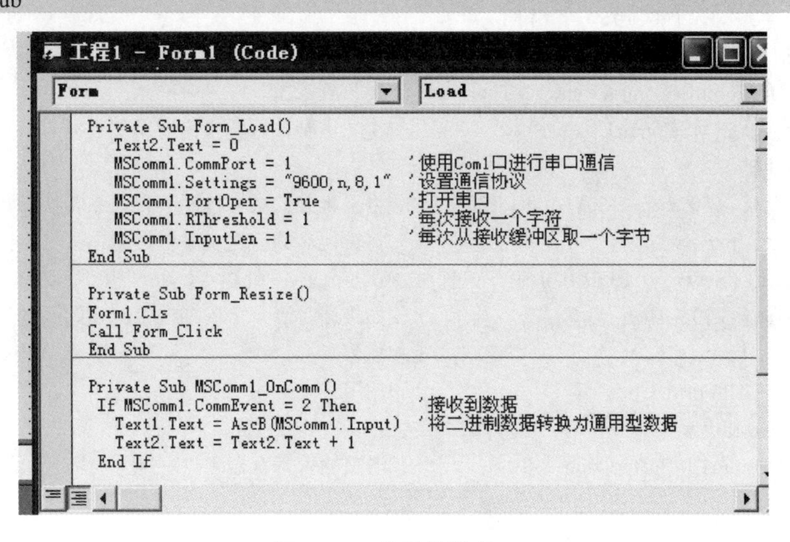

图 11-59 代码编辑窗口

（2）设置用户坐标系及坐标轴。

在如图 11-59 所示的代码编辑窗口中，单击左侧下拉箭头按钮选中对象“Form”，再单击右侧下拉箭头按钮选中事件“Click”，添加如下代码：

```
Private Sub Form_Click（）
    Form1.Scale （-10， 240）-（320， -10）        '定义窗体左上顶点坐标为（-10，240）
                                                   '窗体右下顶点坐标为（320，-10）
    Form1.Line （0， -10）-（0， 240）              '画出 x 轴直线
    Form1.Line （-10， 0）-（320， 0）              '画出 y 轴直线
    Form1.CurrentX = 4                             '标注 y 轴
    Form1.CurrentY = 230                           '在点（4，230）显示标注
```

```
        Form1.Print "Y"                         '显示标注“Y”
        Form1.CurrentX = 290                    '标注 x 轴
        Form1.CurrentY = 12                     '在点（290，12）显示标注
        Form1.Print "X"                         '显示标注“X”
    End Sub
```

（3）图形刷新处理。

在 Windows 环境下，经常会用鼠标改变一个窗口的大小。在窗口大小改变后，显示的内容应能自动更新。这个看似很难的动作，用 Visual Basic 6.0 实现却非常简单。

在图 11-59 中，先单击左侧下拉箭头按钮选中对象“Form”，再单击右侧下拉箭头按钮选中事件“Resize”，写入以下代码：

```
Private Sub Form_Resize（）
    Form1.Cls                       '清屏
     Call Form_Click                '调用 Form_Click，重新设置
End Sub
```

（4）通信事件的处理。

当计算机接收到一个字符并触发 OnComm 事件后，需要做出相应的处理。在图 11-59 中先单击左侧下拉箭头按钮选中对象“MSComm”，再单击右侧下拉箭头按钮选中事件“OnComm”，写入以下代码：

```
Private Sub MSComm1_OnComm()
    If MSComm1.CommEvent = 2 Then               '接收到数据
    x = AscB(MSComm1.Input)                     '将二进制数据转换为通用型数据
    End If
    y = -(x - 150) * (x - 150) / 100 + 230      '将采集到的数据按照某种关系转换为待显示的值
    Text1.Text = y                              '将转换后的值送文本框显示
    Form1.PSet (x, y), RGB(0, 0, 0)             '在点（x,y）处画点，并指明颜色为黑
      If x = 200   Then                         '如果计时满一个周期，重新开始画图
          Form1.Cls                             '清屏
        Call Form_Click                         '调用
      End If
    MSComm1.InBufferCount = 0                   '清空输入寄存器
End Sub
```

5）运行、调试

执行菜单命令“运行”→“启动”或按“F5”键，或者单击工具栏的“运行”按钮，进入运行状态。

6）生成可执行程序

当程序调试运行正确后，以后要多次运行或提供给其他用户使用，就要将程序编译成可执行程序。

（1）在 Visual Basic 环境下，执行菜单命令“文件”→“生成 xxx.exe”，系统弹出“生成工程”对话框。

（2）在“生成工程”对话框中选择生成可执行程序的文件夹路径并指定文件名。可选择默认路径，再将名字改为“数据采集系统”。

（3）单击“生成工程”对话框中的“确定”按钮。

可执行程序生成后，应用时只需对其双击即可启动。

7）用实验板进行实验

程序编译无误后，将“ex90”文件夹中的“ex90.hex”文件烧录到AT89C51芯片中，再将芯片插入实验板。启动“数据采集系统.exe”可执行文件，给实验板通电，即可得到如图11-53所示的采集结果。

11.11 实例91：LabVIEW环境下的串口通信编程

11.11.1 开发环境

在单片机的应用实例中，通常将计算机和单片机组合成上位机和下位机的模式，将现场各种数据（压力、水位、温度等）通过单片机采集后实时发送出去，利用计算机强大的数据运算分析功能来进行数据分析、显示及联网控制。本章通过单片机现场温度数据的采集，并将温度数据通过串口上传给计算机进行实时显示为例，简要介绍一下上位机的LabVIEW串口通信。

上位机和下位机通信方式有多种形式，如常见的串口、并口、USB、TCP等，由于51单片机资源有限，串口是最为常见的通信方式。对于上位机编程软件也有多种平台可以利用，如VB、VC等。本实例采用的是NI公司的LabVIEW编程语言，这种基于图形化程序的设计方式，让初学者可以很容易上手，实现上位机用户界面的设计和硬件接口的通信设置，还有相关数据的分析处理等多种功能。目前LabVIEW已经广泛使用在各种工业测控领域，并在嵌入式、DSP、机器人控制等方向具有越来越广泛的影响。

上位机的串口程序主要采用了LabVIEW内提供的VISA驱动来进行编程，相关驱动软件可以从NI公司网站下载。对于串口的操作主要是串口资源的配置、读/写、关闭等关键VI配置操作。本实例主要实现如下功能：单片机将现场温度数据采集后经串口输出，上位机接收串口发出的字符串数据，分割后得到有效的数据信息并将其输出显示在计算机屏幕上。主要涉及VISA串口配置、读串口、关闭串口VI等操作。

（1）VISA串口配置函数。

该函数位于函数标签页下的“仪器I/O”子标签页下，主要用来对串口进行参数配置，包括VISA资源名称、数据比特、波特率、奇偶校验、停止位等。安装好VISA驱动并与硬件连接好后，资源控件前面板可以自动弹出可用的COM口资源，选择合适的COM口就相当于建立了串口硬件连接。

（2）VISA串口读取函数。

VISA串口读取函数的功能是从VISA资源名称所指定的设备或接口中读取指定数量的字节，并将数据返回至读取缓冲区。

（3）VISA串口关闭函数。

VISA串口关闭函数的功能是关闭VISA资源名称所指定的COM设备，释放句柄或事件对象。

11.11.2 上位机、下位机程序设计

1. 上位机程序

LabVIEW 环境下串口通信上位机的前后面板如图 11-60 所示。前面板中主要有 VISA 串口资源名称设置、读取缓冲区字符串显示、截取后的数值字符串显示等，此外最终截取后得到的温度数据使用 LabVIEW 中自带的温度表显示控件进行显示。后面板中主要是一个 While 循环模式，通过串口配置后在主循环中读取串口缓冲区信息，根据字符串文本信息进行分割，截取得到实际传输的数据字符串信息，转换后传给前面板控件显示。主循环退出时关闭串口，释放对串口的控制权。

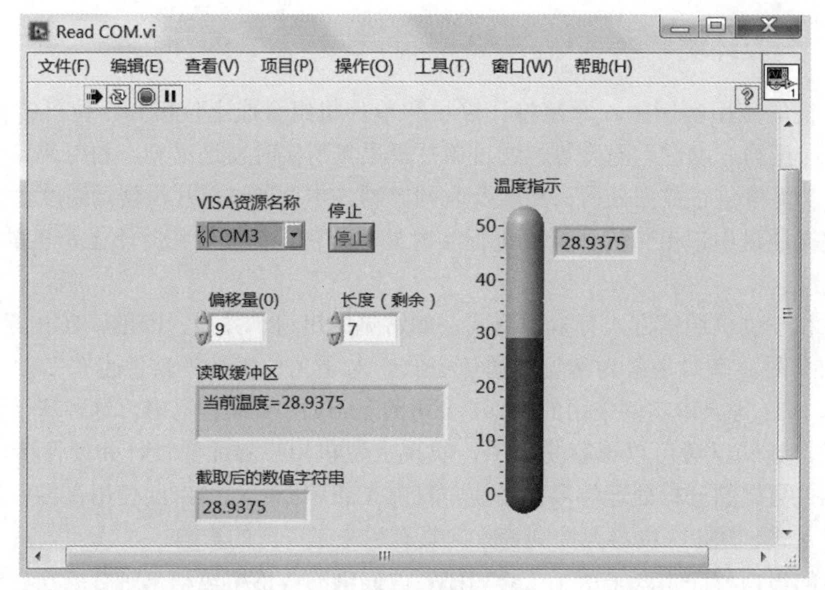

（a）前面板

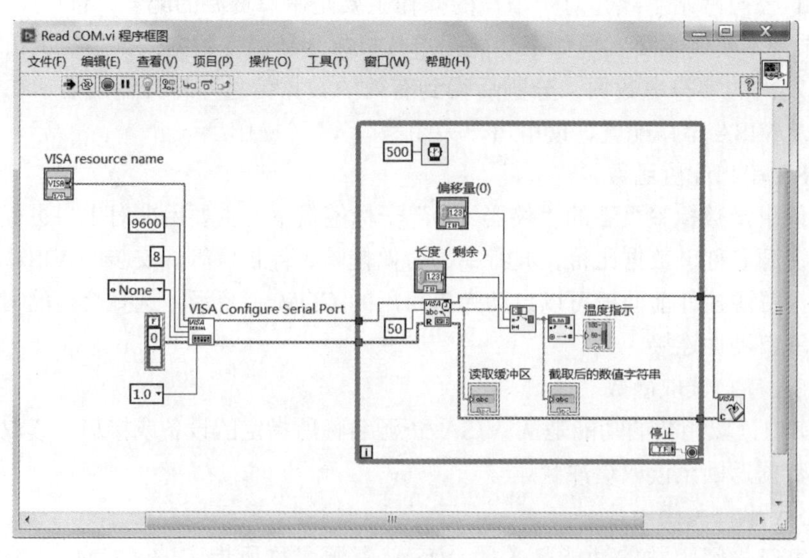

（b）后面板

图 11-60 LabVIEW 环境下串口通信上位机的前后面板

2. 下位机程序

本例所采用的测温模块是无锡睿创公司提供的 MAX30100 心率传感器模块，该模块与下位机使用 I^2C 协议进行通信。I^2C 通信协议这里不详述，可参看相关文档介绍。

1）测温模块与 51 单片机连接

```
//--------------------------------------------------------------------------------//
//RCWL-0530 模块与 51 单片机连接
// 1：VCC     -->      1.8～5.5V 电源
// 2：SCL     -->      P3.5
// 3：SDA     -->      P3.7
// 4：INT     -->      NC
// 5：IRD     -->      NC
// 6：RD      -->      NC
// 7：GND     -->      地
//--------------------------------------------------------------------------------//
# include <reg52.h>
# include <stdio.h>
# include <intrins.h>
//定义 I2C 接口
sbit IIC_SCL      =P3^5;              //I2C 的 SCL
sbit IIC_SDA      =P3^7;              //I2C 的 SDA
bit   IIC_ACK;                        //I2C 的 ACK
int   rda;                            //I2C 读出
//--------------------------------------------------------------------------------//
//函数：delayms()
//功能：延时程序
//--------------------------------------------------------------------------------//
void delayms(unsigned int ms)
{
  unsigned char i=100,j;
  for(;ms;ms--)
  {
        while(--i)
        {
              j=10;
              while(--j);
        }
  }
}
//--------------------------------------------------------------------------------//
//函数：void iic_start()
//功能：I2C 总线开始
//--------------------------------------------------------------------------------//
//    SCL     --- --- ___
```

```
//     SDA     --- ___ ___
void iic_start()
{
IIC_SDA=1;
_nop_();
_nop_();
IIC_SCL=1;
_nop_();
_nop_();
IIC_SDA=0;
_nop_();
_nop_();
IIC_SCL=0;
_nop_();
_nop_();
}
//--------------------------------------------------------------------------------//
//函数：void iic_stop()
//功能：I2C 总线结束
//需定义：
//--------------------------------------------------------------------------------//
//     SCL     ___ --- ---
//     SDA     ___ ___ ---
void iic_stop()
{
IIC_SCL=0;
_nop_();
_nop_();
IIC_SDA=0;
_nop_();
_nop_();
IIC_SCL=1;
_nop_();
_nop_();
IIC_SDA=1;
_nop_();
_nop_();
}
//--------------------------------------------------------------------------------//
//函数：void iic_sendbyte(unsigned char c)
//功能：发送 8 bit 数据
//--------------------------------------------------------------------------------//
void iic_sendbyte(unsigned char c)
{
```

```
unsigned char bitcnt;
for(bitcnt=0;bitcnt<8;bitcnt++)
{
if((c<<bitcnt)&0x80)
 IIC_SDA=1;
else
 IIC_SDA=0;
_nop_();
_nop_();
IIC_SCL=1;
_nop_();
_nop_();
IIC_SCL=0;
}
_nop_();
_nop_();
IIC_SDA=1;
_nop_();
_nop_();
IIC_SCL=1;
_nop_();
_nop_();
if(IIC_SDA==0)
 IIC_ACK=0;
else
 IIC_ACK=1;
IIC_SCL=0;
_nop_();
_nop_();
}
//--------------------------------------------------------------------------------------//
//函数：int iic_rcvbyte_nack();
//功能：接收 8 bit 数据，接收失败发送 NACK 信号
//--------------------------------------------------------------------------------------//
int iic_rcvbyte_nack()
{
unsigned char retc;
unsigned char bitcnt;
retc=0;
IIC_SDA=1;
for(bitcnt=0;bitcnt<8;bitcnt++)
{
_nop_();
_nop_();
```

```
IIC_SCL=0;
_nop_();
_nop_();
IIC_SCL=1;
_nop_();
_nop_();
retc=retc<<1;
if(IIC_SDA==1)
retc=retc+1;
_nop_();
_nop_();
}
//给出 NACK 信号
_nop_();
_nop_();
IIC_SCL=0;
_nop_();
_nop_();
IIC_SDA=1;
_nop_();
_nop_();
IIC_SCL=1;
_nop_();
_nop_();
IIC_SCL=0;
_nop_();
_nop_();
return(retc);
}
//--------------------------------------------------------------------------------//
//函数：int iic_rcvbyte_ack();
//功能：接收 8 bit 数据，接收成功发送 ACK 信号
//--------------------------------------------------------------------------------//
int iic_rcvbyte_ack()
{
unsigned char retc;
unsigned char bitcnt;
retc=0;
IIC_SDA=1;
for(bitcnt=0;bitcnt<8;bitcnt++)
{
_nop_();
_nop_();
IIC_SCL=0;
```

```
_nop_();
_nop_();
IIC_SCL=1;
_nop_();
_nop_();
retc=retc<<1;
if(IIC_SDA==1)
retc=retc+1;
_nop_();
_nop_();
}
//给出 ACK 信号
_nop_();
_nop_();
IIC_SCL=0;
_nop_();
_nop_();
IIC_SDA=0;
_nop_();
_nop_();
IIC_SCL=1;
_nop_();
_nop_();
IIC_SCL=0;
_nop_();
_nop_();
return(retc);
}
//--------------------------------------------------------------------------------//
//函数：wr_max30100_one_data()
//功能：写一位 max30100 数据
//address：芯片从地址
//saddress：写寄存器地址
//w_data：待写数据
//--------------------------------------------------------------------------------//
void wr_max30100_one_data(int address,int saddress,int w_data )
{
_nop_();
iic_start();
_nop_();
iic_sendbyte(address);
_nop_();
iic_sendbyte(saddress);
```

```
_nop_();
iic_sendbyte(w_data);
_nop_();
iic_stop();
_nop_();
}
//-----------------------------------------------------------------------------------//
//函数：rd_max30100_one_data()
//功能：读一位 max30100 数据
//address：芯片从地址
//saddress：读寄存器地址
//rda：读出的数据
//-----------------------------------------------------------------------------------//
void rd_max30100_one_data(int address,int saddress)
{
iic_start();
_nop_();
iic_sendbyte(address);
_nop_();
iic_sendbyte(saddress);
_nop_();
address=address+1;
_nop_();
iic_start();
_nop_();
iic_sendbyte(address);
_nop_();
rda=iic_rcvbyte_nack();
_nop_();
iic_stop();
}
```

2）主程序

主程序主要实现温度传感器读取和串口输出字符串。

```
//-----------------------------------------------------------------------------------//
//函数：主程序
//功能：读 max30100 内部温度
//-----------------------------------------------------------------------------------//
main()
{
double temp,temp1,temp2;
//temp        测量温度
//temp1       整数部分温度
```

```
//temp2         小数部分温度
TMOD=0x21;
SCON=0x50;
TH1=0xFD;
TL1=0xFD;
TR1=1;
TI=1;
//设置 51 单片机的波特率为 9600bit/s
//51 单片机主频为 11.0592MHz，STC 的 MCU 注意要选择外部晶体振荡
while(1)
{
wr_max30100_one_data(0xae,0x06,0x0b);           //复位芯片，设置模式
rd_max30100_one_data(0xae,0xff);                //读出芯片 ID
//printf("MAX30100 ID =%d\n",rda);              //串口显示
wr_max30100_one_data(0xae,0x07,0x43);           //设置电流，点亮 LED
delayms(10);
wr_max30100_one_data(0xae,0x09,0x66);           //0X06 地址 B3 位 TEMP_EN 置 1
delayms(50);                                    //等待温度转换完成，不等待，读出数据有误
rd_max30100_one_data(0xae,0x16);                //读出温度信号
//printf("temp1=%d\n",rda);                     //串口显示
temp1=rda;
rd_max30100_one_data(0xae,0x17);                //读出温度小数部分数据
//printf("temp2=%d\n",rda);                     //串口显示
temp2=rda;
temp=temp1+(temp2*0.0625);                      //计算温度，小数部分最小温度值 0.0625
printf("当前温度=%.4f\n",temp);                  //串口显示当前温度
//delayms(100);
//printf("\n");                                 //串口显示当前温度
}
}
```

11.11.3 程序结果

按照软件定义接线，并将下位机主程序编译下载至开发板后，打开上位机 LabVIEW 软件，通过串口通信设置后，结果如图 11-60（a）所示。

11.12 实例 92：手部握力评估仪设计

11.12.1 系统工作原理

人体握力大小是由前臂屈肌的发达程度决定的，手部握力是临床上经常采用的一种评价指标，能从一个侧面反映全身的力量状况，因此被列入我国国民体质测试的项目当中。尤

其对于老年人来说，握力测试还有助于反映出肌体衰老变化的程度，值得重视。临床上用握力的大小来评估手术的有效性，或用作肢体功能及康复治疗恢复程度的指标。此外还用来进行身体营养状况和并发症的评估、判断疲劳度的标准指标数据。临床常用的握力测量装置是Jamar，为美国手部外科学会和美国手部治疗师协会推荐，并且发布了一系列针对不同人群的数据图表，被认为是握力测量仪器中的金标准。

本实例提出的手部握力评估仪，是一种通过测量橡胶气囊内部压力来对手部握力进行评估的设备，其原理图如图 11-61 所示。该设备通过对气囊内部预先充入一定初始压力的压缩气体，在密闭情况下测量内部压力的变化来实现对操作者握力的评估。该方案结构简单，使用舒适，通过对比相关实验数据表明，输出握力与 Jamar 测量值高度相关。

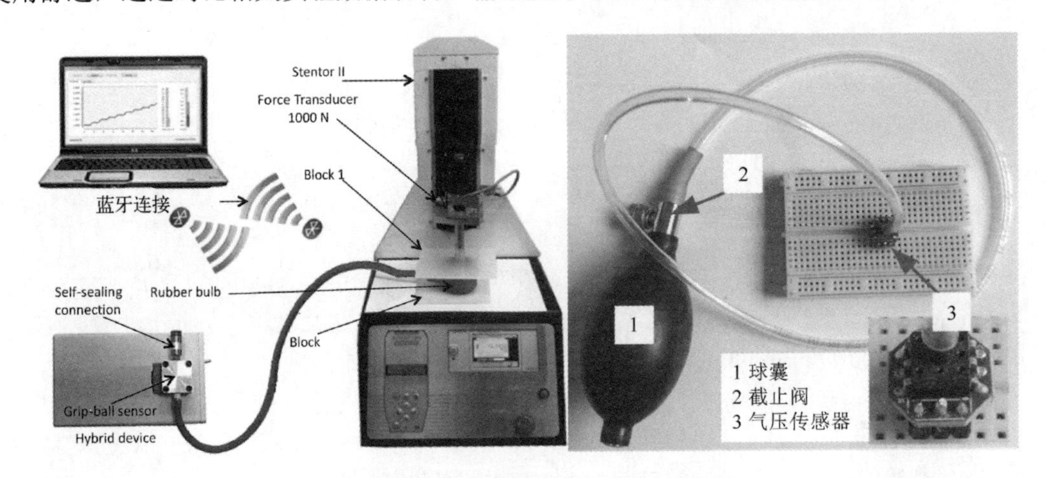

图 11-61　手部握力评估仪工作原理图

该设备由一个柔性橡胶气囊组成，其进气口放置压力传感器，通过单片机对压力数据采集，实现对测试者握力的评估。抓握力 F 的大小通过球内的压力 P_{A} 和抓握前球内的初始压力 P_{I} 来预测，其线性关系如下：

$$F=(4.855\times10^{-3}P_{\mathrm{I}}-2.020\times10^{-2})P_{\mathrm{A}}$$

系统选用的气压变送器型号为 XGZP6847-200KPG，采用 DIP 封装形式，以压力传感器为敏感元件并集成了数字调理电路，对传感器的偏移、灵敏度、温漂和非线性进行了数字补偿，以供电电压为参考，产生一个经校准、温度补偿后的标准电压信号。由于模块尺寸小、易安装，广泛应用于医疗电子、汽车电子、运动健身器材等领域。其主要技术指标如下：供电电压为直流 5 V；输出信号电压为 0.5～4.5 V；测量压力范围为 0～200 kPa；过载压力为 300%。

11.12.2　仿真原理图设计

根据握力测量系统工作原理和压力传感器工作范围，系统采用 ADC0832 作为转换，将气压模拟量进行转换并通过 LCD1602 显示模块输出所测握力数值。所设计的仿真电路原理图参见图 11-62。程序中特别对力度的大小进行了双重显示，首行显示的是数字量，第二行通过实虚方框来表示力度的大小，给测试者一种力度变化的模拟提示效果。仿真电路中气压传感器的输出电压用电位计来进行模拟。由于实际传感器输出信号范围为 0.5～4.5 V，程序中对转换输出数据进行了修正，超出范围之外的电压数值用 0 来表示。

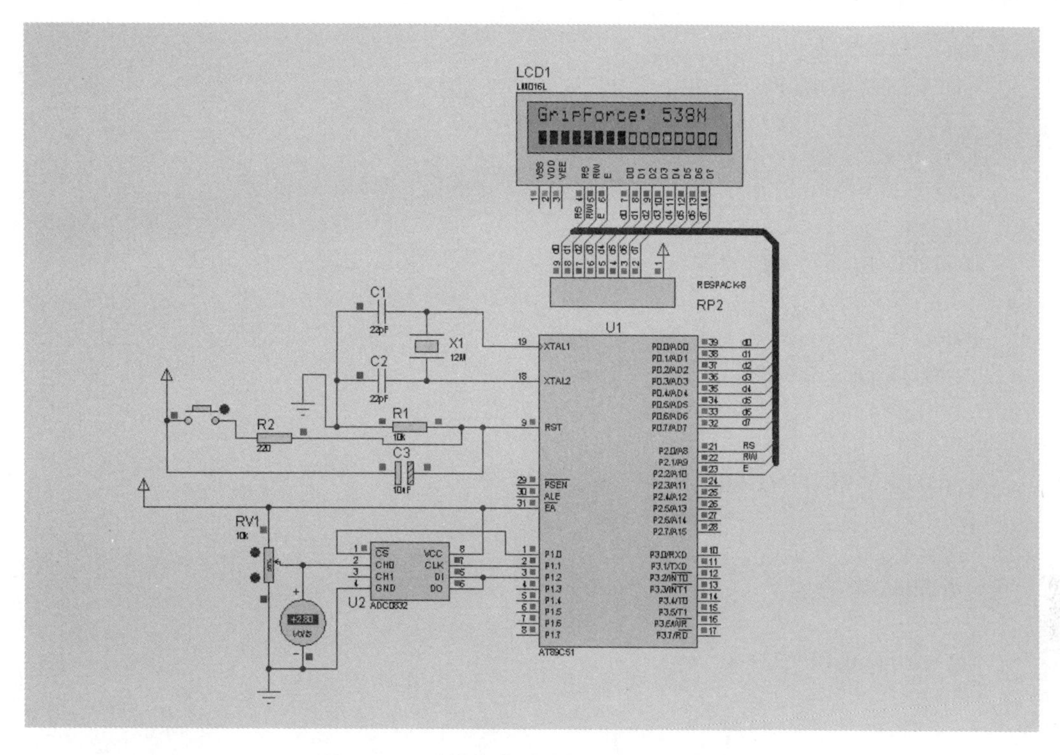

图 11-62　手部握力评估仪仿真电路原理图

11.12.3　程序设计与仿真

1. 实现方法

本实例程序实现主要包括 LCD1602 驱动模块、ADC0832 采集和主程序数据换算公式等。

2. 程序设计

建立文件夹“ex92”，在该文件夹下建立其工程项目，并分别建立“source”和“outfile”子文件夹，用以保存程序源代码和生成的十六进制（*.hex）文件。

分别输入以下 3 个模块的源程序。

1）LCD1602 驱动模块

```
#include <reg51.h>
#include <intrins.h>
#include <string.h>
#define INT16U unsigned int
#define INT8U unsigned char
#define delay4us() {_nop_();_nop_();_nop_();_nop_();}

//LCD 1602 定义
sbit RS = P2^0;                //寄存器选择
sbit RW = P2^1;                //读/写控制
```

```
sbit E   = P2^2;                  //使能端
#define LCD_PORT P0

//ADC0832 定义
sbit CS   = P1^0;          //片选线，连接低电平
sbit CLK = P1^1;           //时钟信号
sbit DIO = P1^2;           //数据线

INT8U Display_Buffer1[] = "GripForce: 000N";
INT8U Display_Buffer2[16];


void DelayMS(INT16U ms)
{
  INT8U i;
  while(ms--)
  {
        for(i=0;i<120;i++);
  }
}

bit LCD_Busy_Check()
{
  bit result;
  RS = 0;
  RW = 1;
  E   = 1;
  delay4us();
  result = (bit)(LCD_PORT&0x80);
  E   = 0;
  return result;
}

void LCD_Write_Command(INT8U cmd)
{
  while(LCD_Busy_Check());
  RS = 0;
  RW = 0;
  E   = 0;
  _nop_();
  _nop_();
  LCD_PORT = cmd;
  delay4us();
  E = 1;
  delay4us();
  E = 0;
```

```
}


void LCD_Write_Data(INT8U dat)
{
  while(LCD_Busy_Check());
  RS = 1;
  RW = 0;
  E   = 0;
  LCD_PORT = dat;
  delay4us();
  E = 1;
  delay4us();
  E = 0;
}

void LCD_SHOW_String(INT8U r,INT8U c, char *s)
{
  INT8U i=0;
  INT8U code DDRAM[] ={0x80,0xC0};
  LCD_Write_Command(DDRAM[r]|c);
  while(s[i] && i<16) LCD_Write_Data(s[i++]);
}


void LCD_Initialize()
{
  LCD_Write_Command(0x38); DelayMS(1);          //写命令配置功能，8 位，双行显示 5*7 个字符
  LCD_Write_Command(0x0c); DelayMS(1);          //清屏
  LCD_Write_Command(0x06); DelayMS(1);          //字符进入模式：屏幕不动，字符后移
  LCD_Write_Command(0x01); DelayMS(1);          //光标复位，清屏
}
```

2）ADC0832 采集

```
INT8U Get_AD_Result()
{
  INT8U i,dat1=0,dat2=0;
  CS   = 0;
  CLK = 0;
  DIO = 1; _nop_(); _nop_();
  CLK = 1; _nop_(); _nop_();

  CLK = 0;DIO = 1; _nop_(); _nop_();
  CLK = 1; _nop_(); _nop_();

  CLK = 0;DIO = 0; _nop_(); _nop_();
  CLK = 1; _nop_(); _nop_();
```

```
    CLK = 0;DIO = 1; _nop_(); _nop_();

    for(i=0;i<8;i++)
    {
        CLK = 1; _nop_(); _nop_();
        CLK = 0; _nop_(); _nop_();
        dat1 = dat1 << 1 | DIO;
    }
    for(i=0;i<8;i++)
    {
        dat2 = dat2|((INT8U)(DIO)<<i);
        CLK = 1; _nop_(); _nop_();
        CLK = 0; _nop_(); _nop_();
    }
    CS = 1;
    return (dat1 == dat2) ? dat1:0x00;
}
```

3）主程序模块

```
void main()
{
    INT8U i,AD;
    INT16U d;
    LCD_Initialize();

    while(1)
    {
        AD = Get_AD_Result();
        if (AD>=230.4||AD<=25.6) AD=0;
        d= AD *4.335;
        Display_Buffer1[11]=d/100+'0';
        Display_Buffer1[12]=d/10%10+'0';
        Display_Buffer1[13]=d%10+'0';
        LCD_SHOW_String(0,0,Display_Buffer1);

        i=(INT16U)AD*16/255;
        memset(Display_Buffer2    ,'\xFF',i);
        memset(Display_Buffer2+i,'\xDB',16-i);
        LCD_SHOW_String(1,0,Display_Buffer2);

    }
}
```

3．用 Proteus 软件仿真

经 Keil 软件编译通过后，可使用 Proteus 软件进行仿真。将编译好的“ex92.hex”文件

载入仿真电路原理图中的单片机 AT89C51。启动仿真，即可看到如图 11-63 所示的仿真效果。仿真结果表明，当前电压传感器输出的模拟电压换算为握力值为 199N，进度条也提示出当前力度的大小占据两格实心框。

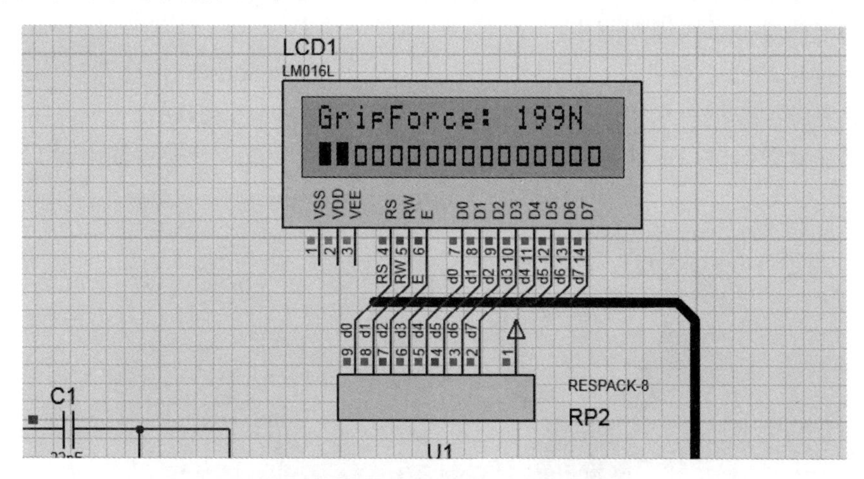

图 11-63　握力测量的仿真效果

11.13　实例 93：心率测量仪设计

11.13.1　系统工作原理

心率是临床检查中最常见的生理指标，通常是指正常人在安静状态下每分钟心跳的次数，也叫安静心率，是心脏和心血管状态等重要信息的外在反映。目前临床康复或运动过程中对心率等生理指标的实时监测对于康复效果评价和治疗安全都很重要，尤其对于急性期患者来说，临床治疗师可通过这一指标掌握科学合理的训练强度。心率测量目前主要有血氧法、心电信号法、动脉压力法、光电容积法等多种方法，主要是采用了不同物理信号变换方法，适用于多种心率测量场合。

本实例介绍了基于 51 单片机的具有脉搏检测与显示功能的心率测量仪应用。主要通过测量心率传感器所输出的脉搏同步电信号，并将测量结果用 LCD1602 显示。本设计模块主要由单片机最小系统（复位电路、时钟电路、89C51 微处理器）、心率传感器模块和 LCD 显示模块组成，其系统原理图如图 11-64 所示。心率传感器检测模块采用 PulseSensor 脉搏传感器。该传感器基于光电反射原理输出同步于脉搏波动的脉冲信号，脉搏波动一次输出一个正脉冲。

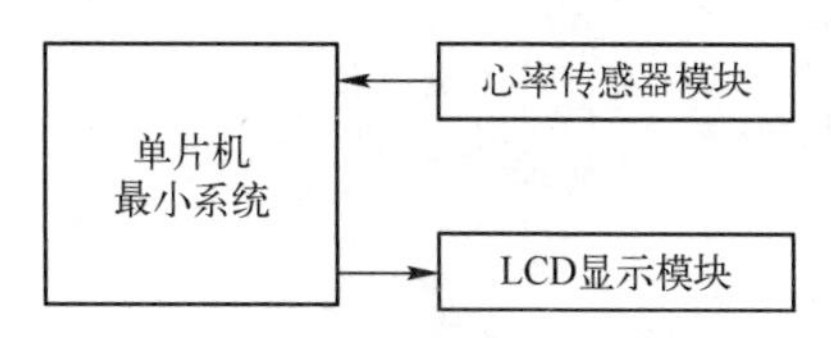

图 11-64　系统原理图

PulseSensor 脉搏传感器从 S、正、负输出 3 根接口线，S 为脉搏信号输出线，其余两根分别为电源和地线。供电电压可以为+5 V或+3.3 V直流电压，光电容积法利用人体组织在血管搏动时造成透光率的不同来进行脉搏测量。由于动脉搏动充血容积变化导致光源光束透光率改变，经光电变换器接收人体组织反射的光线，转变为电信号并进行放大和输出。其周期性变化的电信号与脉搏周期同步。

本实例提出的心率测量仪，就是利用单片机计量PulseSensor传感器（如图11-65所示）发出的电脉冲数量，来实现心率测量的。通过定时器和计数器联合实现，将电脉冲信号作为外部脉冲计数器接口，计量在单位定时周期内脉冲的个数，转换后输出给LCD显示。

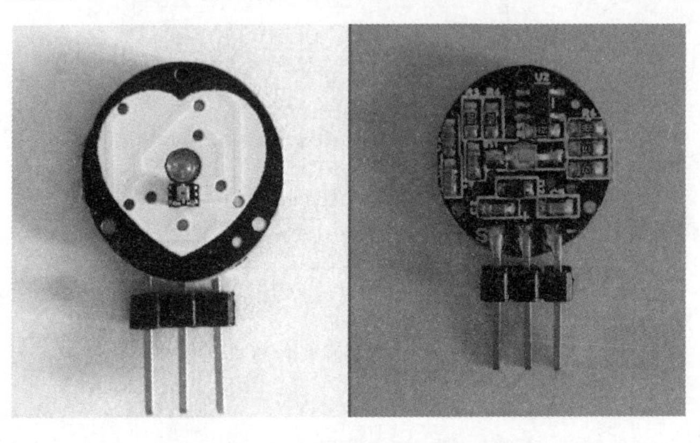

图11-65　PulseSensor心率传感器

11.13.2　仿真原理图设计

由于实际信号存在重搏波，需要对信号进行修正，这里采用LM339运算放大器的电压比较电路进行处理，通过与反相输出端可调电位器输出电压（设置为2.6 V）比较输出为标准的脉冲信号。前后级输出信号通过示波器检测，如图11-66所示。根据心率测量系统工作原理，采用心率传感器，并通过LCD1602显示模块输出所测心率数值。所设计的仿真电路原理图参见图11-67。仿真电路中采用按键模拟心电图传感器信号进行仿真操作。

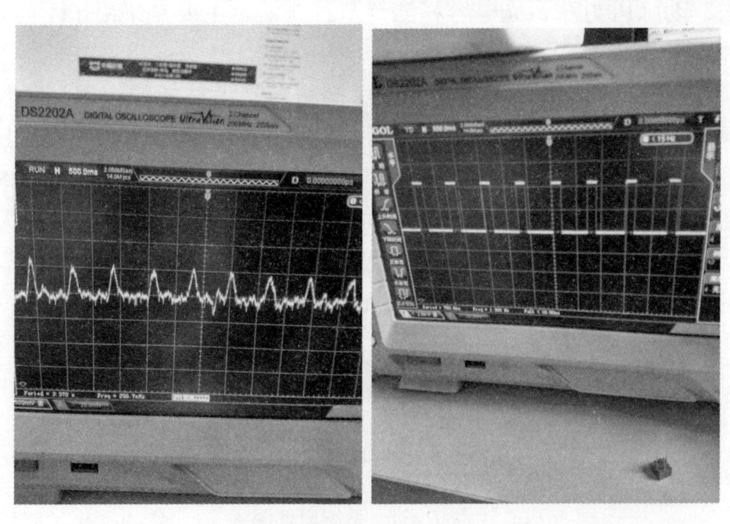

图11-66　PulseSensor心率传感器输出信号修正处理

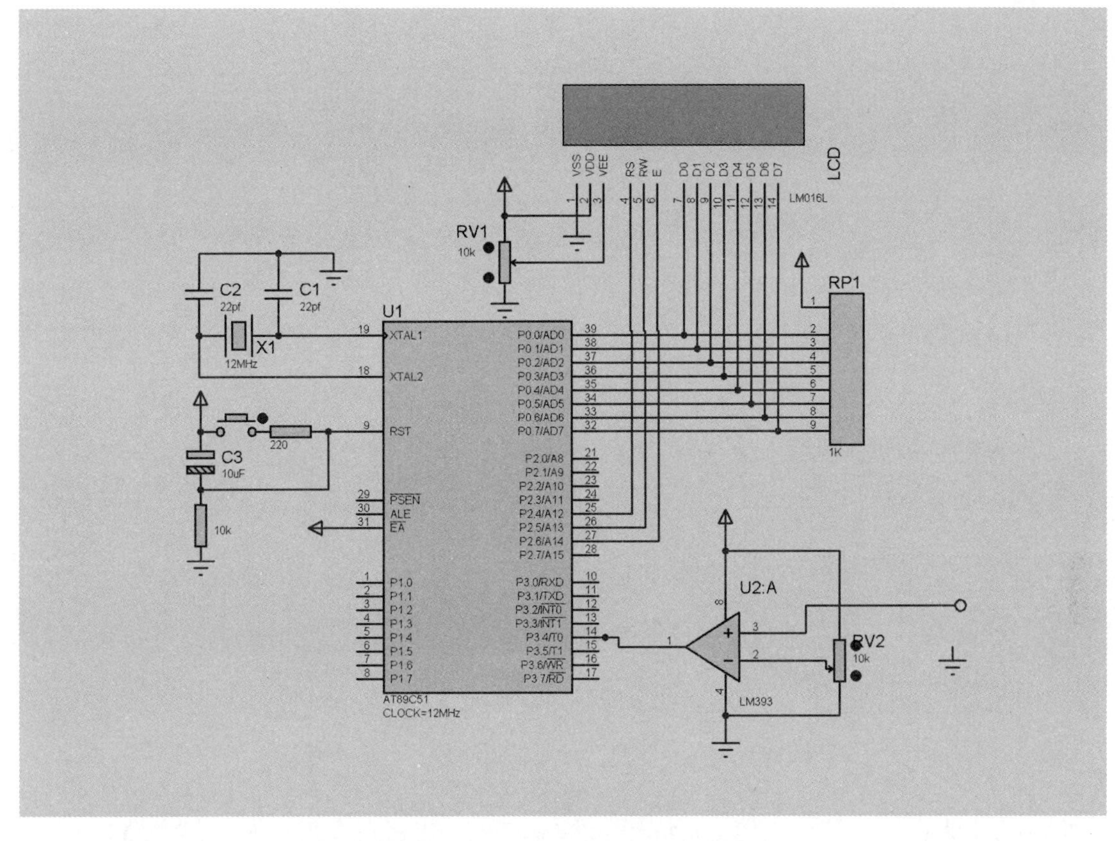

图 11-67　心率测量仪仿真电路原理图

11.13.3　程序设计与仿真

1．实现方法

本实例程序实现主要包括 LCD1602 驱动模块、定时器和计数器设定，以及主程序数据换算等内容。

2．程序设计

建立文件夹“ex93”，在该文件夹下建立其工程项目，并分别建立“source”和“outfile”子文件夹，用以保存程序源代码和生成的十六进制（*.hex）文件。

分别输入以下 3 个模块的源程序。

1）LCD1602 驱动模块

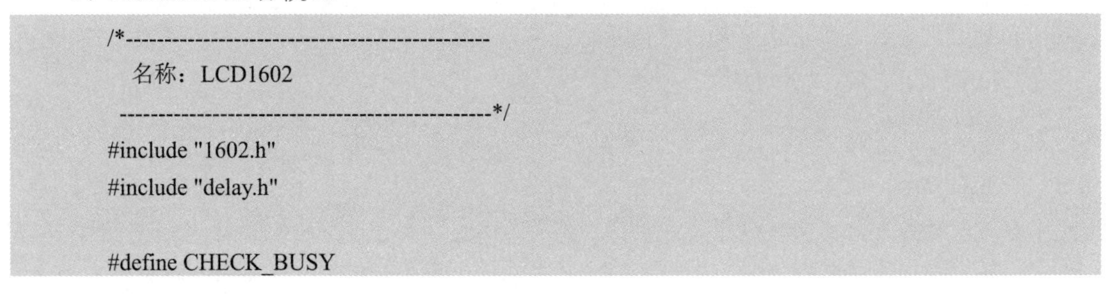

```
/*------------------------------------------------
  名称：LCD1602
------------------------------------------------*/
#include "1602.h"
#include "delay.h"

#define CHECK_BUSY
```

```
sbit RS = P2^4;                          //定义端口
sbit RW = P2^5;
sbit EN = P2^6;

#define RS_CLR RS=0
#define RS_SET RS=1

#define RW_CLR RW=0
#define RW_SET RW=1

#define EN_CLR EN=0
#define EN_SET EN=1

#define DataPort P0

/*----------------------------------------------
                  判忙函数
----------------------------------------------*/
 bit LCD_Check_Busy(void)
 {
#ifdef CHECK_BUSY
 DataPort= 0xFF;
 RS_CLR;
 RW_SET;
 EN_CLR;
 _nop_();
 EN_SET;
 return (bit)(DataPort & 0x80);
#else
 return 0;
#endif
 }
/*----------------------------------------------
                  写入命令函数
----------------------------------------------*/
 void LCD_Write_Com(unsigned char com)
 {
// while(LCD_Check_Busy());         //忙则等待
 DelayMs(5);
 RS_CLR;
 RW_CLR;
 EN_SET;
```

```
 DataPort= com;
 _nop_();
 EN_CLR;
 }
/*----------------------------------------------
                    写入数据函数
----------------------------------------------*/
 void LCD_Write_Data(unsigned char Data)
 {
 //while(LCD_Check_Busy());        //忙则等待
 DelayMs(5);
 RS_SET;
 RW_CLR;
 EN_SET;
 DataPort= Data;
 _nop_();
 EN_CLR;
 }
/*----------------------------------------------
                    清屏函数
----------------------------------------------*/
 void LCD_Clear(void)
 {
 LCD_Write_Com(0x01);
 DelayMs(5);
 }
/*----------------------------------------------
                    写入字符串函数
----------------------------------------------*/
 void LCD_Write_String(unsigned char x,unsigned char y,unsigned char *s)
 {

 while (*s)
  {
 LCD_Write_Char(x,y,*s);
 s ++;    x++;
  }
 }
/*----------------------------------------------
                    写入字符函数
----------------------------------------------*/
void LCD_Write_Char(unsigned char x,unsigned char y,unsigned char Data)
 {
```

```
 if (y == 0)
  {
  LCD_Write_Com(0x80 + x);
  }
 else
  {
  LCD_Write_Com(0xC0 + x);
  }
 LCD_Write_Data( Data);
 }
/*----------------------------------------------
                    初始化函数
----------------------------------------------*/
 void LCD_Init(void)
 {
    LCD_Write_Com(0x38);          /*显示模式设置*/
    DelayMs(5);
    LCD_Write_Com(0x38);
    DelayMs(5);
    LCD_Write_Com(0x38);
    DelayMs(5);
    LCD_Write_Com(0x38);
    LCD_Write_Com(0x08);          /*显示关闭*/
    LCD_Write_Com(0x01);          /*显示清屏*/
    LCD_Write_Com(0x06);          /*显示光标移动设置*/
    DelayMs(5);
    LCD_Write_Com(0x0C);          /*打开显示屏并设置光标*/
    }
```

2）定时器、计数器初始化设定

```
/*----------------------------------------------
                            定时器0初始化子程序
                            本程序用于计数
----------------------------------------------*/
void Init_Timer0(void)
{
 TMOD |= 0x01 | 0x04; //使用方式1，16位计数器，使用"|"符号可以在使用多个定时器时不受影响
 TH0=0x00;            //给定初值
 TL0=0x00;
 EA=1;                //总中断打开
 ET0=1;               //定时器中断打开
 TR0=1;               //定时器开关打开
}
/*----------------------------------------------
```

```
                        定时器1初始化子程序
                        本程序用于定时
------------------------------------------------*/
void Init_Timer1(void)
{
 TMOD |= 0x10;          //使用方式1，16位定时器，使用"|"符号可以在使用多个定时器时不受影响
 TH1=HIGH;              //给定初值，这里使用定时器最大值从0开始计数一直到65535溢出
 TL1=LOW;
 EA=1;                  //总中断打开
 ET1=1;                 //定时器中断打开
 TR1=1;                 //定时器开关打开
}
```

3）主程序模块

```
/*------------------------------------------------
  名称：心率测量
  内容：T0外部计数，T1计时1 s，计算10 s内外部脉冲个数，并送液晶模块显示
        心率，即单位时间内完成振动的次数
------------------------------------------------*/
#include<reg52.h>
#include<stdio.h>
#include"1602.h"
#include"delay.h"
#define HIGH (65536-10000)/256
#define LOW  (65536-10000)%256
bit OVERFLOWFLAG;
bit TIMERFLAG;
/*------------------------------------------------
                        主程序
------------------------------------------------*/
main()
{
 unsigned   long int a;

 char temp[16];                         //定义字符显示缓冲数组
 Init_Timer0();                         //初始化定时器0
 Init_Timer1();                         //初始化定时器1
 LCD_Init();                            //初始化液晶屏
 DelayMs(10);                           //延时用于稳定，可以去掉
 LCD_Clear();                           //清屏
 LCD_Write_String(0,0,"Heart rate is "); //写入LCD第一行信息
 while(1)
 {
  if(OVERFLOWFLAG)                      //检测溢出标志，如果溢出表明频率过高，显示溢出信息
    {
```

```
                OVERFLOWFLAG=0;         //标志清零
                LCD_Write_String(0,1,"error");
            }
    if(TIMERFLAG)                       //定时 10 s，做数据处理
        {
                a=TL0+TH0*256;          //10 s 内读取的脉冲数目
                a=a*6;                  //扩大到 1 min 内（即心率数值）
                sprintf(temp,"data:   %05.0f\/min",(float)a);
          LCD_Write_String(0,1,temp);   //显示到 LCD 第二行信息
          //    printf(temp,"data:   %03.0f\/min", (int)a);
            TR0=1;                      //2 个定时器打开
            TR1=1;
            TH0=0;                      //保证计数器初值为 0
            TL0=0;
            TIMERFLAG=0;                //打开计时计数标志
            }
    }
}

/*----------------------------------------------
                定时器 0 中断子程序
----------------------------------------------*/
void Timer0_isr(void) interrupt 1
{
 TH0=00;                                //重新给定初值
 TL0=00;
 OVERFLOWFLAG=1;                        //溢出标志

}
/*----------------------------------------------
                定时器 1 中断子程序
----------------------------------------------*/
void Timer1_isr(void) interrupt 3
{
 static unsigned long int i;
 TH1=HIGH;                              //重新赋值 10 ms
 TL1=LOW;
 i++;
 if(i==1000)                            //得出 10 s 内读取的脉冲个数，乘以 6 即得 1 min 内读取的
                                          脉冲个数，即心率数值
    {
    i=0;
    TR0=0;                              //2 个定时器关闭
    TR1=0;
```

```
        TIMERFLAG=1;                         //标志位清零
        TH1=HIGH;                            //重新赋值
        TL1=LOW;
        }
    }
```

3. 用 Proteus 软件仿真

经 Keil 软件编译通过后，可使用 Proteus 软件进行仿真。将编译好的“ex93.hex”文件载入仿真原理图中的单片机 AT89C51。启动仿真，单击按键模拟心跳动作节拍，10 s 计时周期后输出当前心率，仿真效果如图 11-68 所示。仿真结果表明，当前心率为 108 次/min。

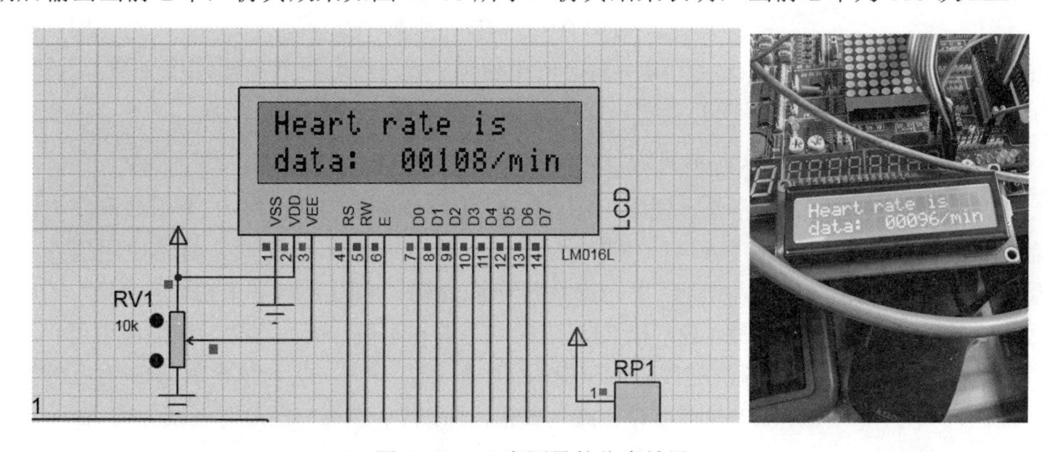

图 11-68　心率测量的仿真效果

11.14　实例 94：基于铂热电阻的防火系统设计

本实例介绍如何利用 A/D 转换器 ADC0832 设计防火系统。

11.14.1　系统工作原理

防火系统的基本组成包括温度信号的采集与放大电路、A/D 转换电路、单片机、驱动电路和灭火瓶及其自爆装置等，如图 11-69 所示。

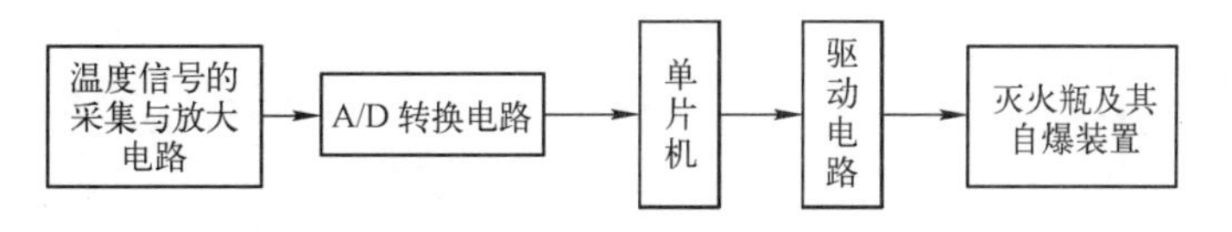

图 11-69　防火系统的基本组成

由温度信号的采集与放大电路采集设备重要装置附近的温度信号并将其放大，放大后的模拟电压信号再经 A/D 转换后，成为数字量传给单片机处理。如果单片机检测到装置附近温度达到 200℃以上，则认为着火。在启动报警器的同时，发出指令给驱动电路，触发灭火瓶内的爆炸装置，使其爆炸并击破灭火瓶的密封薄膜。随后，二氧化碳等灭火剂喷出，熄灭火源。

11.14.2 仿真原理图设计

1．温度信号采集与放大电路

1）温度信号采集的基本原理

根据本系统的设计要求，可以选用热电阻作为温度传感器。热电阻是利用导体电阻随温度变化而变化的特性来实现温度测量的。由于铂热电阻具有很好的稳定性和很高的测量精度，因此本系统采用铂热电阻来测量温度。根据研究，铂热电阻随温度的变化关系可以由式（11-12）表示：

$$R_t = R_0[1+\alpha(t-t_0)] \quad (11\text{-}12)$$

式中，R_t、R_0 分别为热电阻在 t℃和 t_0℃时的电阻值；α为热电阻的电阻温度系数（1/℃）；t 为测试温度（℃）。式（11-12）表明，铂热电阻和温度存在线性关系。

2）温度信号的采集与放大电路设计

温度信号采集与放大电路原理图参见图 11-70。R15、R13、RT1 和 R14 组成测温电桥，其输出信号接差动集成运放 UA741。RT1 为 WZB 型铂热电阻（0℃时，标称电阻值为 100 Ω），R14 为 100 Ω标准电阻。电容 C1、C2 用于电源退耦。电阻 R15 和 R13（12 kΩ）的电阻值远大于热电阻 RT1（100～320 Ω）和 R14（100 Ω）的电阻值，因而连接导线的电阻可以忽略不计，这样可以获得近似恒流法的线性输出电压 U_{i1} 和 U_{i2}。显然 U_{i2} 与热电阻 RT1 存在线性关系，而由式（11-12）知，RT1 与温度存在线性关系，所以 U_{i2} 也将与温度存在线性关系。

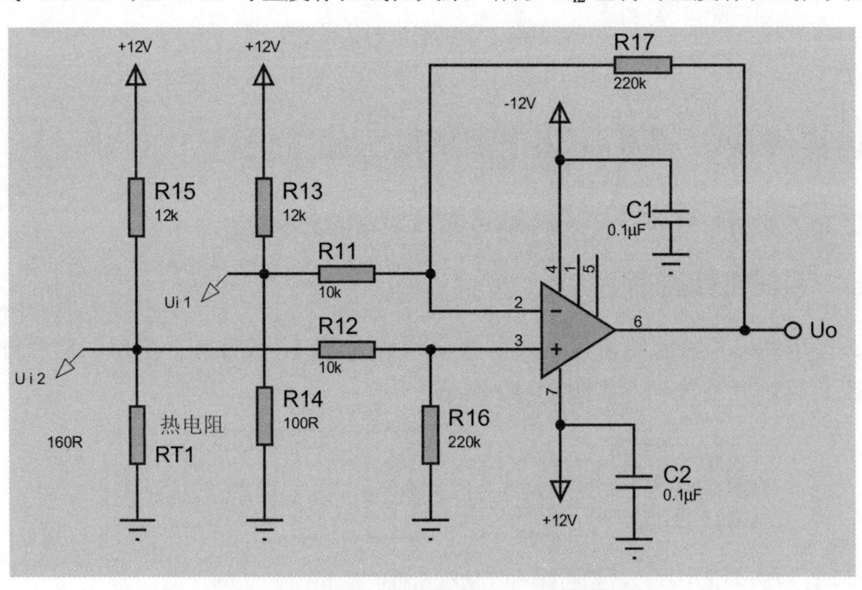

图 11-70 温度信号采集与放大电路原理图

由集成运放的特性可知，输出电压：

$$U_0 = \frac{R_{11}+R_{17}}{R_{11}} \cdot \frac{R_{16}}{R_{16}+R_{12}} U_{i2} - \frac{R_{17}}{R_{11}} U_{i1} \quad (11\text{-}13)$$

将各电阻的阻值代入式（11-13），可得

$$U_0 = 22(U_{i2} - U_{i1}) \tag{11-14}$$

可见 U_0 与 U_{i2} 存在线性关系，所以 U_0 与温度 t 也将存在线性关系，其经 A/D 转换后，成为含温度信息的数字量。

2．温度信号的处理电路

温度信号处理电路原理图参见图 11-71，主要由 A/D 转换芯片 ADC0832、单片机 AT89C51、液晶显示器 LCD1602、上拉电阻 R1～R8、报警电路及驱动引爆电路组成。

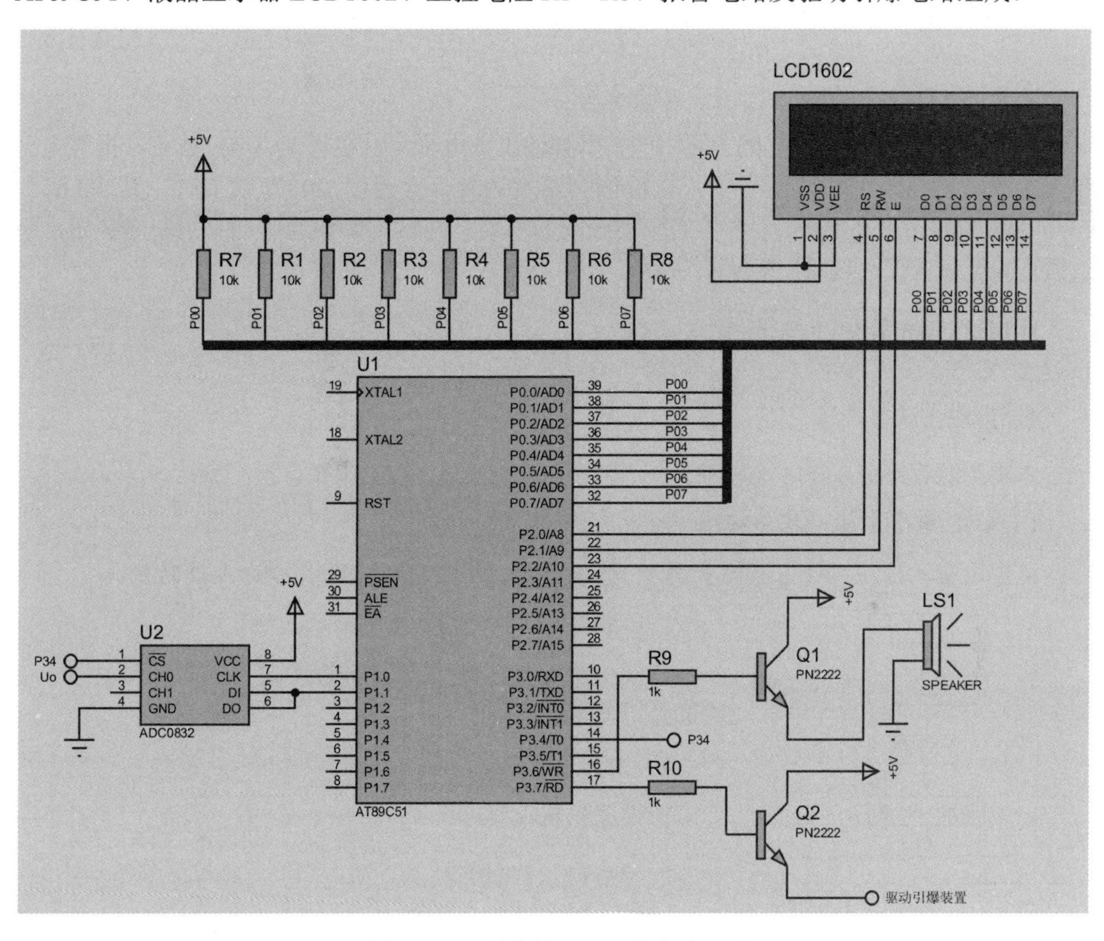

图 11-71　温度信号处理电路原理图

要让 ADC0832 工作，首先要使片选端口 $\overline{\text{CS}}$ 接地（P3.4 输出低电平），然后使输入端 DI 在第一个时钟脉冲下沉之前置于高电平。接着选择通道，本系统选 CH0 作为模拟信号输入的通道，所以 DI 在第 2、3 个脉冲的下沉之前应分别输入 1、0。因为数据输入端 DI 与输出端 DO 并不同时使用，所以将它们并联在一根数据线（P1.1 引脚）上使用。随后就可以从 DO 读数据。在设计温度信号放大电路时，其输出电压不应超过 ADC0832 的最高输入电压（U_{max}=5 V）。

当作为单通道模拟信号输入时，ADC0832 的输入电压 U_i 范围为 0～5 V。当输入电压 U_i=0 时，转换后的数字量 U_{al}=0；而当 U_i=5 V 时，转换后的值 U_{al}=255 V。所以转换后的数字量 U_{al} 与输入电压 U_i 存在如下关系：

$$U_{al}=51\cdot U_i \tag{11-15}$$

经实验拟合，转换后的数字量 U_{al} 与温度 t 的关系如式（11-16）所示。

$$t=123.165\cdot\frac{U_{al}}{51}-4.677 \tag{11-16}$$

考虑到单片机对浮点型数据处理能力较弱，在编写单片机计算程序时，式（11-16）可近似为

$$t=\frac{123\cdot U_{al}+\frac{1\cdot U_{al}}{5}}{51}-5 \tag{11-17}$$

式（11-17）是单片机中温度的计算公式。

在正常情况下，单片机 P3.6 和 P3.7 引脚输出低电平，三极管 Q_1、Q_2 截止，报警电路和灭火驱动电路不工作。而当单片机检测到温度达到着火温度 200℃以上时，其 P3.6 和 P3.7 引脚同时输出高电平，Q1 导通驱动蜂鸣器报警，同时 Q2 导通驱动灭火引爆装置，使二氧化碳气体等灭火剂喷出熄灭火源。

11.14.3 程序设计与仿真

1. 实现方法

本实例源程序分以下 3 个模块。

1）ADC0832 的驱动程序模块

该模块驱动程序设计方法与实例 76 基本相同，用来实现温度信号的 A/D 转换。

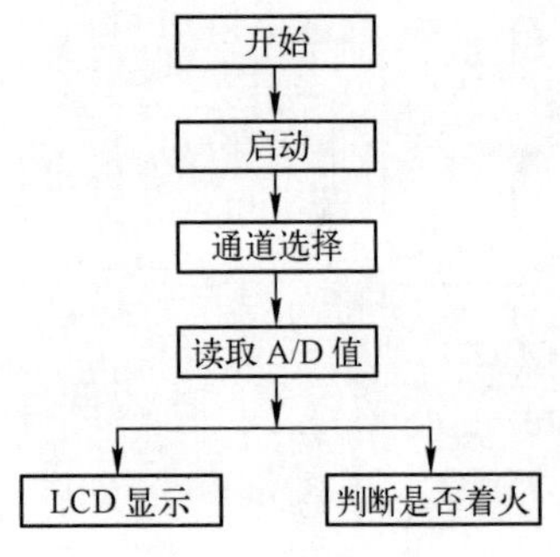

图 11-72 主程序模块流程

2）1602LCD 驱动模块

该模块驱动程序设计方法与实例 67 基本相同，由 P0 口通过并口显示。

3）主程序模块

主程序模块流程如图 11-72 所示。

2. 程序设计与仿真

建立文件夹“ex94”，在该文件夹下建立其工程项目，并分别建立“source”和“outfile”子文件夹，用以保存程序源代码和生成的十六进制（*.hex）文件。

分别输入以下 3 个模块的源程序。

1）ADC0832 的驱动程序模块

该模块驱动程序设计方法与实例 76 基本相同，程序代码参考实例 76。将该模块驱动程序命名为“0832.c”，保存在“第 11 章\源程序\ex94\source”文件夹。

2）1602LCD 驱动模块

本实例中 1602LCD 驱动程序的设计方法与实例 67 基本相同，程序代码参考实例 67。将该模块驱动程序命名为“1602.c”，保存在“第 11 章\源程序\ex94\source”文件夹。

3）主程序模块

```
//实例94：防火系统
#include<reg51.h>                                    //包含51单片机寄存器定义的头文件
#include<intrins.h>                                  //包含_nop_()函数定义的头文件


unsigned char code digit[10]={"0123456789"};         //定义字符数组显示数字
unsigned char code Temp[]={"Temp"};                  //说明显示的是温度
unsigned char code Cent[]={"Cent"};                  //温度单位
unsigned int T;

#include"0832.c"
#include"1602.c"
/*******************************************************************************
三极管端口定义
*******************************************************************************/
sbit P36=P3^6;
sbit P37=P3^7;

void main(void)
{
    unsigned int Val;
    LcdInitiate();                                   //LCD的显示模式初始化
    delaynms(5);
    Display_symbol();                                //LCD显示符号
    delaynms(250);
    while(1)
    {
    Val=AD_Conv();                                   //A/D转换
    T=(123*Val+1*Val/5)/51-5;
    if(T>=200)
       {
   P36=1;
   P37=1;
   }
    else
       {
   P36=0;
   P37=0;
   }

    Display_Val(T);
```

```
            delaynms(250);
        }
    }
```

该模块命名为“main.c”，保存在“第 11 章\源程序\ex94\source”文件夹。

3．用 Proteus 软件仿真

经 Keil 软件编译通过后，可使用 Proteus 软件进行仿真。将编译好的“ex94.hex”文件载入仿真原理图中的单片机 AT89C51。启动仿真，即可看到如图 11-73 所示的仿真效果。

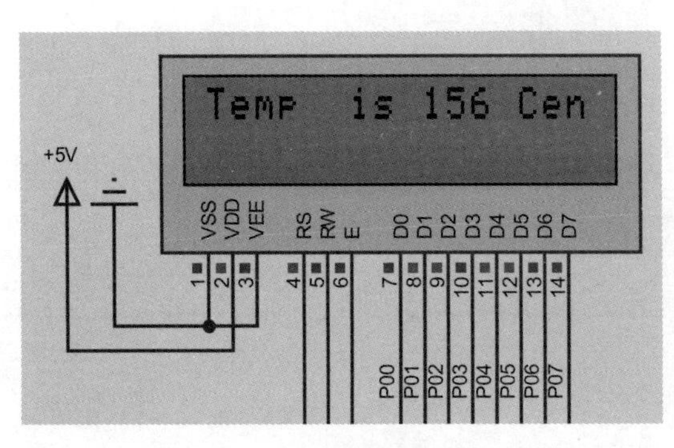

图 11-73　防火系统的仿真效果

11.15　实例 95：基于 LabVIEW 和 Proteus 的温度控制仿真

11.15.1　系统工作原理

以 51 单片机为核心，结合常见温度传感器组成温度控制系统是常见的课程设计类题目。但由于单片机作为控制核心的硬件资源有限，人机交互和数据记录等常见的系统功能往往比较简单。为了提高系统整体性能，用 LabVIEW 和 Proteus 分别作为上位机应用软件和下位机软硬件设计仿真平台，可以有效减少系统开发成本，降低系统开发难度。

本实例主要结合了单片机设计过程中仿真软件 Proteus 和虚拟仪器软件 LabVIEW 两种软件的各自优点，对温度控制进行软硬件仿真。该温度控制系统主要包括上位机和下位机，总体设计结构如图 11-74 所示。其中，上位机采用 LabVIEW2014 软件进行人机交互界面设计，对下位机采集到的温度实时数据与设定温度进行比较，进行控制量计算，并将控制变量输出给下位机实现闭环反馈控制。控制算法及控制量输出可以根据系统难易程度采用多种形式，如 PID 控制或简单开关控制。LabVIEW 提供了实时温度显示、串口资源设置、温度控制算法参数选择等监控界面。在 Proteus 仿真软件中采用 AT89C51，通过对温度传感器 18B20 获得的温度信号进行采集并通过串口实时上传给上位机，同时接收上位机算法输出控制量，对炉温进行控制，达到实时反馈调节的目的。系统中的加热炉采用 Proteus 中的 OVEN 元件，其外观、工作状态及功能均接近于实际的加热设备。由于所用计算机物理串口数量的限制，上位机和下位机之间借助虚拟串口进行串行通信。

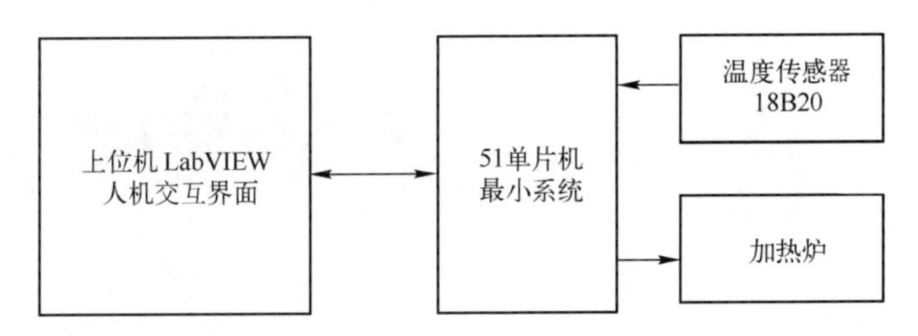

图 11-74　温度控制系统总体设计结构

11.15.2　仿真原理图设计

根据温度控制原理图，在 Proteus 首先搭建以 AT89C51 为核心的最小系统，配以温度传感器和串口通信接口，其仿真电路如图 11-75 所示。

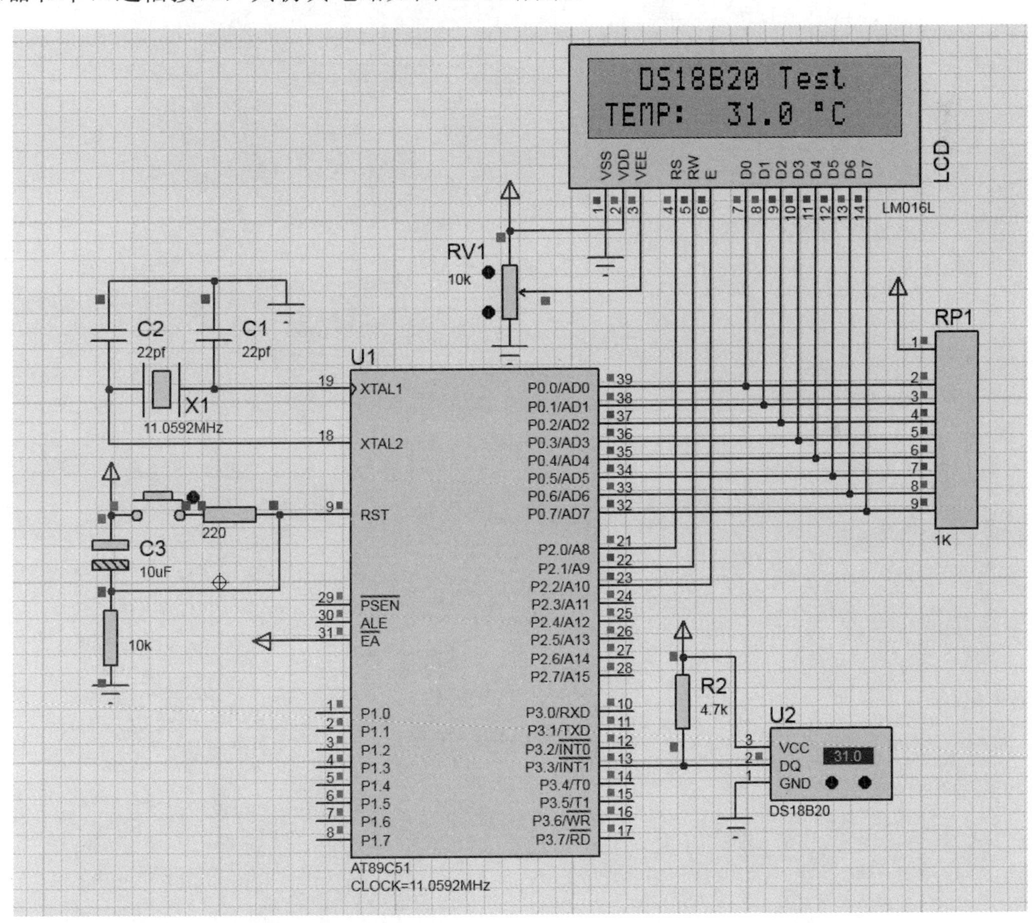

图 11-75　温度控制系统仿真电路

参照实例 91 所述方法，搭建基于 LabVIEW 的上位机和下位机系统，在基本仿真回路中添加串口通信模块，所搭建的下位机仿真电路如图 11-76 所示。此时上位机中需要安装虚拟串口驱动软件 Virtual Serial Port Driver，并虚拟出两个交叉互联的串口，在 Proteus 中分别设置两个串口的相关通信协议格式。在上位机中找到相关虚拟出的串口，打开上位机程序进行仿真。

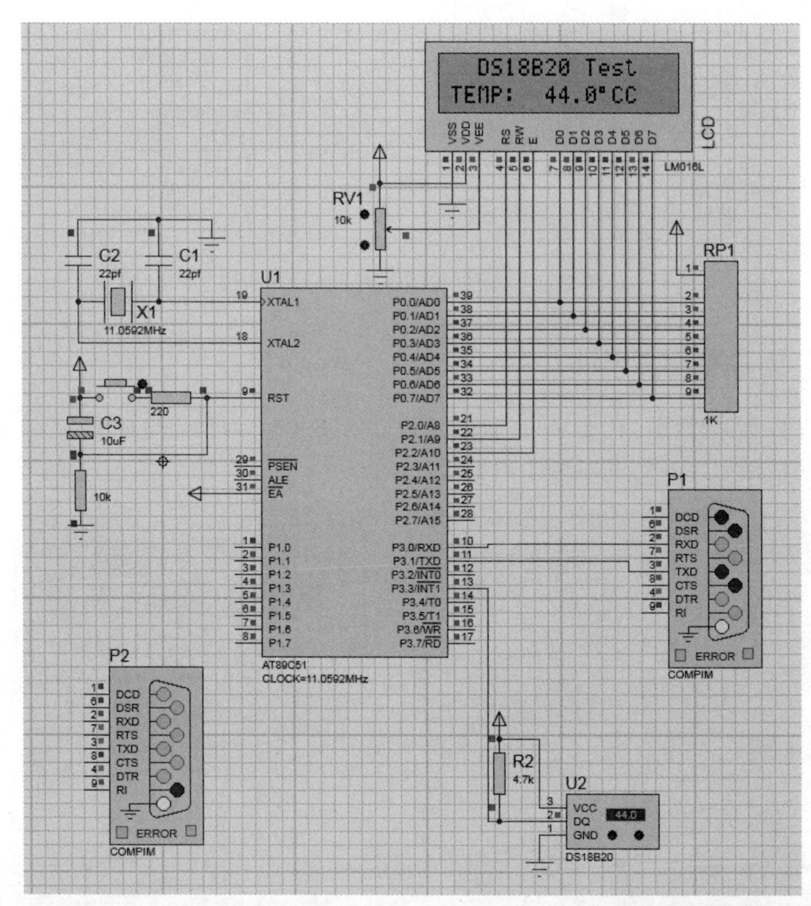

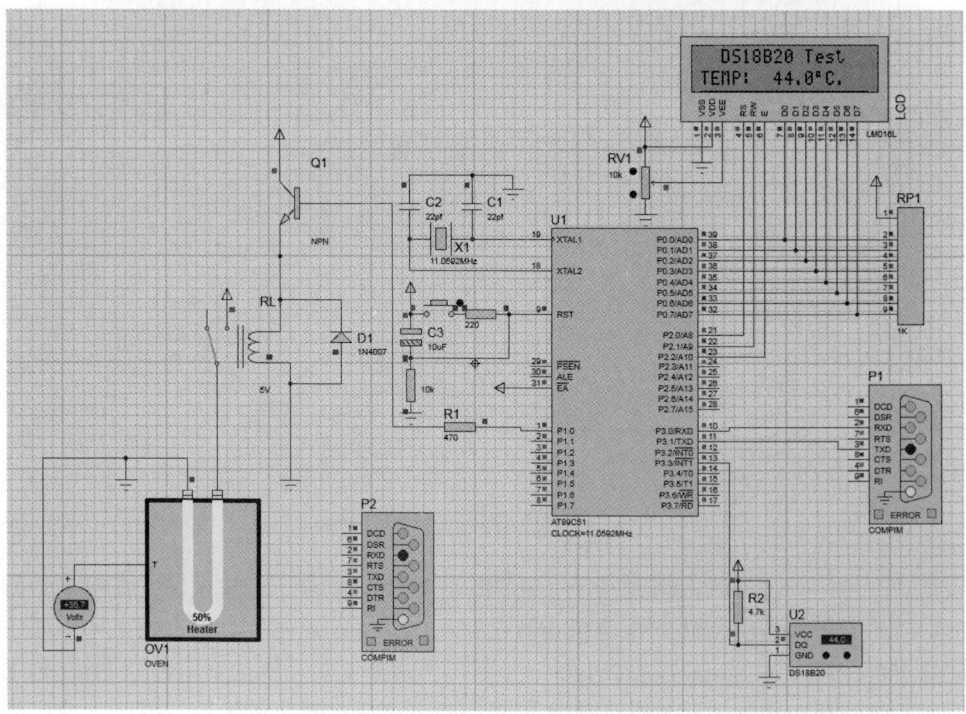

图 11-76　温度控制系统下位机仿真电路

上位机温度控制系统 LabVIEW 前后面板如图 11-77 所示。为了能实时记录和输出数据，前面板中采用系统自带波形图表控件将温度数据实时输出。除此之外，还可以利用系统提供的子 VI 实现数据保存、滤波算法、分析、上下位温度设定、报警指示、历史数据查询等多种功能。

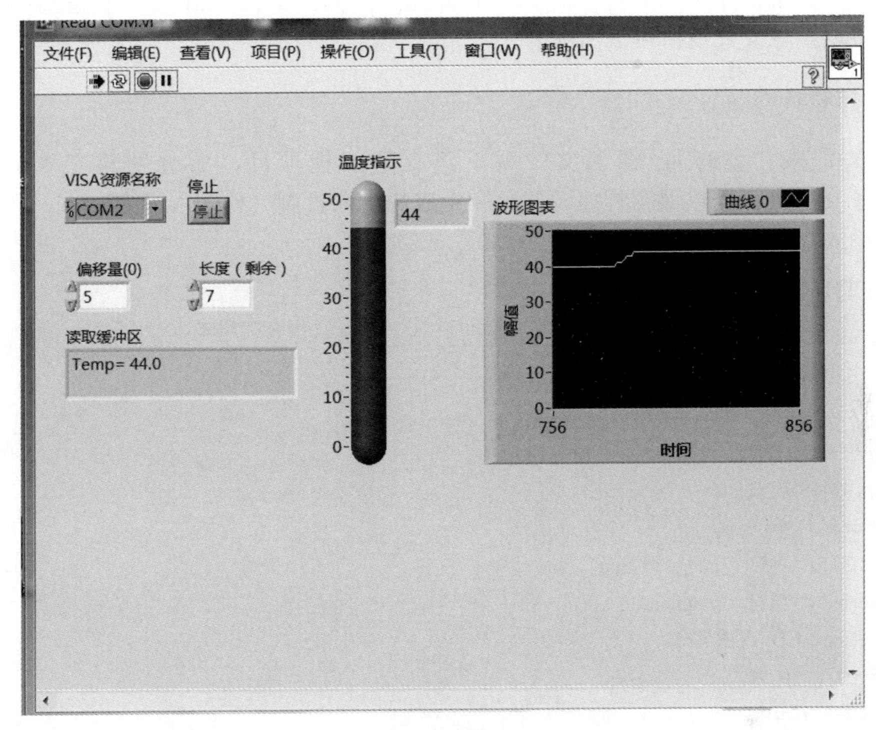

（a）前面板

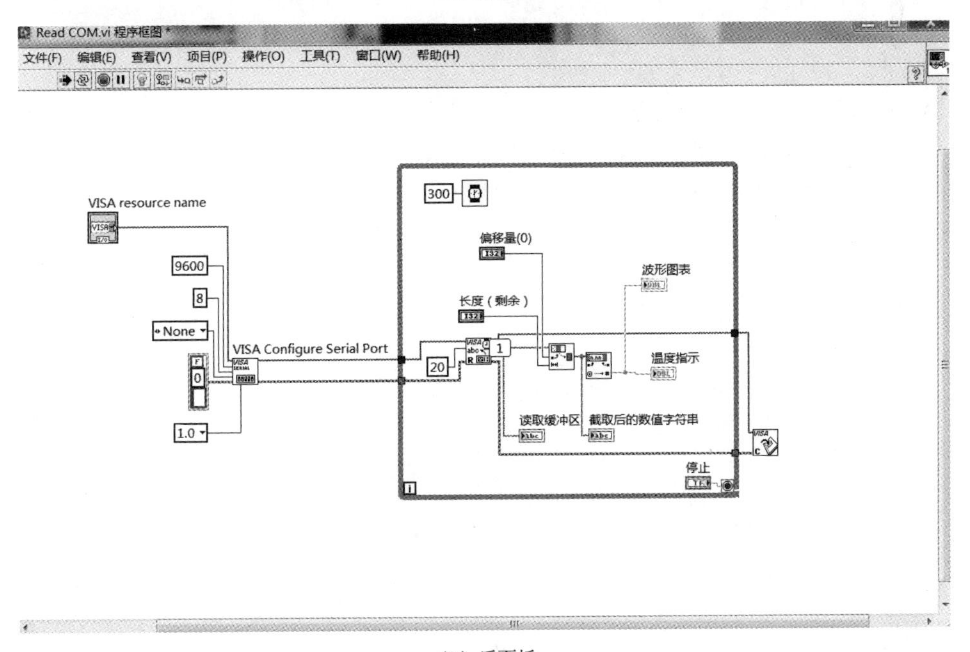

（b）后面板

图 11-77　上位机温度控制系统 LabVIEW 前后面板

11.15.3 程序设计与仿真

1．实现方法

本实例下位机程序实现主要包括 LCD1602 驱动模块、DS18B20 温度传感器驱动和主程序模块（数据换算公式及串口输出部分）。

2．程序设计

建立文件夹“ex95”，在该文件夹下建立其工程项目，并分别建立“source”和“outfile”子文件夹，用以保存程序源代码和生成的十六进制（*.hex）文件。

分别输入以下 3 个模块的源程序。

1）LCD1602 驱动模块

```
//-----------------------------------------------------------------
// 名称: LCD1602 液晶控制与显示程序
//-----------------------------------------------------------------
#include <reg51.h>
#include <intrins.h>
#include <string.h>
#define INT8U   unsigned char
#define INT16U unsigned int
#define LCD_PORT P0
//sbit CS=P1^0;
//sbit CLK=P1^1;
//sbit DIO=P1^2;
sbit RS = P2^0;          //寄存器选择线
sbit RW = P2^1;          //读/写控制线
sbit E = P2^2;           //使能控制线
#define delay4us() {_nop_();_nop_();_nop_();_nop_();}
extern void delay_ms(INT16U ms);
//void delay_ms(INT16U x)
//{ INT8U t;
// while(x--)
//for(t=0;t<120;t++);
//}

//-----------------------------------------------------------------
// 忙等待
//-----------------------------------------------------------------
bit Busy_Wait()
{
  INT8U result;
  LCD_PORT=0xFF;
  RS=0; RW=1;
```

```
  E=1; delay4us();result=P0; E=0;
  return(result&0x80)?1:0;
}

//-----------------------------------------------------------------
// 写 LCD 命令
//-----------------------------------------------------------------
void Write_LCD_Command(INT8U cmd)
{
while(Busy_Wait());
  RS=0;RW=0;
  E=0;_nop_();_nop_();LCD_PORT=cmd;
  delay4us();E=1;delay4us();E=0;
}

//-----------------------------------------------------------------
// 发送数据
//-----------------------------------------------------------------
void Write_LCD_Data(INT8U dat)
{
while(Busy_Wait());
  RS=1;RW=0;
  E=0;LCD_PORT=dat;
  delay4us();
  E=1;delay4us();E=0;

}

//-----------------------------------------------------------------
// LCD 初始化
//-----------------------------------------------------------------
void LCD_Initialise()
{
  Write_LCD_Command(0x38); delay_ms(1);
  Write_LCD_Command(0x0C); delay_ms(1);
  Write_LCD_Command(0x06); delay_ms(1);
  Write_LCD_Command(0x01); delay_ms(1);
}

//-----------------------------------------------------------------
// 显示字符串
//-----------------------------------------------------------------

void LCD_ShowString(INT8U r, INT8U c, char *s)
{
  INT8U i=0;
```

```
    INT8U code DDRAM[] = {0x80, 0xC0};
    Write_LCD_Command(DDRAM[r] | c);
    while(s[i] && i<16) Write_LCD_Data(s[i++]);
}
```

2）DS18B20 温度传感器驱动

```
//-----------------------------------------------------------------
//  名称: DS18B20 驱动程序
//  源代码中所标延时值均为 11.0592 MHz 晶振下的延时
//-----------------------------------------------------------------
#include <reg51.h>
#include <intrins.h>
#include <stdio.h>
#define INT8U    unsigned char
#define INT16U unsigned int
sbit DQ = P3^3;                                  //DS18B20 DQ 引脚定义
INT8U Temp_Value[] = {0x00,0x00};                //从 DS18B20 读取的温度值
//-----------------------------------------------------------------
// 延时宏定义和函数定义
//-----------------------------------------------------------------
#define delay4us();        { _nop_();_nop_();_nop_();_nop_(); }
void delay_ms(INT16U x)     { INT8U i; while( x-- ) for(i = 0; i<120; i++);}
void DelayX(INT16U x) { while (--x); }
//-----------------------------------------------------------------
// 初始化 DS18B20（注意在选定的振荡器频率 11.0592 MHz 下设置符合时序规定的延时）
//-----------------------------------------------------------------
INT8U Init_DS18B20()
{
  INT8U status;
  DQ=1; DelayX(8);
  DQ=0; DelayX(90);
  DQ=1; DelayX(5);
  status=DQ; DelayX(90);
  return status;
}

//-----------------------------------------------------------------
// 读一字节
//-----------------------------------------------------------------
INT8U ReadOneByte()
{
  INT8U i,dat=0x00;
  for(i=0x01;i!=0x00;i<<=1)
  {      DQ=0;_nop_();
         DQ=1;_nop_();
```

```
        if(DQ)dat|=i;
        DelayX(8);
  }
  return dat;
}
//-----------------------------------------------------------------
// 写一字节
//-----------------------------------------------------------------
void WriteOneByte(INT8U dat)
{
  INT8U i;
  for(i=0;i<8;i++)
  {
        DQ=0; dat>>=1;
        DQ=CY;DelayX(8);
        DQ=1;
  }
}

//-----------------------------------------------------------------
// 读取温度值
//-----------------------------------------------------------------
INT8U Read_Temperature()
{
  if(Init_DS18B20()==1)return 0;
  else
  { WriteOneByte(0xCC);
        WriteOneByte(0x44);
        Init_DS18B20();
        WriteOneByte(0xCC);
        WriteOneByte(0xBE);
        Temp_Value[0]=ReadOneByte();
        Temp_Value[1]=ReadOneByte();
        return 1;
  }
}
```

3）主程序模块

```
//-----------------------------------------------------------------
//  名称: 1-Wire 总线温度传感器 DS18B20 上下位机应用
//-----------------------------------------------------------------
//  说明: 运行本例时，外界温度将实时刷新显示在 1602LCD 上，
//            并将温度值经串口实时上传给上位机
//-----------------------------------------------------------------
```

```
#include <reg51.h>
#include <intrins.h>
#include <stdio.h>
sbit CS=P1^0;
#define INT8U    unsigned char
#define INT16U unsigned int
INT8U Temp_Disp_Buff[17];
extern INT8U Temp_Value[];
extern void LCD_Initialise();
extern void LCD_ShowString(INT8U r, INT8U c,INT8U *str);
extern void delay_ms(INT16U);
extern INT8U Read_Temperature();
//---------------------------------------------------------------
// 主函数
//---------------------------------------------------------------
void main()
{
  float temp = 0.0;                                         //浮点温度变量
  CS=0;
  TMOD=0x21;
  SCON=0x50;
  TH1=0xFD;
  TL1=0xFD;
  TR1=1;
  LCD_Initialise();                                         //液晶初始化
  LCD_ShowString(0,0,"   DS18B20 Test    ");                //显示标题
  LCD_ShowString(1,0,"   Waiting.....    ");                //显示等待信息
  Read_Temperature();                                       //预读取温度
  delay_ms(1000);                                           //长延时
  while(1)                                                  //循环读取温度并显示
  {
        if(Read_Temperature())
        {
              temp=(int)(Temp_Value[1]<<8|Temp_Value[0])*0.0625;
              sprintf(Temp_Disp_Buff, "TEMP: %5.1f\xDF\x43",temp);
              LCD_ShowString(1,0,Temp_Disp_Buff);
              TI=1;
              printf("Temp=%5.1f\n",temp);                  //串口输出
              while(!TI);
              TI=0;
        }
        delay_ms(50);
        if(temp>35){CS=0;}
        else CS=1;
```

```
    }
  }
```

3. 用 Proteus 软件仿真

经 Keil 软件编译通过后，可使用 Proteus 软件进行仿真。将编译好的“ex95.hex”文件载入仿真原理图中的单片机 AT89C51。启动仿真，并打开上位机程序，即可看到如图 11-77 所示的仿真效果。仿真结果表明，在当前下位机中，温度传感器输出为 44℃，同时上位机温度输出也为44℃。

11.16 实例 96：K 型热电偶的冷端自动补偿设计

热电偶在温度测量领域有着广泛的应用。反映热电偶所测热源温度的热电势是在其冷端温度为 0℃时测量的，然而在实际应用中，热电偶的冷端温度往往不是 0℃，并可能受环境影响而在−50℃～+50℃范围内变化。如果不进行冷端补偿，必将严重影响产品质量和设备状况的精确监控。传统的热电偶冷端补偿方法是在使用前根据环境温度调零，但即使在一个工作日内，环境温度变化也很大。例如，早上和中午的温差可能超过 10℃。人工不可能随环境变化而对热电偶进行实时调零。除此以外，进行冷端补偿的电路往往非常复杂，除了需要专用集成电路和传感器以外，还必须附加众多的电阻、电容和集成运放等外围元器件，大大增加了电路成本和体积。为此，本实例基于单片机和 A/D 转换器 ADC0832，设计了热电偶的冷端自动补偿系统。

11.16.1 系统工作原理

K 型热电偶的冷端自动补偿系统的基本组成包括环境热电势测量电路、现场热电势测量电路、A/D 转换电路、单片机和 LCD 显示屏，如图 11-78 所示。

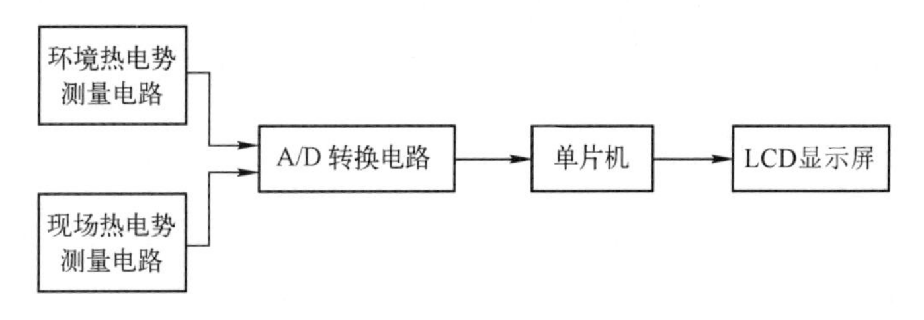

图 11-78 热电偶冷端自动补偿系统的组成

在电极材料和冷端温度保持不变时，热电偶的热电势为热端温度（热源温度）的单值函数。因为通常工作温度是由冷端为 0℃时的标准热电势来反映的，所以需要对非 0℃的冷端进行温度补偿。其依据是中间温度定律。

已知热电偶的热端温度为 T（℃），冷端温度为 0℃时的热电势为 E（标准热电势）。如果该热端温度为 T_n（环境温度），冷端温度为 0℃时的热电势为 E_1（环境热电势），冷端温度为 T_n 时的热电势为 E_2（现场热电势），那么

$$E=E_1+E_2 \tag{11-18}$$

根据该定律，只要设法测出环境热电势 E_1，并将其与热电偶测出的现场热电势 E_2 求和，即可计算出对应热源温度的标准热电势 E，并由已知实验结果确定出热端温度 T。

11.16.2 仿真原理图设计

1．环境热电势测量电路

经过实验得出， K 型热电偶环境热电势随环境温度的变化关系如下：

$$E_1 = 0.0392 \cdot T_n + 0.0340 \tag{11-19}$$

式中，E_1 为热电偶的环境热电势（mV）；T_n 为环境温度（℃）。式（11-19）适用的温度范围为−50℃～+50℃。

式（11-19）中的环境温度 T_n 可由环境热电势测量电路实现，如图 11-79 所示。其中，R22、R16、R17 和 R18 组成测温电桥，其输出信号接差动集成运算放大器 UA741。R18 为 WZB 型铂热电阻（0℃时，标称电阻值为 100 Ω），R16 为 68 Ω的标准电阻。通过实验得出环境温度 T_n 与输出电压 U_{o1} 的关系如下：

$$T_n = 33.6080 \cdot U_{o1} - 76.8451 \tag{11-20}$$

将模拟量 U_{o1} 经 A/D 转换后的数字量送入单片机即可计算出环境温度 T_n，再将 T_n 代入式（11-20）即可由单片机计算出环境热电势 E_1。

2．现场热电势测量电路

图 11-80 为测量现场热电势 E_2 的电路。热电偶所测出的现场热电势由电阻 R14 输入到集成运算放大器 UA741。通过实验得出现场热电势 E_2 与输出电压 U_{o2} 的关系如下：

$$E_2 = 16.3017 \cdot U_{o2} - 1.2603 \tag{11-21}$$

将 U_{o2} 经 A/D 转换后的数字量送入单片机，即可由式（11-21）计算出现场热电势 E_2。

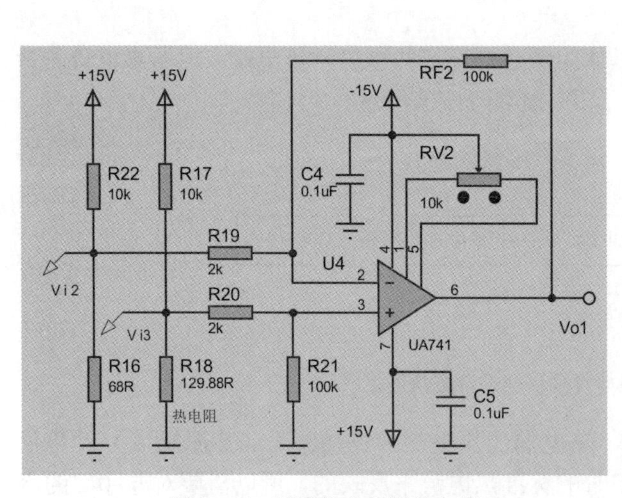

图 11-79　环境热电势测量电路

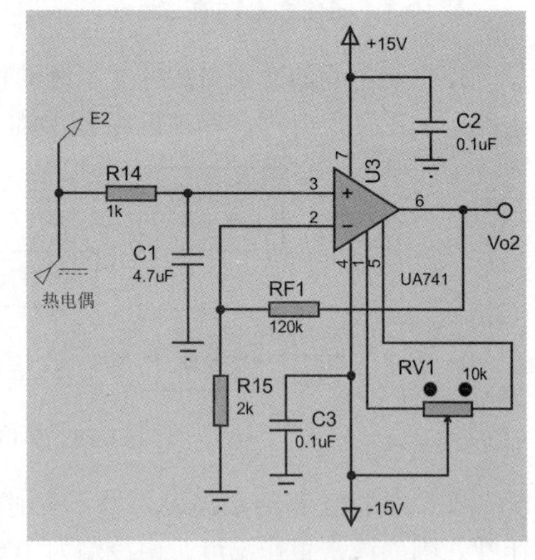

图 11-80　现场热电势测量电路

3．热端温度计算及其信号处理电路

在确定了环境热电势 E_1 和现场热电势 E_2 后，即可确定热电偶的标准热电势 E。根据实验得出，K 型热电偶热端温度 T 和标准电势 E 存在如下关系：

$$T = 24.5020 \cdot E - 4.0446 \tag{11-22}$$

图 11-81 为热端温度信号处理电路，主要由 A/D 转换器件 ADC0832、单片机 AT89S51、

液晶显示器 LCD1602、上拉电阻 R2～R9 等组成。

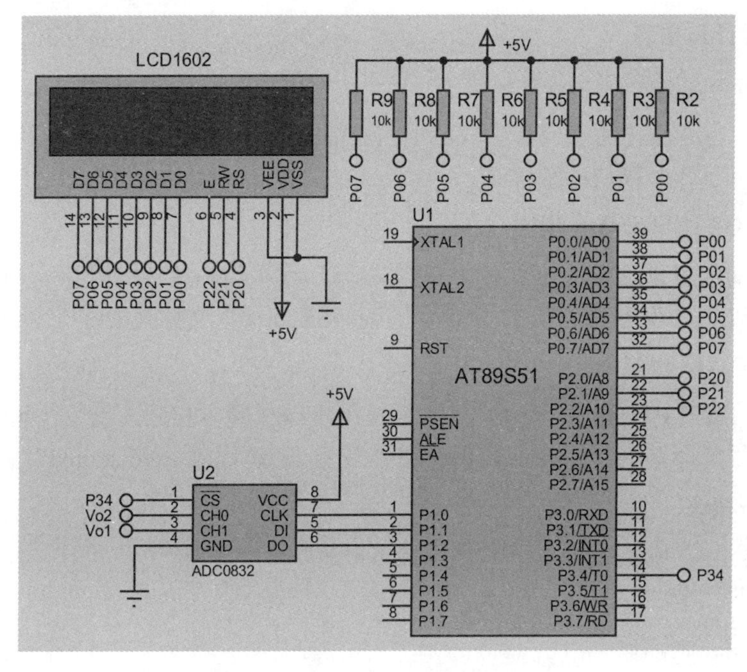

图 11-81　热端温度信号处理电路

ADC0832 主要完成模拟电压信号的采集与转换工作，该芯片有两个输入通道：CH0 和 CH1。其中 CH0 输入热现场电势信号，接图 11-80 中的输出电压信号 Vo2；CH1 输入环境热电势信号，接图 11-79 中的输出电压信号 Vo1，两个热电势信号的采集次序受单片机 AT89S51 的指令控制。该芯片转换后的数字信号 U_{al} 与输入模拟电压 U_{i} 间的计算关系如下：

$$U_{\mathrm{al}} = 51 \times U_{\mathrm{i}} \tag{11-23}$$

式中，U_{al} 为输出的数字信号（0～255）；U_{i} 为输入的模拟电压。当数字信号 U_{al} 输入单片机后，即可依据式（11-23）求出输入电压 U_{i}，并进而由式（11-19）～式（11-21）计算出环境热电势 E_1 和现场热电势 E_2。将两者通过单片机求和即可算出标准电势 E。

11.16.3　程序设计与仿真

1. 实现方法

本实例源程序分以下 3 个模块。

1）ADC0832 的驱动程序模块

该模块驱动程序设计方法与实例 76 基本相同，用来实现温度信号的 A/D 转换。

2）1602LCD 驱动模块

该模块驱动程序设计方法与实例 67 基本相同，由 P0 口通过并口显示。

3）主程序模块

系统上电后，先对 LCD 初始化，然后根据环境热电势测量电路和现场热电势测量电路测量结果，通过 ADC0832 进行 A/D 转换，最后由单片机计算后送 1602 LCD 显示。

2．程序设计与仿真

建立文件夹“ex96”，在该文件夹下建立其工程项目，并分别建立“source”和“outfile”子文件夹，用以保存程序源代码和生成的十六进制（*.hex）文件。

分别输入以下 3 个模块的源程序。

1）ADC0832 的驱动程序模块

该模块驱动程序设计方法与实例 76 基本相同，程序代码参考实例 76。将该模块驱动程序命名为“0832.c”，保存在“第 11 章\源程序\ex96\source”文件夹中。

2）1602LCD 驱动模块

本实例中 1602LCD 驱动程序的设计方法与实例 67 基本相同，程序代码参考实例 67。将该模块驱动程序命名为“1602.c”，保存在“第 11 章\源程序\ex96\source”文件夹中。

3）主程序模块

```
#include<reg51.h>            //包含 51 单片机寄存器定义的头文件
#include<intrins.h>          //包含_nop_()函数定义的头文件
#include"1602.c"
#include"0832.c"
/*****************************************************
函数功能：主函数
*****************************************************/
void main(void)
{
  unsigned int AD_val;               //存储 A/D 转换后的值
  unsigned char E,E1,E2;
  unsigned T;
   LcdInitiate();                    //将 LCD 初始化
   delaynms(5);                      //延迟 5 ms，给硬件一点反应时间
  display_Temp();                    //显示温度说明
   display_C();                      //显示温度的单位
   while(1)
      {
        AD_val= A_D0();              //对通道 0 进行 A/D 转换，现场热电势采集
          E2=8*AD_val/25-1;
          AD_val=A_D1();             //对通道 1 进行 A/D 转换，环境热电势采集
          E1=AD_val/40-3;
          E=E1+E2;
          T=24*E+E/2-4;
          display(T);                //显示整数部分
          delaynms(250);             //延迟 250 ms
      }
}
```

该模块命名为“main.c”，保存在“第 11 章\源程序\ex96\source”文件夹中。

3. 用 Proteus 软件仿真

经 Keil 软件编译通过后，可使用 Proteus 软件进行仿真。将编译好的“ex96.hex”文件载入仿真原理图中的单片机 AT89C51。启动仿真后，得到如图 11-82 所示的仿真结果。

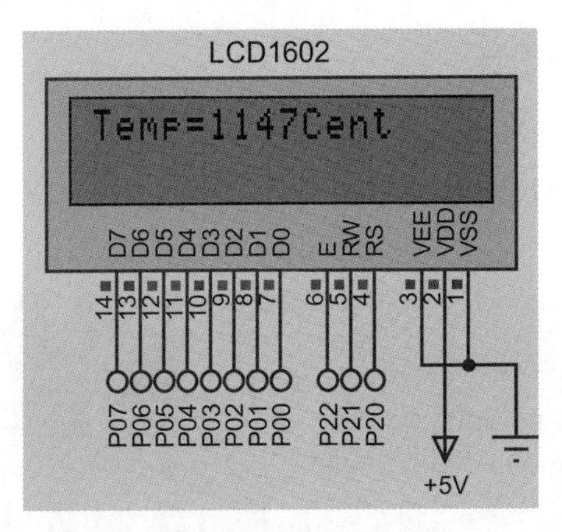

图 11-82　热电偶冷端自动补偿系统的仿真结果

11.17 实例 97：电动机测速表设计

本实例拟设计一个电动机测速表。要求每秒钟将所测结果送 1602 LCD 显示 1 次。

11.17.1 系统工作原理

转速测量的方法很多，采用霍尔元件测量转速是较为常用的测量方法。市场上应用较多的霍尔元件为 3000 系列霍尔开关传感器 3010T，该传感器采用三端平塑封装，具有工作电压范围宽、外围电路简单、输出电平与各种数字电路兼容、可靠性高等优点。

霍尔元件测量电动机转速装置由一个测速齿轮和霍尔元件测速支架构成。测速齿轮如图 11-83 所示。齿轮厚度大于 2 mm，将其固定在待测电动机的转轴上。将霍尔元件固定在距齿轮外圆 1 mm 的探头上，霍尔元件的对面粘贴小磁钢，如图 11-84 所示。当测速齿轮的每个齿经过探头（磁钢和霍尔元件）正前方时，改变了磁通密度，霍尔元件就输出一个脉冲信号。

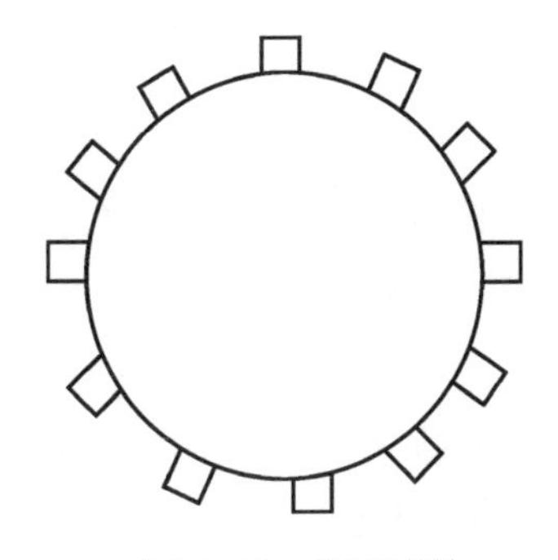

图 11-83　测速齿轮

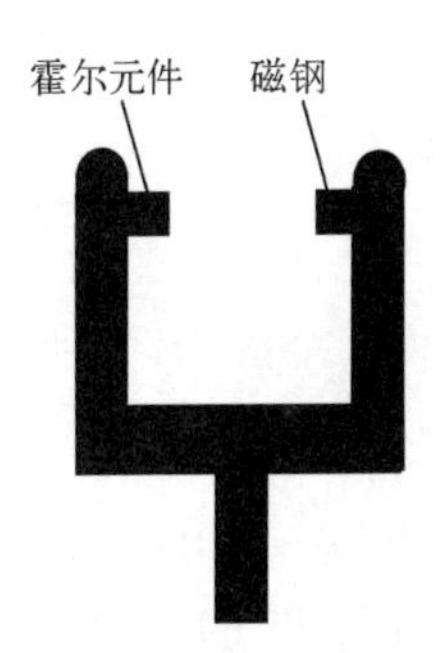

图 11-84　霍尔元件测速支架

假定测速齿轮上共有 K 个齿，显然每个齿转过霍尔元件都会引起一个脉冲信号，则电动机（齿轮）每转一周将总共产生 K 个脉冲信号。如果单片机在 1 s 内检测到 m 个脉冲信号，就表明电动机转过的周数 $n=m/K$。因为转速常用 r/min 表示，所以结果需要再乘以 60，即电动机转速 $V=60m/K$（r/min）。

11.17.2 仿真原理图设计

霍尔元件与单片机的硬件接口电路原理图参见图 11-85。电动机转速信号的采集元件 3010T 输出脉冲信号送到 AT89C51 的计数器 T1（P3.5 引脚）进行统计，经软件换算后，将转速数值送到 LCD1602 显示。

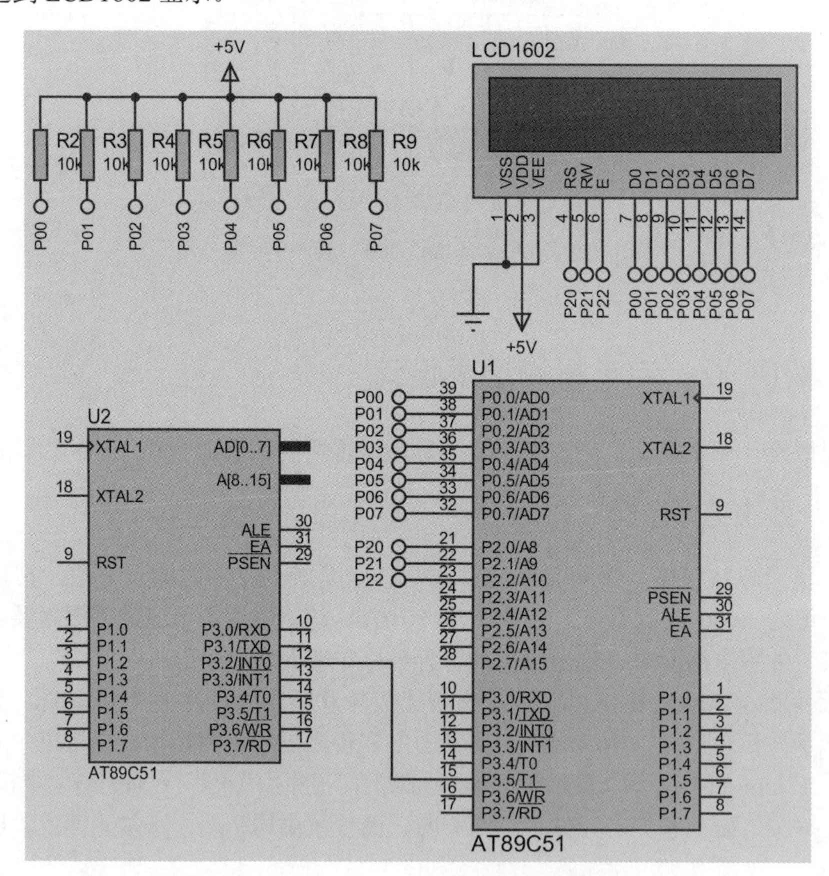

图 11-85 霍尔元件与单片机的硬件接口电路原理图

1）脉冲统计

为了测量霍尔元件发送的脉冲数，可以将脉冲信号接在定时器 T1 上（P3.5 引脚）。当外部脉冲信号出现一个由“1”到“0”的负跳变时，计数器 T1 就加 1 计数。

2）计时的实现

可利用定时器 T0 来计时，通过设置让 T0 每 50 ms 产生 1 次中断，满 20 次即为 1 s。此时，统计一下计数器 T1 的计数值，就可以算出电动机转速。

$$V = 60 \times \frac{m}{K} = 60 \times \frac{\mathrm{TH1} \times 256 + \mathrm{TL1}}{K}$$

式中，m 为 1 s 内统计的脉冲总数；K 为测速齿轮的齿数。

11.17.3 程序设计与仿真

1．实现方法

本实例源程序分为霍尔脉冲模拟程序和测速程序。

2．程序设计与仿真

建立文件夹“ex97”，在该文件夹下分别建立“测速程序”“霍尔脉冲模拟程序”和“outfile”子文件夹，分别用以保存测速程序源代码、霍尔脉冲模拟程序源代码和生成的十六进制（*.hex）文件。

1）霍尔脉冲模拟程序

```
//模拟霍尔脉冲
#include<reg51.h>
sbit cp=P3^2;                    //将 cp 位定义为 P3.2 引脚，从此引脚输出脉冲信号
/********************************************************
函数功能：延迟约 600 μs，形成周期为 1200 μs 的脉冲信号
********************************************************/
void delay()
{
    unsigned char i;
   for(i=0;i<200;i++)
         ;
  }
/*******************************************************
函数功能：主函数
*******************************************************/
 void main(void)
 {
     while(1)
      {
        cp=1;                    //置高电平
        delay();                 //等待 600 μs
        cp=0;                    //置低电平
        delay();                 //等待 600 μs
     }
 }
```

2）测速程序

测速程序可以分为 1602 LCD 显示模块和主程序模块。1602LCD 的驱动程序设计方法与实例 67 基本相同，程序代码参考实例 67。主程序模块代码如下：

```
#include<reg51.h>                //包含 51 单片机寄存器定义的头文件
#include<intrins.h>              //包含_nop_()函数定义的头文件
unsigned int v;                  //存储电动机转速
```

```
unsigned char count;                     //存储定时器 T0 中断次数
void main(void)
  {
    LcdInitiate();                       //调用 LCD 初始化函数
    TMOD=0x51;                           //定时器 T1 工作于计数方式 1，定时器 T0 工作于计时方式 1;
   TH0=(65536-46083)/256;                //定时器 T0 的高 8 位设置初值，每 50 ms 产生一次中断
   TL0=(65536-46083)%256;                //定时器 T0 的低 8 位设置初值，每 50 ms 产生一次中断
   EA=1;                                 //开启总中断
   ET0=1;                                //定时器 T0 中断允许
   TR0=1;                                //启动定时器 T0
   count=0;                              //将 T0 中断次数初始化为 0
   display_sym();                        //显示速度提示符
    display_val(0000);                   //显示器工作正常标志
    display_unit();                      //显示速度单位
    while(1)                             //无限循环
     {
          TR1=1;                         //定时器 T1 启动
          TH1=0;                         //定时器 T1 高 8 位赋初值 0
          TL1=0;                         //定时器 T1 低 8 位赋初值 0
          flag=0;                        //时间还未满 1 s
          while(flag==0)                 //时间未满等待
              ;
         v=(TH1*256+TL1)*60/16;          //计算速度，齿轮每转一周产生 16 个脉冲
         display_val(v);                 //显示速度
     }
}
/*****************************************************
函数功能：定时器 T0 的中断服务函数
*****************************************************/
void Time0(void ) interrupt 1 using 1    //定时器 T0 的中断编号为 1，使用第 1 组工作寄存器
   {
     count++;                            //T0 每中断 1 次，count 加 1
    if(count==20)                        //若累计满 20 次，即计满 1 s
     {
         flag=1;                         //计满 1 s 标志位置 1
         count=0;                        //清零，重新统计中断次数
     }
     TH0=(65536-46083)/256;              //定时器 T0 高 8 位重新赋初值
     TL0=(65536-46083)%256;              //定时器 T0 低 8 位重新赋初值
     }
```

3．用 Proteus 软件仿真

经 Keil 软件编译通过后，可使用 Proteus 软件进行仿真。将编译好的“ex97.hex”文件和“moni.hex”文件载入仿真原理图中的单片机 AT89C51。启动仿真后，则可得到如图 11-86 所示的仿真结果。

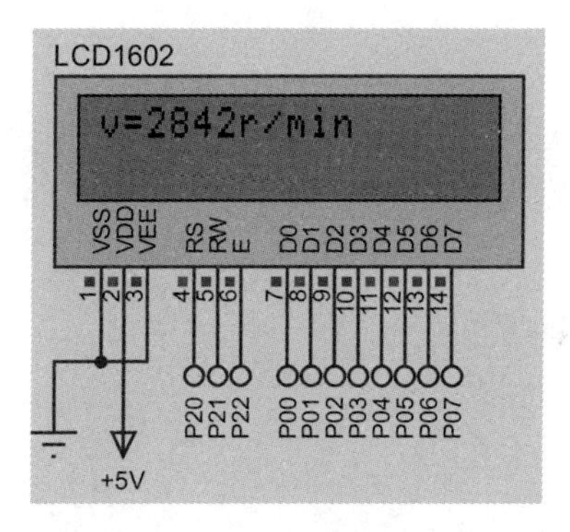

图 11-86　电动机测速表的仿真结果

11.18 实例 98：基于 PWM 的直流电动机调速系统设计

本实例拟设计一个可调占空比脉冲输出系统，其输出脉冲占空比为 0%～100%，用于调节直流电动机的转速。

11.18.1 系统工作原理

可调占空比脉冲输出（PWM）系统的基本组成包括可调电位器、A/D 转换芯片、单片机和直流电动机，如图 11-87 所示。

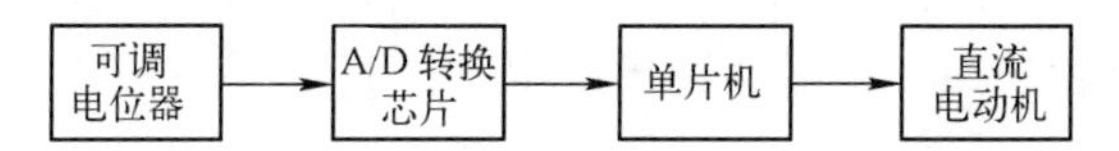

图 11-87　可调占空比脉冲输出（PWM）系统的基本组成

可调电位器将 0～5 V 可调电压送到 A/D 转换芯片 ADC0832，模拟电压信号经 A/D 转换后，成为数字量传给单片机处理，最后由单片机根据 ADC0832 的输出值输出脉冲，来驱动直流电动机。由于 ADC0832 的输入值为 0～5 V 的可调电压，其输出值为 0x00～0xFF，因此单片机可以根据 ADC0832 的输出值调节输出脉冲的占空比。本实例输出脉冲占空比为 0～100%可调。

11.18.2 仿真原理图设计

电动机调速系统电路原理图参见图 11-88。

1）调频电压信号的 A/D 转换

可调电位器输出的 0～5 V 的调频电压信号需转换为数字信号才能控制脉冲占空比。其中，A/D 转换芯片 ADC0832 的作用是将 CH0 通道送来的模拟电压转换为单片机能够识别的数字信号，该芯片采用串行通信方式，通过 DI 数据输入端进行通道选择、数据采集和数据传送操作。转换后的数字量 U_{al} 与输入的调频模拟电压 U_{o} 存在如下关系：

$$U_{\mathrm{al}} = 51 \cdot U_{\mathrm{o}} \tag{11-24}$$

因此，转换后的数字量最小值 U_{al}=51×0=0；最大值 U_{al}=51×56≈255。如果每一个数字量对应一种占空比的脉冲，则可以产生 255 种输出占空比不同的脉冲信号。

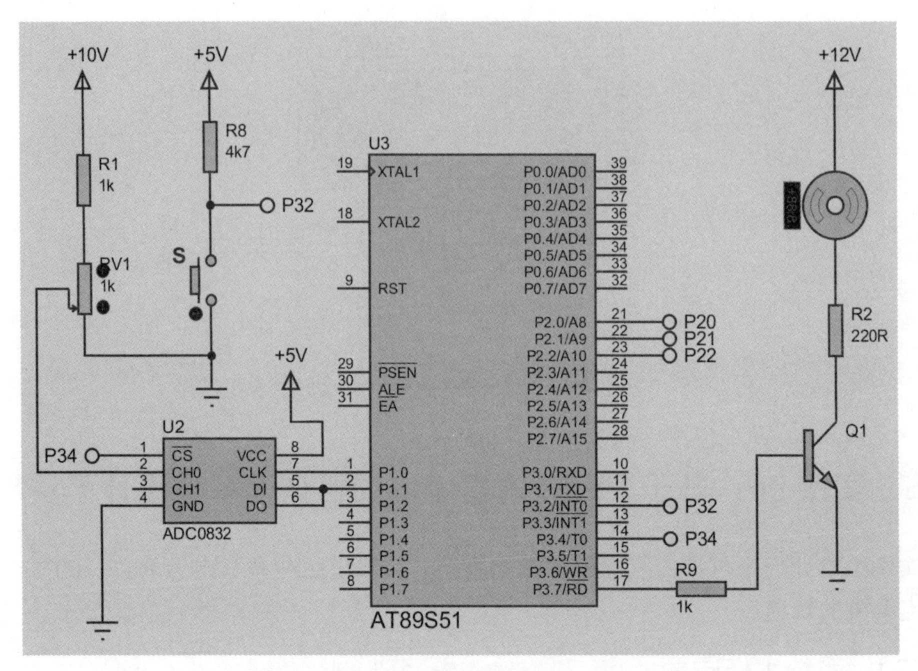

图 11-88　电动机调速系统电路原理图

2）单片机的数字信号处理

系统采用 AT89S51 型单片机来将数字信号转换为一定占空比的脉冲信号。单片机的引脚（P3.7）每延迟 U_{al}（单位μs）的时间输出高电平；其余（255−U_{al}）（单位μs）的时间则输出低电平，即可获得可调占空比脉冲输出信号。

11.18.3　程序设计与仿真

1．实现方法

本实例源程序分以下两个模块。

1）ADC0832 的驱动程序模块

该模块驱动程序的设计方法与实例 76 基本相同，用来实现温度信号的 A/D 转换。

2）主程序模块

系统的工作过程是调节调频电位器 RV1 旋钮→比较电压产生→A/D 转换→单片机的数字信号处理→输出一定占空比的脉冲信号。为了不使 A/D 转换时间（约几十微秒）影响输出信号的脉冲周期，系统的 A/D 转换交由外中断 $\overline{\text{INT0}}$（接 P3.2 引脚）控制完成，并将外中断的触发方式设置为负跳变触发。即当按下图 11-88 中的按键 S 时，开始执行外中断 $\overline{\text{INT0}}$ 的服务程序，模拟信号由 A/D 转换芯片转换为数字量。

2．程序设计与仿真

建立文件夹“ex98”，在该文件夹下建立其工程项目，并分别建立“source”和“outfile”子文件夹，用以保存程序源代码和生成的十六进制（*.hex）文件。

分别输入以下两个模块的源程序。

1）ADC0832 的驱动程序模块

该模块驱动程序的设计方法与实例 76 基本相同，程序代码参考实例 76。将该模块驱动程序命名为“0832.c”，保存在“第 11 章\源程序\ex98\source”文件夹中。

2）主程序模块

主程序模块代码如下：

```
#include<reg51.h>                          //包含 51 单片机寄存器定义的头文件
#include<intrins.h>                        //包含_nop_()函数定义的头文件
#include"0832.c"

sbit VO=P3^7;
unsigned int AD_val;                       //存储 A/D 转换后的值
unsigned int C;

/*****************************************************
函数功能：延迟 x 微秒
*****************************************************/
void delay(unsigned char x)
{

  TH0=(8192-x)/32;
  TL0=(8192-x)%32;
  TR0=1;                                   //定时器启动
  while(TF0==0)                            //溢出位检测
    ;
   TF0=0;
   TR0=0;
 }

/*****************************************************
函数功能：主函数
*****************************************************/
void main(void)
      {
         EA=1;                             //开放总中断
         EX0=1;                            //允许使用外中断
         IT0=1;                            //选择负跳变来触发外中断
           TMOD=0x00;                      //定时器 T0 工作于方式 1
           TR0=1;                          //启动定时器 T0
           TF0=0;
         C=100;
         while(1)
          {
            VO=0;
             delay(C);
             VO=1;
             delay(255-C);                 //输出占空比可调方波
            }
      }
/*************************************************************
```

```
函数功能：外中断T0的中断服务程序
*************************************************************/
void int0(void) interrupt 0 using 0          //外中断0的中断编号为0
  {
       C=A_D();                              //进行A/D转换
  }
```

该模块命名为“main.c”，保存在“第 11 章\源程序\ex98\source”文件夹中。

3．用 Proteus 软件仿真

经 Keil 软件编译通过后，可使用 Proteus 软件进行仿真。将编译好的“ex98.hex”文件载入仿真原理图中的单片机 AT89C51。启动仿真后，调节输出脉冲的占空比，就可以看到直流电动机以不同的转速转动。

11.19 实例 99：基于 L298N 的可调速四驱小车设计

L298N 是 ST 公司生产的一种高电压、大电流电机驱动芯片，其最高工作电压可达 46 V，瞬间峰值电流可以达到 3 A，持续工作电流为 2 A，额定功率 25 W。因其价格低廉，在日常制作中经常可以看到 L298N 的身影，一个 L298N 内含有 2 个 H 桥的高电压大电流全桥式驱动器，可以用来驱动 2 个直流电机或 1 个步进电机。L298N 的引脚定义如图 11-89 所示。

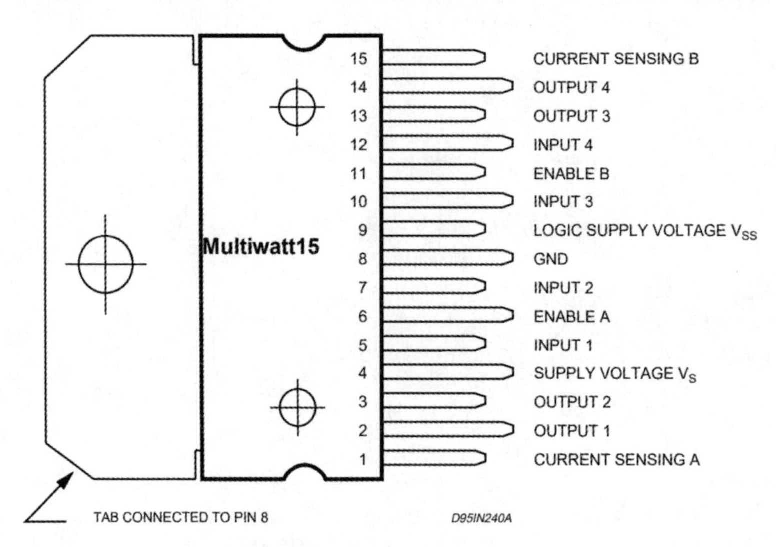

图 11-89　L298N 的引脚定义

11.19.1 系统工作原理

L298N 通过 ENA、IN1、IN2 控制电机 A，通过 ENB、IN3、IN4 控制电机 B。电机 A 对应的真值表见表 11-7，电机 B 同理。ENA 和 ENB 端可以通过 PWM 信号实现电机的调速。本系统采用了 2 个 L298N 模块，4 个电机均可单独控制，通过改变对应电机的状态（正转反转）来实现小车的前进、后退、左转和右转。要注意的是，电机的转向也和接线的情况有关，通过调换电机的正负极也可实现电机的反转。

表 11-7　L298N 真值表

IN1	IN2	ENA	电机状态
X	X	0	停止
1	0	1	顺时针旋转
0	1	1	逆时针旋转
0	0	1	停止
1	1	1	刹车

11.19.2　仿真原理图设计

本实例采用的仿真电路原理图参见图 11-90。通过 4 个按键控制 4 个电机的转向来模拟小车的转向，4 个 LED 表示当前的转速，用来模拟小车的车速变化。

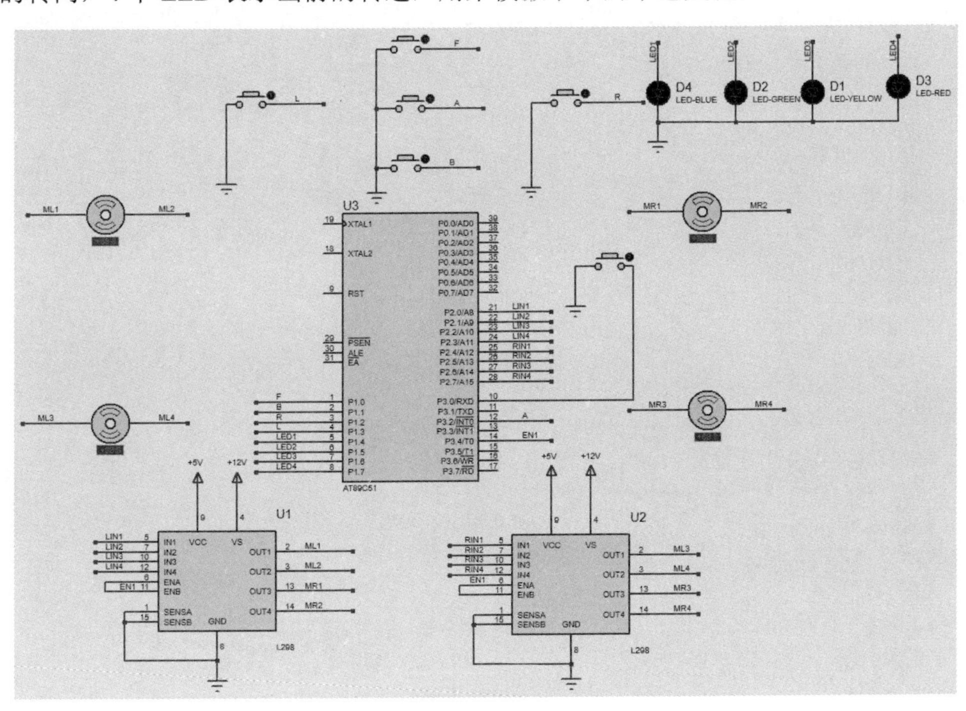

图 11-90　基于 L298N 的可调速四驱小车仿真原理图

11.19.3　程序设计

首先建立文件夹“ex99”，然后建立其工程项目，最后建立源程序文件“ex99.c”。程序部分代码如下。完整程序保存在“第 11 章\源程序\ex99”文件夹中。

```
//实例 99：基于 L298N 的可调速四驱小车设计
#include "reg51.h"                  //包含 51 单片机寄存器定义的头文件
#define uint unsigned int           //用 uint  定义数据类型，表示无符号整型变量
int count=0,i;                      //定义整型变量
int val=50;                         //定义整型变量，表示车速值
/*****************************************************
函数功能：  延时函数
*****************************************************/
void delay( i)
```

```
{
  while(i--);                           //变量n值自减为零，跳出循环
}
/**************************************************
函数功能： 毫秒级延时函数
**************************************************/
void delay_ms(int x)
{int m,n;                               //定义整型变量
  for(m=0;m<x;m++)                      //for的外层循环
        for(n=0;n<168;n++);             //for的内层循环
}
/**************************************************
函数功能： 4个电机正转
**************************************************/
void motor_forward(void)
{
LIN1=1;
   LIN2=0;                              //左上电机正转
   LIN3=1;
   LIN4=0;                              //右上电机正转
   RIN1=1;
   RIN2=0;                              //左下电机正转
   RIN3=1;
   RIN4=0;                              //右下电机正转
}
/**************************************************
函数功能： 4个电机反转
**************************************************/
void back(void)
{
LIN1=0;
  LIN2=1;                               //左上电机反转
  LIN3=0;
  LIN4=1;                               //右上电机反转
  RIN1=0;
  RIN2=1;                               //左下电机反转
  RIN3=0;
  RIN4=1;                               //右下电机反转
}
/**************************************************
函数功能： 小车右转
**************************************************/
void motor_right(void)
{
  LIN1=0;
  LIN2=1;                               //左上电机反转
  LIN3=1;
  LIN4=0;                               //右上电机正转
  RIN1=0;
```

```
  RIN2=1;                         //左下电机反转
  RIN3=1;
  RIN4=0;                         //右下电机正转
}
/*****************************************************
函数功能:   小车左转
*****************************************************/
void motor_left(void)
{
  LIN1=1;
  LIN2=0;                         //左上电机正转
  LIN3=0;
  LIN4=1;                         //右上电机反转
  RIN1=1;
  RIN2=0;                         //左下电机正转
  RIN3=0;
  RIN4=1;                         //右下电机反转
}
/*****************************************************
函数功能:   小车停车
*****************************************************/
void stop(void)
{
  LIN1=0;
  LIN2=0;                         //左上电机停转
  LIN3=0;
  LIN4=0;                         //右上电机停转
  RIN1=0;
  RIN2=0;                         //左下电机停转
  RIN3=0;
  RIN4=0;                         //右下电机停转
}
/*****************************************************
函数功能:    初始化定时器0
*****************************************************/
void Init_timer1(void)
{
  TMOD|=0x02;                     //定时器T0工作于方式2
  TH0=220;                        //计数模式，赋初值
  TL0=220;                        //计数模式，赋初值
  ET0=1;                          //允许T0定时器中断
  EA=1;                           //开启总中断
  TR0=1;                          //开启T0定时器
  EN1=0;                          //EN1拉低
}
/*****************************************************
函数功能:    中断配置
*****************************************************/
void Int0Init()
```

```
{
                                        //设置 INT0
    IT0=1;                              //跳变沿出发方式（下降沿）
    EX0=1;                              //打开 INT0 的中断允许
    EA=1;                               //打开总中断
}
/****************************************************
函数功能：    主函数
****************************************************/
void main()
{
    P1=0x0F;                            //给 P1 赋状态值
    LED1=1;                             //拉高 LED1 状态，点亮 LED1
    Init_timer1();                      //调用定时器初始化函数
    Int0Init();                         //外部中断配置
    while(1)                            //无限循环
    {
        motor_forward();                //小车前进
        if(R==0)                        //如果右键被按下则小车右转
        {
            delay(1000);                //调用延时函数，延迟 1000 μs，消抖
            motor_right();              //小车右转
            delay_ms(200);              //调用毫秒级函数，延迟 200 ms
        }
        if(L==0)                        //如果左键被按下则小车左转
        {
            delay(1000);                //调用延时函数，延迟 1000 μs，消抖
            motor_left();               //小车左转
            delay_ms(200);              //调用毫秒级函数，延迟 200 ms
        }
        if(H==0)                        //如果下按键被按下小车后退
        {
            delay(1000);                //调用延时函数，延时 1000 μs，消抖
            while(1)                    //无限循环
            {
                back();                 //小车后退
                if(S==0||F==0||R==0||L==0)     //如果停止键和上、左、右键任意一键被按下，
                                                 跳出循环
                    break;
            }
        }
        if(S==0)                        //如果停止按键被按下小车停止
        {
            delay(1000);                //调用延时函数，延迟 1000 μs，消抖
            while(1)                    //无限循环
            {
                stop();                 //小车停止
                if(H==0||F==0||R==0||L==0)     //如果后退键和上、左、右键任意一键被按下，
                                                 跳出循环
```

```
                        break;
                }
            }
    }
}
/**************************************************
函数功能：    定时器中断，用于输出 pwm
**************************************************/
void timer0_isr() interrupt 1
{
  count++;                              //变量 count 自加 1
  if(count==255)                        //如果变量 count 自加到 255，将其清零
        count=0;
  if(count<val)                         //如果变量 count 小于设定值（车速）
        EN1=1;                          //EN1 状态拉高
  if(count>val)                         //如果变量 count 大于设定值（车速）
        EN1=0;                          //EN1 状态拉低
}
/**************************************************
函数功能：    外部中断 0 的中断函数
**************************************************/
void Int0() interrupt 0
{
  delay(1000);                          //调用延时函数，延迟 1000 μs
  if(A==0)                              //如果加速键被按下加速，五档调节，四种颜色蓝、绿、黄、红
                                        （一档为停止，不显示）
  {
        val=val+50;                     //每次按下，设定值（车速）自加 50
        if(val>=255)                    //如果设定值（车速）大于 50，则赋值为 50
        {
              val=50;
        }
        if(val<=50) LED1=1;                     //设定值（车速）在 0~50 区间，蓝灯亮
        else LED1=0;                            //设定值（车速）不在 0~50 区间，蓝灯灭
        if(val>50&&val<=100) LED2=1;            //设定值（车速）在 50~100 区间，绿灯亮
        else LED2=0;                            //设定值（车速）不在 50~100 区间，绿灯灭
        if(val>100&&val<=150) LED3=1;           //设定值（车速）在 100~150 区间，黄灯亮
        else LED3=0;                            //设定值（车速）不在 100~150 区间，黄灯灭
        if(val>150) LED4=1;                     //设定值（车速）在大于 150 区间，红灯亮
        else LED4=0;                            //设定值（车速）不在大于 150 区间，红灯灭
  }
}
```

11.20 实例 100：航空发动机热电偶信号模拟电压源设计

热电偶信号模拟电压源是对航空发动机温度控制盒进行定期检查时必不可少的激励信号源，要求该电压源的输出信号偏移量$\Delta U_{omax}\leqslant10$ μV；最大输出驱动电流I_{omax}=20 mA；输出范围：$0\leqslant U_o\leqslant80$mV，稳定性要求非常高。传统的精密电压源一般采用模拟电路，由精

密电位器调节生成，需要很高的 D/A 分辨率和抗干扰能力。这种电压源操作不方便，受温度等外界条件影响较大，而且输出精度和驱动能力也难以满足要求。本实例基于最新高精度 16 位 D/A 转换（DAC）芯片 AD5422 和零漂移放大器 OPA2188，在单片机的控制下，实现了该模块的微型化、程控化设计，定期检查时无须额外增设恒温与冷却措施，其输出波动范围可控制在±2 μV 内，很好地满足了航空发动机温度控制盒的定期检查需求。

11.20.1 系统工作原理

本实例设计的精密电压源组成框图如图 11-91 所示。上位机将需要输出的精密电压对应的控制码通过 RS232 串口发送给单片机，单片机再控制 D/A 转换芯片将数字信号转换为模拟电压。定期检查要求输出最大量程为 U_{omax}=80.00 mV 的精密电压，如果采用的 D/A 转换芯片的参考电压 $U_{ref}=5U=5\times10^6\mu V$，则转换输出的模拟电压 U_o 与输入数字 D 之间的计算公式如下：

$$U_o=U_{ref}\times\frac{D}{2^N} \tag{11-25}$$

式中，N 为 D/A 转换芯片的位数。如果采用 16 位 D/A 转换芯片（N=16），则即使输入数字变动一个最小单位 $\Delta D=1$，输出电压的增量为

$$\Delta U=5\times10^6\mu V\times\frac{1}{2^{16}}=76.29\ \mu V$$

该结果远远超出了电压源的输出信号偏移量 $\Delta U_{omax}\leqslant10\ \mu V$ 的精度要求。而市场上又很难找到高于 16 位的 D/A 转换芯片（$N>16$）。若将该结果通过精密电阻衰减网络衰减 100 倍，则在采用 16 位 D/A 转换芯片进行输出电压控制时，输入数字 D 变动一个单位造成的电压增量（$\Delta U=76.29\ V/100=0.76\ \mu V$）完全可以满足定期检查的要求。另外，经精密电阻衰减网络后，由温度、电源电压波动等外界因素造成的误差同样被衰减了 100 倍，可以确保精密电源的输出更加稳定。

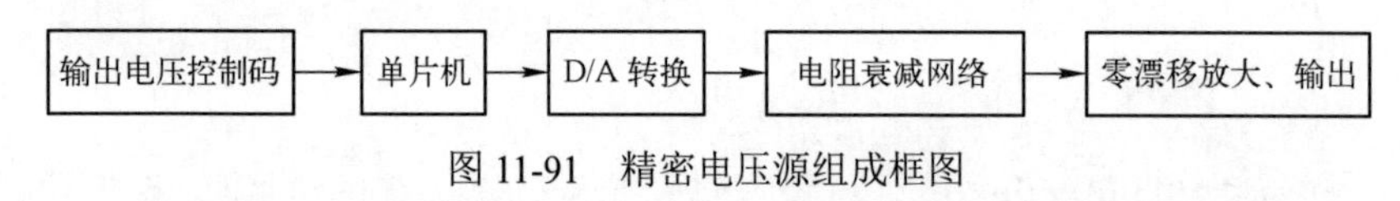

图 11-91　精密电压源组成框图

11.20.2 仿真原理图设计

AD5422 可以通过 SPI 总线和单片机通信，在 3 线模式下工作。该 D/A 转换器还包括上电复位功能，以确保转换器在已知的状态下上电。AD5422 的接口电路原理图参见图 11-92。

AD5422 在单片机的 3 个 I/O 口（P1.0、P1.1、P1.2）的控制下，将转换后的模拟电压由 VOUT 引脚输出，为确保输出电压稳定，在 VOUT 引脚和+Vsense 引脚之间通过电阻 R1 引入负反馈。输出电压经电阻 R3、R4 串联分压（衰减）后，再送入高精密放大器 OPA2188 放大输出。由于设计要求该精密电压源的最大输出驱动电流为 20 mA，而 OPA22188 每个输出端口（OUTA、OUTB）的最大输出驱动电流只有 10 mA，因此将输入同时送入两个输入正端（+INA、+INB），并由两个输出端 OUA、OUTB 并联共同驱动外部负载。

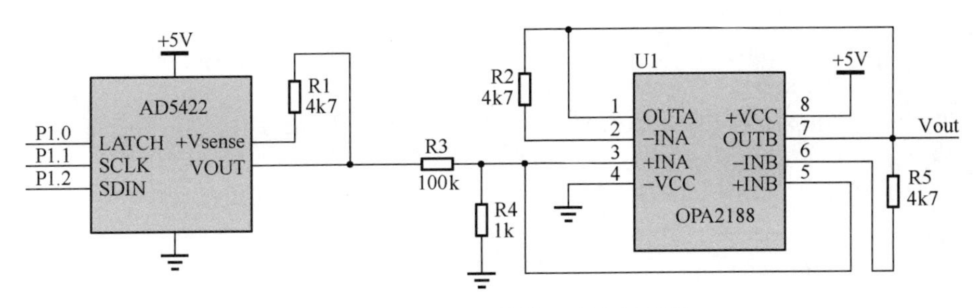

图 11-92　AD5422 的接口电路原理图

11.20.3　程序设计

1. 实现方法

单片机接收上位机发来的输出电压控制码并将其写入 AD5422，驱动 AD5422 输出所需的模拟电压。为了保证输出电压控制的实时性，AD5422 的转换应交付串口通信的中断来控制。系统运行时，首先完成单片机相关 I/O 口的初始化设置和串口通信中断设置，也就是将单片机的 P1.0、P1.1 和 P1.2 分别定义为控制 AD5422 的 LATCH 引脚、串行时钟引脚和数据输入引脚，还要将 AD5422 根据设计要求完成输出量程、时钟更新频率和压摆率步长等初始化设置。程序流程如图 11-93 所示。

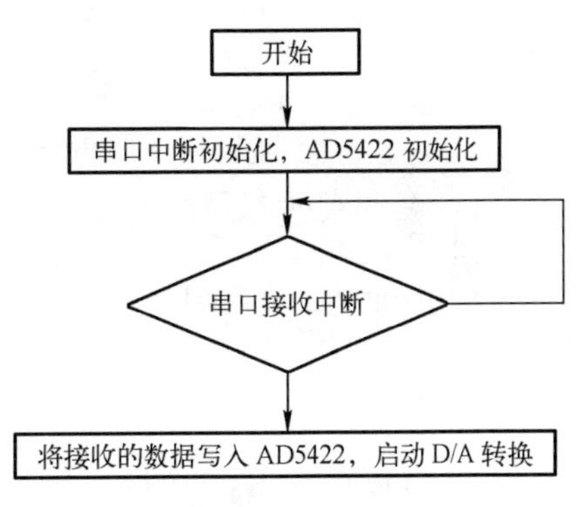

图 11-93　程序流程

2. 程序设计

建立文件夹“ex100”，在该文件夹下建立其工程项目，并分别建立“source”和“outfile”子文件夹，用以保存程序源代码和生成的十六进制（*.hex）文件。

程序代码如下：

```
#include<reg51.h>
sbit CLK=P1^0;
sbit A0 =P1^1;
sbit A1 =P1^2;
sbit SDI=P1^3;
//延时函数
void delay (int length)
{
  while (length >0)
        length--;
}

void WriteOne(unsigned char dat)
{
      unsigned char j;
    for (j=0; j<8; j++)
```

```
            {
                CLK=0;
                if(0x80 == (dat & 0x80))
                {
                    SDI=1; //SET_SDO();             //给 AD5422 的 SDIN 引脚送 1
                }
                else
                {
                    SDI=0; //CLR_SDO();             //给 AD5422 的 SDIN 引脚送 0
                }
                delay(1);
                CLK=1; //SET_SCL();                 //上升沿写入
                delay(1);
                dat <<= 1;                          //数据转换
            }
}
 //函数功能：向 DAC 写入数据
void WriteToDAC714( unsigned int D)
{
   unsigned char dacH,dacL;
       dacH=D/256;                              //取待转换数字的高字节
  dacL=D%256;                                   //取待转换数字的低字节

   CLK=0;
   A0=0;                                        //打开输入寄存器
   A1=1;                                        //封闭 D/A


  WriteOne(dacH);                               //写高字节到 DAC 寄存器
  WriteOne(dacL);                               //写低字节到 DAC 寄存器

  A0=1;
  CLK=0;
  A1=0;

  delay(2);
   CLK=1;
   A1=1;
 }
void main(void)
{
   int D=0x8000;                                //对应输出电压的数字
  WriteToDAC714(D);                             //写入芯片，输出所需模拟电压
   while(1);
}
```

该程序命名为“ex100.c”，保存在“第 11 章\源程序\ex100\source”文件夹中。

参 考 文 献

[1] 周坚．单片机轻松入门[M]．北京：北京航空航天大学出版社，2004.

[2] 徐玮．C51 单片机高效入门[M]．北京：机械工业出版社，2007.

[3] 徐爱钧．单片机高级语言 C51 Windows 环境编程与应用[M]．北京：电子工业出版社，2001.

[4] 周兴华．手把手教你学单片机[M]．北京：北京航空航天大学出版社，2007.

[5] 谭浩强，张基温，唐永炎．C 语言设计教程（第二版）[M]．北京：高等教育出版社，1998.

[6] 刘瑞新．单片机原理及应用教程[M]．北京：机械工业出版社，2003.

反侵权盗版声明